U0187513

计算机技术开发与应用丛书

Spring Boot 3.0开发实战

李西明　陈立为 ◎ 编著

清華大学出版社

北京

内 容 简 介

本书采用当前最新的 Spring Boot 3.0 版本，首先介绍 Spring Boot 基础和基本数据操作，阐明 Spring Boot 的原理及 Web 开发技术，Spring Boot 整合 JPA、MyBatis、MyBatis-Plus 等，并提供一个 Vue 3.0 前后端分离实战项目。其次介绍 Spring Boot 整合 Redis、MongoDB 等非关系数据库，以及整合 Spring Security 安全框架，然后介绍整合 RabbitMQ、RocketMQ 及 Kafka 消息队列 MQ，以及 Elasticsearch 大数据搜索引擎。提供 Spring Boot 整合 WebSocket、定时任务、批处理、邮件发送等企业级开发技术。最后给出了网上商城和人脸识别项目，详细地展示从需求分析、详细设计到代码开发的全部流程。所有技术均采用最新的流行版本，实战案例采用前后端分离架构，前端使用当前最热门的 Vue 3.0＋Element Plus，贴合真实市场需求，内容丰富全面，代码详尽实用。

本书可作为大学本科、专科、职业院校计算机相关专业的教材，也可作为学习 Spring Boot 技术的入门与提高的参考书或自学用书。

图书在版编目（CIP）数据

Spring Boot 3.0 开发实战/李西明，陈立为编著. —北京：清华大学出版社，2023.6
（计算机技术开发与应用丛书）
ISBN 978-7-302-63104-0

Ⅰ. ①S… Ⅱ. ①李… ②陈… Ⅲ. ①JAVA 语言—程序设计 Ⅳ. ①TP312.8

中国国家版本馆 CIP 数据核字(2023)第 047584 号

责任编辑：赵佳霓
封面设计：吴 刚
责任校对：时翠兰
责任印制：宋 林

出版发行：清华大学出版社
网　　址：http://www.tup.com.cn，http://www.wqbook.com
地　　址：北京清华大学学研大厦 A 座　　**邮　　编**：100084
社 总 机：010-83470000　　**邮　　购**：010-62786544
投稿与读者服务：010-62776969，c-service@tup.tsinghua.edu.cn
质量反馈：010-62772015，zhiliang@tup.tsinghua.edu.cn
课件下载：http://www.tup.com.cn，010-83470236

印 装 者：北京嘉实印刷有限公司
经　　销：全国新华书店
开　　本：186mm×240mm　　**印　　张**：32　　**字　　数**：721 千字
版　　次：2023 年 8 月第 1 版　　**印　　次**：2023 年 8 月第 1 次印刷
印　　数：1～2000
定　　价：119.00 元

产品编号：098097-01

前言

PREFACE

党的二十大报告中指出：教育、科技、人才是全面建设社会主义现代化国家的基础性、战略性支撑。必须坚持科技是第一生产力、人才是第一资源、创新是第一动力，深入实施科教兴国战略、人才强国战略、创新驱动发展战略，这三大战略共同服务于创新型国家的建设。高等教育与经济社会发展紧密相连，对促进就业创业、助力经济社会发展、增进人民福祉具有重要意义。

Spring Boot 3.0 推出以后市场反应热烈，版本升级带来很多新的变化，迫切需要一本介绍 Spring Boot 3.0 新功能的书籍。为了满足市场需求，本书采用了最新的 Spring Boot 3.0 版本，并且提供整合了市场上大部分主流开发技术的方案。

本书特色

（1）新：采用了 2022 年最新推出的 Spring Boot 3.0 版本，整合的各种第三方技术也同步更新到最新版本，例如 Elasticsearch 采用了最新的 8.0 版本、Vue 也使用最新的 3.0 版本，Element 采用 Plus 版本。大量采用最新技术，例如 Spring Security 采用最新的配置方法，Elasticsearch 采用 Java API Client 进行连接操作。

（2）全：本书囊括了 JPA、MyBatis、MyBatis-Plus、Vue 3.0＋Element Plus、Redis、Spring Cache、Swagger 3.0、MongoDB、Spring Security、JWT、OAuth 2、RabbitMQ、RocketMQ、Kafka、Elasticsearch 8.0、WebSocket、定时任务与批处理、Java Mail 及最前沿的人脸识别等众多流行技术。

（3）实用：提供了众多实用的技术解决方案，如 Vue 3.0＋Element Plus 前后端分离实战、新闻阅读与点赞次数实战、Spring Security 动态权限管理、OAuth 2 第三方 GitHub 登录、商品流量秒杀流量削峰、自动补全、高亮查询、在线聊天、邮件发送、人脸识别等，并提供了一个完整的前后端分离的商城后台管理系统，介绍了完整开发流程，提供了全部源代码。

内容结构

第一部分为 Spring Boot 基础和基本数据操作（第 1～8 章）：讲解 Spring Boot 的原理及 Web 开发技术、整合 JPA、MyBatis、MyBatis-Plus 等，并提供一个 Vue 3.0 前后端分离实战项目。

第二部分为 Spring Boot 高级技术（第 9～11 章）：讲解 Spring Boot 整合 Redis、MongoDB 等非关系数据库技术，以及 Spring Security 安全框架。

第三部分为 Spring Boot 与消息队列和搜索引擎（第 12～15 章）：整合 RabbitMQ、

RocketMQ、Kafka 等各种消息队列 MQ，以及 Elasticsearch 大数据搜索引擎。

第四部分为 Spring Boot 企业级应用（第 16～19 章）：讲解 Spring Boot 整合 WebSocket、定时任务、批处理、邮件发送等企业级开发技术。

第五部分为 Spring Boot 项目实战（第 20～22 章）：提供 Vue 3.0＋Element Plus 前后端分离的商城后台管理系统及人脸识别实战项目。最后介绍项目的部署。

读者范围

本书可供大学本科、专科、职业院校的计算机相关专业作为教材使用，并可作为学习 Spring Boot 技术的入门与提高的参考书或自学用书。

编者分工

第 1～10 章由陈立为编写，第 11～22 章由李西明编写。

资源下载

扫描目录上方二维码可下载本书配套资源。

编　者

2023 年 6 月

目录

CONTENTS

本书源代码

教学课件

第一部分 Spring Boot基础和基本数据操作

第二部分 Spring Boot 高级技术

第三部分 Spring Boot 与消息队列和搜索引擎

第四部分 Spring Boot 企业级应用

第一部分
Spring Boot 基础和基本数据操作

第 1 章 Spring Boot 入门

Spring Boot 是在现有 Spring 框架的基础上发布了一个全新的开发框架，目的是用来简化 Java Web 项目的搭建、配置、开发、运行、调试、部署等。

Spring Boot 可以帮助人们轻松地创建出一个基于 Spring 能直接运行的独立的企业级应用程序。Spring Boot 采用了“约定大于配置”的原则，大大减少了配置文件的使用，方便人们快速地开发部署与运行项目。Spring Boot 内部定义了基础的 Maven 依赖，管理着各种版本号与依赖关系，避免了版本冲突。Spring Boot 里面大量地配置了第三方库，可以很容易地整合 Spring 与第三方库。

Spring Boot 内嵌了 Tomcat、Jetty、Undertow 等服务器，既可以创建 JAR 包应用程序，直接通过 main 方法运行，也可以创建 WAR 包应用程序。

1.1 Spring Boot 的优点

Spring Boot 有以下优点：

(1) 快速创建独立的 Spring 企业级应用程序。

(2) 直接嵌入 Tomcat、Jetty 或 Undertow，无须部署 WAR 文件。

(3) 提供“初始”的 POM 文件内容，以简化 Maven 配置。

(4) 尽可能自动配置 Spring。

(5) 提供生产环境的特征指标、健康检查和外部配置。

(6) 对主流开发框架的无配置集成。

(7) 提供运行时的应用监控。

(8) 极大地提高了开发、部署效率。

1.2 Spring Boot 3.0 的新特性

1. Java 版本升级

Java 的版本从 Java 8 提升到了 Java 17。

2. 从 Java EE APIs 到 Jakarta EE

从 Spring Boot 3.0 开始，所有的 Java EE API 都需要迁移到 Jakarta EE 上来。大部分

用户在需要修改 import 相关 API 时，要用 Jakarta 替 Javax。例如原来引入 javax. servlet. Filter 的地方，需要替换为 jakarta. servlet. Filter，但还有一些依赖 Java EE API 的第三方库，目前还没有得到很好的支持，所以在 Spring Boot 3.0 中暂时会先移除对这类组件的支持（例如 EhCache 3、Infinispan、Jolokia、Pooled JMS 等），所以目前的以字母 M 开头的版本相较 2.x 版本来讲，会有一些特性的缺失。当然大多数应该还只是暂时的，Spring Boot 官方会等这些第三方库发布 Jakarta 兼容库之后再重新引入。

3. 移除过时技术

移除了下面这些技术的支持：

(1) Apache ActiveMQ。

(2) Atomikos。

(3) EhCache 2。

(4) Hazelcast 3。

4. 依赖升级

Spring 相关项目最新依赖版本：

(1) Micrometer 2.0.0-M1。

(2) Spring AMQP 3.0.0-M1。

(3) Spring Batch 5.0.0-M1。

(4) Spring Data 2022.0.0-M1。

(5) Spring Framework 6.0.0-M2。

(6) Spring Integration 6.0.0-M1。

(7) Spring HATEOAS 2.0.0-M1。

(8) Spring Kafka 3.0.0-M1。

(9) Spring LDAP 3.0.0-M1。

(10) Spring REST Docs 3.0.0-M1。

(11) Spring Security 6.0.0-M1。

(12) Spring Session 2022.0.0-M1。

(13) Spring Web Services 4.0.0-M1。

第三方库最新依赖版本：

(1) Artemis 2.20.0。

(2) Hazelcast 5.0。

(3) Hibernate Validator 7.0。

(4) Jakarta Activation 2.0。

(5) Jakarta Annotation 2.0。

(6) Jakarta JMS 3.0。

(7) Jakarta JSON 2.0。

(8) Jakarta JSON Bind 3.0。

(9) Jakarta Mail 2.0。

(10) Jakarta Persistence 3.0。

(11) Jakarta Servlet 5.0。

(12) Jakarta Servlet JSP JSTL 2.0。

(13) Jakarta Transaction 2.0。

(14) Jakarta Validation 3.0。

(15) Jakarta WebSocket 2.0。

(16) Jakarta WS RS 3.0。

(17) Jakarta XML Bind 3.0。

(18) Jakarta XML Soap 2.0。

(19) Jetty 11。

(20) jOOQ 3.16。

(21) Tomcat 10。

5. 其他改变

Spring Boot 3.0 将删除所有不推荐的代码，不再支持传统模式配置，Spring Boot 3.0 不再提供传统模式支持，不应该再有这种设置：spring.config.use-legacy-processing。推荐使用 PathPatternParser 而不是 AntPathMatcher，路径解析默认使用 PathPatternParser，取代了之前的 Ant 风格匹配 AntPathMatcher。

1.3 搭建 Spring Boot 3.0 开发环境

开发 Spring Boot 3.0 项目，计算机需要配置以下技术环境：

(1) 安装 JDK 17 及以上的版本。

(2) 安装 IDEA 集成开发环境，建议采用 2021 及以后版本。

(3) 安装 Maven 项目管理工具，建议 3.8.4 以上版本，Maven 安装好后，还需要在 IDEA 中进行配置。

(4) 安装 MySQL 数据库，建议 8.0 版本。

(5) 为了方便测试，建议安装 Postman。

1.4 创建第 1 个 Spring Boot 项目

可以通过创建 Maven 项目，然后在 Maven 项目中以添加 Spring Boot 所需依赖的方式进行创建，这种方式对初学者不太友好，这里采用 IDEA 提供的 Spring Initializr 自动化创建方式，其实际上是从 Spring 官网下载 Spring Boot 模板，这种创建方式需要计算机处于联网中。下面讲解创建一个简单的 Web 项目的完整过程。

1.4.1 新建项目并添加依赖

在 IDEA，单击菜单 File→Project 弹出 New Project 对话框，选择左侧菜单中的 Spring Initializr，右侧会出现如图 1-1 所示的对话框，Name 表示项目名称，这里填 helloworld，

Location 表示项目所在路径，Language 表示编程语言，默认选择 Java，Type 表示项目类型，默认选择 Maven，Group 表示项目所属组织，Artifact 表示项目名称，Package name 表示包的名称，默认项目所属组织加点号连接项目名称，但包名再加上项目名称一般是没必要的，通常要删除项目名称，只保留所属组织即可，Project SDK 表示 JDK 的主目录，Java 表示 JDK 的版本号，这里选择 17，Packaging 表示创建 Jar 应用程序还是 War 应用程序，默认选择 Jar，参考图 1-1 进行填写即可，然后单击 Next 按钮，此时会弹出如图 1-2 所示的对话框，

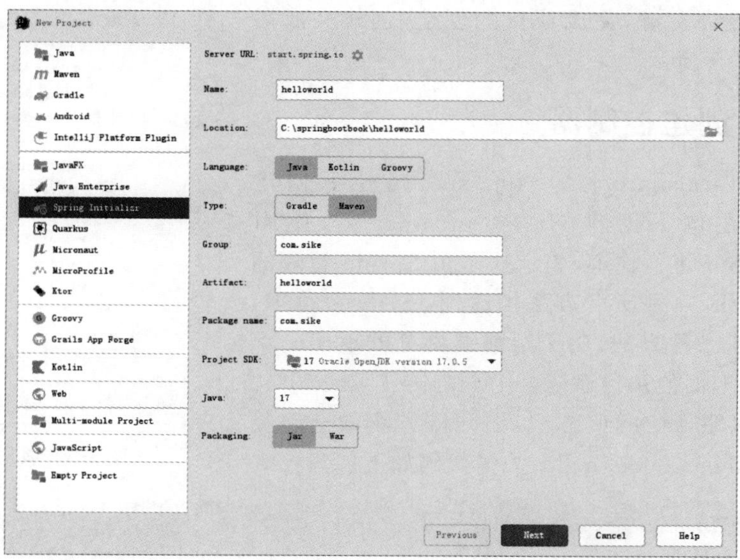

图 1-1 新建项目对话框

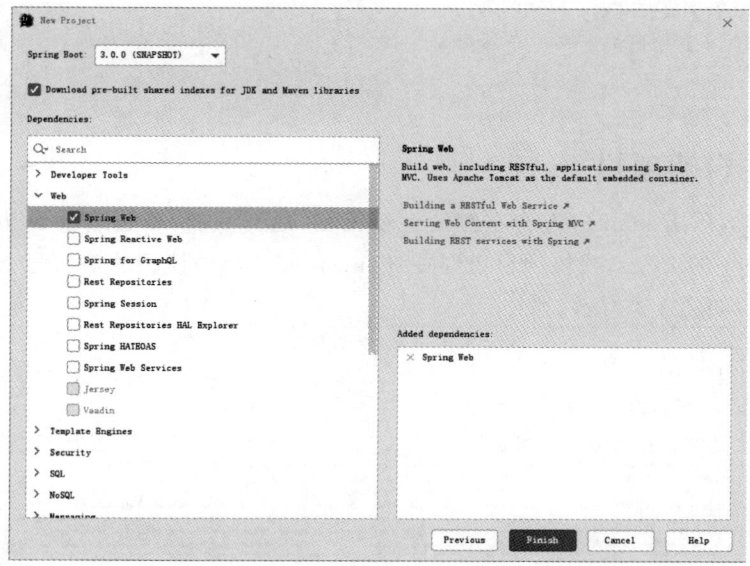

图 1-2 选择依赖

首先在该对话框中选择 Spring Boot 的版本 3.0.0(SNAPSHOT),这个版本号不是最终的,届时会有正式的版本号,然后在左侧选择 Spring Web 依赖,其他依赖先不选,这样可以相对比较快速创建项目,最后单击 Finish 按钮,等待一段时间后,即可创建一个 Spring Boot 3.0 项目。

1.4.2 项目结构

系统加载各种资源,完成项目的创建,创建完成后项目结构如图 1-3 所示。

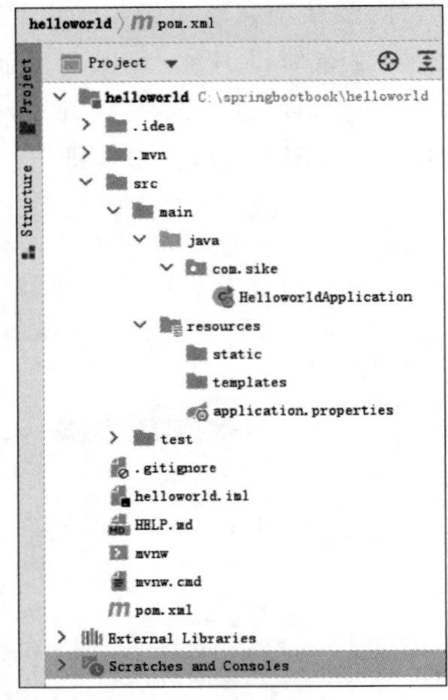

图 1-3 项目结构

1.4.3 创建控制器

在项目的 src/main/java/com/sike 路径下创建包 controller,在包下创建 HelloController 类,使用@RestController 进行注解,表示这是由 Spring 管理的一个控制器 Bean,并且所有方法均返回 JSON 字符串,在控制器中创建一种方法,用于给前端浏览器返回一个字符串,在方法上面使用注解@GetMapping("/hello"),表示使用/hello 路径访问该方法,访问该方法的全路径是 http://localhost:8080/hello,关键代码如下:

```
//第 1 章/helloworld/HelloController.java
@RestController
public class HelloController {
    @GetMapping("/hello")
    public String hello(){
        return "<h1>Hello World</h1>";
    }
}
```

1.4.4 启动项目

打开启动类,单击 main()方法左侧的运行按钮,运行项目,项目启动成功后,控制台会出现 Spring Boot 的 Logo,提供项目已经在 Tomcat 服务器中使用的端口号,以及访问项目的根路径 URL,如图 1-4 所示。

```
 :: Spring Boot ::        (v3.0.0-SNAPSHOT)

2022-10-29T19:55:01.942+08:00  INFO 13892 --- [           main] com.sike.HelloworldApplication           : Starting HelloworldApplication using Java 17.0.5 on DESKTOP-AN5QU4Q with PID
2022-10-29T19:55:01.945+08:00  INFO 13892 --- [           main] com.sike.HelloworldApplication           : No active profile set, falling back to 1 default profile: "default"
2022-10-29T19:55:02.936+08:00  INFO 13892 --- [           main] o.s.b.w.embedded.tomcat.TomcatWebServer  : Tomcat initialized with port(s): 8080 (http)
2022-10-29T19:55:02.945+08:00  INFO 13892 --- [           main] o.apache.catalina.core.StandardService   : Starting service [Tomcat]
2022-10-29T19:55:02.945+08:00  INFO 13892 --- [           main] o.apache.catalina.core.StandardEngine    : Starting Servlet engine: [Apache Tomcat/10.0.27]
2022-10-29T19:55:03.033+08:00  INFO 13892 --- [           main] o.a.c.c.C.[Tomcat].[localhost].[/]       : Initializing Spring embedded WebApplicationContext
2022-10-29T19:55:03.035+08:00  INFO 13892 --- [           main] w.s.c.ServletWebServerApplicationContext : Root WebApplicationContext: initialization completed in 1015 ms
2022-10-29T19:55:03.316+08:00  INFO 13892 --- [           main] o.s.b.w.embedded.tomcat.TomcatWebServer  : Tomcat started on port(s): 8080 (http) with context path ''
2022-10-29T19:55:03.323+08:00  INFO 13892 --- [           main] com.sike.HelloworldApplication           : Started HelloworldApplication in 1.874 seconds (process running for 2.554)
```

图 1-4 项目启动成功

在浏览器中输入 http://localhost:8080/hello 进行访问，此时会出现如图 1-5 所示界面，表示项目运行成功。

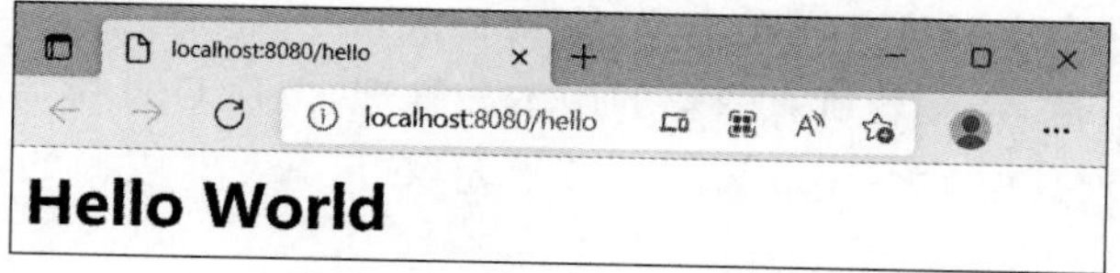

图 1-5 浏览器访问结果

1.5 Spring Boot 原理

第 1 个 Spring Boot 项目跟以前的 Spring+Spring MVC 项目相比大大简化了各种配置，无须配置 Spring，无须配置 Spring MVC，无须配置 web.xml，无须配置 Tomcat 服务器，无须配置各种 Bean，不需要手动导入各种依赖，更不用担心依赖的版本冲突问题。仅仅导入一个 starter 依赖就实现了，这一切 Spring Boot 底层都帮忙实现了。

Spring Boot 通过 pom.xml 文件中的 parent 依赖来解决依赖的版本冲突问题。Spring Boot 通过 starter 来导入一系列相关的依赖，一个 starter 就相当于一组完成特定功能的若干个依赖。Spring Boot 通过启动类来导入各种自动配置类，加载系统运行所需的各种 Bean。Spring Boot 内置了 Tomcat 插件，Web 项目启动后自动加载到内置 Tomcat 服务器中运行，其中自动配置的原理比较复杂，后面学习完 Spring Boot 整合第三方库，如整合 Redis，了解了其方便实用性之后再来详细探究自动配置原理。

pom.xml 文件还配置了一个 artifactId 为 spring-boot-maven-plugin 的插件，用于将 Spring Boot 应用打包为可执行的 Jar 或 War 文件。

注意：Spring Boot 的启动类必须放在项目所有类的同级或上级包中。

1.5.1 父工程 parent

Spring Boot 使用 parent 进行依赖管理，Spring Boot 项目创建完成后，其 pom.xml 文件中有一个<parent>标签，在<parent>标签中定义了 spring-boot-starter-parent 依赖，这是所有 Spring Boot 项目的父项目(又称父工程或父依赖)，代码如下：

```
//第 1 章/helloworld/pom.xml
    <parent>
        <groupId>org.springframework.boot</groupId>
        <artifactId>spring-boot-starter-parent</artifactId>
        <version>3.0.0</version>
        <relativePath/>
    </parent>
```

spring-boot-starter-parent 父项目用来做依赖管理，托管子项目，其作用如下：

(1) 标识该项目是一个 Spring Boot 项目。

(2) 指定其字符集为 UTF-8。

（3）维护各项技术的版本号。

按住 Ctrl 键后单击这个依赖链接，进入其详情，可以发现其中又出现了另一个< parent >标签，表明它还有一个父依赖，依赖名称是 spring-boot-dependencies，这是 spring-boot-starter-parent 的父项目，定义着所有依赖的版本和管理，按住 Ctrl 键后单击该依赖的链接，进入其详情，可以发现其中的< properties >节点定义了一大堆依赖的版本号，部分截图如图 1-6 所示。

```
<properties>
  <artemis.version>2.26.0</artemis.version>
  <aspectj.version>1.9.9.1</aspectj.version>
  <assertj.version>3.23.1</assertj.version>
  <awaitility.version>4.2.0</awaitility.version>
  <brave.version>5.14.1</brave.version>
  <build-helper-maven-plugin.version>3.3.0</build-helper-maven-plugin.version>
  <byte-buddy.version>1.12.18</byte-buddy.version>
  <cache2k.version>2.6.1.Final</cache2k.version>
  <caffeine.version>3.1.1</caffeine.version>
  <cassandra-driver.version>4.15.0</cassandra-driver.version>
  <classmate.version>1.5.1</classmate.version>
  <commons-codec.version>1.15</commons-codec.version>
  <commons-dbcp2.version>2.9.0</commons-dbcp2.version>
  <commons-lang3.version>3.12.0</commons-lang3.version>
  <commons-pool.version>1.6</commons-pool.version>
  <commons-pool2.version>2.11.1</commons-pool2.version>
  <couchbase-client.version>3.3.4</couchbase-client.version>
  <db2-jdbc.version>11.5.7.0</db2-jdbc.version>
  <dependency-management-plugin.version>1.1.0</dependency-management-plugin.version>
  <derby.version>10.16.1.1</derby.version>
  <dropwizard-metrics.version>4.2.12</dropwizard-metrics.version>
  <ehcache3.version>3.10.2</ehcache3.version>
  <elasticsearch-client.version>8.4.3</elasticsearch-client.version>
  <flyway.version>9.5.0</flyway.version>
  <freemarker.version>2.3.31</freemarker.version>
```

图 1-6　版本号部分截图

并且< dependencyManagement >节点，既依赖管理，又定义了一大堆依赖，引用了上述版本号变量，如图 1-7 所示。

Spring-boot-dependencies 存放着 Spring Boot 的核心依赖，管理着 Spring Boot 应用里面的所有依赖版本，这样，将来 Spring Boot 项目中若引用了这些依赖，将无须指定版本号，无须再为使用什么版本而伤脑筋，更重要的是，这些依赖的版本都是 Spring Boot 精挑细选出来的组合，不会出现版本冲突问题，否则所有依赖都要自己去找版本很容易出现依赖冲突问题。注意，仍然有一些依赖没有被 Spring Boot 官方收录进来，没有收录进来的依赖仍然要写版本号。

不同版本的 Spring Boot 它选择的各种依赖的版本组合不同，一般来讲，Spring Boot 的版本较高，它选用的各种常用依赖的版本也相应较高。

```
<dependencyManagement>
  <dependencies>
    <dependency>
      <groupId>org.apache.activemq</groupId>
      <artifactId>artemis-amqp-protocol</artifactId>
      <version>${artemis.version}</version>
    </dependency>
    <dependency>
      <groupId>org.apache.activemq</groupId>
      <artifactId>artemis-commons</artifactId>
      <version>${artemis.version}</version>
    </dependency>
    <dependency>
      <groupId>org.apache.activemq</groupId>
      <artifactId>artemis-core-client</artifactId>
      <version>${artemis.version}</version>
    </dependency>
    <dependency>
      <groupId>org.apache.activemq</groupId>
      <artifactId>artemis-jakarta-client</artifactId>
      <version>${artemis.version}</version>
    </dependency>
    <dependency>
      <groupId>org.apache.activemq</groupId>
      <artifactId>artemis-jakarta-server</artifactId>
      <version>${artemis.version}</version>
    </dependency>
```

图 1-7　依赖管理

1.5.2 场景启动器 starter

Spring Boot 还提供了各种各样的 starter，又称为场景启动器，Spring Boot 将常用的功能场景抽取出来，做成一个个 starter(启动器)，以快速实现特定功能。每个场景启动器又集成了若干个依赖，这样导入了一个场景启动器就相当于导入了它所集成的若干个依赖，无须用户一个个导入，如本章在第 1 个 Spring Boot 项目中导入了 spring-boot-starter-web，这个是用于 Web 功能的场景启动器，有了它就可以进行 Spring MVC 开发，因为它内部集成了多个 Web 开发所需要的依赖，下面来探究一下该场景启动器。

首先在 pom.xml 观察一下 spring-boot-starter-web 依赖，发现该依赖并没有提供版本号，在 spring-boot-dependencie 查找关键字 starter-web，发现其中已提供了版本号，这就是使用<parent>进行依赖版本管理的好处之一。

单击 spring-boot-starter-web 依赖的链接，发现其已经声明了以下依赖：

```
//第 1 章/helloworld/pom.xml
<dependencies>
    <dependency>
      <groupId>org.springframework.boot</groupId>
      <artifactId>spring-boot-starter</artifactId>
      <version>3.0.0</version>
      <scope>compile</scope>
    </dependency>
    <dependency>
      <groupId>org.springframework.boot</groupId>
      <artifactId>spring-boot-starter-json</artifactId>
      <version>3.0.0</version>
      <scope>compile</scope>
    </dependency>
    <dependency>
      <groupId>org.springframework.boot</groupId>
      <artifactId>spring-boot-starter-tomcat</artifactId>
      <version>3.0.0</version>
      <scope>compile</scope>
    </dependency>
    <dependency>
      <groupId>org.springframework</groupId>
      <artifactId>spring-web</artifactId>
      <version>6.0.2</version>
      <scope>compile</scope>
    </dependency>
    <dependency>
      <groupId>org.springframework</groupId>
      <artifactId>spring-webmvc</artifactId>
      <version>6.0.2</version>
      <scope>compile</scope>
    </dependency>
  </dependencies>
```

里面已经包含了 Spring MVC 开发所需要的所有依赖，如 spring-webmvc、spring-boot-starter-json，以及所需的 Tomcat 容器，从而可以知道，一个场景启动器就是集成了完成某个特定功能所需的所有依赖，大大减少了开发人员一个个自动导入依赖的麻烦，再加上 < parent >的版本管理，可以让开发人员轻松地创建好某种特定目的的开发环境。

此外还依赖了 spring-boot-starter，这是 Spring Boot 的核心启动器，包含了自动配置、日志和 YAML，单击该依赖的链接，可以看到以下所示的各种依赖：

```
//第 1 章/helloworld/pom.xml
<dependencies>
    <dependency>
      <groupId>org.springframework.boot</groupId>
      <artifactId>spring-boot</artifactId>
      <version>3.0.0</version>
      <scope>compile</scope>
    </dependency>
    <dependency>
      <groupId>org.springframework.boot</groupId>
      <artifactId>spring-boot-autoconfigure</artifactId>
      <version>3.0.0</version>
      <scope>compile</scope>
    </dependency>
    <dependency>
      <groupId>org.springframework.boot</groupId>
      <artifactId>spring-boot-starter-logging</artifactId>
      <version>3.0.0</version>
      <scope>compile</scope>
    </dependency>
    <dependency>
      <groupId>jakarta.annotation</groupId>
      <artifactId>jakarta.annotation-api</artifactId>
      <version>2.1.1</version>
      <scope>compile</scope>
    </dependency>
    <dependency>
      <groupId>org.springframework</groupId>
      <artifactId>spring-core</artifactId>
      <version>6.0.2-SNAPSHOT</version>
      <scope>compile</scope>
    </dependency>
    <dependency>
      <groupId>org.yaml</groupId>
      <artifactId>snakeyaml</artifactId>
      <version>1.33</version>
      <scope>compile</scope>
    </dependency>
  </dependencies>
```

可以从中了解到 spring-boot-starter 集成了 spring-boot-autoconfigure 自动配置依赖和这个是 Spring Boot 进行自动配置的非常重要的依赖，此外还集成了 spring-boot-starter-logging 启动日志依赖和 spring-core 内核依赖，这些都是运行 Spring Boot 项目必不可少的依赖。

Spring 内置了多种场景启动器，一般由 spring-boot-starter 这样的前缀，后面再加上具体的场景关键字,(如 web、redis 等)构成,常见的场景启动器及其作用见表 1-1。

表 1-1 常用的场景启动器

场景启动器	作 用
spring-boot-starter	这是 Spring Boot 的核心启动器,包含了自动配置、日志和 YAML
spring-boot-starter-amqp	通过 spring-rabbit 来支持 AMQP 协议(Advanced Message Queuing Protocol)
spring-boot-starter-aop	支持面向方面的编程,即 AOP,包括 spring-aop 和 AspectJ
spring-boot-starter-artemis	通过 Apache Artemis 支持 JMS 的 API(Java Message Service API)
spring-boot-starter-batch	支持 Spring Batch,包括 HSQLDB 数据库
spring-boot-starter-cache	支持 Spring 的 Cache 抽象
spring-boot-starter-cloud-connectors	支持 Spring Cloud Connectors,简化了在像 Cloud Foundry 或 Heroku 这样的云平台上的连接服务
spring-boot-starter-data-elasticsearch	支持 Elasticsearch 搜索和分析引擎,包括 spring-data-elasticsearch
spring-boot-starter-data-gemfire	支持 GemFire 分布式数据存储,包括 spring-data-gemfire
spring-boot-starter-data-jpa	支持 JPA(Java Persistence API,包括 spring-data-jpa、spring-orm、Hibernate)
spring-boot-starter-data-mongodb	支持 MongoDB 数据,包括 spring-data-mongodb
spring-boot-starter-data-rest	通过 spring-data-rest-webmvc,支持通过 REST 暴露 Spring Data 数据仓库
spring-boot-starter-data-solr	支持 Apache Solr 搜索平台,包括 spring-data-solr
spring-boot-starter-freemarker	支持 FreeMarker 模板引擎
spring-boot-starter-groovy-templates	支持 Groovy 模板引擎
spring-boot-starter-hateoas	通过 spring-hateoas 支持基于 HATEOAS 的 RESTful Web 服务
spring-boot-starter-hornetq	通过 HornetQ 支持 JMS
spring-boot-starter-integration	支持通用的 spring-integration 模块
spring-boot-starter-jdbc	支持 JDBC 数据库
spring-boot-starter-jersey	支持 Jersey RESTful Web 服务框架
spring-boot-starter-jta-atomikos	通过 Atomikos 支持 JTA 分布式事务处理
spring-boot-starter-jta-bitronix	通过 Bitronix 支持 JTA 分布式事务处理
spring-boot-starter-mail	支持 javax. mail 模块
spring-boot-starter-mobile	支持 spring-mobile
spring-boot-starter-mustache	支持 Mustache 模板引擎
spring-boot-starter-redis	支持 Redis 键值存储数据库,包括 spring-redis
spring-boot-starter-security	支持 spring-security
spring-boot-starter-social-facebook	支持 spring-social-facebook
spring-boot-starter-social-linkedin	支持 spring-social-linkedin
spring-boot-starter-social-twitter	支持 spring-social-twitter
spring-boot-starter-test	支持常规的测试依赖,包括 JUnit、Hamcrest、Mockito 及 spring-test 模块
spring-boot-starter-thymeleaf	支持 Thymeleaf 模板引擎,包括与 Spring 的集成

续表

场景启动器	作　用
spring-boot-starter-velocity	支持 Velocity 模板引擎
spring-boot-starter-web	支持全栈式 Web 开发，包括 Tomcat 和 spring-webmvc
spring-boot-starter-websocket	支持 WebSocket 开发
spring-boot-starter-ws	支持 Spring Web Services
spring-boot-starter-actuator	增加了面向产品上线相关的功能，例如测量和监控
spring-boot-starter-remote-shell	增加了对远程 ssh shell 的支持
spring-boot-starter-jetty	引入了 Jetty HTTP 引擎（用于替换 Tomcat）
spring-boot-starter-log4j	支持 Log4J 日志框架
spring-boot-starter-logging	引入了 Spring Boot 默认的日志框架 Logback
spring-boot-starter-tomcat	引入了 Spring Boot 默认的 HTTP 引擎 Tomcat
spring-boot-starter-undertow	引入了 Undertow HTTP 引擎（用于替换 Tomcat）

1.5.3 启动类

Spring Boot 的启动类是程序的执行入口，运行启动类的 main()方法就可以启动项目，启动类将会初始化 Spring 容器，扫描启动类所在的包，加载各种 Bean，其中启动类的 @Spring BootApplication 注解起到了至关重要的作用。单击启动类中的 @ Spring BootApplication 链接，可以发现该注解实际上是由以下 3 个主要注解组合而成的：

```
@Spring BootConfiguration
@EnableAutoConfiguration
@ComponentScan
```

其中@Spring BootConfiguration 注解表示当前类是个配置类，@EnableAutoConfiguration 注解表示加载自动配置类，@ComponentScan 注解表示扫描当前类所在包及其子包下的所有组件，这也说明了为什么 Spring Boot 项目的各种类必须创建到跟启动类同一个包或其子包中，否则无法扫描到，不能加载到 Spring 容器中。

启动类的 main()方法中的 SpringApplication 的 run()方法返回的是 ConfigurableApplicationContext 类型的对象，其实它就是大家熟悉的 Spring 容器，这里来做个测试，修改代码，尝试在 Spring 容器中查找是否存在刚才创建的 HelloController 类型的 Bean，代码如下：

```
//第 1 章/helloworld/HelloworldApplication.java
@Spring BootApplication
public class HelloworldApplication {

    public static void main(String[] args) {
        ConfigurableApplicationContext context = SpringApplication.run(HelloworldApplication.
class, args);
        System.out.println(context.getBean(HelloController.class));
    }

}
```

运行程序,输出的结果如下:

```
com.sike.controller.HelloController@d5d5353
```

这证明了启动类运行后,HelloController 类的 Bean 就被成功地加载到了 Spring 容器中。

还可以使用循环遍历出初始化完成后添加到项目中的所有 Bean 中,修改代码如下:

```
//第 1 章/helloworld/HelloworldApplication.java
    public static void main(String[] args) {
        ConfigurableApplicationContext context = SpringApplication.run(HelloworldApplication.
class, args);
        String[] beans = context.getBeanDefinitionNames();
        System.out.println(beans.length);
        for(String bean:beans){
            System.out.println(bean);
        }

    }
```

控制台中将出现很多的 Bean 的名称。

Spring Boot 启动流程如下。

(1) 初始化阶段:此阶段会创建一个 SpringApplication 实例,并设置实例的资源、环境、监听器、构造器。

(2) 应用启动阶段:此阶段会创建监听器模块、创建并设置环境实例、设置 banner、构建应用上下文对象、应用启动,加载自动化配置信息。

(3) 自动化配置阶段:@EnableAutoConfiguration 注解导入了一个 AutoConfigurationImportSelector.class 实例,该类会扫描类路径上的 JAR 包,如果在 META-INF/下有 spring.factories 文件,它就会通过 SpringFactoriesLoader.loadFactoryNames 方法将这个文件中的全路径类名加载到 Spring 容器中。loadFactoryNames()需要类加载器和全路径类名才能加载一个类。关于自动配置的原理,第 8 章还会专门介绍。

1.5.4 Web 服务器

Spring Boot 中可以使用 Tomcat、Jetty 及 Undertow 3 种 Web 服务器,其中 Tomcat 服务器应用最广,Jetty 相对轻量级,Undertow 负载性能稍强。Spring Boot 默认使用了内嵌的 Tomcat 服务器。在 pom.xml 文件中单击 spring-boot-starter-web 依赖的链接,可以看到该场景启动器已经包含了 spring-boot-starter-tomcat 依赖,显然这也是个场景启动器,单击该依赖的链接,可以发现有更多的与 Tomcat 相关的依赖,其中 tomcat-embed-core 依赖表明使用了内嵌的 Tomcat 服务器,其原理就是将 Tomcat 服务器当对象运行,并交给 Spring 容器管理。

要想切换成 Tomcat 以外的其他服务器,如 Jetty,做法是先把 Tomcat 依赖从 spring-boot-starter-web 依赖中排除,这需要在 spring-boot-starter-web 依赖中添加<exclusions>

节点，具体的代码如下：

```
//第 1 章/helloworld/pom.xml
<dependency>
    <groupId>org.springframework.boot</groupId>
    <artifactId>spring-boot-starter-web</artifactId>
    <exclusions>
        <exclusion>
            <groupId>org.springframework.boot</groupId>
            <artifactId>spring-boot-starter-tomcat</artifactId>
        </exclusion>
    </exclusions>
</dependency>
```

这样 Tomcat 依赖就被排除掉了，然后在 pom. xml 文件中添加 Jetty 的依赖，代码如下：

```
<dependency>
    <groupId>org.springframework.boot</groupId>
    <artifactId>spring-boot-starter-jetty</artifactId>
</dependency>
```

1.6 Spring Boot 配置

Spring Boot 提供了很多应用的自动配置，也可以自定义配置，修改(覆盖)默认配置值。如默认提供的 Tomcat 端口号是 8080，但可以在 resource 路径下的 application. propertis 配置文件中添加代码 server. port=80，将端口号修改为 80，重新启动项目，即可发现项目只可以用 80 端口访问了。

1.6.1 常用配置

除了配置端口号外，还可以配置更多的东西，例如如果要修改应用的访问上下文，则可以在 application. properties 文件中这样配置：server. servlet. context-path=goods，这样访问项目资源时，其 URL 除了 http://localhost:8080 外，还要上 goods，即 http://localhost:8080/goods 才能访问，如果想调整日志的级别，则可以这样配置：logging. level. root=debug，意思是将日志级别调整为 Debug 级别，这样初始化时所有的 Bean 都将显示到控制台，如果设置为 error，则只有错误时才显示日志，默认其值是 info，即我们正常启动 Spring Boot 时看到的控制台信息。当然还有更多的配置、例如修改数据源配置、修改缓存的配置、JSON 配置等，更多配置可以查看 Spring 官网 https://docs. spring. io/spring-boot/docs/current/reference/html/application-properties. html#appendix. application-properties。

访问该网页，将出现所有的配置，如图 1-8 所示，左侧显示大类，右侧是其具体的各种配置项名称、描述与默认值。

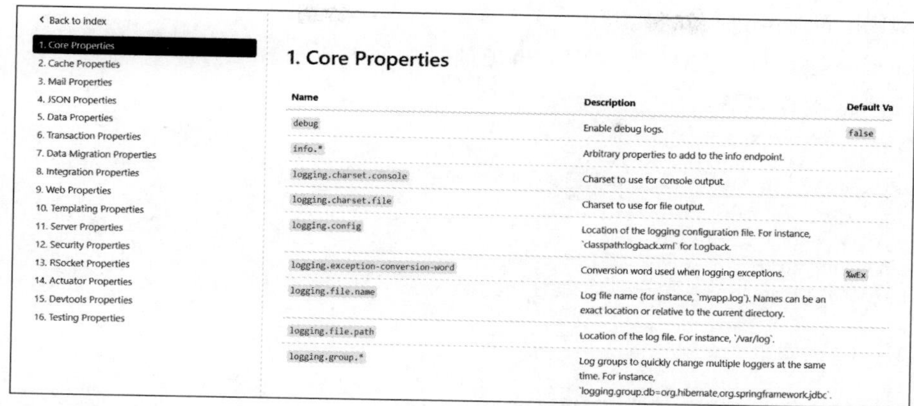

图 1-8 常用配置

1.6.2 配置文件类型

除了上述的 application. properties 文件可以进行配置外，还可以使用 application. yml 文件进行配置，以及 application. yaml 文件进行配置，这 3 种配置文件也可同时存在，如果里面的配置项有冲突，则按如下优先级 application. properties > application. yml > application. yaml，优先级高的相同配置将覆盖优先级低的相同配置项，如果没有冲突，则 3 个文件中的所有配置项均同时起作用。此外注意配置项起作用的前提条件是相关的依赖要导入，否则会报错。

这里做个实验，3 种配置文件同时出现在 resource 路径下，在 application. properties 中配置 server. port=8081，在 application. yml 文件中配置 server. port=8082，在 application. yaml 文件中配置 server. port=8083，启动项目，观察控制台中的启动端口号，可以发现是 8081，将 application. properties 文件删除，再次启动项目，可以发现端口变成了 8082。

1.6.3 YAML 配置方式

YAML 是 Yet Ain't Markup Language 的英文缩写，是最近非常流行的一种数据序列化格式，跟 XML 方式比较，XML 格式太突显，数据不突显，而 YAML 配置方式充分突显了数据，弱化了格式，跟 properties 方式相比，消除了大量的重复，大大减少了代码量，并且层次化更加清晰，容易阅读，容易与脚本语言交互。YAML 配置文件可以用. yaml 后缀，也可用. yml 后缀，一般使用. yml 后缀。

如果是配置单一的属性与值，则属性名称后面使用冒号，冒号后面要先有一个空格，空格后面是属性对应的值，如果是多层级的属性，则冒号后面留空，然后换行，并且换行后要缩进若干个空格再配置下一层级的属性，缩进的空格数不限，但不能用 Tab 键进行缩进，如果还有下一级，则类推，最后一层级的属性接冒号，冒号后面先有一个空格，然后是值，如果是同一层级的属性，则要有相同的缩进，即左侧竖向要对齐。同一层级不允许出现同名的属性。YAML 用符号 # 进行注释。

properties 配置与 YAML 配置同一事项的示例如下。

properties 配置如下：

```
server.port = 80
server.servlet.context - path = goods

spring.datasource.username = root
spring.datasource.password = root
spring.datasource.url = mysql://localhost:3306/db
```

YAML 配置如下：

```
//第 1 章/helloworld/application.yml
server:
  port: 80
  servlet:
    context - path: goods

spring:
  datasource:
    username: root
    password: root
    url: mysql://localhost:3306/db
```

YAML 配置单一属性，示例如下：

```
username: ximing
password: 123456
telephone: 13788888888
```

YAML 配置二级属性，示例如下：

```
user:
  username: alice
  password: 888888
  telephone: 13612345678
```

这种情况，也可以把所有二级属性当成一级属性的对象，可以用类似 JSON 的格式把二级属性放在同一行，代码如下：

```
user: {username:alice,password:888888,telephone:13612345678}
```

也可以把属性 user 的值当成对象类型。

YAML 配置多级属性，示例如下：

```
server:
  servlet:
    context - path: goods
```

YAML 将属性值配置为数组，示例如下：

```
city:
  - beijing
  - shanghai
  - guangzhou
  - shenzhen
```

也可以用单行模式代替上述配置，代码如下：

```
city: [beijing, shanghai, guangzhou, shenzhen]
```

属性的值是对象数组的示例如下：

```
books:
  - name: 三国演义
    author: 罗贯中
    price: 88
  - name: 西游记
    author: 吴承恩
    price: 98
```

也可以使用单行模式代替上述配置，代码如下：

```
books: [{name: 三国演义, author: 罗贯中}, {name: 西游记, author: 吴承恩}, {name: 红楼梦,
author: 曹雪芹}]
```

1.6.4 读取配置文件

1. 使用@Value 注解

在配置文件中的值是供其他类读取的，类中可以用@Value 注解结合 SPEL 表达式读取单一属性的值。

【例 1-1】 在测试类中获取在配置文件中的 username 的值并输出到控制台。

首先在测试类中创建一个 String 类型的成员变量 username，然后在变量上面添加@Value 注解，并在注解中添加 SPEL 表达式，该表达式 ${username}代表的是加载 application.yml 文件中的 username 属性的值，并将值赋给注解的成员变量，然后在测试方法中输出成员变量 username 的值，代码如下：

```
//第 1 章/helloworld/HelloworldApplicationTests.java
import org.junit.jupiter.api.Test;
import org.springframework.beans.factory.annotation.Value;
import org.springframework.boot.test.context.Spring BootTest;

@Spring BootTest
class HelloworldApplicationTests {

@Value("${username}")
    private String username;
    @Test
```

```
    void testUsername() {
        System.out.println("username:" + username);
    }
}
```

运行该测试,输出的结果如下:

```
username:tom
```

【例 1-2】 读取多级属性的值。

代码如下:

```
@Value("${user.username}")
    private String username;
```

输出的结果如下:

```
username:alice
```

【例 1-3】 读取数组中的一个元素。

代码如下:

```
//第 1 章/helloworld/HelloworldApplicationTests.java
    @Value("${city[2]}")
    private String city;

    @Test
    void testCity() {
        System.out.println("city:" + city);
    }
```

输出的结果如下:

```
city:guangzhou
```

【例 1-4】 读取对象数组中的一个对象的某个属性值,这里读取第二本书的名称。

代码如下:

```
//第 1 章/helloworld/HelloworldApplicationTests.java
    @Value("${books[1].name}")
    private String bookName;

    @Test
    void testBookname() {
        System.out.println("bookName:" + bookName);
    }
```

输出的结果如下:

```
bookName:西游记
```

关于 YAML 中的变量引用。如果在配置文件中的某个属性的值还要在其他多个属性中使用,则在其他属性的值中可以用 SPEL 表达式 ${被引用的属性名称}的办法进行引用,相当于使用了一个变量,其好处之一是其他属性无须重复编写相同值,好处之二是一旦被引用的属性的值改变了,引用了该属性的其他属性的值也跟着改变而无须一个个手动修改。

2. 使用 Environment 对象

可以使用 Environment 一次性获取所有配置文件中的所有信息。Spring Boot 启动后,在配置文件中的数据默认被封装到 Environment 类的 Bean 中,只要使用@Autowired 注解流入该 Bean 即可获得任意一个配置项的值。获取值使用 Environment 类的 getProperty 方法,要获取哪个配置项,则方法的参数就使用该配置项的名称。

【例 1-5】 使用 Environment 获得 username 和 password 的值。

代码如下:

```
//第 1 章/helloworld/HelloworldApplicationTests.java
@Autowired
private Environment environment;

@Test
void testEnvironment(){
    System.out.println("username:" + environment.getProperty("username"));
    System.out.println("password:" + environment.getProperty("password"));
}
```

运行代码后输出的结果如下:

```
username:admin
password:123456
```

3. 使用@ConfigurationProperties 注解

也可以用@ConfigurationProperties 注解实现一次性加载某个前缀的数据,封装到一个实体类中,例如,在配置文件中有个 user 属性,该属性下面还有若干个二级属性,user 属性可以当成前缀,这样可以将 user 下的所有二级属性一次性自动封装到 User 实体类中并同时创建成一个 Bean。具体步骤如下:

(1) 首先创建一个实体类 User,类中的属性与配置文件中的 user 属性下的所有二级属性完全相同,代码如下:

```
//第 1 章/helloworld/User.java
public class User {
   private String username;
   private String password;
   private String telephone;

   public String getUsername() {
      return username;
   }
```

```
    public void setUsername(String username) {
        this.username = username;
    }

    public String getPassword() {
        return password;
    }

    public void setPassword(String password) {
        this.password = password;
    }

    public String getTelephone() {
        return telephone;
    }

    public void setTelephone(String telephone) {
        this.telephone = telephone;
    }

    @Override
    public String toString() {
        return "User{" +
                "username='" + username + '\'' +
                ", password='" + password + '\'' +
                ", telephone='" + telephone + '\'' +
                '}';
    }
}
```

然后在实体类中添加注解：

```
@Component
@ConfigurationProperties(prefix = "user")
```

注解@ConfigurationProperties(prefix = "user")表示导入配置文件中前缀为 user 的属性下的所有二级属性并封装到该实体类对应的属性中，同名属性自动映射并注入值，注解@Component 表示将该实体类创建为一个 Bean 并纳入 Spring 容器进行管理。

（2）在测试类中添加的代码如下：

```
//第 1 章/helloworld/User.java
@Autowired
    private User user;

    @Test
    void testUser(){
        System.out.println(user);
    }
```

运行测试，输出的结果如下：

```
User{username = 'alice', password = '888888', telephone = '13612345678'}
```

1.6.5 多环境配置

在 Spring Boot 项目的生命周期中，存在不同的环境，例如开发时的环境，测试时的环境，交付使用后的生产环境，每种环境的配置可能不一样，这种情况可以通过多环境配置实现不同环境的快速切换。基本思路是先针对不同环境制定不同名称的配置文件，里面放置不同环境下所需的配置项，然后在主配置文件中选择其中一个配置文件作为当前使用的配置。

（1）新建 Spring Boot 项目，将项目命名为 mutiprofile，添加 spring-boot-starter-web 依赖。

（2）创建多个配置文件，每个新建的配置文件名称都是这样的格式：application-{profile}. yml，其中{profile}是对应环境的标识，例如开发环境就用 dev，这样创建以下 3 个常用的配置文件。

开发环境：application-dev. yml。

测试环境：application-test. yml。

生产环境：application-prod. yml。

各个配置文件模拟数据库的配置信息不同，内容分别如下。

application-dev. yml：

```
db:
  url: mysql://192.168.1.10:3306/db1
  user: dev
  password: 123
```

application-prod. yml：

```
db:
  url: oracle://192.168.1.20:9000/db2
  user: prod
  password: 111
```

application-test. yml：

```
db:
  url: sqlserver://192.168.1.30:8002/db3
  user: test
  password: 123456
```

（3）选择环境：将 application. properties 配置文件修改为 application. yml，使用以下代码选择上述的其中一个环境：

```
spring:
  profiles:
    active: dev
```

这里表示选择了 dev 环境，这代表 application-dev.yml 文件中的配置将起作用。要选择其他环境时只需将 dev 替换为其他环境的标识。

（4）创建控制器 TestController，测试不同环境时加载不同的数据库连接信息，代码如下：

```
//第 1 章/helloworld/TestController.java
package com.sike.controller;

import org.springframework.beans.factory.annotation.Value;
import org.springframework.web.bind.annotation.GetMapping;
import org.springframework.web.bind.annotation.RestController;

@RestController
public class TestController {

    @Value("${db.url}")
    private String url;

    @Value("${db.user}")
    private String user;

    @Value("${db.password}")
    private String password;

    @GetMapping("/test")
    public String test(){
        String str = "<h1>当前环境连接的数据库 URL: " + URL + "</h1>";
        str += "<h1>数据库用户: " + user + "</h1>";
        str += "<h1>数据库密码: " + password + "</h1>";
        return str;
    }
}
```

（5）测试：当选择 dev 环境时，浏览器访问 http://localhost:8080/test 的结果如图 1-9 所示。

当选择 prod 环境时，浏览器访问 http://localhost:8080/test 的结果如图 1-10 所示。

图 1-9 dev 环境

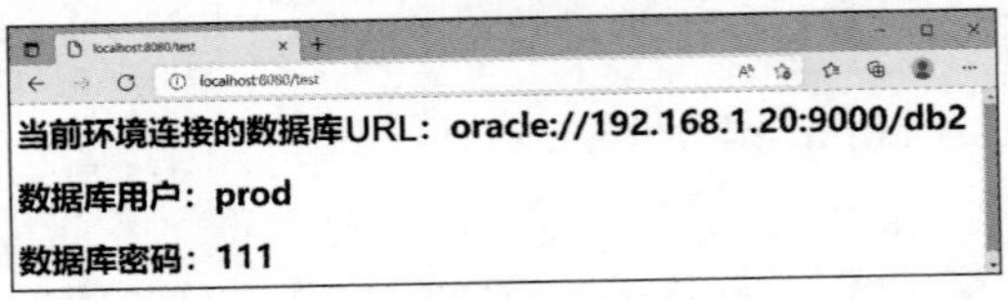

localhost:8080/test
当前环境连接的数据库URL：oracle://192.168.1.20:9000/db2
数据库用户：prod
数据库密码：111

图 1-10 prod 环境

当选择 test 环境时，浏览器访问 http://localhost:8080/test 的结果如图 1-11 所示。

1.6.6 热部署

一般情况下，在项目的开发过程中，如果代码修改了，则在重新启动项目后修改才会生效，但可以进行热部署实现无须

图 1-11 test 环境

重新手动重启应用程序。

首先要在 IDEA 中进行自动构建项目的配置，选择 File→Settings→Build，Execution，Deployment→Complier，然后在右侧部分勾选 Build project automatically 选项，如图 1-12 所示，见箭头所指处。

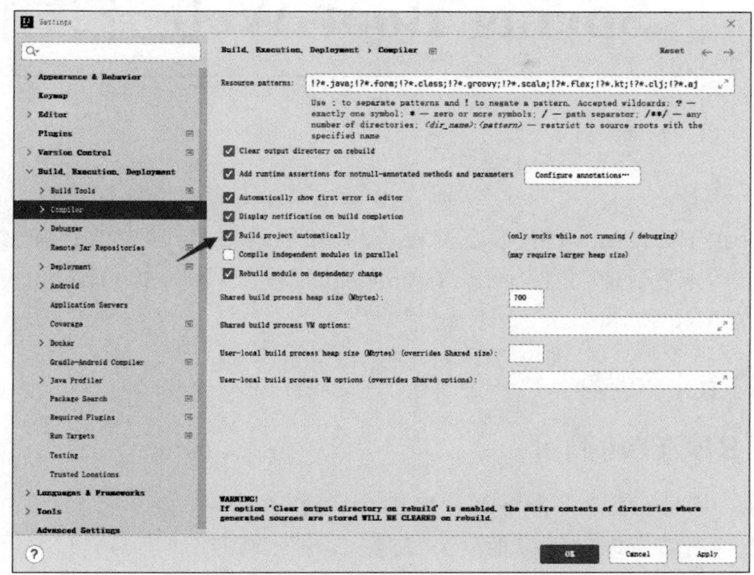

图 1-12　自动构建项目的配置

再在 pom.xml 文件中添加 devtools 依赖，代码如下：

```
//第 1 章/helloworld/pom.xml
<dependency>
    <groupId>org.springframework.boot</groupId>
    <artifactId>spring-boot-devtools</artifactId>
    <optional>true</optional>
</dependency>
```

此外在 application.yml 文件中添加以下配置：

```
spring:
  devtools:
    restart:
      enabled: true
```

这时如果程序代码有改动，就会触发热部署，无须手动重启程序就可看到效果。

本章小结

本章学习了 Spring Boot 新版本的特性，开发环境搭建，Spring Boot 工作原理，Spring Boot 创建项目的基本流程，Spring Boot 的配置。

第 2 章

Spring Boot Web 开发技术

本章主要介绍 RESTful 风格、静态资源访问、路径映射、跨域资源访问、统一响应数据格式、Spring Boot 异常处理、文件上传、Thymeleaf 视图层技术、接口文档 Swagger 3.0 等 Java Web 开发常用技术。

2.1 RESTful 风格

2.1.1 RESTful 简介

RESTful 是一种新的 Web 服务架构风格，主要特点如下：

(1) 网络上的所有资源都可以抽象为资源。

(2) 每个资源都有唯一的资源标识符。

(3) 同一资源具有多种表现形式，如 JSON、XML 等。

(4) 所有操作都是无状态的。

每个资源都用 URI 进行标识，并且只能是名词，资源的具体操作用 HTTP 动词来表示。RESTful 风格与传统的 HTTP 请求方式相比，更加简洁、安全，能隐藏资源的访问行为，无法从访问地址得知对资源进行了何种操作。传统方式与 RESTful 风格的对比见表 2-1。

表 2-1 传统方式与 RESTful 风格的对比

访问方式	行　　为	传统访问方式	RESTful 风格
GET	查询一个	http://localhost:8080/getBook?id=1	http://localhost:8080/books/1
GET	查询所有	http://localhost:8080/getAllBook	http://localhost:8080/books
POST	新增	http://localhost:8080/addBook	http://localhost:8080/books
PUT	修改	http://localhost:8080/updateBook	http://localhost:8080/books
DELETE	删除	http://localhost:8080/deleteBook? id=1	http://localhost:8080/books/1

可见很多 RESTful 风格的访问地址都是一样的，只用行为动作区分了不同的访问，对外隐藏了真实操作。此外，资源描述部分一般用复数，如 books，当然这种操作只是一种约定，不是规范，但大多数人会这样做。

2.1.2 创建 RESTful 访问控制层

(1) 新建 Spring Boot 项目,命名为 restful,导入 spring-boot-starter-web 即可,创建实体类 User,关键代码如下:

```
private int id;
private String username;
private String password;
```

(2) 创建控制器,代码如下:

```
//第 2 章/restful/UserController.java
package com.sike.controller;
import com.sike.entity.User;
import org.springframework.web.bind.annotation.*;

@RestController
@RequestMapping("/users")
public class UserController {

    @PostMapping("")
    public String addUser(@RequestBody User user){
        System.out.println("新增用户信息: " + user);
        return "新增用户成功!";
    }
    @DeleteMapping("/{id}")
    public String deleteUser(@PathVariable int id){
        System.out.println("删除用户 id:" + id);
        return "删除用户成功!";
    }

    @PutMapping("")
    public String updateUser(@RequestBody User user){
        System.out.println("修改后的用户信息: " + user);
        return "修改用户成功!";
    }

    @GetMapping("/{id}")
    public String getUser(@PathVariable int id){
        System.out.println("查找用户信息 id:" + id);
        return "查找用户 id 成功!";
    }

    @GetMapping("")
    public String getUsers(){
        System.out.println("查找所有的用户");
        return "查找所有用户成功!";
    }
}
```

2.1.3 使用 Postman 测试

Postman 是一种测试 RESTful 风格接口的很好用的工具，下面学习如何安装与使用。

1. 安装 Postman

从官网 https://app.getpostman.com/app/download/win64 下载并安装 Postman。安装完成后，打开的界面如图 2-1 所示。

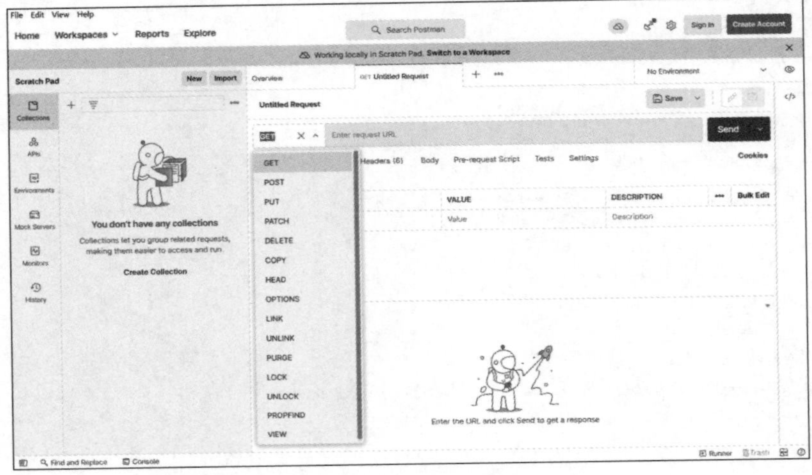

图 2-1 Postman 界面

2. 使用 Postman

(1) 测试查找单个用户。先运行上述 restful 项目，打开 Postman，请求方式选择 GET 方式，网址为 http://localhost:8080/users/1，单击 Send 按钮，测试结果如图 2-2 所示。

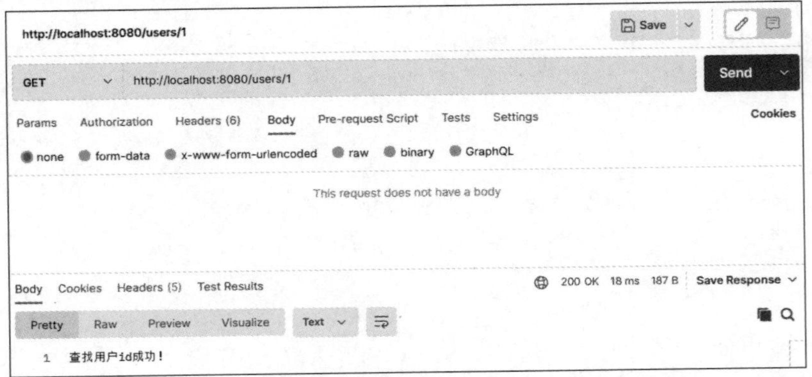

图 2-2 以 GET 方式查找单个用户测试结果

控制台的输出如下：

```
查找用户信息 id:1
```

（2）测试查找所有用户。请求方式选择 GET 方式，网址为 http://localhost:8080/users，测试结果如图 2-3 所示。

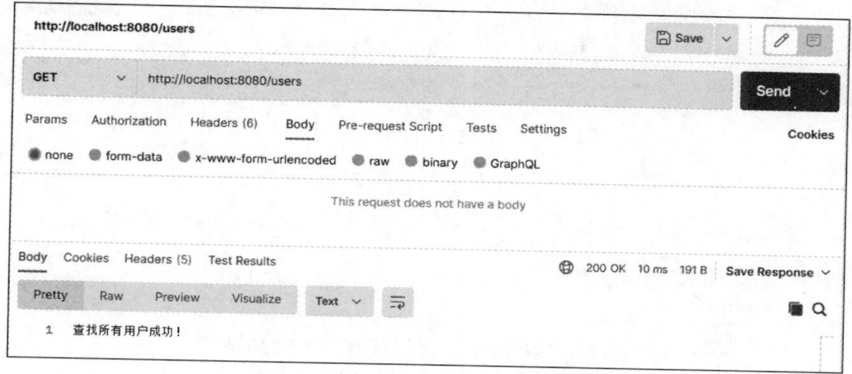

图 2-3　以 GET 方式查找所有用户测试结果

控制台的输出如下：

```
查找所有的用户
```

（3）测试新增用户。请求方式选择 POST 方式，网址为 http://localhost:8080/users，请求参数与测试结果如图 2-4 所示。

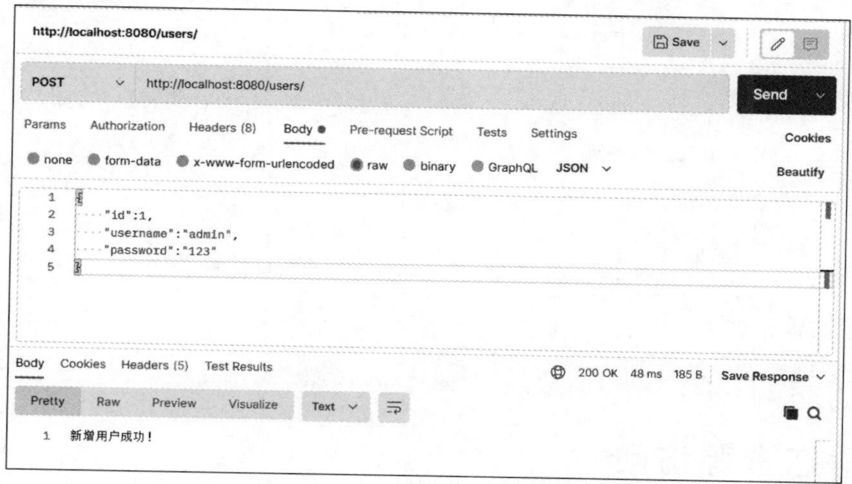

图 2-4　以 POST 方式新增用户测试结果

控制台的输出如下：

```
新增用户信息：User{id=1, username='admin', password='123'}
```

（4）测试修改用户。请求方式选择 PUT 方式，网址为 http://localhost:8080/users，请求参数与测试结果如图 2-5 所示。

控制台的输出如下：

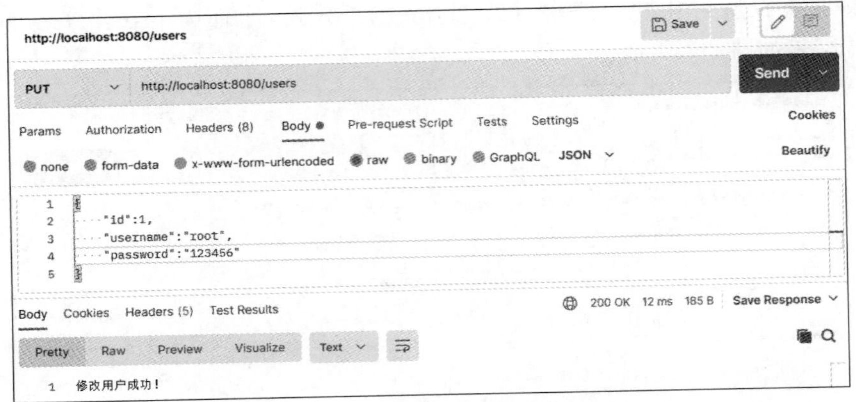

图 2-5 以 PUT 方式修改用户测试结果

```
修改后的用户信息: User{id = 1, username = 'root', password = '123456'}
```

(5) 请求方式选择 DELETE 方式,网址为 http://localhost:8080/users/1,测试结果如图 2-6 所示。

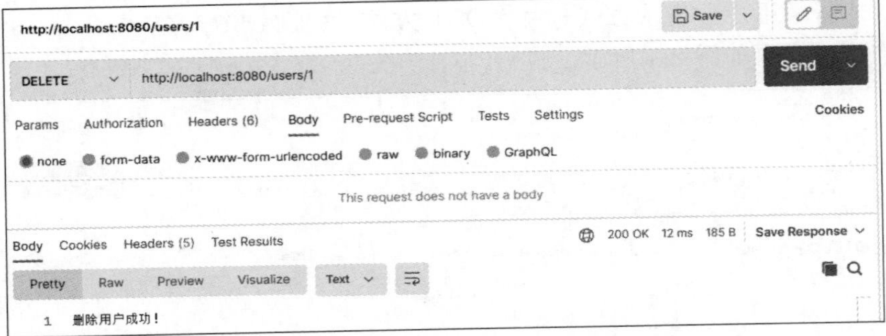

图 2-6 以 DELETE 方式删除用户测试结果

控制台的输出如下:

```
删除用户 id:1
```

2.2 静态资源访问

2.2.1 默认静态资源访问

Spring Boot 规定了静态资源可以放在以下 5 个目录中的任意一个下面,代码如下:

```
classpath:/META-INF/resources/
classpath:/resources/
classpath:/static/
classpath:/public/
/
```

以上目录中放置的静态资源名称如果有冲突，则按上面的顺序排优先级，只显示优先级高的。例如，如果在上面前 3 个目录中同时放置 index.html 文件，则访问的将是 classpath:/META-INF/resources 目录下的。Spring Boot 项目创建完成后默认情况下提供了 classpath:/static/目录，一般情况下在此放置静态资源即可。

2.2.2 自定义静态资源访问

如果希望在其他目录中放置静态资源，则可以自定义静态资源的位置，有两种方法，方法一是在 application.yml 配置文件中添加如下配置，这里接着上一个 restful 项目进行配置，代码如下：

```
//第 2 章/restful/application.yml
web:
  #自定义的路径,结尾的/别忘了
  upload-path: c:/images/

spring:
  mvc:
    #所有访问都经过静态资源路径
    static-path-pattern: /**
  web:
    resources:
      static-locations: file:${web.upload-path},classpath:/META-INF/resources/,
classpath:/resources/,classpath:/static/,classpath:/public/
```

这里配置了一个本地目录 c:/images/，用于放置静态资源，假设这个目录放有一张图片 3.jpg，在浏览器访问 http://localhost:8080/3.jpg 的结果如图 2-7 所示。

图 2-7 访问静态资源目录下的图片文件

方法二是在项目中创建一个配置类，在配置类中继承 WebMvcConfigurationSupport 类，重写 addResourceHandlers()方法，在方法中添加代码，将目录 c:/resources/指定为静态资源的路径，代码如下：

```java
//第 2 章/restful/MyWebMvcConfig.java
package com.sike.config;

import org.springframework.context.annotation.Configuration;
import org.springframework.web.servlet.config.annotation.ResourceHandlerRegistry;
import org.springframework.web.servlet.config.annotation.WebMvcConfigurationSupport;

@Configuration
public class MyWebMvcConfig extends WebMvcConfigurationSupport {
```

```
    @Override
    public void addResourceHandlers(ResourceHandlerRegistry registry) {
        //将目录 c:/resources/下的资源在访问时映射到/** 路径下
        registry.addResourceHandler("/**")
                .addResourceLocations("classpath:/META-INF/resources/",
"classpath:/resources/",
                        "classpath:/static/", "classpath:/public/", "file:c:/resources/");
    }

}
```

假设在 c:/resource/目录下有一张图片 flower.jpg，通过浏览器访问 http://localhost:8080/flower.jpg，结果如图 2-8 所示。

图 2-8　访问静态资源目录下的图片文件

上述两种方式可以同时生效。

2.3　路径映射

在 Spring Boot 的 Web 项目中，所有页面都需要通过控制器才能访问，包括没有数据的页面。对于这种只是完成简单的跳转的没有数据的页面，可以直接配置路径映射，不再经过控制器，具体步骤如下。

(1) 接着上述 restful 项目，导入的依赖如下：

```
<dependency>
    <groupId>org.springframework.boot</groupId>
    <artifactId>spring-boot-starter-thymeleaf</artifactId>
</dependency>
```

(2) 在 application.yml 文件中添加有关 thymeleaf 的配置如下：

```
spring:
  thymeleaf:
    prefix: classpath:/templates/s
    suffix: .html
```

(3) 在项目的 resource/templates 目录下创建 add.html 文件和 register.html 文件，其中 add.html 文件的内容如下：

```
//第 2 章/restful/add.html
<!DOCTYPE html>
<html lang="en" xmlns:th="http://www.thymeleaf.org">
<head>
    <meta charset="UTF-8">
    <title>Title</title>
</head>
<body>
```

```
<h1>add</h1>
</body>
</html>
```

register.html 文件的内容基本相同，只是把 add 改成 register 即可。

(4) 在项目的 MyWebMvcConfig 配置类中重写 addViewControlles()方法，参考代码如下：

```
@Override
public void addViewControllers(ViewControllerRegistry registry) {
    registry.addViewController("/add").setViewName("add");
    registry.addViewController("/register").setViewName("register");
}
```

(5) 运行测试，通过浏览器访问 http://localhost:8080/add，结果访问了 add.html 页面，通过浏览器访问 http://localhost:8080/register，结果访问了 register.html 页面。这样无须经过控制器即可访问目标页面。

2.4 CORS 跨域资源访问

2.4.1 跨域访问问题

1. 关于跨域访问

根据 JavaScript 的同源策略，浏览器不能执行其他网站的脚本，这是浏览器对 JavaScript 实施的安全限制。做前后端分离项目时，如果不做特别处理，则前端的异步请求将无法访问后端。

2. 同源策略

同源是指域名、协议、端口均相同，只是资源部分不同，同源允许访问，但如果域名、协议、端口三者之间有任意一项不同，则认为不是同一个网站，会存在跨域问题，浏览器将拒绝访问。

【例 2-1】 假设后端的主页 URL 是 http://sike.com/index.html，几种情况是否同源见表 2-2。

表 2-2 同源策略示例

访问 URL	访问结果	分　析
http://sike.com/login.html	成功	只是资源部分不同，同源
http://sike.com/admin/login.html	成功	只是资源部分不同，同源
https://sike.com/index.html	失败	协议不同，不同源
http://sike.com:8080/index.html	失败	端口不同，不同源
http://blog.sike.com/index.html	失败	域名不同，不同源

同源策略的作用是防止恶意网站通过冒充用户来窃取用户的数据信息，同源策略提高了攻击成本。同源策略限制了以下行为：

(1) Cookie、LocalStorage 和 IndexDB 无法读取。

(2) DOM 和 JS 对象无法获取。

(3) AJAX 请求发送不出去。

虽然同源策略提高了安全性,但对前后端分离的开发却是个阻碍,产生了跨域 AJAX 访问无法实现的问题,这就是跨域问题。

2.4.2 CORS 基础

跨域问题的解决方案有资源共享 CORS 及使用 AJAX 的 JSONP,但 JSONP 只支持 GET 请求,而 CORS 支持各种请求方法,本节介绍在 Spring Boot 项目利用 CORS 方案来解决跨域问题。

1. CORS 简介

CORS 是一个 W3C 的一种跨域资源共享技术标准,目的是解决前端的跨域请求问题,是英文 Cross-Origin Resource Sharing 的缩写,全称是"跨域资源共享",它允许浏览器向跨源(协议+域名+端口)服务器发出 XMLHttpRequest 请求,从而克服了 AJAX 只能同源使用的限制。

CORS 需要浏览器和服务器同时支持,目前一般浏览器支持这个功能。它的通信过程是由浏览器自动完成的,不需要用户参与,浏览器一旦发现请求跨源,就会自动添加一些附加的头信息,有时还会多出一次附加的请求,用户不会有感觉,所以实现 CORS 通信的关键是服务器要实现 CORS 就可以跨源通信了。

2. CORS 请求分类

浏览器将 CORS 请求分成两类:简单请求和非简单请求。

简单请求是指 HEAD、GET、POST 请求,并且 HTTP 的头信息不超出以下几种字段:Accept、Accept-Language、Content-Language、Last-Event-ID、Content-Type,其中 Content-Type 只限于 3 个值 application/x-www-form-urlencoded、multipart/form-data、text/plain。浏览器发出 CORS 简单请求,只需在头信息中增加一个 Origin 字段。除此之外的请求就是非简单请求。

浏览器发出 CORS 非简单请求,会在正式通信之前,增加一次 OPTIONS 查询请求,称为"预检"请求,浏览器先询问服务器,当前网页所在的域名是否在服务器的许可名单中,以及可以使用哪些 HTTP 动词和头信息字段,如果得到肯定答复,浏览器就会发出正式的 XMLHttpRequest 请求,否则就报错。

所以实现 CORS 的关键就是在服务器端加一些响应头,并且这样做对前端来讲是无感知的。下面将介绍常用的响应头。

3. 响应头详细讲解

(1) Access-Control-Allow-Origin 为必填字段。值或者请求时 Origin 字段的具体值,或者一个 *,表示接受任意域名的请求。

(2) Access-Control-Allow-Methods 为必填字段。值是逗号分隔的一个具体的字符串

或者 *，表明服务器支持的所有跨域请求的方法，返回所有支持的方法，而不单单是浏览器请求的那种方法，这样能避免多次"预检"请求。

(3) Access-Control-Expose-Headers 为可选字段。CORS 请求时，XMLHttpRequest 对象的 getResponseHeader()方法只能获得 6 个基本字段：Cache-Control、Content-Language、Content-Type、Expires、Last-Modified、Pragma。如果想获得其他字段，就必须在 Access-Control-Expose-Headers 里面指定。

(4) Access-Control-Allow-Credentials 为可选字段。值是一个布尔值，表示是否允许发送 Cookie。默认情况下，不发送 Cookie，即默认值为 false。对服务器有特殊要求的请求，例如请求方法是 PUT 或 DELETE，或者 Content-Type 字段的类型是 application/json，这个值只能设为 true。如果服务器不要浏览器发送 Cookie，则删除该字段即可。

(5) Access-Control-Max-Age 为可选字段。用来指定本次预检请求的有效期，单位为秒。在有效期间，不用发出另一条"预检"请求。如果发现每次发起请求都是两条，一条是 OPTIONS，另一条是正常请求，这时就需要配置 Access-Control-Max-Age，避免每次都发出"预检"请求。

2.4.3 CORS 跨域问题解决方案

Spring Boot 中跨域访问实现方案有以下 3 种：

(1) @CrossOrigin 注解实现方案。

(2) 全局配置实现方案。

(3) 基于过滤器的实现方案。

1. @CrossOrigin 注解实现方案

这种实现方案可直接在控制器需要跨域访问的方法上面添加@CrossOrigin 注解，并配置跨域属性，主要属性如下。

(1) value：表示支持的域，即哪些来源的域允许访问。

(2) maxAge：表示预检信息的有效缓存时间。

(3) allowedHeaders：表示允许的请求头。

【例 2-2】 使用@crossOrigin 注解方案实现跨域访问。

(1) 新建 Spring Boot 项目，命名为 servercors，添加 spring-boot-starter-web 依赖，创建控制器，代码如下：

```
//第 2 章/servercors/TestController.java
@RestController
public class TestController {
    @CrossOrigin(value = "http://localhost:8081",maxAge = 3600,allowedHeaders = "*")
    @GetMapping("/getMsg")
    public String getMsg(){
        return "GET SUCCESS";
    }
```

```
    @CrossOrigin(value = "http://localhost:8081",maxAge = 3600,allowedHeaders = "*")
    @DeleteMapping("/delMsg")
    public String delMsg(){
        return "DELETE SUCCESS";
    }
}
```

（2）再创建一个 Spring Boot 项目，命名为 clientcors，添加 spring-boot-starter-web 依赖，在配置文件中设置 server.port=8081，在 static 目录下添加 jquery-3.3.1.min.js，再创建 index.html，代码如下：

```
//第 2 章/clientcors/index.html
<!DOCTYPE html>
<html lang="en">
<head>
    <meta charset="UTF-8">
    <title>Title</title>
    <script src="jquery-3.3.1.min.js"></script>
    <script type="text/javascript">
        function getMsg(){
            $.ajax({
                url:"http://127.0.0.1:8080/getMsg",
                type:"get",
                success:function(msg){
                    alert(msg);
                }
            })
        }
        function delMsg(){
            $.ajax({
                url:"http://127.0.0.1:8080/delMsg",
                type:"delete",
                success:function(msg){
                    alert(msg);
                }
            })
        }
    </script>
</head>
<body>
<input type="button" value="获取信息" onclick="getMsg()"/>
<input type="button" value="删除信息" onclick="delMsg()"/>
</body>
</html>
```

（3）两个项目分别启动，前端项目启动后，通过浏览器访问 http://localhost:8081/，单击获取信息按钮后会弹出 GET SUCCESS 消息框，如图 2-9 所示，在单击删除信息后会弹出 DELETE SUCCESS 消息框，证明跨域访问成功。

2. 全局配置实现方案

使用@CrossOrigin 可以控制每种方法，但如果所有方法都要跨域就显得烦琐了，可以

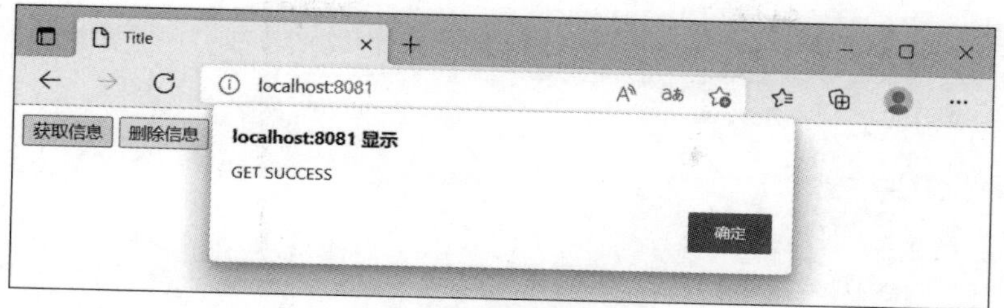

图 2-9 跨域访问结果

用全局配置的方式，这也是目前最常用的方式。

接着在上述 servercors 项目的 config 包下添加一个类 CorsConfig，用于实现 WebMvcConfigurer 接口，重写方法 addCorsMappings()，代码如下：

```
//第 2 章/servercors/CorsConfig.java
@Configuration
public class CorsConfig implements WebMvcConfigurer {
    @Override
    public void addCorsMappings(CorsRegistry registry) {
            //指定可以跨域的路径
            registry.addMapping("/**")
            //允许的 origin 域名
            //.allowedOrigins("*")
            //允许的 origin 域名
             .allowedOriginPatterns("*")
             //允许的请求方法
             .allowedMethods("GET", "HEAD", "POST", "PUT", "DELETE", "OPTIONS")
             //是否允许发送 Cookie
             .allowCredentials(true)
             //从预检请求得到相应的最大时间，默认为 30min
             .maxAge(3600)
             //允许的请求头
             .allowedHeaders("*");
    }
}
```

将控制器中的@CrossOrigin 注释掉，重新测试，结果相同。

3. 基于过滤器的实现方案

上面的方法，如果项目中还有拦截器，则可能会失效，在这种情况下可以用过滤器的方式来配置跨域，这样就不会有这个问题了。在项目 servercors 新建包 com.sike.filter，在包下创建过滤器，代码如下：

```
//第 2 章/servercors/CorsFilterConfig.java
package com.sike.filter;

import org.springframework.boot.web.servlet.FilterRegistrationBean;
import org.springframework.context.annotation.Bean;
import org.springframework.context.annotation.Configuration;
```

```
import org.springframework.web.cors.CorsConfiguration;
import org.springframework.web.cors.urlBasedCorsConfigurationSource;
import org.springframework.web.filter.CorsFilter;

import java.util.Arrays;

@Configuration
public class CorsFilterConfig {
    @Bean
    public FilterRegistrationBean<CorsFilter> corsFilter(){
        FilterRegistrationBean < CorsFilter > corsFilterFilterRegistrationBean = new
FilterRegistrationBean<>();
        UrlBasedCorsConfigurationSource source = new UrlBasedCorsConfigurationSource();
        CorsConfiguration corsConfiguration = new CorsConfiguration();
        corsConfiguration.addAllowedHeader("*");    //允许的请求头
        corsConfiguration.addAllowedOriginPattern("*");
        corsConfiguration.setAllowCredentials(true);
         corsConfiguration.setMaxAge(3600L); corsConfiguration.setAllowedMethods(Arrays.
asList("GET","POST","DELETE","PUT"));
        source.registerCorsConfiguration("/**",corsConfiguration);
        corsFilterFilterRegistrationBean.setFilter(new CorsFilter(source));
        corsFilterFilterRegistrationBean.setOrder(-1);
        return corsFilterFilterRegistrationBean;
    }
}
```

注释掉 CorsConfig 类上的@Configurations，使用它不生效，重新测试，结果相同。以上 3 种实现方法都可以解决跨域问题，常用的是第 1 种和第 2 种方式。如果 3 种方式都用了，则采用就近原则。

2.5 统一响应数据格式

在传统的 Spring Boot Web 项目中，客户端如果请求处理增、删、改的方法，则服务器端控制器将返回值 true 或 false，或者返回受影响行数，如果请求处理的是单条记录，则将返回一个 JSON 数据，如果请求处理的是多条记录，则返回一个 JSON 数组，如果请求失败，则会返回 null，这样便导致返回的数据格式多种多样，在前后端分离的情况下，前端处理起来非常麻烦，需要进行统一响应数据格式。可以设计一个泛型实体类，有 code 属性，表示响应状态码，msg 属性表示操作结果是成功还是失败，与 code 对应，最后是 data 属性，设计成 Object 类型，在此封装各种类型的返回数据。这样前端既可以知道服务器端操作成功还是失败，又可以获取需要的数据，前后端交流更加规范。

(1) 新建项目 responseentity，创建实体类 ResponseData 封装响应数据，代码如下：

```
//第 2 章/responseentity/ResponseData.java
package com.sike.entity;
import lombok.AllArgsConstructor;
import lombok.Data;
import lombok.NoArgsConstructor;
```

```
@Data
@NoArgsConstructor
@AllArgsConstructor
public class ResponseData<T> {
    private String code;          //响应状态码
    private String errorMsg;      //用于封装异常信息,正常返回一般为 null
    private Boolean result;       //表示执行成功还是失败
    private T data;               //封装返回数据
}
```

注意实体类上面的@Data 注解等使用了第三方的依赖 lombok,用于自动生成 getter()/setter()方法,以及构造方法等,pom.xml 文件中的代码如下:

```
<dependency>
    <groupId>org.projectlombok</groupId>
    <artifactId>lombok</artifactId>
</dependency>
```

(2) 创建实体类 User,用于测试,代码如下:

```
//第 2 章/responseentity/UEser.java
package com.sike.entity;

import lombok.AllArgsConstructor;
import lombok.Data;
import lombok.NoArgsConstructor;

@Data
@NoArgsConstructor
@AllArgsConstructor
public class User {
    private int id;
    private String username;
    private String password;
}
```

(3) 创建 Dao 层类 UserDao,用于模拟数据库增、删、改、查操作,代码如下:

```
//第 2 章/responseentity/UserDao.java
public class UserDao {
    private static Map<Integer, User> users = new HashMap<Integer, User>();
    static{
        users.put(1, new User(1, "张三", "123"));
        users.put(2, new User(2, "李四","123456"));
    }
    public static Map<Integer, User> findAllUsers(){
        return users;
    }
    public static User findUserById(int id){
        return users.get(id);
    }
```

```
    public static void addUser(User user){
        users.put(user.getId(),user);
    }
    public static void updateUser(User user){
        users.put(user.getId(),user);
    }
    public static void deleteUser(int id){
        users.remove(id);
    }
}
```

（4）创建控制器 UserController，将控制器的所有返回值都设计成返回 ResponseData 类型的对象，代码如下：

```
//第 2 章/responseentity/UserController.java
@RestController
@RequestMapping("/users")
public class UserController {
    @GetMapping("/{id}")
    public ResponseData getUser(@PathVariable int id) {
        User user = UserDao.findUserById(id);
        return new ResponseData("200",null,true,user);
    }
    @GetMapping("")
    public ResponseData getAllUsers() {
        Map<Integer, User> users = UserDao.findAllUsers();
        return new ResponseData("200",null,true,users);
    }
    @PostMapping("")
    public ResponseData addUser(@RequestBody User user) {
        UserDao.addUser(user);
        return new ResponseData("200",null,true,null);
    }
    @PutMapping("")
    public ResponseData updateUser(@RequestBody User user) {
        UserDao.updateUser(user);
        return new ResponseData("200",null,true,null);
    }
    @DeleteMapping("/{id}")
    public ResponseData deleteUser(@PathVariable int id) {
        UserDao.deleteUser(id);
        return new ResponseData("200",null,true,null);
    }
}
```

（5）测试，用 Postman 访问代码。

以 GET 方式访问 URL：http://localhost:8080/users，结果如图 2-10 所示，可见所有用户信息都查询出来了。

以 GET 方式访问 URL：http://localhost:8080/users/1，结果如图 2-11 所示，可见编号为 1 的用户信息查询出来了。

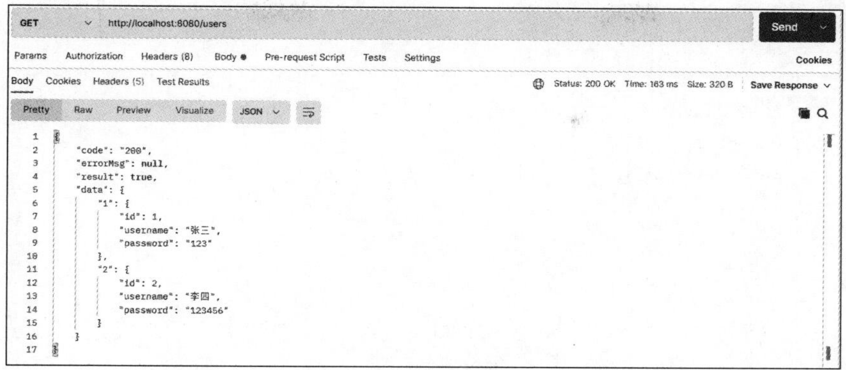

图 2-10 统一响应数据格式结果 1

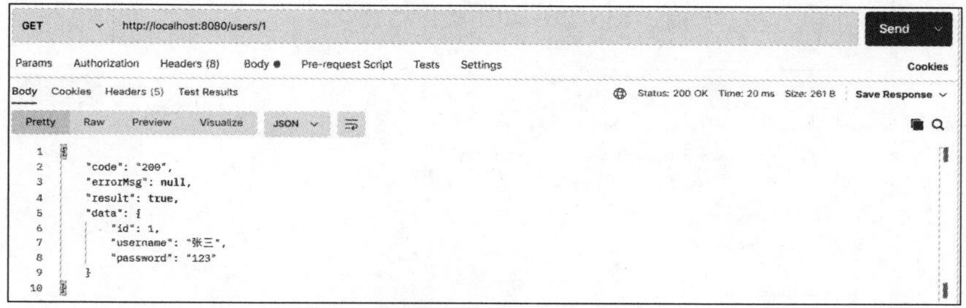

图 2-11 统一响应数据格式结果 2

以 POST 方式访问 URL：http://localhost:8080/users，请求参数及响应结果如图 2-12 所示。

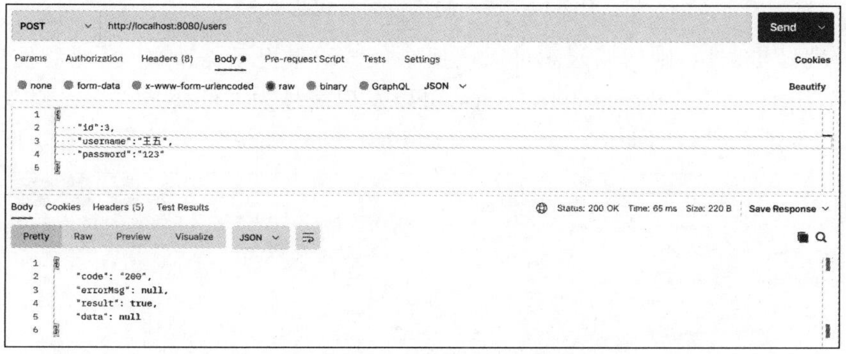

图 2-12 统一响应数据格式结果 3

如果前端异步调用，则回调函数可以根据 result 结果提示添加成功，然后使用 GET 方式访问 URL：http://localhost:8080/users，结果如图 2-13 所示，显然多了一条记录，表明数据添加成功。

以 PUT 方式访问 URL：http://localhost:8080/users，请求参数及响应结果如图 2-14 所示。

GET http://localhost:8080/users Send

Params Authorization Headers (6) Body Pre-request Script Tests Settings Cookies

Body Cookies Headers (5) Test Results Status: 200 OK Time: 21 ms Size: 370 B Save Response

Pretty Raw Preview Visualize JSON

```
{
    "code": "200",
    "errorMsg": null,
    "result": true,
    "data": {
        "1": {
            "id": 1,
            "username": "张三",
            "password": "123"
        },
        "2": {
            "id": 2,
            "username": "李四",
            "password": "123456"
        },
        "3": {
            "id": 3,
            "username": "王五",
            "password": "123"
        }
    }
}
```

图 2-13　统一响应数据格式结果 4

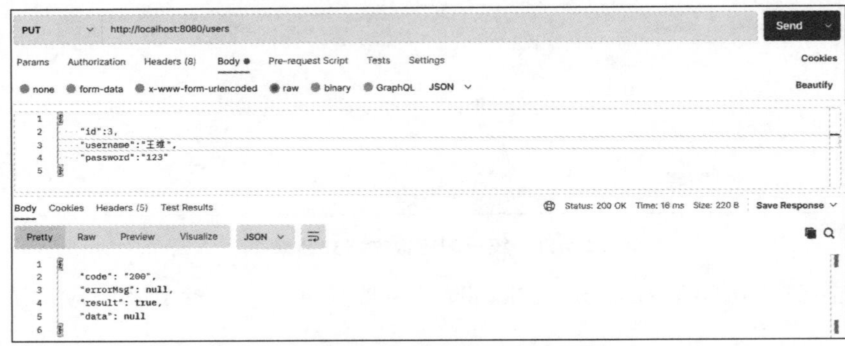

图 2-14　统一响应数据格式结果 5

如果前端异步调用，则回调函数可以根据 result 结果提示修改成功，然后使用 GET 方式访问 URL：http://localhost:8080/users，可以发现编号为 3 的用户数据已修改。

以 DELETE 方式访问 URL：http://localhost:8080/users/3，结果如图 2-15 所示。

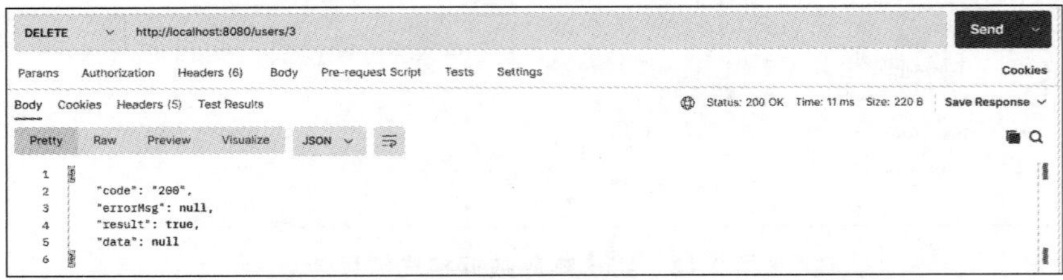

图 2-15　统一响应数据格式结果 6

如果前端异步调用，则回调函数可以根据 result 结果提示删除成功，然后使用 GET 方式访问 URL：http://localhost:8080/users，可以发现编号为 3 的用户数据已删除。如果发生异常，则在异常处理时把 code 设置为 500 等，把 errorMsg 设置为异常信息，把 result 设置为 false。

2.6 Spring Boot 异常处理

2.6.1 自定义错误页

如果不需要向用户展示错误的详细信息，则可以把错误信息定义成静态页面，简单地输出自定义的出错提示信息或找不到之类信息的网页。

在静态文件路径下创建 error 目录并创建 4xx. html 或 5xx. html 页面，则在发生 4 开头的错误状态码代表的异常时将返回 4xx. html，当在发生 5 开头的错误状态码代表的异常时将返回 5xx. html。还可以用更具体的错误状态码命名文件，如 404. html，则在发生 404 错误时会直接返回，当发生 403 等错误时返回 4xx。如果最后都找不到，则会返回 Spring Boot 的默认白页。

接着在上一个名为 responseentity 的项目下进行测试，首先在项目的 static 目录下创建 error 目录，再在目录下创建 5xx. html，内容是“出错啦”，再创建 4xx. html，内容是“找不到”，然后在创建控制器 TestController 中添加代码，代码如下：

```
//第 2 章/responseentity/TestController.java
@RestController
@RequestMapping("/test")
public class TestController {
    @GetMapping("/test1")
    public String test1(){
        int i = 1/0;
        return "FALSE";
    }
}
```

通过浏览器访问 http://localhost:8080/test/test1，结果如图 2-16 所示，访问 http://localhost:8080/test/test2，结果如图 2-17 所示。

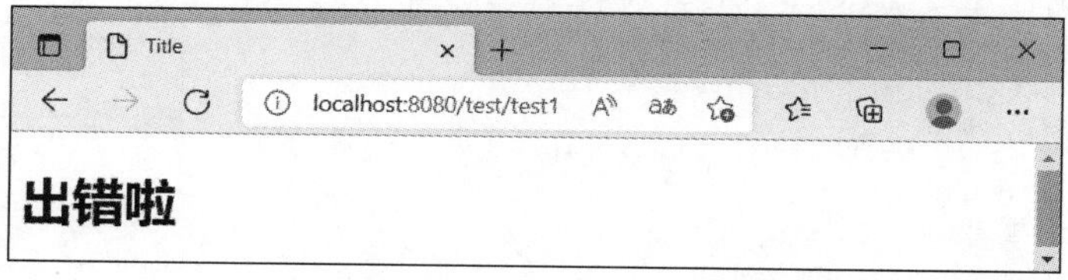

图 2-16　5xx. html 页面

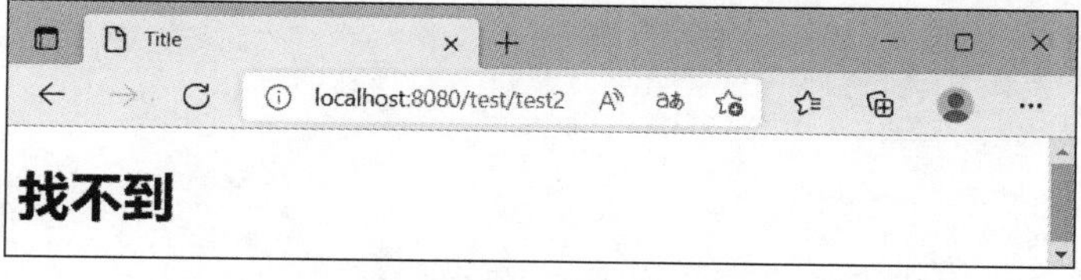

图 2-17　4xx. html 页面

2.6.2 @ControllerAdvice 全局统一异常处理

如果客户端需要比较具体的异常信息，则不能用上述简单方法，一般要用注解@ControllerAdvice 进行统一异常处理，如果返回 JSON 格式的数据，则可以使用@RestControllerAdvice，只需创建一个类，再加上这个注解就可以捕捉到异常，然后对类中的各种方法再用@ExceptionHandler 注解对具体的各种异常分别进行处理。

(1) 继续在上面 responseentity 项目中创建全局异常处理类，代码如下：

```
//第 2 章/responseentity/GlobalExceptionHandler.java
@RestControllerAdvice
public class GlobalExceptionHandler {

    @ExceptionHandler(NullPointerException.class)
    public ResponseData exception(NullPointerException exception) {
        return new ResponseData("500", "空指针异常",false, null);
    }

    @ExceptionHandler(IndexOutOfBoundsException.class)
    public ResponseData exception(IndexOutOfBoundsException exception) {
        return new ResponseData("500", "数组越界异常", false,null);
    }

    @ExceptionHandler(Exception.class)
    public ResponseData exception(Exception exception) {
        return new ResponseData("500", exception.getMessage(),false, null);
    }
}
```

在这个类中分别对空指针异常和数组越界异常进行了统一处理，其他异常则由最后一种方法进行处理。当然还可以根据需要定义更多具体的异常。

(2) 创建控制器 ExceptionController，创建方法，分别模拟空指针异常、数组越界异常和算术异常，代码如下：

```
//第 2 章/responseentity/ExceptionController.java
@RequestMapping("/exception")
@RestController
public class ExceptionController {

    @GetMapping("/test1")
    public ResponseData test1() {
        int[] arr = {1,2,3};
        arr = null;
         //发生空指针异常
        System.out.println(arr[0]);
        //以下是正常业务代码
        Map<Integer, User> users = UserDao.findAllUsers();
        return new ResponseData("200",null,true,users);
    }
```

```
    @GetMapping("/test2")
    public ResponseData test2() {
        int[] arr = {1,2,3};
        //发生数组越界异常
        System.out.println(arr[3]);
        //以下是正常业务代码
        Map<Integer, User> users = UserDao.findAllUsers();
        return new ResponseData("200",null,true,users);
    }

    @GetMapping("/test3")
    public ResponseData test3() {
        int[] arr = {1,2,3};
        //发生算术异常
        int i = 10/0;
        //以下是正常业务代码
        Map<Integer, User> users = UserDao.findAllUsers();
        return new ResponseData("200",null,true,users);
    }
}
```

(3) 运行代码进行测试,访问 http://localhost:8080/exception/test1,结果如图 2-18 所示。

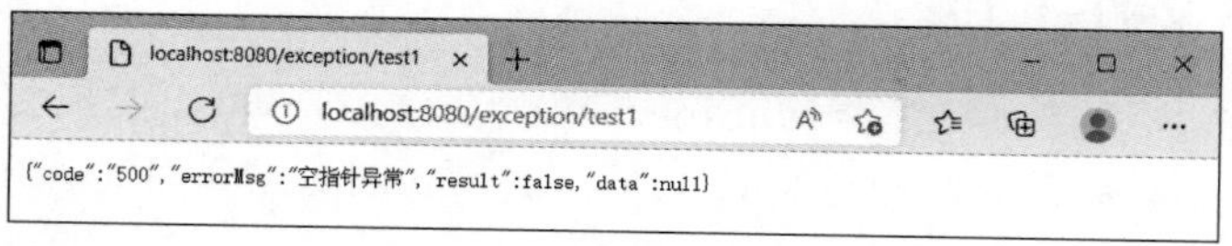

图 2-18 空指针异常

访问 http://localhost:8080/exception/test2,结果如图 2-19 所示。

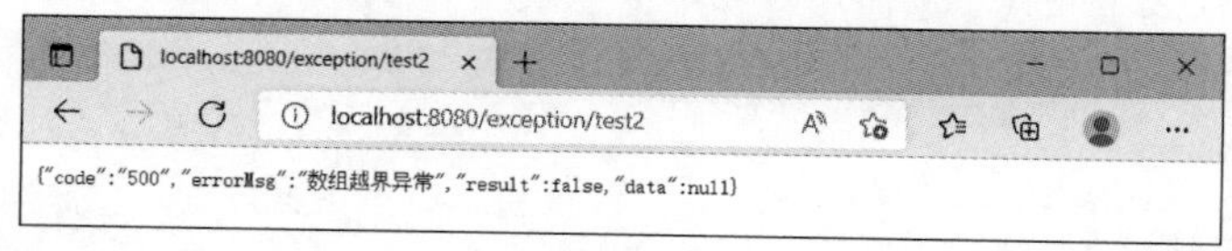

图 2-19 数组越界异常

访问 http://localhost:8080/exception/test3,结果如图 2-20 所示。

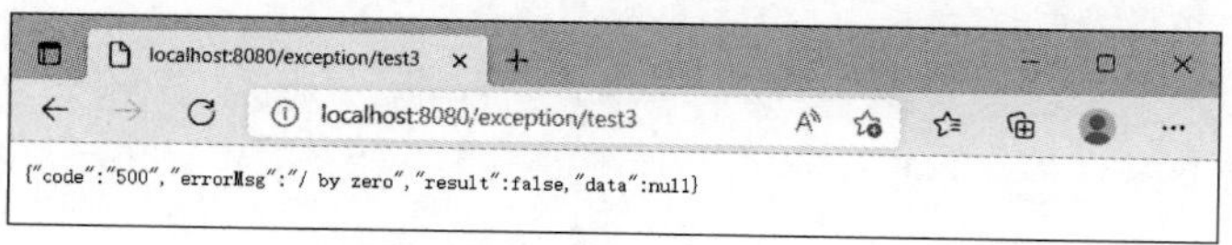

图 2-20 算术异常

观察一下这个输出格式,会发现跟正常输出格式其实是一样的,区别在于 result 如果是 false,则表示是异常输出,如果是 true,则是正常返回,还有异常的 errorMsg 是有值的,而正常返回是 null,有异常的 data 为 null,正常返回的 data 如果是查询操作,则有返回值(增、删、改是 null)，这样返回客户端的数据格式就统一了，无论是否有异常。这里再做个测试，将 ExceptionController 控制器中的 test()方法中有异常的代码注释掉，重新启动，通过浏览器再次访问 http://localhost:8080/exception/test1，结果如图 2-21 所示。

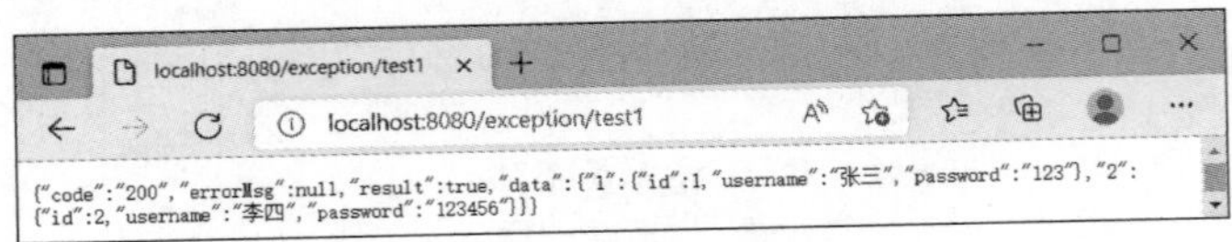

图 2-21 无异常的情形

这是正常执行无异常的情形，对比有异常的情形，会发现格式其实是一致的。

2.7 文件上传

Spring Boot 提供了自动配置类 MultipartConfiguration，该配置类默认采用 StandardServletMultipartResolver 实现文件上传功能，Spring Boot 启动后自动注入 StandardServletMultipartResolver 的 Bean。StandardServletMultipartResolver 是基于 Servlet 3.0 来处理 multipart 请求上传的，而 Spring Boot 内嵌的 Tomcat 容器支持 Servlet 3.0，所以一般无须额外导入依赖。文件上传分为单文件上传和多文件上传两种情形。

2.7.1 单文件上传

Spring Boot 提供了自动配置类 MultipartAutoConfigure，可以实现文件上传功能，只需导入 spring-boot-starter-web 及配置 spring.servlet.multipart.enabled=true 便可生效。

(1) 创建 Spring Boot 项目 fileupload，导入 spring-boot-starter-web 依赖。

(2) 修改配置项。上传文件可以使用默认配置，也可以在 application.properties 文件中修改默认配置，有关上传配置项的代码如下：

```
//第 2 章/fileupload/application.properties
#是否开启文件上传
spring.servlet.multipart.enabled = true
#修改文件上传时的临时保存路径
spring.servlet.multipart.location = C:/temp
#单个上传文件的最大限制
spring.servlet.multipart.max-file-size = 2MB
#多个上传文件的最大限制
spring.servlet.multipart.max-request-size = 10MB
#文件写入磁盘的阈值
spring.servlet.multipart.file-size-threshold = 0B
```

(3) 创建 FileUploadController 控制器，代码如下：

```
//第 2 章/fileupload/FileUploadController.java
@RestController
public class FileUploadController {
```

```
    @PostMapping("/upload")
    public String upload(@RequestParam("uploadFile") MultipartFile uploadFile, HttpServletRequest
request){
        if(uploadFile == null||uploadFile.isEmpty()){
            return "NULL FILE";
        }
        //获取上传目标文件夹的绝对路径(也可以是本地路径)
        String realPath = request.getServletContext().getRealPath("/uploadFile");
        //观察实际目录
        System.out.println("realPath:" + realPath);
        //创建为 File 对象
        File parentDir = new File(realPath);
        //如果不存在这个目录,则创建
        if(!parentDir.isDirectory()){
            parentDir.mkdir();
        }
        String filename = uploadFile.getOriginalFilename();
        //创建上传目标文件
        File target = new File(parentDir,filename);
        try {
        //将源文件复制到目标文件
        uploadFile.transferTo(target);
        } catch (IOException e) {
            e.printStackTrace();
        }
        return "SUCCESS";
    }
}
```

(4) 创建前端上传页面。在 static 目录下创建 upload.html,关键代码如下:

```
<form action = "/upload" method = "post" enctype = "multipart/form-data">
    <input type = "file" name = "uploadFile" value = "选择文件" />
    <input type = "submit" value = "上传">
</form>
```

(5) 运行测试,结果如图 2-22 和图 2-23 所示。

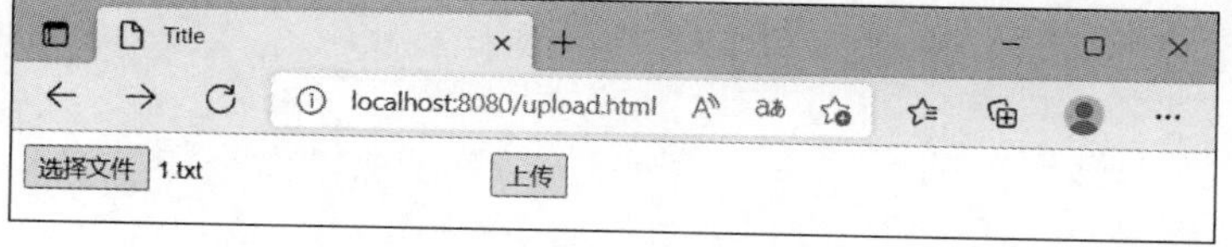

图 2-22 上传界面

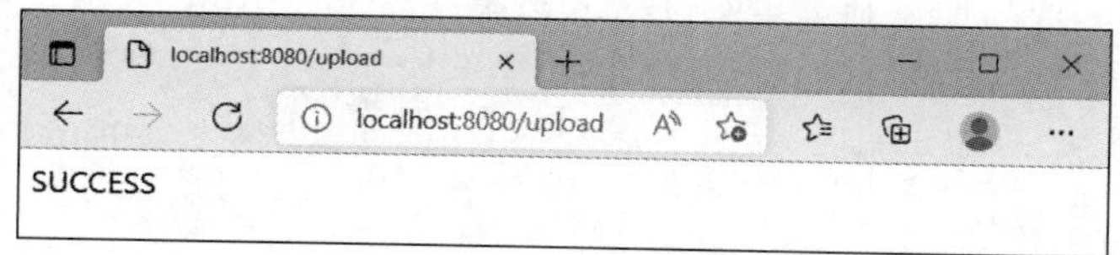

图 2-23 上传成功

2.7.2 多文件上传

多文件上传与单文件上传的主要不同是前端传递给服务器端的是 MultipartFile 数组，而不是单独一个 MultipartFile，所以服务器端进行循环遍历操作即可。

(1) 创建 FilesUploadController 控制器，代码如下：

```
//第 2 章/fileupload/FilesUploadController.java
@RestController
public class FilesUploadController {

    @PostMapping("/uploads")
    public String upload(@RequestParam("uploadFiles") MultipartFile[] uploadFiles,
HttpServletRequest request){

        if(uploadFiles == null||uploadFiles.length == 0){
            return "NULL FILE";
        }
        //获取上传目标文件夹的绝对路径(也可以是本地路径)
        String realPath = request.getServletContext().getRealPath("/uploadFile");
        //创建为 File 对象(目录)
        File parentDir = new File(realPath);
        //如果不存在这个目录,则创建
        if(!parentDir.isDirectory()){
             parentDir.mkdir();
        }
        //循环上传
        for(MultipartFile uploadFile:uploadFiles) {
            String filename = uploadFile.getOriginalFilename();
        //创建上传目标文件
            File target = new File(parentDir, filename);
            try {
        //将源文件复制到目标文件
                uploadFile.transferTo(target);
                System.out.println(target.getAbsolutePath());
            } catch (IOException e) {
                e.printStackTrace();
            }
        }
        return "SUCCESS";
    }

}
```

(2) 创建前端上传页面。在 static 目录下创建 uploads.html，关键代码如下：

```
<form action = "/uploads" method = "post" enctype = "multipart/form-data">
    <input type = "file" name = "uploadFiles" value = "可选择多个文件" multiple/>
    <input type = "submit" value = "上传">
</form>
```

注意要使上传文件表单项能选择多个文件，需要添加 multiple 属性。

（3）运行代码进行测试，结果如图 2-24 和图 2-25 所示。

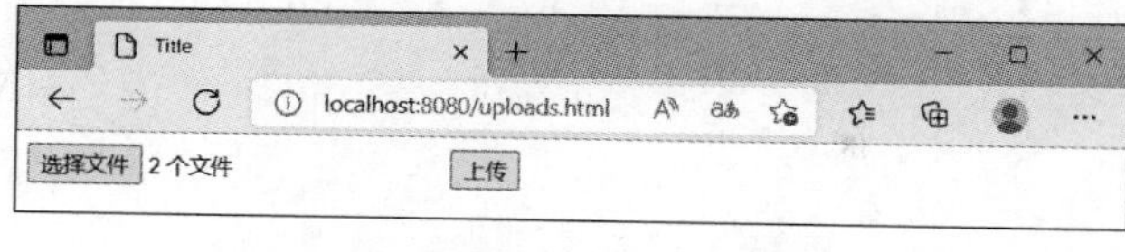

图 2-24 选择多个文件

图 2-25 多文件上传成功

2.8 Thymeleaf 视图层技术

Thymeleaf 是 Spring Boot 官方重点推荐的模板引擎，模板引擎可以理解为 HTML 模板页面加上填充进来的数据后渲染成最终返回客户端的页面的技术。

2.8.1 Thymeleaf 的特点

Thymeleaf 既可以直接用浏览器本地打开查看页面的静态效果，也可以通过访问服务器端程序由服务器生成包含数据的动态页面。这是因为 Thymeleaf 将指令作为 HTML 标签的属性来使用，当浏览器直接本地打开时会忽略这些不能识别的属性，其他正常的 HTML 属性和代码不受影响，所以能静态运行，前端开发人员也可以使用。当通过服务器运行时 Thymeleaf 标签会动态地替换静态的内容，从而使页面动态运行。

Thymeleaf 支持 SpEL 表达式，可以与 Spring 生态较好地融合。

2.8.2 使用 Thymeleaf

创建 Spring Boot 项目，命名为 thymeleaf，添加 spring-boot-starter-web 依赖，其他关键步骤如下。

1. 引入 Thymeleaf 依赖

代码如下：

```
<dependency>
    <groupId>org.springframework.boot</groupId>
    <artifactId>spring-boot-starter-thymeleaf</artifactId>
</dependency>
```

2. 配置 Thymeleaf 模板视图解释器

在 application.properties 文件中可以添加关于 Thymeleaf 模板视图解释器的配置项，也可以不添加，使用默认值，参考代码如下：

```
//第 2 章/thymeleaf/application.properties
#关闭 Thymeleaf 缓存,这样开发时方便测试,无须重启
spring.thymeleaf.cache = false
#设置 Thymeleaf 页面的编码
spring.thymeleaf.encoding = utf-8
#Thymeleaf 模式
spring.thymeleaf.mode = HTML5
#Thymeleaf 页面的后缀
spring.thymeleaf.suffix = .html
#Thymeleaf 页面的存储路径(前缀)
spring.thymeleaf.prefix = classpath:/templates/
```

3. 页面中引入命名空间

Thymeleaf 默认的模板文件的存放路径是 templates 目录,在 templates 目录下创建 HTML 文件,然后修改< html lang="en">标签,代码如下:

```
<html lang = "en" xmlns:th = "http://www.thymeleaf.org">
```

这样就引入了 Thymeleaf 的命名空间,因此能识别页面中的 Thymeleaf 标签。

在页面中添加一个使用 Thymeleaf 取值的代码,完整页面代码如下:

```
//第 2 章/thymeleaf/index.html
<!DOCTYPE html>
<html lang = "en" xmlns:th = "http://www.thymeleaf.org">
<head>
    <meta charset = "UTF-8">
    <title>Title</title>
</head>
<body>
欢迎用户<span th:text = "${username}">hello</span>登录
</body>
</html>
```

上述关键代码< span th:text="${username}"> hello </span>表示用 SpEL 表达式获取 username 的值,然后填充到 span 标签内容文本中,替换默认文本,如果获取不到值,则默认显示< span >标签内部原有的文本 hello。

4. 创建控制器

代码如下:

```
//第 2 章/thymeleaf/ThymeleafController.java
@Controller
public class ThymeleafController {

    @GetMapping("/index")
    public String index(Model model){
        model.addAttribute("username","admin");
        return "index";
    }
}
```

这表示将一个键为 username，值为 admin 的数据存到 Model 域对象中，然后返回 index 视图，Thymeleaf 视图解释器会自动给返回视图添加上/templates/前缀和. html 后缀，所以实际将返回/templates 下的 index. html 视图，并且 Model 域对象中的数据将会渲染到视图模板中。

运行代码进行测试，通过浏览器访问 http://localhost:8080/index，结果如图 2-26 所示。

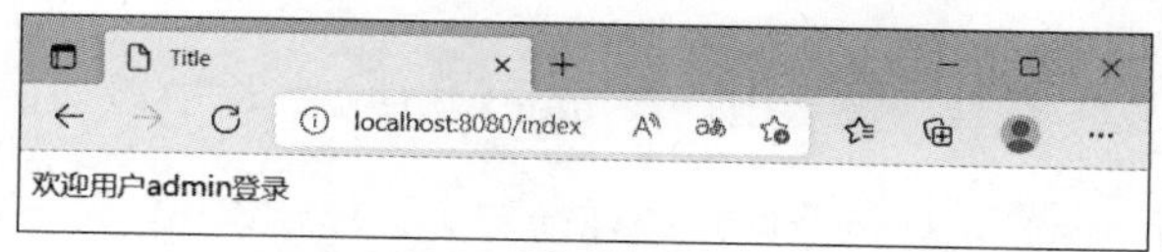

图 2-26 Thymeleaf 展示数据

2.8.3 Thymeleaf 基础语法

th 属性是 Thymeleaf 自定义的 HTML 标签属性，也称为 Thymeleaf 指令，常用的 th 属性如下。

1. th:text

文本的赋值与替换，用于闭合标签内文本内容的显示，但不会解释 HTML 标签，如果有 HTML 标签，则会进行转义。其值可以是字符串，也可以是 ${}格式的 SpEL 表达式，如果是字符串，则一般不能有空格，如果有空格，则要用单引号引起来。在上述 thymeleaf 项目的 index. html 文件中添加的代码如下：

```
<div th:text = "${text1}">将被替换的原始值</div>
```

在控制器中添加的代码如下：

```
model.addAttribute("text1","Hello World");
```

div 标签内部的原有文本将会被替换为 Hello World。如果包含 HTML 标签，则代码如下：

```
<div th:text = "${text2}">不能识别文本中的 HTML 标签</div>
```

在控制器中添加的代码如下：

```
model.addAttribute("text2","<h1>Hello World</h1>");
```

结果将显示<h1>Hello World</h1>，这里的<h1>不会被浏览器当作 HTML 标签进行解释，而当作普通文本进行处理。

2. th:untext

与 th:text 用法基本相同，不同的是如果文本中包含 HTML 标签，则会被识别并被浏览器解释为 HTML 标签进行显示。在 index. html 文件中添加的代码如下：

```
<div th:untext = " $ {text2}">能识别文本中的 HTML 标签</div>
```

3. th:value

给有 value 属性的 HTML 标签赋值。在 index. html 文件中添加的代码如下：

```
用户名: <input type = "text" th:value = " $ {username}" /><br/>
```

4. th:checked

用于决定单选或复选框是否被选中。在 index. html 文件中添加的代码如下：

```
性别: <input type = "radio" th:checked = " $ {gender} == '男'" />男
<input type = "radio" th:checked = " $ {gender} == '女'" />女
```

在控制器中添加的代码如下：

```
model.addAttribute("gender","女");
```

单选按钮将选中“女”。

5. th:selected

决定下拉选择框中的选项是否被选中。在 index. html 文件中添加的代码如下：

```
//第 2 章/thymeleaf/index.html
城市<select>
    <option th:selected = " $ {city} == '北京'">北京</option>
    <option th:selected = " $ {city} == '上海'">上海</option>
    <option th:selected = " $ {city} == '广州'">广州</option>
    <option th:selected = " $ {city} == '深圳'">深圳</option>
</select>
```

在控制器中添加的代码如下：

```
model.addAttribute("city","广州");
```

下拉列表将显示为广州。

6. th:each

用来遍历集合，添加实体类 User，属性有 id、username 和 password，代码略。

在控制器中添加的代码如下：

```
//第 2 章/thymeleaf/ThymeleafController.java
User user1 = new User(1,"李白","123");
User user2 = new User(2,"杜甫","123");
List<User> users = new ArrayList<>();
users.add(user1);
users.add(user2);
model.addAttribute("users",users);
```

在 index. html 文件中添加的代码如下：

```
//第 2 章/thymeleaf/index.html
//用户列表如下
<table border = "1">
    <tr>
        <th>编号</th>
        <th>用户名</th>
        <th>密码</th>
    </tr>
    <tr th:each = "user: ${users}">
        <td th:text = "${user.id}"></td>
        <td th:text = "${user.username}"></td>
        <td th:text = "${user.password}"></td>
    </tr>
</table>
```

除了可以遍历元素，还可以获取遍历的状态，Thymeleaf 提供以下状态。

(1) index：当前的遍历索引，从 0 开始。

(2) count：当前的遍历索引，从 1 开始。

(3) size：被遍历变量里的元素数量。

(4) current：每次遍历的遍历变量。

(5) even：当前的遍历是否为偶数次。

(6) odd：当前的遍历是否为奇数次

(7) first：当前是否为首次遍历。

(8) last：当前是否为最后一次遍历。

示例代码如下：

```
//第 2 章/thymeleaf/index.html
//用户列表(含状态)如下
<table border = "1">
    <tr>
        <th>编号</th>
        <th>用户名</th>
        <th>密码</th>
        <th>索引号</th>
        <th>是否为第 1 个</th>
        <th>是否为最后一个</th>
        <th>是否为偶数次</th>
    </tr>
    <tr th:each = "user,state: ${users}">
        <td th:text = "${user.id}"></td>
        <td th:text = "${user.username}"></td>
        <td th:text = "${user.password}"></td>
        <td th:text = "${state.index}"></td>
        <td th:text = "${state.first}"></td>
        <td th:text = "${state.last}"></td>
        <td th:text = "${state.even}"></td>
    </tr>
</table>
```

7. th:if

选择结构，控制数据是否在页面上显示，当条件为 true 时将数据填充到闭合标签内部，否则不填充。在 index. html 文件中添加的代码如下：

```
<div th:if = " ${username} == admin" th:text = "该用户是管理员"></div>
```

8. th:unless

选择结构，当条件为 false 时将数据填充到闭合标签内部，否则不填充，示例代码如下：

```
<div th:unless = " ${username} == admin" th:text = "该用户是普通用户"></div>
```

9. th:swith 与 th:case

多重选择分支结构，示例代码如下：

```
//第 2 章/thymeleaf/index.html
<div th:switch = " ${city}">
    <div th:case = "北京">北京</div>
    <div th:case = "上海">上海</div>
    <div th:case = "广州">广州</div>
    <div th:case = "深圳">深圳</div>
    <div th:case = "">不确定</div>
</div>
```

10. th:attr

为 HTML 标签设置属性值。在控制器中添加的代码如下：

```
model.addAttribute("name","telepone");
```

在 index. html 文件中添加的代码如下：

```
<input type = "text" value = "13812345678" th:attr = "name = ${name}"/>
```

这样最终输出到浏览器的 HTML 如下：

```
<input type = "text" value = "13812345678" name = "telepone"/>
```

11. th:class 与 th:style

给 HTML 标签设置样式。在 index. html 文件中添加的代码如下：

```
//第 2 章/thymeleaf/index.html
<style>
    .style1{
        font - size: large;
        color:red;
    }
</style>
```

以上代码放在<head></head>之间，代码如下：

```
<div th:class = "style1">测试 th:class </div>
<div th:style = "'color:orange;'">测试 th:style </div>
```

2.8.4　SpEL 表达式

在 Spring MVC 环境中，Thymeleaf 默认使用 SpEL 引擎解释表达式，Thymeleaf 提供了 ${}、*{}、#{}、@{}4 种占位符，在{}里面应用的表达式属于 SpEL 表达式。

1. ${}

用于获取 Model 中的字符串或对象，如果是对象，则可以用点运算符进一步获取对象的属性值或方法。可以获取 Servlet 的各种内置对象，也可以获取 Thymeleaf 的内置对象，如 dates、numbers、strings、arrays、lists 等。

2. *{}

其中的 * 号代表一个对象，大括号里面的内容代表对象的属性，通常要结合 th:object 属性一起使用，th:object 用于获取一个对象，然后用 *{}去获取对象的各个属性值。

在控制器中添加的代码如下：

```
model.addAttribute("user",user1);
```

在 index.html 文件中添加的代码如下：

```
//第 2 章/thymeleaf/index.html
<div th:object = "${user}">
    <div th:text = "*{id}"></div>
    <div th:text = "*{username}"></div>
    <div th:text = "*{password}"></div>
</div>
```

3. #{}

用于读取国际化 properties 文件的属性。

4. @{}

链接表达式，可以用在超链接标签的 th:href 属性中或表单标签的 th:action 属性中，示例代码如下：

```
<a th:href = "@{/login}">测试@{}</a>
```

实际链接到目标 URL 如下：

```
http://localhost:8080/login
```

如果打包为 WAR 包，则会自动添加上应用的虚拟目录，实际链接的目标 URL 如下：

```
http://localhost:8080/虚拟目录/login
```

也可以链接到外部网址，代码如下：

```
<a th:href="@{https://www.baidu.com}">百度</a>
```

如果链接中带参数，则需要在 URI 后面用小括号的方式传递。在 index.html 文件中添加的代码如下：

```
<a th:href="@{/login(username=admin,password=123)}">测试@{}带参数</a>
```

实际链接到的目标 URL 如下：

```
http://localhost:8080/login?username=admin&password=123
```

下面演示一下表单中应用@{}表达式，在 index.html 文件中添加的代码如下：

```
<form th:action="@{/login}" method="get">
    用户名：<input type="text" name="username"/><br/>
    密码：<input type="text" name="username"/><br/>
    <input type="submit" value="登录">
</form>
```

2.8.5 Thymeleaf 表达式

Thymeleaf 除了可以使用 SpEL 表达式外，还有自己的表达式，在 ${}的大括号中使用的表达式属于 SpEL 表达式，而在 th:属性=""的双引号中应用的是 Thymeleaf 自身的表达式。这里重点讲解 Thymeleaf 自身的表达式。

1. 比较运算

可以使用的运算符包括＞、＞＝、＝＝、!＝、＜、＜＝，其中的＞和＜本身是 HTML 标签的关键字，为了避免歧义，可使用别名，gt 对应＞，lt 对应＜，ge 对应＞＝，le 对应＜＝，not 对应!，eq 对应＝＝，neq 或 nq 对应!＝。接着在上述 thymeleaf 项目的控制器中添加的代码如下：

```
model.addAttribute("score",85);
```

在 index.html 文件中添加的代码如下：

```
成绩及格了吗：<span th:text="${score} >= 60"></span><br/>
成绩及格了吗：<span th:text="${score} ge 60"></span>
```

上面两条语句的作用相同。

2. 三目运算

可以提供简单的选择分支功能。在 index.html 文件中添加的代码如下：

```
<span th:text="${score} >= 60?'成绩及格':'成绩不及格'"></span><br/>
```

3. 逻辑运算

Thymeleaf 表达式本身没有提供逻辑运算，如果需要用到，则可用 SpEL 表达式。接着在上述 thymeleaf 项目的控制器中添加的代码如下：

```
model.addAttribute("password","123");
```

在 index.html 文件中添加的代码如下：

```
是否登录：<span th:text="${username=='admin'&&password=='123'}"></span>
```

2.8.6 Thymeleaf 内置对象

在 Thymeleaf 中的内置对象如下。

(1) #ctx：上下文对象。

(2) #request：获取 HttpServletRequest 对象。

(3) #response：获取 HttpServletResponse 对象。

(4) #session：获取 HttpSession 对象。

(5) #servletContext：获取 HttpServletContext 对象。

(6) #dates：日期格式化内置对象，具体方法可以参照 java.util.Date。

(7) #calendars：类似于 #dates，但这是 java.util.Calendar 类的方法。

(8) #numbers：数字格式化。

(9) #strings：字符串格式化，具体方法可以参照 java.lang.String，如 startsWith、contains 等。

(10) #objects：参照 java.lang.Object。

(11) #bools：判断 boolean 类型的工具。

(12) #arrays：数组操作的工具。

(13) #lists：列表操作的工具，参照 java.util.List。

(14) #sets：Set 集合操作工具，参照 java.util.Set。

(15) #maps：Map 集合操作工具，参照 java.util.Map。

(16) #aggregates：操作数组或集合创建聚合的工具。

(17) #messages：操作消息的工具。

接着在上述 thymeleaf 项目的控制器中添加方法，代码如下：

```
//第 2 章/thymeleaf/ThymeleafController.java
@GetMapping("/test")
public String test(Model model, HttpSession session){
    List<String> list = new ArrayList<String>();
    list.add("北京");
    list.add("上海");
    list.add("广州");
    list.add("深圳");
    model.addAttribute("list", list);
    model.addAttribute("date", new Date());
    model.addAttribute("salary", 20000.168);
```

```
    model.addAttribute("word", "helloworld");
    return "test";
}
```

创建 test.html，关键代码如下：

```
//第 2 章/thymeleaf/test.html
日期 date:<span th:text="${#dates.format(date, 'yyyy-MM-dd HH:mm:ss')}"></span><br/>
工资 salary:<span th:text="${#numbers.formatDecimal(salary, 0, 2)}"></span><br/>
集合 list 长度:<span th:text="${#lists.size(list)}"></span><br/>
集合 list 内容:<span th:text="${#lists.toList(list)}"></span><br/>
获取并截取字符串:
<span th:text="${#strings.substring(word,0,5)}"></span><br/>
```

浏览器访问：http://localhost:8080/test，结果如图 2-27 所示。

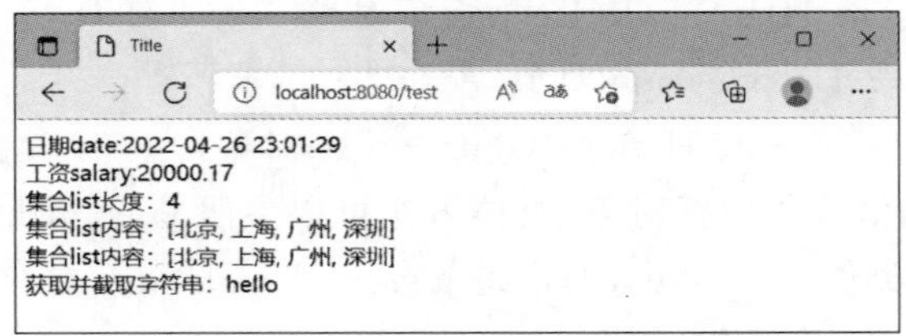

图 2-27 Thymeleaf 内置对象

2.8.7 模板片段

系统中的很多页面有公共内容，例如标题栏、主菜单、侧边栏、页脚等，这些公共内容可以提取后放在一个称为"模板片段"的公共页面里面，其他页面可以引用这个"模板片段"中的内容。

1. 模板片段的定义

普通 HTML 标签或 <block>标签，添加 th:fragment 属性，这样这个标签及其内部的所有内容就被定义为一个模板片段。语法是 th:fragment="模板片段名称"。

【例 2-3】 创建 login.html，将里面的表单创建为一个模板片段。

代码如下：

```
//第 2 章/thymeleaf/login.html
<!DOCTYPE html>
<html lang="en" xmlns:th="http://www.thymeleaf.org">
<head>
    <meta charset="UTF-8">
    <title>Title</title>
</head>
<body>
<h1>登录表单</h1>
<block th:fragment="loginForm">
    <form action="login" method="get">
        用户名:<input type="text" name="username" /><br/>
```

```
            密码：<input type="text" name="username" /><br/>
            <input type="submit" value="登录">
        </form>
</block>
</body>
</html>
```

这里，<block th:fragment="loginForm">表示将 block 标签定义为一个模板片段，模板片段的名称叫 loginForm，定义了模板片段的当前 HTML 文件就称为模板，模板名称就是 HTML 文档的名字(不含后缀)，此处模板名称为 login。

2. 引用片段

1) 插入整个模板

使用 th:insert 属性插入整个模板。

语法如下：

```
th:insert = "~{模板名称}"
```

除此之外，还可以使用 th:replace 和 th:include 插入。

【例 2-4】 创建 test2.html。

代码如下：

```
<div th:insert = "~{login}"></div>
```

接着上述 thymeleaf 项目，在控制器中添加的代码如下：

```
@GetMapping("/test2")
public String test2(){
    return "test2";
}
```

启动项目，通过浏览器访问 http://localhost:8080/test2，结果整个 login.html 页面都被引用进来了，如图 2-28 所示。

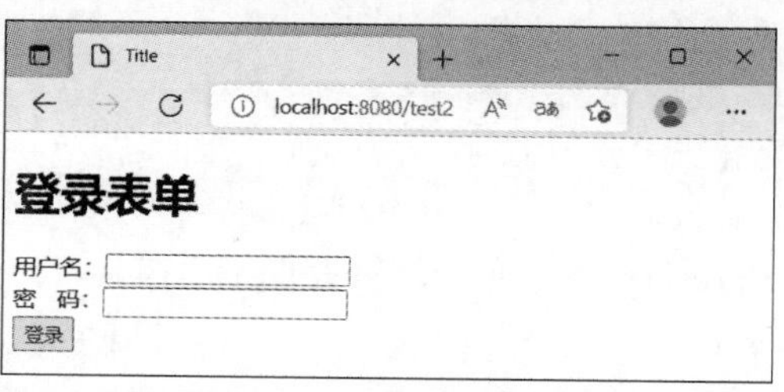

图 2-28　引入整个模板

2) 插入模板片段

语法如下：

```
th:insert = "~{模板名称::模板片段名称}"
```

插入模板中的其中一个指定名称的片段，模板片段名可以对应 th:fragment 定义的名称，也可以用类似 JQuery 选择器的语法选择部分片段。

【例 2-5】 在 test2.html 文件中添加代码。

代码如下：

```
<hr/>
<div th:insert = "~{login::loginForm}"></div>
```

浏览效果如图 2-29 所示，由箭头所指部分可发现不是整个模板都被引进来，只是模板中的模板片段被引进来了。

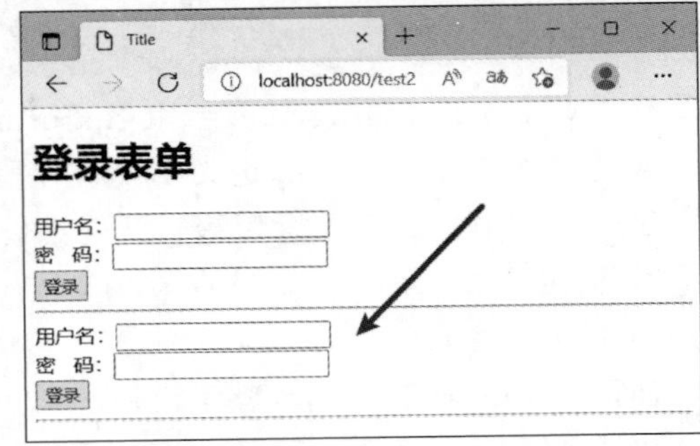

图 2-29　引入模板片断

3）th：insert、th：replace、th：include 的区别

（1）th:insert：将公共片段全部插入声明引入的元素中。

（2）th:replace：将声明引入的元素替换为公共片段。

（3）th:include：将被引入的片段的内容包含进这个标签中。

首先，在浏览器中查看上述使用 <div th:insert="～{login::loginForm}">引入模板片段的案例的网页源码，代码如下：

```
//第 2 章/thymeleaf/login.html
<div>
<block>
        <form action = "login" method = "get">
            用户名: <input type = "text" name = "username" /><br/>
            密    码: <input type = "text" name = "username" /><br/>
            <input type = "submit" value = "登录">
        </form>
</block>
</div>
```

可见模板片段被放置在当前 div 标签中。在 test2.html 文件中添加的代码如下：

```
<hr/>
<div th:replace = "~{login::loginForm}"></div>
<hr/>
<div th:include = "~{login::loginForm}"></div>
```

用浏览器访问，表面上两者看起来效果一样，但查看网页源码，会发现有区别，代码如下：

```
<hr/>
<block>
    <form action = "login" method = "get">
        用户名: <input type = "text" name = "username" /><br/>
        密    码: <input type = "text" name = "username" /><br/>
        <input type = "submit" value = "登录">
    </form>
</block>
<hr/>
```

```
<div>
    <form action="login" method="get">
        用户名: <input type="text" name="username" /><br/>
        密    码: <input type="text" name="username" /><br/>
        <input type="submit" value="登录">
    </form>
</div>
```

可见<div th:replace="~{login::loginForm}">是用替换标签的方式使原有的 div 标签不见了,替换为定义模板片段的 block 标签,而<div th:include="~{login::loginForm}"> div 标签还在,但 block 标签不见了,只是把定义了模板片段的 block 标签内部的内容包含进来。

3. 模板片段传入参数

一般情况下,上述功能是足够的,但有时还不够。例如想做一些容器类的片段:这个片段是一个容器,它只有外层的一些东西是公用的,里面的内容,可能对于不同的页面是不同的,这时不同部分就可以做成参数,可以供不同的调用者替换成不同的东西,从而更加灵活。

带参数的模板片段的定义语法: th:fragment="模板片段名称(参数列表)"。参数列表指可以是一个或多个参数,并且在模板片段内部需要内容不同的位置使用参数,使用方式: ${参数名称},例如<span th:text="${参数}"></span>。

引用语法: ~{模板名称::模板片断名称(参数列表)}。这个参数列表是有实际值的。

(1) 接着上述 thymeleaf 项目,在 login.html 文件中定义一个带参数的片断,代码如下:

```
//第 2 章/thymeleaf/login.html
<block th:fragment="info(username,password)">
    登录信息如下: <br/>
    用户名: <span th:text="${username}"></span><br/>
    密码: <span th:text="${password}"></span><br/>
</block>
```

(2) 在 test2.html 文件中两次引用这个片断并传入不同的实际参数,代码如下:

```
<div th:replace="login::info('张三','123')"></div>
<hr/>
<div th:replace="login::info('李四','888')"></div>
```

(3) 通过浏览器访问 http://localhost:8080/test2,结果如图 2-30 所示。

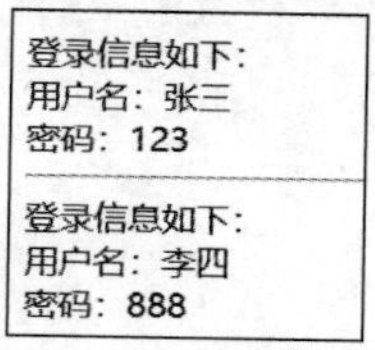

登录信息如下:
用户名: 张三
密码: 123

登录信息如下:
用户名: 李四
密码: 888

图 2-30 模板片断传入参数

2.8.8 综合实例

(1) 接着在上述 thymeleaf 项目中添加实体类 Student,代码如下:

```
//第 2 章/thymeleaf/Student.java
@Data
```

```
@NoArgsConstructor
@AllArgsConstructor
public class Student {
    private int id;
    private String name;
    private String gender;
    private int age;
    private String classname;
}
```

（2）在控制器中添加的方法如下：

```
//第 2 章/thymeleaf/ThymeleafController.java
@GetMapping("/students")
public String getAllstudents(Model model){
    List<Student> students = new ArrayList<>();
    students.add(new Student(1, "张三","女",20, "计科 1 班"));
    students.add(new Student(2, "李四","男",21, "计科 2 班"));
    students.add(new Student(3, "李白","男",18, "计科 3 班"));
    model.addAttribute("students",students);
    return "students";
}
```

（3）templates 创建 students.html 文件，代码如下：

```
//第 2 章/thymeleaf/students.html
<!DOCTYPE html>
<html lang="en" xmlns:th="http://www.thymeleaf.org">
<head>
    <meta charset="UTF-8">
    <title>Title</title>
</head>
<body>
<table border="1">
    <tr>
        <th>学号</th>
        <th>姓名</th>
        <th>性别</th>
        <th>年龄</th>
        <th>班级</th>
    </tr>
    <tr th:each="student:${students}">
        <td th:text="${student.id}"></td>
        <td th:text="${student.name}"></td>
        <td>
            <input type="radio" th:checked="${student.gender} == '男'"/>男
            <input type="radio" th:checked="${student.gender} == '女'"/>女
        </td>
        <td th:text="${student.age}"></td>
        <td>
            <select name="classname">
                <option th:selected="${student.classname} == '计科 1 班'">计科 1 班
</option>
```

```
                <option th:selected="${student.classname}=='计科 2 班'">计科 2 班
</option>
                <option th:selected="${student.classname}=='计科 3 班'">计科 3 班
</option>
            </select>
        </td>
    </tr>
</table>
</body>
</html>
```

(4) 运行代码,通过浏览器访问 http://localhost:8080/students,结果如图 2-31 所示。

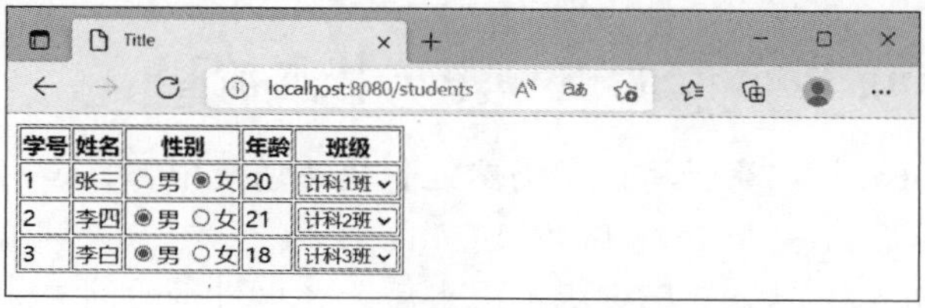

学号	姓名	性别	年龄	班级
1	张三	○男 ◉女	20	计科1班
2	李四	◉男 ○女	21	计科2班
3	李白	◉男 ○女	18	计科3班

图 2-31 学生信息列表

2.9 接口文档 Swagger 3.0

2.9.1 Swagger 3.0 基础知识

Swagger 是一个用于生成、描述、调用和可视化 RESTful 风格的 Web 服务框架,最主要的组件是 Swagger UI,该组件提供了一个可视化的 UI 页面展示描述文件,可以在该页面中对相关接口进行查阅或做一些简单的接口请求。Swagger 3.0 和之前版本的依赖不太一样,3.0 版本只需引入如下依赖,代码如下:

```
//第 2 章/thymeleaf/pom.xml
<dependency>
    <groupId>io.springfox</groupId>
    <artifactId>springfox-boot-starter</artifactId>
    <version>3.0.0</version>
  </dependency>
```

Swagger 3.0 主要通过各种注解实现,各种注解的说明如下。

(1) @API: 用于类上,表示标识这个类是 Swagger 的资源(tags、value、hidden)。

(2) @ApiOperation: 用于方法上,表示一个 HTTP 请求的动作(value、notes、httpMethod、hidden)。

(3) @Apiparam: 用于方法、参数或字段说明,表示对参数的添加元数据进行说明或是否必填等(name、value、required)。

(4) @ApiModel: 用于类上,表示对类进行说明,用于参数并用实体类接收(value、description)。

(5) @ApiModelProperty：用于方法或字段，表示对 model 属性的说明或者数据操作更改(value、name、dataType、required、example、hidden)。

(6) @ApiIgnore：用于类、方法或方法参数上，表示这个类、方法或者参数被忽略(value)。

(7) @ApiResponses：用于方法上，方法返回对象的说明(多个@ApiResponse)。

(8) @ApiResponse：用于方法上，每个参数的说明(code、message、response)。

(9) @ApiImplicitParams：用于方法上，包含一组参数说明(多个@ApiImplicitParam)。

(10) @ApiImplicitParam：用于方法上，表示单独的请求参数(name、value、required、paramType、dataType、readOnly、allowEmptyValue、defaultValue)。

2.9.2 Spring Boot 整合 Swagger 基本流程

由于 Spring Boot 3.0 在笔者写稿时仍然处于快速迭代中，对 Swagger 3.0 的支持不太好，故这里暂时退到最近一个稳定版本 Spring Boot 2.7.1 来讲解 Spring Boot 整合 Swagger 3.0，待 Spring Boot 3.0 稳定版本出来后读者再自行改回来，其原理与过程几乎是相同的。

(1) 新建 Spring Boot 2.7.1 项目 swaggerdemo，导入下列依赖，代码如下：

```
//第 2 章/swaggerdemo/pom.xml
<dependency>
    <groupId>io.springfox</groupId>
    <artifactId>springfox-boot-starter</artifactId>
    <version>3.0.0</version>
</dependency>
<dependency>
    <groupId>org.springframework.boot</groupId>
    <artifactId>spring-boot-starter-web</artifactId>
</dependency>
<dependency>
    <groupId>org.projectlombok</groupId>
    <artifactId>lombok</artifactId>
    <optional>true</optional>
</dependency>
```

(2) 在 Application.properties 文件中添加配置，代码如下：

```
spring.mvc.pathmatch.matching-strategy=ANT_PATH_MATCHER
```

这个配置的作用是将 Spring Boot 路径匹配模式修改为 AntPathMatcher。从 Spring Boot 2.6.0 开始使用基于 PathPatternParser 的路径匹配，而 Springfox 版本一直没有更新，使用的还是 AntPathMatcher，如果不这样配置，将会抛出以下异常：

```
Failed to start bean documentationPluginsBootstrapper
```

(3) 创建实体类 User,代码如下:

```
//第 2 章/swaggerdemo/User.java
@Data
@AllArgsConstructor
@NoArgsConstructor
@ApiModel(value = "用户 User 类",description = "描述用户 User 信息")
public class User {
    @ApiModelProperty(value = "用户名")
    private String username;

    @ApiModelProperty(value = "密码")
    private String password;
}
```

(4) 创建配置类 SwaggerConfig 启用 Swagger,代码如下:

```
//第 2 章/swaggerdemo/SwaggerConfig.java
@Configuration
@EnableOpenApi
public class SwaggerConfig {
    @Bean
    public Docket desertsApi(){
        return new Docket(DocumentationType.OAS_30)
                .apiInfo(apiInfo())
                .select()
                //按包扫描
                .apis(RequestHandlerSelectors.basePackage("com.sike.controller"))
                .paths(PathSelectors.any())
                .build()
                .groupName("sike")
                .enable(true);
    }

    private ApiInfo apiInfo(){
        return new ApiInfoBuilder()
                //标题
                .title("用户管理系统说明 API 文档")
                //描述
                .description("用户管理系统说明 API 文档")
                //作者信息
                .contact(new Contact("smith", "https://www.sike.com", "12345@qq.com"))
// .termsOfServiceUrl("https://www.sike.com")
                //版本号
                .version("1.0")
                .build();
    }
}
```

(5) 创建业务层 UserService 模拟操作数据库数据,代码如下:

```
//第 2 章/swaggerdemo/UserService.java
@Service
```

```
public class UserService {
    /**
     * 模拟数据库数据
     */
    private static List<User> list = Arrays.asList(
            new User("张三", "123"),
            new User("李四", "456"),
            new User("王五", "789")
    );

    public List<User> findAllUsers(){
        return list;
    }

    public User findUserByName(String username){
        for(User user:list){
            if(user.getUsername().equals(username)){
                return user;
            }
        }
        return null;
    }
}
```

(6) 创建控制器 UserController,使用上述注解描述各种接口,代码如下:

```
//第 2 章/swaggerdemo/UserController.java
@Api(tags = "User 操作接口")
@RestController
@RequestMapping("/users")
public class UserController {
    @Autowired
    private UserService userService;

    @ApiOperation(value = "获取所有用户对象", notes = "获取所有用户,无须参数")
    @RequestMapping(value = "/findAllUsers", method = {RequestMethod.POST, RequestMethod.GET})
    public List<User> findAllUsers() {
        //查出的所有用户信息
        return userService.findAllUsers();
    }
    @ApiOperation(value = "根据姓名查找用户对象", notes = "根据姓名查找用户对象")
    @RequestMapping(value = "/findByName", method = {RequestMethod.POST, RequestMethod.
GET})
    @ApiImplicitParams({@ApiImplicitParam(name = "username", value = "用户名"),
            @ApiImplicitParam(name = "password", value = "密码")})
    public User findByName(@Apiparam(value = "姓名", example = "张三", required = true)
String username) {
        return userService.findUserByName(username);
    }
}
```

（7）启动项目，通过浏览器访问 http://localhost:8080/swagger-ui/index.html，结果如图 2-32 所示。

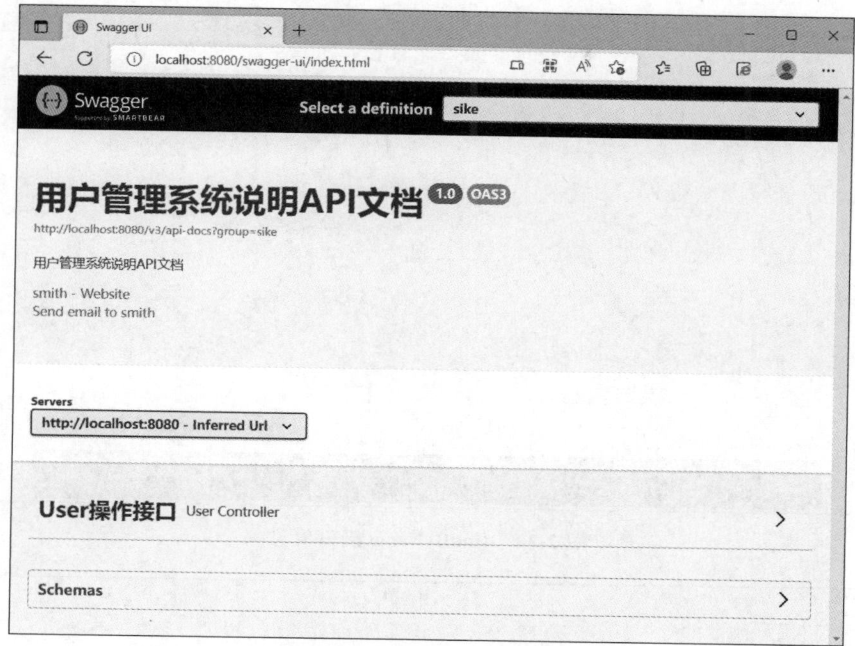

图 2-32 Swagger 主界面

单击图 2-32 中的“User 操作接口”，结果如图 2-33 所示。

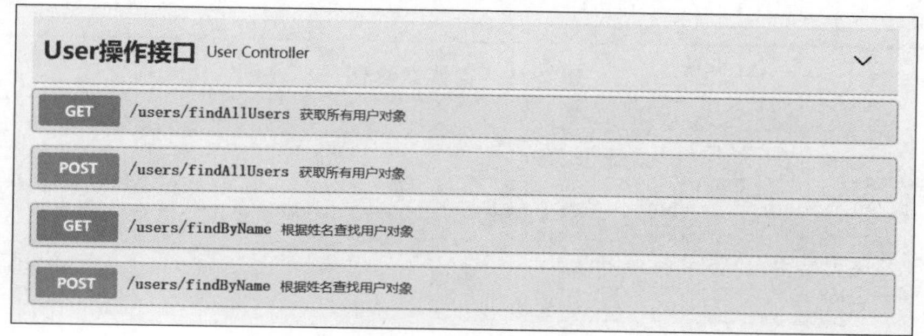

图 2-33 User 操作接口

单击图 2-33 中的第 3 项，结果如图 2-34 所示。

展开图 2-32 中 Swagger 主界面的 Schemas，结果如图 2-35 所示。

2.9.3 美化 UI

Swagger 自带的 UI 界面不是很好看，可以使用流行的第三方 swagger-Bootstrap-ui 进行美化，添加如下依赖，重新启动，访问地址 http://localhost:8080/doc.html，代码如下：

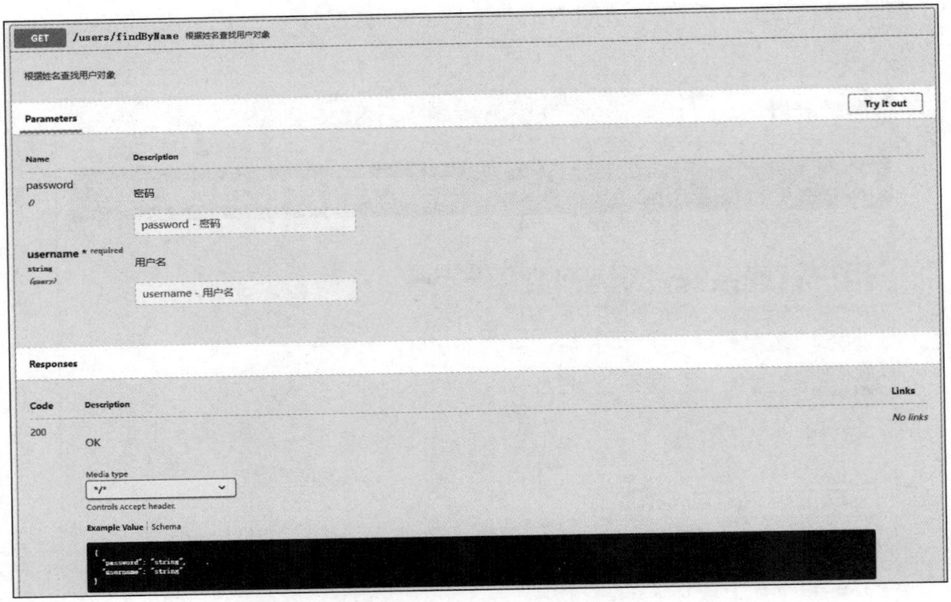

图 2-34 findByName 接口信息

图 2-35 实体类信息

```
//第 2 章/swgger3/pom.xml
<dependency>
      <groupId>com.github.xiaoymin</groupId>
      <artifactId>swagger-Bootstrap-ui</artifactId>
      <version>1.9.6</version>
   </dependency>
```

结果如图 2-36 所示。

2.9.4 生产环境关闭 Swagger

一般 Swagger 只在开发和测试环境中使用，不带到生产环境中去。可以将配置类 SwaggerConfig 里面的代码 enable(true)修改为 enable(false)来快速关闭 Swagger。更好的办法是自动识别当前是生成环境还是开发或测试环境，自动关闭或开启，要实现这点假设当前已经进行了多环境配置(参考 1.7.5 节)，修改 SwaggerConfig 配置类的 desertsApi()方法，代码如下：

图 2-36　美化 UI

```
//第 2 章/swagger3/SwaggerConfig.java
    public Docket desertsApi(Environment environment){
        //开发和测试环境
        Profiles profiles = Profiles.of("dev","test");
        //判断是否处在自己设定的环境中
        boolean swaggerEnabled = environment.acceptsProfiles(profiles);

        return new Docket(DocumentationType.OAS_30)
                .apiInfo(apiInfo())
                .select()
        //按包扫描
                .apis(RequestHandlerSelectors.basePackage("com.sike.controller"))
                .paths(PathSelectors.any())
                .build()
                .groupName("sike")
                .enable(swaggerEnabled);
}
```

本章小结

本章学习了 RESTful 风格知识，静态资源访问，路径映射，如何解决 CORS 跨域问题、统一响应数据格式、异常处理、文件上传、Thymeleaf 视图层技术。

第 3 章 Spring Data JPA

Spring Data 是 Spring 的一个子项目，致力于简化数据库访问，支持 NoSQL（非关系型数据库）和关系型数据库存储方式。Spring Data 项目所支持的 NoSQL 存储技术包括 MongoDB（文档数据库）、Neo4j（图形数据库）、Redis（键/值存储）、HBase（列族数据库）。Spring Data 项目所支持的关系数据存储技术包括 JDBC 和 JPA。Spring Data JPA 遵从 JPA 规范，是依靠 Hibernate 实现的一种 ORM（对象关系模型）框架。

3.1 Spring Data JDBC 技术

Spring Data JDBC 提供了 JDBCTemplates 类，它是 Spring 对 JDBC 的封装，由 Spring 来完成 JDBC 底层的工作，并提供大量的 API 供用户直接使用，实现对数据库的增、删、改、查操作。Spring Boot 通过其自动配置机制，自动配置了 JDBCTemplate，只需在 pom. xml 文件中导入 spring-boot-starter-jdbc 依赖和数据库连接 Java 的依赖，并在 application. properties 文件中设置好数据库连接信息，Spring Boot 就会自动向容器注入 JDBCTemplate 实例，这样开发者就可使用@Autowired 注解依赖注入 JDBCTemplate，再调用 JDBCTemplate 的 API 方法对数据库进行增、删、改、查操作。由于 JDBCTemplate 并非主流，这里只提供一个简单的增、删、改、查的案例供参考。

【例 3-1】 使用 Spring Boot 整合 JDBCTemplate 操作 studentdb 中的 student 表。

(1) 数据库准备。在 MySQL 数据库 studentdb 中创建表 student，插入若干数据，见图 3-1。

	id	studentname	gender	age
□	1	王维	男	18
□	2	李白	男	20
□	3	杜甫	男	19
□	4	李清照	女	17

图 3-1 创建表 student

(2) 创建项目导入依赖。在 IDEA 新建 Spring Boot 项目 JDBCtemplate1，导入 spring-boot-starter-jdbc 依赖、mysql-connector-java 依赖等，pom. xml 文件的关键代码如下：

```
//第 3 章/jdbc1/pom.xml
        <dependency>
            <groupId>org.springframework.boot</groupId>
            <artifactId>spring-boot-starter-jdbc</artifactId>
        </dependency>
        <dependency>
            <groupId>mysql</groupId>
            <artifactId>mysql-connector-java</artifactId>
            <version>8.0.25</version>
        </dependency>
        <dependency>
            <groupId>org.springframework.boot</groupId>
            <artifactId>spring-boot-starter-thymeleaf</artifactId>
        </dependency>
        <dependency>
            <groupId>org.springframework.boot</groupId>
            <artifactId>spring-boot-starter-web</artifactId>
        </dependency>
        <dependency>
            <groupId>org.projectlombok</groupId>
            <artifactId>lombok</artifactId>
            <optional>true</optional>
        </dependency>
```

(3) 配置数据库连接信息。在 application.properties 文件中配置数据库连接信息，代码如下：

```
//第 3 章/jdbc1/application.properties
spring.datasource.url = jdbc:mysql://localhost:3306/studentdb?useUnicode = true&characterEncoding = UTF-8&serverTimezone = UTC
spring.datasource.username = root
spring.datasource.password = root
spring.datasource.driver-class-name = com.mysql.cj.jdbc.Driver
```

(4) 创建实体类。在 com.seehope.entity 包下创建实体类 Student，关键代码如下：

```
//第 3 章/jdbc1/Student.java
@Data
@AllArgsConstructor
@NoArgsConstructor
public class Student {
    private int id;
    private String studentname;
    private String gender;
    private int age;
}
```

(5) 创建数据访问层。在 com.seehope.dao 包下创建 StudentRepository 类，用@Respository 进行注解，表示是数据访问层，在类中创建 JDBCTemplate 类型的属性 JDBCTemplate，并使用@Autowired 注解，表示从容器中注入 JDBCTemplate 实例，在类中创建有关添加、删除、修改、查询学生的若干方法，这些方法在内部分别调用 JDBCTemplate

提供的相应方法进行增、删、改、查操作，但需要提供相应的 SQL 语句作为参数，关键代码如下：

```
//第 3 章/jdbc1/StudentRepository.java
@Repository
public class StudentRepository {
    @Autowired
private JDBCTemplate JDBCTemplate;

    //添加学生
    public int addStudent(Student student) {
        return JDBCTemplate.update("insert into
student(studentname,gender,age) values(?,?,?)",
                student.getStudentname(), student.getGender(), student.getAge());
}
    //删除学生
    public int deleteStudent(int id) {
        return JDBCTemplate.update("delete from student where id = ?", id);
}
    //修改学生
    public int updateStudent(Student student) {
        return JDBCTemplate.update("update student set studentname = ?,gender = ?,age = ? where id = ?",
                student.getStudentname(), student.getGender(), student.getAge(), student.getId());
    }
    //查询所有学生
    public List < Student > findAllStudents() {
        return JDBCTemplate.query("select * from student", new BeanPropertyRowMapper <>
(Student.class));
}
    //根据 id 号查询单个学生
    public Student findStudentById(int id) {
        return JDBCTemplate.queryForObject("select * from student where id = ?",
                new BeanPropertyRowMapper <>(Student.class), id);
    }
}
```

在上述代码中 JDBCTemplate 的 update 方法用于执行增、删、改 SQL 语句，SQL 语句中的"?"号表示占位符，有几个占位符 update 方法就需提供几个实参。query 方法用于执行查询语句，返回 List < T >泛型集合，其中 BeanPropertyRowMapper 类型的参数用于将查询结果封装为指定的对象类型，即指定泛型 T 的实际类型。queryForObject 方法用于查询单一返回值的结果，同样封装为对象类型。

（6）创建业务逻辑层。在 com.seehope.service 包下创建 StudentService 类，关键代码如下：

```
//第 3 章/jdbc1/StudentService.java
@Service
public class StudentService {
    @Autowired
    private StudentRepository studentRepository;
```

```
    public int addStudent(Student student) {
        return studentRepository.addStudent(student);
    }

    public int deleteStudent(int id) {
        return studentRepository.deleteStudent(id);
    }

    public int updateStudent(Student student) {
        return studentRepository.updateStudent(student);
    }

    public List<Student> findAllStudents() {
        return studentRepository.findAllStudents();
    }

    public Student findStudentById(int id) {
        return studentRepository.findStudentById(id);
    }
}
```

（7）创建控制器类 StudentController，代码如下：

```
//第 3 章/jdbc1/StudentController.java
@Controller
public class StudentController {
    @Autowired
    private StudentService studentService;
    @GetMapping("/stus")
    public ModelAndView findAllStudents(){
        List<Student> stus =  studentService.findAllStudents();
        ModelAndView mv = new ModelAndView();
        mv.addObject("stus",stus);
        mv.setViewName("stus");
        return mv;
    }
    @GetMapping("/stu/{id}")
    public ModelAndView findStudentById(@PathVariable("id") int id){
        Student student = studentService.findStudentById(id);
        ModelAndView mv = new ModelAndView();
        mv.addObject("student",student);
        mv.setViewName("student");
        return mv;
    }
    @PostMapping("/addStudent")
    public ModelAndView addStudent(Student student){
        studentService.addStudent(student);
        ModelAndView mv = new ModelAndView();
    //添加成功后,跳转到查找所有学生的控制器
        mv.setViewName("redirect:/stus");
        return mv;
```

```
    }
    @GetMapping("/addStudent")
    public String addStudent(){
        return "addStudent";
    }
    @GetMapping("/deleteStudent/{id}")
    public ModelAndView deleteStudent(@PathVariable("id") int id){
        studentService.deleteStudent(id);
        ModelAndView mv = new ModelAndView();
    //删除成功后,跳转到查找所有学生的控制器
        mv.setViewName("redirect:/stus");
        return mv;
    }
    @GetMapping("/updateStudent/{id}")
    public ModelAndView toUpdateStudent(@PathVariable("id") int id){
        Student student = studentService.findStudentById(id);
        ModelAndView mv = new ModelAndView();
        mv.addObject("student",student);
        mv.setViewName("updateStudent");
        return mv;
    }
    @PostMapping("/updateStudent")
    public ModelAndView UpdateStudent(Student student){
        studentService.updateStudent(student);
        System.out.println(student);
        ModelAndView mv = new ModelAndView();
    //修改成功后,跳转到查找所有学生的控制器
        mv.setViewName("redirect:/stus");
        return mv;
    }
}
```

(8) 创建视图。创建 stus.html、stu.html、addStudent.html、updateStudent.html 页面(详见教材配套电子资源)。

(9) 运行代码进行测试。这里仅提供部分测试结果,更多的结果可自行测试。

在浏览器网址栏输入 http://localhost:8080/stus,结果如图 3-2 所示。

在浏览器网址栏输入 http://localhost:8080/stu/1,结果如图 3-3 所示。

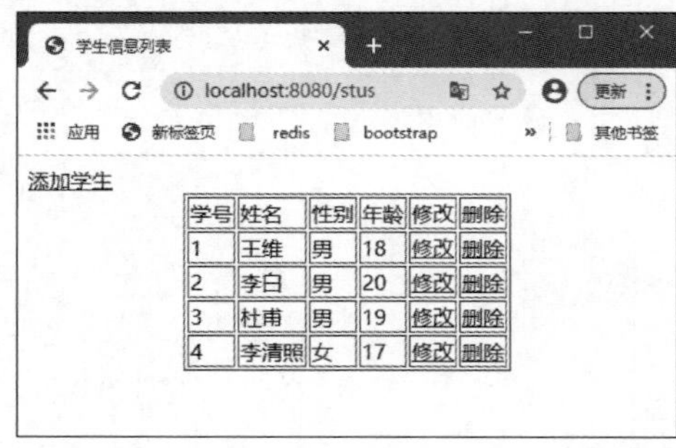

图 3-2 查找所有学生

图 3-3 查找一个学生

单击图 3-2 中的添加学生超链接，并填写数据，如图 3-4 所示。单击“添加”按钮，结果如图 3-5 所示。

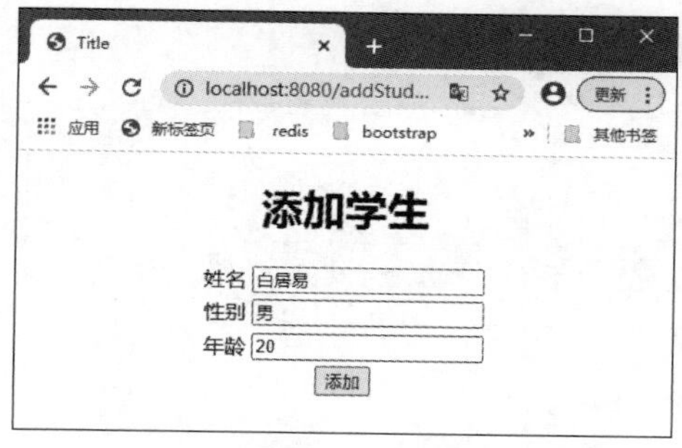

图 3-4　添加学生

学号	姓名	性别	年龄	修改	删除
1	王维	男	18	修改	删除
2	李白	男	20	修改	删除
3	杜甫	男	19	修改	删除
4	李清照	女	17	修改	删除
13	白居易	男	20	修改	删除

图 3-5　添加后的结果

3.2　Spring Data JPA 技术

Spring Data JPA 是基于 Hibernate 的一款持久层框架，它通过注解或 XML 文件描述 Java 对象与数据库表之间的映射关系，将内存中的对象持久化到数据库中。Spring Data JPA 提供了多种基于 JPA 规范的接口，内置了大量的常用查询方法，由 Spring 生成接口的代理类，注入 Spring 容器中进行管理，开发者在大多数情况下无须自行编写 SQL（或 JPQL）即可实现对数据库的访问与操作。项目中在使用 Spring Data JPA 时需引入下述依赖，代码如下：

```
<dependency>
    <groupId>org.springframework.boot</groupId>
    <artifactId>spring-boot-starter-data-jpa</artifactId>
</dependency>
```

Spring Data JPA 提供的接口有 Repository、JpaRepository、PagingAndSortingRepository、CrudRepository 及 QueryByExampleExecutor，其中 CrudRepository 接口定义了基本的增、删、改、查 CRUD 操作，PagingAndSortingRepository 定义了分页和排序的查询操作，QueryByExampleExecutor 接口定义了简单的动态查询操作。

JpaRepository 接口继承了 PagingAndSortingRepository、CrudRepository 和 QueryByExampleExecutor 接口，继承了它们的所有操作并提供了其他一些常用操作，PagingAndSortingRepository 和 CrudRepository 接口又继承自 Repository，Repository 只是一个空接口，具有标记作用，各个接口之间的关系如图 3-6 所示。

所以开发者只要自定义一个接口继承 JpaRepository 接口即可获得上述所有接口的功能。开发者自定义的接口还可以进行方法命名查询，方法名称和参数只要符合 JPA 的命名规范，Spring Data JPA 就会根据方法名字来确定需要实现什么样的逻辑，无须开发者编写 SQL 语句。自定义的接口中的方法也可配套使用 JPQL 语言或原生 SQL 语句进行更加灵活的查询，此外 Spring Data JPA 还可方便地处理一对一，一对多，以及多对多表关联查询。

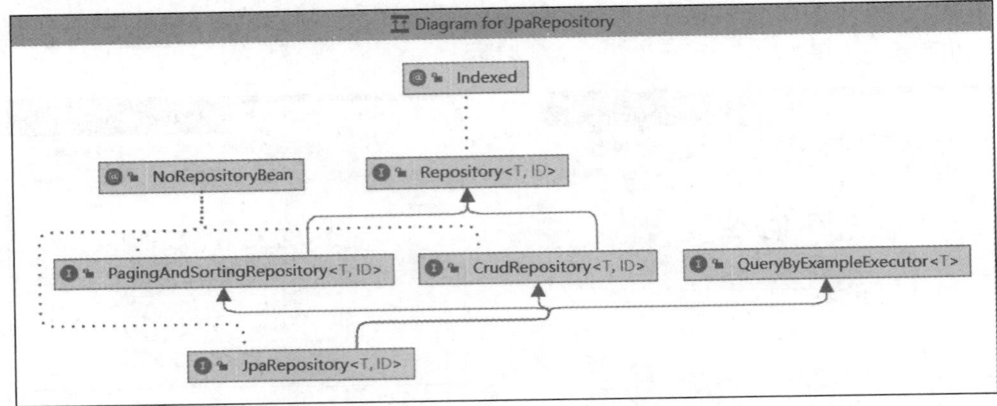

图 3-6 接口之间的关系

3.2.1 JpaRepository 接口

JpaRepository 接口除继承了父接口的方法外还提供了其他方法，见表 3-1。

表 3-1 JpaRepository 接口方法

方法名称	功能描述
List<T> findAll()	查询所有对象数据
List<T> findAll(Sort var1)	查询所有对象数据并进行排序
List<T> findAllById(Iterable<ID> var1)	根据提供的多个 ID 号，将有关对象都查询出来
<S extends T> List<S> saveAll(Iterable<S> var1)	将集合数据保存到数据库
void flush()	将缓存中的对象更新到数据库
<S extends T> S saveAndFlush(S var1)	保存对象并更新到数据库
void deleteInBatch(Iterable<T> var1)	批量删除集合中的对象
void deleteAllInBatch()	批量删除所有对象
T getOne(ID var1)	根据 ID 号查询对象
<S extends T> List<S> findAll(Example<S> var1)	根据提供的 Example 实例查询对象
<S extends T> List<S> findAll(Example<S> var1, Sort var2)	根据提供的 Example 实例查询对象并排序

3.2.2 PagingAndSortingRepository 接口

PagingAndSortingRepository 接口主要提供了用于分页查询和排序的方法，见表 3-2。

表 3-2 PagingAndSortingRepository 接口方法

方法名称	功能描述
Iterable<T> findAll(Sort var1)	查询所有对象并根据 Sort 对象中的规则进行排序
Page<T> findAll(Pageable var1)	查询所有对象并根据 Pageable 对象中的规则进行分页处理，封装为一个 Page 对象。注意：Pageable 中又可包含排序

Page 是 Spring Data 提供的一个封装了分页信息的接口，Pageable 是构造分页查询的接口，用于指定页码（从 0 算起），每页显示记录数，以及是否排序等，具体由 PageRequest 类的 of 静态方法进行实现。

【例 3-2】 假设用户在项目中已经创建好了继承 JpaRepository 的 Dao 层接口 StudentRepository，在控制器 StudentController 中使用 Page < T > findAll(Pageable var1) 方法进行分页与排序查询，代码如下：

```
//第 3 章/jpa1/StudentController.java
@Autowired
Private StudentRepository studentRepository;
@GetMapping("/findAllPage")
    public ModelAndView findAll(@RequestParam(value = "start",defaultValue = "0") Integer
start,
    @RequestParam(value = "size",defaultValue = "3") Integer size) {
        ModelAndView mv = new ModelAndView();
          //构造 Pageable,默认查询第 1 页,每页显示 3 条记录,根据属性 id 进行降序排序
          Pageable pageable =  PageRequest.of(start,size,Sort.by(Sort.Direction.DESC,"id"));
            //也可以不排序
          //Pageable pageable =  PageRequest.of(start,size);
            //根据 pageable 进行查询,结果封装为 Page 对象
          Page < Student > page = studentRepository.findAll(pageable);
          mv.addObject("page",page);
          mv.setViewName("stusPage");
          return mv;
    }
```

PageRequest.of 方法的第 3 个参数用到了 Sort 类，用于制定排序规则。可以使用 Sort 类的带参构造方法创建 Sort 对象，第 1 个参数用于指定升序还是降序，值为 Sort. Direction. DESC 或 Sort. Direction. ASC，第 2 个参数用于指定排序属性（字段）。

【例 3-3】 Sort sort＝new Sort(Sort. Direction. DESC, "id")；表示创建一个根据属性 id 进行降序排序的 Sort 对象。也可以使用 Sort 类的静态方法 by 创建 Sort 对象，语法可参照上述示例代码。

3.2.3 CrudRepository 接口

CrudRepository 接口提供了常用的增、删、改、查方法，见表 3-3。

表 3-3 CrudRepository 接口方法

方法名称	功能描述
< S extends T > S save(S var1)	保存对象，如果对象包括主键 ID，则进行更新操作
< S extends T > Iterable < S > saveAll(Iterable < S > var1)	保存对象集合
Optional < T > findById(ID var1)	根据主键 ID 查询对象，结果可以为空
boolean existsById(ID var1)	根据主键 ID 查询对象是否存在
Iterable < T > findAll()	查询所有对象

续表

方法名称	功能描述
Iterable<T> findAllById(Iterable<ID> var1)	根据给定的多个 ID 号查询对象集合
long count()	查询对象的数量
void deleteById(ID var1)	根据 ID 号删除对象，没有返回值，如果要判断是否成功，则要结合 try…catch…语句
void delete(T var1)	删除对象
void deleteAll(Iterable<? extends T> var1)	删除给定的对象
void deleteAll()	删除所有对象

用户自定义的接口只要实现 JpaRepository 接口，调用上述接口提供的方法，无须编写 SQL 或 JPQL 语句就可操作数据库。

3.2.4 基本增、删、改、查方法

【例 3-4】 Spring Data JPA 的基本增、删、改、查及分页操作。

(1) 数据库准备。在 studentdb 数据库中创建表 course，主键 courseid 自增长，添加若干数据，如图 3-7 所示。也可以不创建表，由程序自动创建，见第(3)步中有关 update 的说明。

courseid	coursename	coursescore	coursetime	coursetype
1	Java程序设计基础	3	64	必修
2	Python程序设计基础	4	64	必修
3	C程序设计基础	4	64	必修
4	大学英语	3	60	必修
5	大学物理	3	50	选修
6	大学化学	3	60	选修
7	大学语文	2	30	选修
8	计算机基础	2	40	选修
9	MySQL数据库	4	40	必修

图 3-7 数据库表 course

(2) 创建 Spring Boot 项目。在 IDEA 中创建 Spring Boot 项目，命名为 pom. xml 并在 pom. xml 文件中导入 JPA 相关依赖，关键代码如下：

```
//第 3 章/jpa1/pom.xml
        <dependency>
            <groupId>org.springframework.boot</groupId>
            <artifactId>spring-boot-starter-data-jpa</artifactId>
        </dependency>
        <dependency>
            <groupId>org.springframework.boot</groupId>
            <artifactId>spring-boot-starter-thymeleaf</artifactId>
        </dependency>
        <dependency>
            <groupId>org.springframework.boot</groupId>
            <artifactId>spring-boot-starter-web</artifactId>
        </dependency>
        <dependency>
```

```
        <groupId>mysql</groupId>
        <artifactId>mysql-connector-java</artifactId>
    </dependency>
    <dependency>
        <groupId>org.projectlombok</groupId>
        <artifactId>lombok</artifactId>
    </dependency>
```

（3）配置application.properties。需要配置数据库连接信息和JPA属性，配置如下：

```
//第3章/jpa1/application.properties
spring.datasource.url=jdbc:mysql://localhost:3306/studentdb?useUnicode=true&characterEncoding=
utf8&serverTimezone=UTC&useSSL=true
spring.datasource.username=root
spring.datasource.password=root
spring.datasource.driver-class-name=com.mysql.cj.jdbc.Driver

spring.jpa.properties.hibernate.hbm2ddl.auto=update
spring.jpa.properties.hibernate.dialect=org.hibernate.dialect.MySQL5InnoDBDialect
spring.jpa.show-sql=true
```

其中spring.jpa.properties.hibernate.hbm2ddl.auto属性用于设置自动创建、更新或验证数据库表结构。一般取以下4个值之一。

create：每次加载Hibernate时都会删除数据库表，然后根据Model类重新创建新表，这样会导致数据库数据丢失，应谨慎使用。

create-drop：每次加载Hibernate时都会根据Model类创建新表，一旦SessionFactory关闭就自动删除表。

update：首次加载Hibernate时若没有Model类对应的数据库表就会根据Model类创建数据表，以后加载时，不会创建新表，若Model类被修改过，则会更新数据库表结构，但数据不会被删除。

validate：每次加载Hibernate时，会验证数据库的表结构而不会创建新表，但会插入新值。

spring.jpa.properties.hibernate.dialect：对特定的关系数据库生成优化的SQL。

spring.jpa.show-sql=true属性用于设置控制台输出SQL语句。

（4）创建实体类Course，关联数据库表course，代码如下：

```
//第3章/jpa1/Course.java
@Data
@AllArgsConstructor
@NoArgsConstructor
@Entity(name = "course")
public class Course {
    //课程编号
    @Id
    @GeneratedValue(strategy = GenerationType.IDENTITY)
```

```
    private int courseid;
    //课程名称
    @Column(name = "coursename",nullable = false,length = 30)
    private String coursename;
    //课程学分
    @Column(name = "coursescore")
    private int coursescore;
    //课时
    @Column(name = "coursetime")
    private int coursetime;
    //选修或必修课
    @Column(name = "coursetype")
    private String coursetype;
    //备注,数据库中无对应的列
    @Transient
    private String description;
}
```

@Entity 注解表示该实体类是一个与数据库表映射的实体类,用 name 属性指定该实体类映射的数据库表名,也可以省略 name 属性,默认数据库表名与类名一致。

@Id 注解表示该属性映射为数据库表的主键,并用@GeneratedValue 注解来指定主键生成策略,若设置为 strategy = GenerationType. IDENTITY,则表示主键由数据库自动增长,若设置为 strategy = GenerationType. AUTO,则表示主键由程序生成。

@Column 注解用来描述该属性对应的数据库表中的字段的详细定义,name 属性表示所映射的数据库表中的字段,默认字段名与属性名一致,nullable 属性表示该字段是否允许为空,length 属性表示该字段的长度,仅对 String 类型有效,还可以有 unique 属性,表示该字段是否是唯一标识。

@Transient 注解用于标注数据库表中无对应列的属性,ORM 框架将忽略该属性。

(5) 创建数据访问层。创建 CourseDao 接口,继承 JpaRepository 接口,关键代码如下:

```
//第 3 章/jpa1/CourseDao.java
public interface CourseDao extends JpaRepository<Course,Integer> {
}
```

这里暂时不用写任何自定义方法(父类接口已经有很多直接可用的方法)。

(6) 创建业务逻辑层。创建 CourseService 类,关键代码如下:

```
//第 3 章/jpa1/CourseService.java
@Service
public class CourseService {

    @Autowired
    private CourseDao courseDao;

    //使用 JpaRepository 的 API 查询,DAO 层无须手动编写 SQL 或 JPQL 语句
    //查找所有课程,不分页,相当于 SQL: select * from course
    public List<Course> findAll(){
```

```
        return courseDao.findAll();
    }

    //查找所有课程,有排序,相当于 SQL: select * from course order by xxx DESC|ASC
    public List<Course> findAll(Sort sort){
        return courseDao.findAll(sort);
    }

    //查找所有课程,有分页,相当于 SQL: select * from course limit x,y
    public Page<Course> findAll(Pageable pageable){
        return courseDao.findAll(pageable);
    }

    //查询某个编号的课程,相当于 SQL: select * from course where courseid = ?1
    //也可以用方法名 findByIdIs findByIdEquals
    public Course findById(int courseid){
        return courseDao.findById(courseid).orElse(new Course());
    }

    public void updateCourse(Course course) {
    //若参数的主键存在,则进行更新操作
        courseDao.save(course);
    }

    public void addCourse(Course course) {
    //添加课程,若参数的主键不存在,则进行添加操作
        courseDao.save(course);
    }

    public void deleteCourse(int courseid) {
    //删除课程
        courseDao.deleteById(courseid);
    }
}
```

(7) 创建控制器。创建 CourseController,关键代码如下:

```
//第 3 章/jpa1/CourseController.java
@Controller
public class CourseController {

    @Autowired
    private CourseService courseService;
    //获取旧数据并传递到视图进行展示以便修改
@GetMapping("/updateCourse/{id}")
    public ModelAndView toupdateCourse(@PathVariable("id") int courseid){
        ModelAndView mv = new ModelAndView();
        Course course = courseService.findById(courseid);
        mv.addObject("course",course);
        mv.setViewName("updateCourse");
        return mv;
    }
```

```
    //获取新数据,修改数据库
    @PostMapping("/updateCourse")
    public ModelAndView updateCourse(Course course){
        ModelAndView mv = new ModelAndView();
        courseService.updateCourse(course);
    //更新完毕后转发到查询所有课程的控制器
        mv.setViewName("redirect:findAll1");
        return mv;
    }
    //将课程添加到数据库
    @PostMapping("/addCourse")
    public ModelAndView addCourse(Course course){
        ModelAndView mv = new ModelAndView();
        courseService.addCourse(course);
        mv.setViewName("redirect:findAll1");
        return mv;
    }
    //用于超链接,呈现添加课程的视图
    @GetMapping("/addCourse")
    public String addCourse(){
        return "addCourse";
    }
    //删除课程
@GetMapping("/deleteCourse/{id}")
    public ModelAndView deleteCourse(@PathVariable("id") int courseid){
        ModelAndView mv = new ModelAndView();
        courseService.deleteCourse(courseid);
        mv.setViewName("redirect:findAll1");
        return mv;
}
    //查询所有课程,无排序
    @GetMapping("/findAll1")
    public ModelAndView findAll(){
        ModelAndView mv = new ModelAndView();
        List<Course> courselist = courseService.findAll();
        mv.addObject("courses",courselist);
        mv.setViewName("courses");
        return mv;
}
    //查找所有课程,有排序
    @GetMapping("/findAll2")
    public ModelAndView findAll2(){
        ModelAndView mv = new ModelAndView();
    //按课程学分降序排序
         List < Course > courselist = courseService. findAll ( Sort. by ( Sort. Direction. DESC,
"coursescore"));
        mv.addObject("courses",courselist);
        mv.setViewName("courses");
        return mv;
}
    //查找所有课程,有分页与排序
    @GetMapping("/findAll3")
    public ModelAndView findAll(@RequestParam(value = "start",defaultValue = "0") Integer start,
```

```
    @RequestParam(value = "size",defaultValue = "3") Integer size) {
        ModelAndView mv = new ModelAndView();
    //默认查询第 1 页,1 页显示 3 条记录
        Pageable pageable = PageRequest.of(start, size, Sort.by(Sort.Direction.DESC,
"courseid"));
    //也可以不排序
        //Pageable pageable = PageRequest.of(start,size);
        Page<Course> page = courseService.findAll(pageable);
        mv.addObject("page",page);
        mv.setViewName("coursePage");
        return mv;
    }

    //查询某个编号的课程
    @GetMapping("/findById/{id}")
public ModelAndView findById(@PathVariable("id") int courseid){
        ModelAndView mv = new ModelAndView();
        Course course = courseService.findById(courseid);
        mv.addObject("course",course);
        mv.setViewName("course");
        return mv;
    }
}
```

（8）创建视图。在 resource/templates 目录下创建 courses.html，用于以列表的形式展示所有课程，course.html 用于展示课程详情，addCourse.html 用于添加课程，coursePage.html 用于分页展示所有课程。具体代码参见随书配置电子资源，其中分页展示是重点，关键代码如下：

```
//第 3 章/jpa1/coursePage.html
<body>
<a th:href = "@{/addCourse}">添加学生</a><br/>
<table border = "1" align = "center">
    <tr>
        <td>课程编号</td>
        <td>课程名称</td>
        <td>课程学分</td>
        <td>课程学时</td>
        <td>课程类型</td>
        <td>修改</td>
        <td>删除</td>
    </tr>
<tr th:each = "course:${page.getContent()}">
    <td th:text = "${course.courseid}"></td>
    <td th:text = "${course.coursename}"></td>
    <td th:text = "${course.coursescore}"></td>
    <td th:text = "${course.coursetime}"></td>
    <td th:text = "${course.coursetype}"></td>
<td><a th:href = "@{/updateCourse/} + ${course.courseid}">修改</a></td>
    <td><a th:href = "@{/deleteCourse/} + ${course.courseid}">删除</a></td>
</tr>
```

```
</table>
<div>
    <a th:if = "${not page.isFirst()}" th:href = "@{/findAll3(start = ${page.number - 1})}">上一页</a>
    |总页数:<span th:text = "${page.getTotalPages()}"></span> 
    |当前页:<span th:text = "${page.getNumber() + 1}"></span>
    |总记录数:<span th:text = "${page.getTotalElements()}"></span> \
    |当前页记录数:<span th:text = "${page.getNumberOfElements()}"></span>
    <a th:if = "${not page.isLast()}" th:href = "@{/findAll3(start = ${page.number + 1})}">下一页</a>
</div>
</body>
```

(9) 运行代码进行测试。这里仅提供查询全部和分页查询的结果,其余结果可自行下载源码进行测试。在浏览器地址栏输入 http://localhost:8080/findAll1,结果如图 3-8 所示。

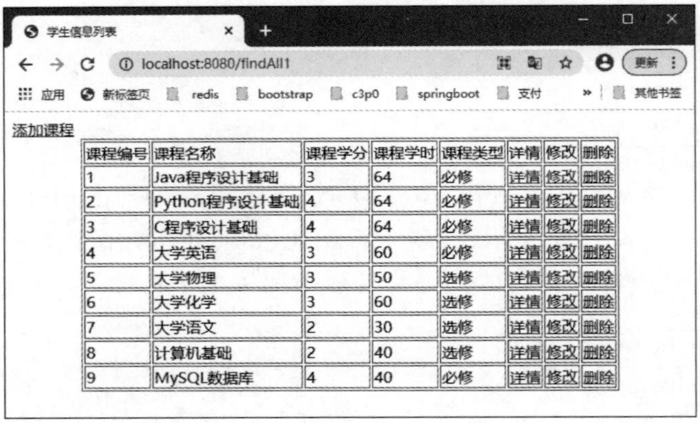
学生信息列表
localhost:8080/findAll1
添加课程
课程编号 课程名称 课程学分 课程学时 课程类型 详情 修改 删除
1 Java程序设计基础 3 64 必修 详情 修改 删除
2 Python程序设计基础 4 64 必修 详情 修改 删除
3 C程序设计基础 4 64 必修 详情 修改 删除
4 大学英语 3 60 必修 详情 修改 删除
5 大学物理 3 50 选修 详情 修改 删除
6 大学化学 3 60 选修 详情 修改 删除
7 大学语文 2 30 选修 详情 修改 删除
8 计算机基础 2 40 选修 详情 修改 删除
9 MySQL数据库 4 40 必修 详情 修改 删除

图 3-8　查询所有图书列表展示

在浏览器输入 http://localhost:8080/findAll3,结果如图 3-9 所示。

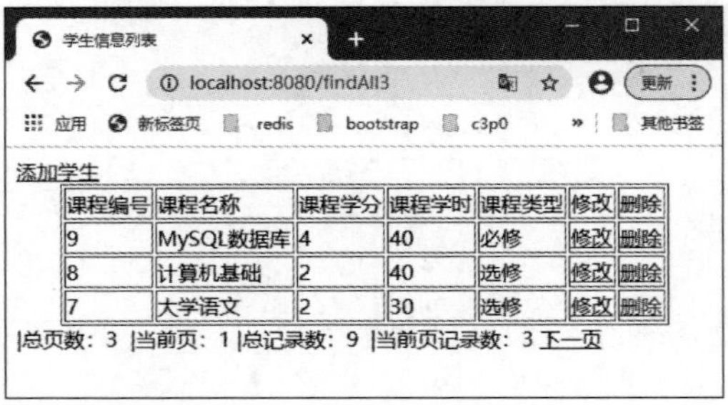
学生信息列表
localhost:8080/findAll3
添加学生
课程编号 课程名称 课程学分 课程学时 课程类型 修改 删除
9 MySQL数据库 4 40 必修 修改 删除
8 计算机基础 2 40 选修 修改 删除
7 大学语文 2 30 选修 修改 删除
|总页数: 3 |当前页: 1 |总记录数: 9 |当前页记录数: 3 下一页

图 3-9　分页查询结果

3.2.5　方法命名查询

在用户自定义的继承了 JpaRepository 的接口中,用户可以自定义一些方法,只要这些方法符合 JPA 的约定命名规范，Spring Data JPA 就能分析出开发者的意图，自动调用 SQL 实现特定的查询，而无须手动编写 SQL 语句。以自定义方法名称为 findByName(String username)为例，这里的 findBy 可以认为是关键字，而 Name 是可变的，可以是任意一个实体类的名称，框架会将该方法解释为查询条件 where name=?，如果方法的返回值类型为 List<User>，则完整的 SQL 语句为 select * from user where name=?。如果有多个条件，则方法名称中还可以出现 And 或 Or 进行连接。符合命名规范的方法名见表 3-4。

表 3-4 符合命名规范的方法名示例

关 键 词	方法命名示例	对应的 SQL
And	findByGenderAndAge	where gender=? And age=?
Or	findByGenderOrAge	where gender=? And age=?
=	findByName	where name=?
	findByNameIs	
	findByNameEquals	
Between	findByAgeBetween	where age between ? and ?
<	findByAgeLessThan	where age <?
<=	findByAgeLessThanEqual	where age <=?
>	findByAgeGreaterThan	where age >?
>=	findByAgeGreaterThanEqual	where age>=?
<>	findByAgeNot	where age <> ?
IsNull	findByNameIsNull	where name is null
NotNull	findByNameNotNull	where name is not null
In	findByAgeIn(Collection<Age> ages)	where age in (?)
NotIn	findByAgeNotIn(Collection<Age> ages)	where age not in(?)
like	findByNameLike	where name like ?
NotLike	findByNameNotLike	where name not like ?
StartingWith	findByNameStartingWith	where name like '?%'
EndingWith	findByNameEndingWith	where name like '%?'
ContainingWith	findByNameContainingWith	where name like '%?%'
OrderBy	findByGenderOrderByAgeDesc	Where gender=? Order by age desc
True	findByGenderTrue	where gender=true
False	findByGenderFalse	where gender=false

此外约定方法名还可用 Top 或 First 关键词来限制查询结果的数量，如 findTop10ByGender，指显示查询结果的前 10 条，相当于 SQL 语句：where gender=? limit 0,10。findFirst20ByAgeGreaterThan，指显示查询结果的前 20 条，相当于 SQL 语句：where age >? limit 0,20。

【例 3-5】 根据约定命名规范查询。

(1) 创建数据访问层。接着上述案例项目 jpa1，在 CourseDao 中创建方法，代码如下：

```
//第 3 章/jpa1/CourseDao.java
    //使用 JpaRepository 的约定命名规范查询,DAO 层无须手动编写 SQL 或 JPQL 语句
    //查询学分为 xx 的选修(或必修)课,按照命名规范,无须手动编写 SQL 语句
    //相当于 SQL: select * from course where //coursescore = ?1 and coursetype = ?2
    public List<Course> findByCoursescoreAndCoursetype(int coursescore,String
//coursetype);

    //查询学分为 xx 或者选修(或必修)的课程,按照命名规范,无须手动编写 SQL 语句
    //相当于 SQL: select * from course where coursescore = ?1 or coursetype = ?2
    public List<Course> findByCoursescoreOrCoursetype(int coursescore,String coursetype);

    //查询课时在 xx 到 xx 的课程
  public List<Course> findByCoursetimeBetween(int start,int end);

   //查询课时小于 xx 的课程
  public List<Course> findByCoursetimeLessThan(int coursetime);

   //查询课程名称包含 xx 字的课程
  public List<Course> findByCoursenameContains(String coursename);
```

(2) 创建业务逻辑层。在 CourseService 中添加方法,代码如下:

```
//第 3 章/jpa1/CourseService.java
    //查询学分为 xx 的选修(或必修)课
   public List<Course> findByCoursescoreAndCoursetype(int coursescore,String coursetype){
      return
courseDao.findByCoursescoreAndCoursetype(coursescore,coursetype);
   }

    //查询学分为 xx 或者选修(或必修)的课程
   public List<Course> findByCoursescoreOrCoursetype(int coursescore,String coursetype){
      return
courseDao.findByCoursescoreOrCoursetype(coursescore,coursetype);
   }

    //查询课时在 xx 到 xx 的课程
   public List<Course> findByCoursetimeBetween(int start,int end){
      return courseDao.findByCoursetimeBetween(start,end);
   }

    //查询课时小于 xx 的课程
   public List<Course> findByCoursetimeLessThan(int coursetime){
      return courseDao.findByCoursetimeLessThan(coursetime);
   }

    //查询课程名称包含 xx 字的课程
   public List<Course> findByCoursenameContains(String coursename){
      return courseDao.findByCoursenameContains(coursename);
   }
```

(3) 创建控制器。在 CourseController 中添加的代码如下:

```
//第 3 章/jpa1/CourseController.java
    //查询学分为 xx 的选修(或必修)课
@GetMapping("/findByCoursescoreAndCoursetype/{coursescore}/{coursetype}")
public ModelAndView findByCoursescoreAndCoursetype ( @ PathVariable ( " coursescore") int
coursescore,@PathVariable("coursetype") String coursetype){
    ModelAndView mv = new ModelAndView();
    List < Course > courses = courseService. findByCoursescoreAndCoursetype ( coursescore,
coursetype);
    mv.addObject("courses",courses);
    mv.setViewName("courses");
    return mv;
}

    //查询学分为 xx 或者选修(或必修)的课程
@GetMapping("/findByCoursescoreOrCoursetype/{coursescore}/{coursetype}")
public ModelAndView findByCoursescoreOrCoursetype ( @ PathVariable ( " coursescore") int
coursescore,@PathVariable("coursetype") String coursetype){
    ModelAndView mv = new ModelAndView();
    List < Course > courses = courseService. findByCoursescoreOrCoursetype ( coursescore,
coursetype);
    mv.addObject("courses",courses);
    mv.setViewName("courses");
    return mv;
}

    //查询课时在 xx 到 xx 的课程
@GetMapping("/findByCoursetimeBetween/{start}/{end}")
public ModelAndView findByCoursetimeBetween ( @ PathVariable ( " start") int start, @
PathVariable("end") int end){
    ModelAndView mv = new ModelAndView();
    List<Course> courses = courseService.findByCoursetimeBetween(start,end);
    mv.addObject("courses",courses);
    mv.setViewName("courses");
    return mv;
}

    //查询课时小于 xx 的课程
@GetMapping("/findByCoursetimeLessThan/{coursetime}")
public ModelAndView findByCoursetimeLessThan(@PathVariable("coursetime") int coursetime){
    ModelAndView mv = new ModelAndView();
    List<Course> courses = courseService.findByCoursetimeLessThan(coursetime);
    mv.addObject("courses",courses);
    mv.setViewName("courses");
    return mv;
}

    //查询课程名称包含 xx 字的课程
@GetMapping("/findByCoursenameContains/{coursename}")
public ModelAndView findByCoursenameContains ( @ PathVariable ( " coursename ") String
coursename){
    ModelAndView mv = new ModelAndView();
    List<Course> courses = courseService.findByCoursenameContains(coursename);
```

```
        mv.addObject("courses",courses);
        mv.setViewName("courses");
        return mv;
    }
```

(4) 运行代码进行测试。在浏览器中输入：http://localhost:8080/findByCoursescoreAndCoursetype/3/选修，结果如图 3-10 所示。其他结果可自行进行测试。

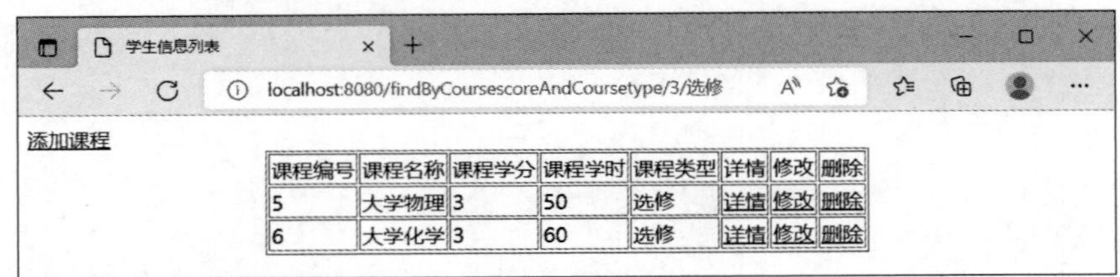

图 3-10　查询结果

3.2.6　使用 JPQL 或原生 SQL 查询

除了可使用 JPA 接口或约定命名规范进行查询，还可自定义方法，使用 JPQL 或原生 SQL 进行更加灵活的查询。

JPQL 全称为 Java Persistence Query Language，是一种功能类似 SQL，但不是结构化而是对象化的查询语言，查询的是对象，而不是表，查询时使用的不是字段而是对象的属性，它是一种适用不同关系数据库的通用查询语言，但最终会被编译成不同底层数据库的 SQL 语句。要使用 JPQL，需要在 DAO 层接口的方法上添加@Query 注解。

JPQL 不支持 INSERT，此外在执行 UPDATE 和 DELETE 操作时需要添加@Transactional 和@Modifying 注解。由于 JPQL 语法类似 SQL，只是用对象取代数据库表，用属性取代字段，无须特意去学习 JPQL 语法，只需通过下面的一些案例熟悉一下 JPQL 的风格。

【例 3-6】 SQL 与 JPQL 的对比。

```
//第 3 章/jpa1/CourseDao.java
  //SQL 语句,查询所有课程的所有列
select * from course c
  //JPQL 语句,查询所有课程的所有属性
select c from course c
  //JPQL 语句查询所有属性的简化格式
from course c

  //SQL 查询部分列
select c.coursename from course c
  //JPQL 查询部分属性
select c.coursename from course c
```

在 DAO 层方法上的@Query 注解中添加一个 nativeQuery 参数，将值设置为 true 即可

使用原生 SQL 语句进行查询。如果不指明 nativeQuery 参数,则默认为 JPQL 查询。

在 JPQL 或原生 SQL 中,若用到参数,语法如下:? +参数的序号,如? 1 表示第 1 个参数,? 2 表示第 2 个参数。也可用命名参数,语法是":+参数名称",在这种情况下方法的参数要用@Param 注解进行定义,并且名称要相同,具体用法见下面的案例步骤(1)。@Query 注解中若进行增、删、改操作,则需要再加上@Transaction 注解和@Modifying 注解。

【例 3-7】 使用 JPQL 及原生 SQL 查询。

(1) 数据访问层添加方法。接着上述案例项目 jpa1,在 CourseDao 中添加方法,代码如下:

```
//第 3 章/jpa1/CourseDao.java
    //自定义查询,DAO 层需手动编写 SQL 或 JPQL 语句
    //使用 JPQL,默认
    @Query("select c from course c where c.coursescore>?1")
    public List<Course> selectCourses1(int coursescore);
    //使用 JPQL,默认,多个参数
    @Query("select c from course c where c.coursescore>?1 and c.coursetime>?2")
    public List<Course> selectCourses2(int coursescore, int coursetime);
    //使用原始 SQL
    @Query(value = "select * from course where coursescore>?1", nativeQuery = true)
    public List<Course> selectCourses3(int coursescore);
    //使用命名参数
    @Query("select c from course c where c.coursescore>:coursescore")
    public List<Course> selectCourses4(@Param("coursescore") int coursescore);
    //模糊查询
    @Query("select c from course c where c.coursename like %?1%")
    public List<Course> selectCourses5(String coursename);
    //自定义的增、删、改、查还要加上@Transactional 和@Modifying 注解
    @Transactional
    @Modifying
    @Query("update course set coursename = ?1, coursescore = ?2, coursetime = ?3, coursetype = ?4
where courseid = ?5")
    public void updateCourse(String coursename, int coursescore, int coursetime, String
coursetype, int courseid);
```

(2) 在业务逻辑层添加方法。在业务逻辑层 CourseService 中添加上述 Dao 层方法对应的方法。由于代码几乎一样,这里不再提供。

(3) 控制器添加方法。在 CourseController 中添加如下方法,代码如下:

```
//第 3 章/jpa1/CourseController.java
    //自定义查询,DAO 层需手动编写 SQL 或 JPQL 语句
    //查询学分大于某个值的课程信息,DAO 层使用 JPQL
@GetMapping("/selectCourses1/{coursescore}")
public ModelAndView selectCourses1(@PathVariable("coursescore") int coursescore) {
    ModelAndView mv = new ModelAndView();
    List<Course> courses = courseService.selectCourses1(coursescore);
    mv.addObject("courses", courses);
    mv.setViewName("courses");
```

```
        return mv;
    }

    //查询学分大于某个值,并且课时大于某个值的课程,DAO 层使用 JPQL,多个参数
    @GetMapping("/selectCourses2/{coursescore}/{coursetime}")
    public ModelAndView selectCourses2(@PathVariable("coursescore") int coursescore, @PathVariable
    ("coursetime") int coursetime){
        ModelAndView mv = new ModelAndView();
        List<Course> courses = courseService.selectCourses2(coursescore,coursetime);
        mv.addObject("courses",courses);
        mv.setViewName("courses");
        return mv;
    }

    //查询学分大于某个值的课程信息,DAO 层使用原生 SQL
    @GetMapping("/selectCourses3/{coursescore}")
    public ModelAndView selectCourses3(@PathVariable("coursescore") int coursescore) {
        ModelAndView mv = new ModelAndView();
        List<Course> courses = courseService.selectCourses3(coursescore);
        mv.addObject("courses",courses);
        mv.setViewName("courses");
        return mv;
    }

    //查询学分大于某个值的课程信息,使用命名参数
    @GetMapping("/selectCourses4/{coursescore}")
    public ModelAndView selectCourses4(@PathVariable("coursescore") int coursescore){
        ModelAndView mv = new ModelAndView();
        List<Course> courses = courseService.selectCourses4(coursescore);
        mv.addObject("courses",courses);
        mv.setViewName("courses");
        return mv;
    }

    //模糊查询
    @GetMapping("/selectCourses5/{coursename}")
    public ModelAndView selectCourses5(@PathVariable("coursename") String coursename){
        ModelAndView mv = new ModelAndView();
        List<Course> courses = courseService.selectCourses5(coursename);
        mv.addObject("courses",courses);
        mv.setViewName("courses");
        return mv;
    }
```

(4) 运行代码进行测试。这里仅测试控制器的第 1 种方法,其余的方法读者可自行测试。在浏览器输入 http://localhost:8080/selectCourses1/3,结果如图 3-11 所示。

3.2.7 一对一关联查询

对象关系映射模型 ORM 中有一对一、一对多、多对多等关联映射。所谓一对一映射是指每个实体有唯一的另一个实体与之关联,如人与身份证,每个人只能对应唯一的一张身份证,又如学生与借书证,每个学生只能对应唯一的一张借书证。

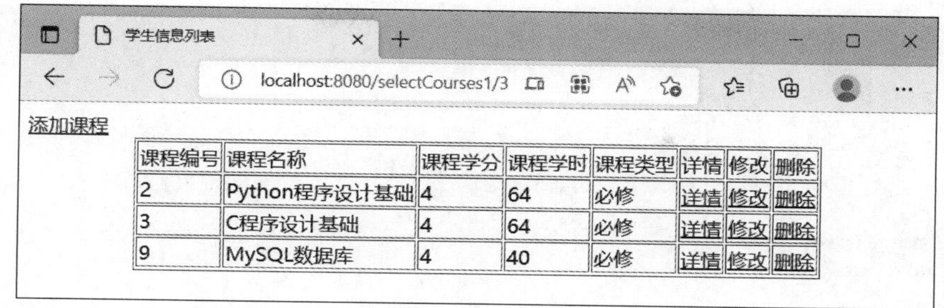

图 3-11 查询结果

ORM 的映射方向分为两种，一种是单向关联，另一种是双向关联。单向关联是指在其中一个实体中设置了另一个实体类型的属性，称为关联属性，从而可以引用（导航到）另一个实体，但另一个实体中并没有设置该实体类型的关联属性。双向关联是指实体双方都设置了对方类型的关联属性，从而任意一个实体均可引用（导航到）对方实体。一对一映射通常只做单向关联即可，一对多映射可以只做单向关联，但如果同时要多对一映射，则需要做双向关联，多对多映射则都需要双向关联。

在 Spring Data JPA 中，在一个实体上设置代表另一个实体的关联属性，在该属性上面添加@OneToOne 注解和@JoinColumn 注解关联到另一个实体的主键，并在注解中将外键设置为唯一约束即可实现一对一映射。这样查询一个实体的结果将包含另一个实体的数据。

【例 3-8】 实现学生 Student 与借书证 LibraryCard 之间的一对一关联。

（1）数据库准备。在 studentdb 数据库中创建表 librarycard，主键为 id，自增长，另一个字段为 creditnum，int 类型，表示可借本数，填入若干测试数据。在 student 表中添加一个字段 librarycardid，并添加若干数据，需参照 librarycard 表中的 id 值。

（2）创建实体类 LibraryCard，关键代码如下：

```
//第 3 章/jpa1/LibraryCard.java
@Data
@AllArgsConstructor
@NoArgsConstructor
@Entity(name = "librarycard")
public class LibraryCard {
    //借书证号
    @Id
    @GeneratedValue(strategy = GenerationType.IDENTITY)
    private int id;
    //可借本数
    @Column(name = "creditnum")
    private int creditNum;
}
```

（3）创建实体类 Student，通过注解实现一对一关联，关键代码如下：

```
//第 3 章/jpa1/Student.java
@Data
@AllArgsConstructor
@NoArgsConstructor
@Entity(name = "student")
public class Student {
   @Id
   @GeneratedValue(strategy = GenerationType.IDENTITY)
   private int id;

   @Column(name = "studentname")
   private String studentname;

   @Column(name = "gender")
   private String gender;

   @Column(name = "age")
    private int age;
    //一对一关联
    //表示一对一关联
    @OneToOne(
    //级联操作
          cascade = CascadeType.ALL,
    //延迟加载
          fetch = FetchType.LAZY,
    //关联的另一方实体
          targetEntity = LibraryCard.class
    )
    @JoinColumn(
    //外键列
          name = "librarycardid",
    //将外键列设置为唯一约束
          unique = true,
    //主表的主键
          referencedColumnName = "id"
)
    //关联属性
   private LibraryCard libraryCard;

   public Student(String studentname, String gender, int age) {
      this.studentname = studentname;
      this.gender = gender;
      this.age = age;
}
}
```

(4) 创建数据访问层。创建 StudentDao 接口，继承 JpaRepository 接口，代码如下：

```
//第 3 章/jpa1/StudentDao.java
public interface StudentDao extends JpaRepository<Student, Integer> {

}
```

(5) 创建业务逻辑层。创建 StudentService，关键代码如下：

```
//第 3 章/jpa1/StudentService.java
@Service
public class StudentService {
    @Autowired
    private StudentDao studentDao;
    public List<Student> findAllStudents(){
        return studentDao.findAll();
    }
    public Student findStudentById(int id){
        return studentDao.findById(id).orElse(new Student());
    }
}
```

(6) 创建控制器。创建 StudentController 类,关键代码如下:

```
//第 3 章/jpa1/StudentController.java
@Controller
public class StudentController {
    @Autowired
    private StudentService studentService;

@GetMapping("/findStudentById/{id}")
    public ModelAndView findStudentById(@PathVariable("id") int id){
        ModelAndView mv = new ModelAndView();
        Student student = studentService.findStudentById(id);
        mv.addObject("student",student);
        mv.setViewName("student");
        return mv;
    }
}
```

(7) 创建视图。创建 student.html,关键代码如下:

```
//第 3 章/jpa1/student.html
<body>
<h1>学生详情</h1>
<table border = "1" align = "center">
    <tr><td>学号</td><td th:text = "${student.id}"></td></tr>
    <tr><td>姓名</td><td th:text = "${student.studentname}"></td></tr>
    <tr><td>性别</td><td th:text = "${student.gender}"></td></tr>
    <tr><td>年龄</td><td th:text = "${student.age}"></td></tr>
    <tr><td>借书证信息</td><td>
        <table>
            <tr><td>借书证号</td><td th:text = "${student.libraryCard.id}"></td></tr>
            <tr><td>可借本数</td><td th:text = "${student.libraryCard.creditNum}"></td>
</tr>
        </table>
    </td></tr>
</table>
</body>
```

(8) 运行代码进行测试。在浏览器中输入:http://localhost:8080/findStudentById/1,结果如图 3-12 所示。

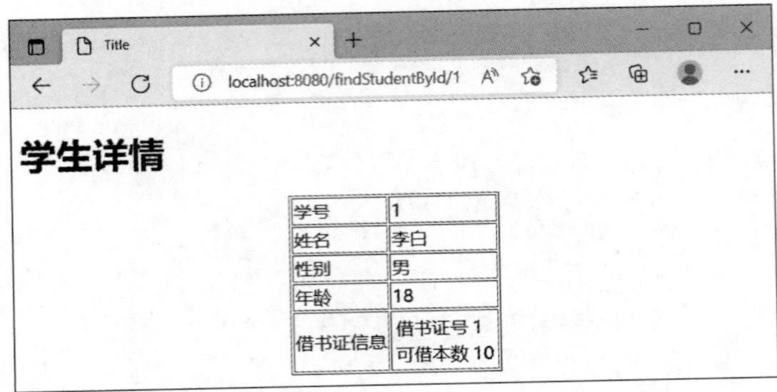

图 3-12　查询结果

3.2.8　一对多与多对一关联查询

对象关系映射模型 ORM 中的一对多映射是指一个实体有若干个其他实体与之对应，如一个部门有若干名员工，部门为“一方”，员工为“多方”，一个班级有若干名学生，班级为“一方”，学生为“多方”。多对一则与一对多正好相反。在 Spring Data JPA 中，在代表“一方”的实体类上设置代表“多方”实体集合的关联属性，在该属性上面添加@OneToMany 注解，在代表“多方”的实体类上设置代表“一方”的关联属性，在该属性上面添加@ManyToOne 注解和@JointColumn 注解即可同时实现一对多和多对一映射。这样查询“一方”实体的结果将包含“多方”实体集合的数据，查询“多方”实体的结果将包含“一方”实体的数据。

【例 3-9】 实现班级 Classes 对象与学生 Student 的一对多与多对一映射。

(1) 数据库准备。创建表 classes，主键 id 自增长，添加若干数据，如图 3-13 所示。修改 student 表，添加 classes_id 列，添加若干数据，如图 3-14 所示。

id	address	classname
1	1号楼101教室	计算机科学与技术1班
2	1号楼102教室	计算机科学与技术2班
3	1号楼103教室	计算机科学与技术3班

图 3-13　班级表

id	studentname	gender	age	librarycardid	classes_id
1	李白	男	18	1	1
2	白居易	男	19	2	2
3	张飞	男	20	3	3
4	李清照	女	21	4	1
5	王维	男	22	5	2
6	苏东坡	男	23	6	3
7	苏小妹	女	17	7	1
8	李牧	男	25	8	2
9	杜甫	男	28	9	3
10	林冲	男	26	10	1
11	刘备	男	25	11	2
12	周瑜	男	25	12	3
13	曹操	男	35	13	1

图 3-14　学生表

（2）创建实体类 Classes 作为“一方”。Classes 类的关键代码如下：

```
//第 3 章/jpa1/Classes.java
@Data
@AllArgsConstructor
@NoArgsConstructor
@Entity(name = "classes")
public class Classes {
    @Id
    @GeneratedValue(strategy = GenerationType.IDENTITY)
    private int id;

    @Column(name = "classname")
    private String classname;

    @Column(name = "address")
    //教室
    private String address;

    @OneToMany(
    //指定关联的另一方实体
            targetEntity = Student.class,
    //级联操作
            cascade = CascadeType.ALL,
    //延迟加载
            fetch = FetchType.LAZY
)
    //指定多方表的外键
    @JoinColumn(name = "classes_id")
      //关联属性,多方的集合
private List<Student> students;
}
```

（3）修改实体类 Student。添加的关键属性及注解如下：

```
@ManyToOne
    //多对一关联
    private Classes classes;
```

这表示多对一关联映射，如果只想做一对多，不做多对一，则 Student 实体类可以不要 classes 属性。

（4）创建 Dao 层。创建 ClassDao，代码如下：

```
public interface ClassesDao extends JpaRepository<Classes, Integer> {
}
```

（5）创建业务层。在包 com.seehope.service 下创建 ClassesService 类，关键代码如下：

```
//第 3 章/jpa1/ClassesService.java
@Service
public class ClassesService {
   @Autowired
```

```
    private ClassesDao classesDao;
    public List<Classes> findAllClasses(){
        return classesDao.findAll();
    }
}
```

(6) 创建控制器。在 com.seehope.controller 包下创建 ClassesController 类,关键代码如下:

```
//第 3 章/jpa1/ClassesController.java
@Controller
public class ClassesController {
    @Autowired
    private ClassesService classService;

    @GetMapping("/findAllClasses")
    public ModelAndView findAllClasses(){
        ModelAndView mv = new ModelAndView();
        List<Classes> classesList = classService.findAllClasses();
        mv.addObject("classesList",classesList);
        mv.setViewName("classesList");
        return mv;
    }
}
```

在 StudentController 中添加方法,代码如下:

```
//第 3 章/jpa1/StudentController.java
@GetMapping("/findStudentClasses/{id}")
public ModelAndView findStudentClasses(@PathVariable("id") int id){
    ModelAndView mv = new ModelAndView();
    Student student = studentService.findStudentById(id);
    mv.addObject("student",student);
    mv.setViewName("student2");
    return mv;
}
```

(7) 创建视图。创建 classesList.html,复制 student.html 并保存为 student2.html,适当修改,以便可以显示班级信息。详细代码见随书配套资源。

(8) 运行代码进行测试。在浏览器中输入 http://localhost:8080/findAllClasses,结果如图 3-15 所示,体现了一对多(每个班级对应多名学生)。在浏览器中输入 http://localhost:8080/findStudentClasses/1,结果如图 3-16 所示,体现了多对一(每名学生对应一个班级)。

3.2.9 多对多关联查询

多对多是指双方的一个实体有多个对方类型的实体与之对应,如学生与课程,一名学生可以选多门课程,一门课程可以被多选。多对多关联只能通过中间表进行映射。在 Spring Data JPA 中,通过在实体类中进行双向关联,设置对方类型的集合属性,并在该属性上面添加@ManyToMany 注解,以及使用@JointTable 指定中间表及外键即可实现多对多关联。

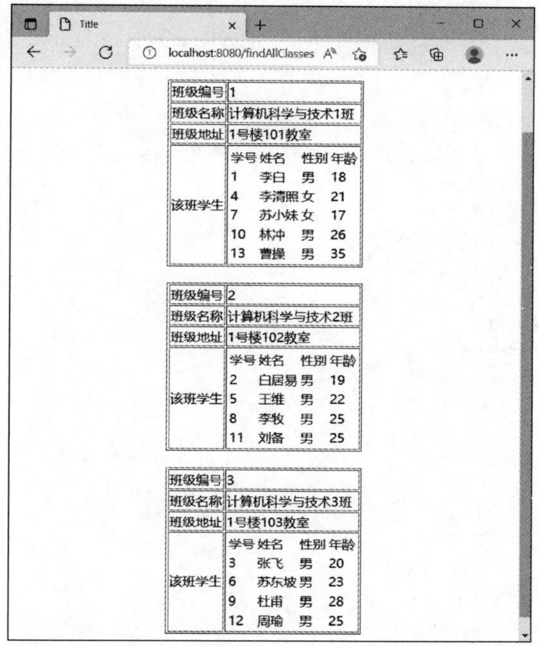

图 3-15 一对多查询

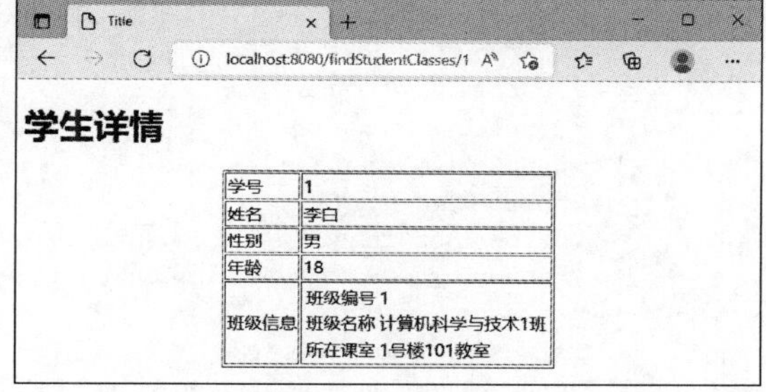

图 3-16 多对一查询

【例 3-10】 实现学生 Student 与课程 Course 之间的多对多映射。

（1）数据库准备。创建一个中间表 student_course，主键自增长。另有两个字段 student_id 和 course_id，分别作为 student 表和 course 表的外键。

（2）修改实体类 Student，添加的关键代码如下：

```
//第 3 章/jpa1/Student.java
@ManyToMany(fetch = FetchType.LAZY)
@JoinTable(name = "student_course", joinColumns = {@JoinColumn(name = "student_id")},
inverseJoinColumns = {@JoinColumn(name = "course_id")})
    //该学生选修的课程集合,多对多关联
    private List<Course> courseList;
```

这里@JointTable 用于指定中间表，joinColumns 属性用于指定外键列，inverseJoinColumns 用于指定关联方的外键列。

（3）修改实体类 Course，添加的关键代码如下：

```
//第 3 章/jpa1/Course.java
@ManyToMany(fetch = FetchType.LAZY)
@JoinTable(name = "student_course", joinColumns = {@JoinColumn(name = "course_id")},
inverseJoinColumns = {@JoinColumn(name = "student_id")})
    //选修该课程的学生集合,多对多关联
private List<Student> studentList;
```

（4）创建测试类，关键代码如下：

```
//第 3 章/jpa1/Test1.java
@Spring BootTest
public class Test1 {
    @Autowired
    private StudentDao studentDao;

    @Autowired
    private CourseDao courseDao;

    @Test
    public void addStudentAndCourse(){
        List<Student> students = new ArrayList<>();
        List<Course> courses = new ArrayList<>();
        Course course1 = new Course("数据结构", 2, 40, "选修", "aaa") ;
        Course course2 = new Course("操作系统", 4, 40, "必修", "aaa") ;
        courses.add(course1);
        courses.add(course2);
        courseDao.save(course1);
        courseDao.save(course2);
        Student student1 = new Student("Smith","男",20);
        Student student2 = new Student("Alice","女",19);
        students.add(student1);
        students.add(student2);
        course1.setStudentList(students);       //一门课程关联多名学生
        course2.setStudentList(students);       //一门课程关联多名学生
        student1.setCourseList(courses);        //一名学生关联多门课程
        student2.setCourseList(courses);        //一名学生关联多门课程
        studentDao.save(student1);
        studentDao.save(student2);
        System.out.println("保存成功!");
    }
}
```

运行测试类,查看数据库表 student_course 可发现多了若干记录。

(5) 创建控制器。在 CourseController 中添加的方法如下:

```
//第 3 章/jpa1/CourseController.java
    @GetMapping("/findCourseStudent")
      //查询某个编号的课程
    public ModelAndView findCourseStudent(int id){
        ModelAndView mv = new ModelAndView();
        Course course = courseService.findById(id);
        mv.addObject("course",course);
        mv.setViewName("course2");
        return mv;
    }
```

在 StudentController 中添加的方法如下:

```
//第 3 章/jpa1/StudentController.java
    @GetMapping("/findStudentCourse")
    //查询某个编号的学生
```

```
public ModelAndView findStudentCourse(int id){
        ModelAndView mv = new ModelAndView();
        Student student = studentService.findStudentById(id);
        mv.addObject("student",student);
        mv.setViewName("student3");
        return mv;
    }
```

(6) 创建视图。创建 course2.html 和 student3.html 页面，详见配套资源。

(7) 运行代码进行测试。在浏览器输入 http://localhost:8080/findStudentCourse?id=8，结果如图 3-17 所示。

在浏览器输入 http://localhost:8080/findCourseStudent?id=12，结果如图 3-18 所示。

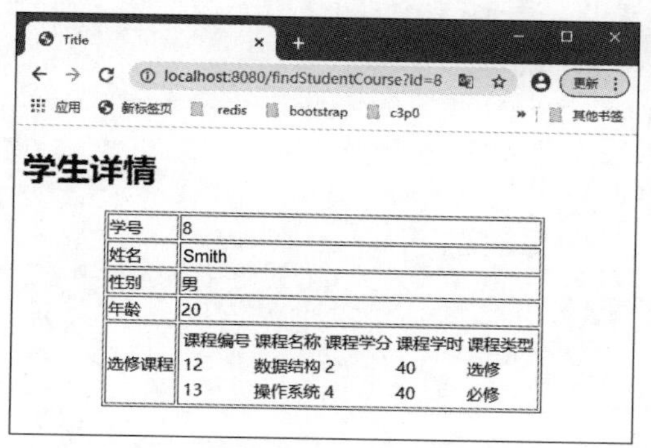

图 3-17 一名学生对应多门课程

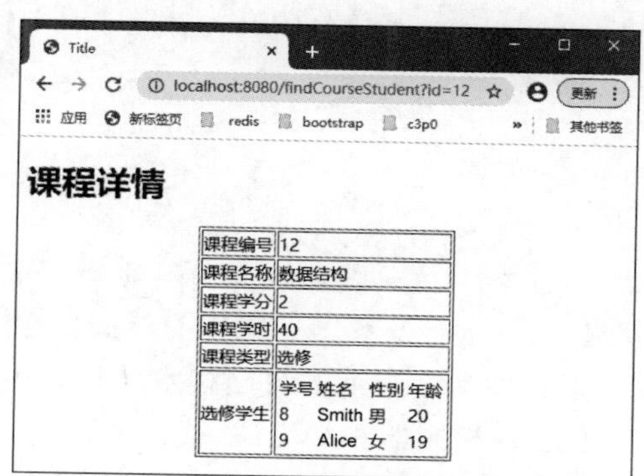

图 3-18 一门课程对应多名学生

3.2.10 多条件动态查询

对于查询条件不确定的情况，要根据用户的不同选择生成动态的 SQL 语句。JPA 提供了 JpaSpecificationExecutor 接口，该接口提供了 List<T> findAll(@Nullable Specification<T> spec)等带有 Specification 对象的方法，这个 Specification 接口的 toPredicate 方法专门用于实现多条件动态查询。详情参见下面的案例。

【例 3-11】 在上面项目的基础上，根据学生姓名和性别等条件动态查询学生信息。

(1) Dao 接口继承 JpaSpecificationExecutor 接口。在原有继承的基础上，增加继承 JpaSpecificationExecutor 接口，代码如下：

```
public interface StudentDao extends JpaRepository<Student,Integer>, JpaSpecificationExecutor {

}
```

(2) 在业务层添加方法。在业务层 StudentService 添加的代码如下：

```
//第 3 章/jpa1/StudentService.java
    //查找学生
```

```
public List < Student > searchStudents(Student student){
    //封装查询对象 Specification,这是个自带的动态条件查询
    Specification < Student > spec = new Specification < Student >() {
        @Override
        public Predicate toPredicate(Root < Student > root, CriteriaQuery <?> query, CriteriaBuilder
criteriaBuilder) {
    //定义集合来肯定 Predicate[] 的长度,由于 CriteriaBuilder 的 or 方法需要传入的是断言数组
            List < Predicate > predicates = new ArrayList < Predicate >();
    //对客户端查询条件进行判断并封装 Predicate 断言对象
            if(null != student.getStudentname()&&""!= student.getStudentname()){
predicates.add(criteriaBuilder.like(root.get("studentname").as(String.class), "%" +
student.getStudentname() + "%"));
            }
            if(null != student.getGender()&&""!= student.getGender()){
predicates.add(criteriaBuilder.equal(root.get("gender").as(String.class), student.
getGender()));
            }
            return criteriaBuilder.and(predicates.toArray(new Predicate[predicates.size()]));
        }
    };
    //查询出所有数据源列表
    return studentDao.findAll(spec);
}
```

多条件动态查询的关键技术就是上述代码。

(3) 在控制器添加方法,代码如下:

```
//第 3 章/jpa1/StudentController.java
@GetMapping("/searchStudents")
public ModelAndView searchStudents(Student student){
    ModelAndView mv = new ModelAndView();
    List < Student > students = studentService.searchStudents(student);
    mv.addObject("students",students);
    mv.setViewName("students");
    return mv;
}
```

(4) 前端页面。在 students.html 页面添加的代码如下:

```
//第 3 章/jpa1/students.html
< div >
    < form action = "/searchStudents" method = "get">
        姓名: < input type = "text" name = "studentname" />< br/>
        性别: < input type = "text" name = "gender"/>< br/>
        < input type = "submit" value = "搜索"/>
    </form >
</div >
< br/>
```

(5) 运行代码进行测试。通过浏览器访问 http://localhost:8080/findAllStudents,结果如图 3-19 所示。在搜索框中输入李,结果如图 3-20 所示。在两个搜索框分别输入李和

男，结果如图 3-21 所示。可见不同条件都可以动态地查出来。

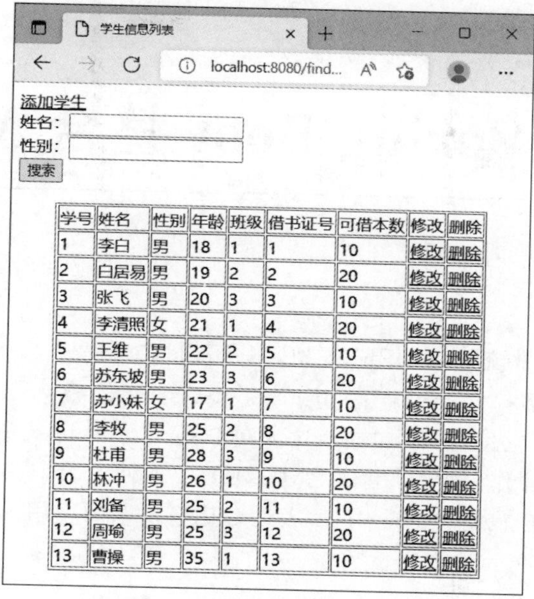

学号	姓名	性别	年龄	班级	借书证号	可借本数	修改	删除
1	李白	男	18	1	1	10	修改	删除
2	白居易	男	19	2	2	20	修改	删除
3	张飞	男	20	3	3	10	修改	删除
4	李清照	女	21	1	4	20	修改	删除
5	王维	男	22	2	5	10	修改	删除
6	苏东坡	男	23	3	6	20	修改	删除
7	苏小妹	女	17	1	7	10	修改	删除
8	李牧	男	25	2	8	20	修改	删除
9	杜甫	男	28	3	9	10	修改	删除
10	林冲	男	26	1	10	20	修改	删除
11	刘备	男	25	2	11	10	修改	删除
12	周瑜	男	25	3	12	20	修改	删除
13	曹操	男	35	1	13	10	修改	删除

图 3-19 全部学生信息

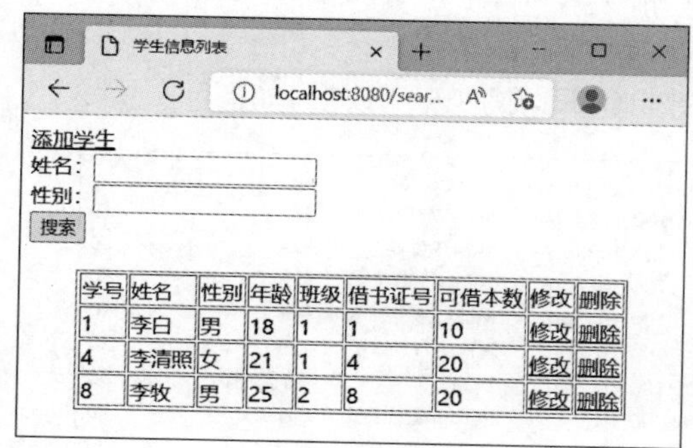

学号	姓名	性别	年龄	班级	借书证号	可借本数	修改	删除
1	李白	男	18	1	1	10	修改	删除
4	李清照	女	21	1	4	20	修改	删除
8	李牧	男	25	2	8	20	修改	删除

图 3-20 姓李的学生

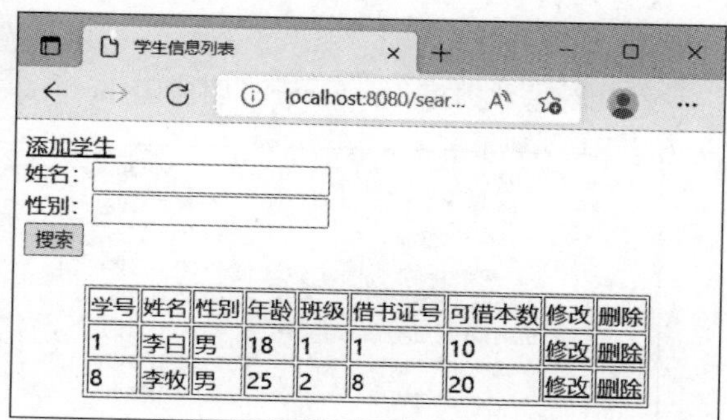

学号	姓名	性别	年龄	班级	借书证号	可借本数	修改	删除
1	李白	男	18	1	1	10	修改	删除
8	李牧	男	25	2	8	20	修改	删除

图 3-21 姓李的男生

本章小结

本章学习了 Spring Boot JDBC 操作数据库的技术，Spring Data JPA 操作数据库技术包括简单查询、命名查询、JPQL 或原生 SQL 查询、一对多、多对一、多对多等复杂查询与动态查询。

第 4 章 Spring Boot 整合 MyBatis

MyBatis 是一款非常流行的 ORM 框架，MyBatis 官方提供了一套在 Spring Boot 环境中的自动配置方案，只需导入 mybatis-spring-boot-starter 依赖就可实现开箱即用。既可以通过在 Dao 层接口的方法上面添加@Select、@Insert、@Delete、@Update 等注解实现查询、插入、删除、更新等操作，也可以创建 XML 映射文件使 SQL 与 Java 代码相分离以便实现查询等操作，前者适合较简单的应用，后者适合比较复杂的应用。

4.1 使用注解查询

【例 4-1】 在 Spring Boot 中使用 MyBatis 注解方式对 book 表的数据进行增、删、改、查操作。

(1) 创建数据库 bookstore，创建表 book，主键自增长，添加若干数据，如图 4-1 所示。

id	name	price	category	pnum	imgurl	description	author	sales
1	Java程序设计	69.00	计算机	100	101.jpg	Java程序设计	李白	10
2	SSM开发实战	65.00	计算机	100	102.jpg	SSM开发实战	王维	20
3	JavaWeb程序设计	45.00	计算机	100	103.jpg	Java程序设计	李白	30
4	MySQL数据库技术	68.00	计算机	100	104.jpg	MySQL数据库技术	李白	40
5	HTML+CSS网页设计	49.00	计算机	100	105.jpg	HTML+CSS网页设	李白	50
6	Vue教程	59.00	计算机	100	106.jpg	Vue教程	苏东坡	60
7	Python程序设计	55.00	计算机	200	107.jpg	Python程序设计	苏东坡	70
8	西游记	75.00	文学	300	108.jpg	西游记	吴承恩	80
9	三国演义	80.00	文学	500	109.jpg	三国演义	罗贯中	90

图 4-1 book 表

(2) 创建 Spring Boot 项目，将项目命名为 mybatis1，导入相关依赖，pom.xml 文件的关键代码如下：

```
//第 4 章/mybatis1/pom.xml
<dependencies>
    <dependency>
        <groupId>org.springframework.boot</groupId>
        <artifactId>spring-boot-starter-thymeleaf</artifactId>
    </dependency>
    <dependency>
        <groupId>org.springframework.boot</groupId>
```

```
        <artifactId>spring-boot-starter-web</artifactId>
    </dependency>
    <dependency>
        <groupId>org.springframework.boot</groupId>
        <artifactId>spring-boot-starter-thymeleaf</artifactId>
    </dependency>
    <dependency>
        <groupId>org.mybatis.spring.boot</groupId>
        <artifactId>mybatis-spring-boot-starter</artifactId>
        <version>2.3.0</version>
    </dependency>
    <dependency>
        <groupId>mysql</groupId>
        <artifactId>mysql-connector-java</artifactId>
        <version>8.0.25</version>
    </dependency>
    <dependency>
        <groupId>com.alibaba</groupId>
        <artifactId>druid</artifactId>
        <version>1.2.8</version>
    </dependency>
    <dependency>
        <groupId>org.projectlombok</groupId>
        <artifactId>lombok</artifactId>
        <optional>true</optional>
    </dependency>
</dependencies>
```

其中 mybatis-spring-boot-starter 是重点，是 MyBatis 官方提供的整合包。

(3) 配置文件。在 application.yml 文件中配置数据库连接及 thymeleaf，代码如下：

```
//第 4 章/mybatis1/application.yml
spring:
    datasource:
       type: com.alibaba.druid.pool.DruidDataSource
       username: root
       password: root
       url: jdbc:mysql://localhost:3306/bookstore?useUnicode=true&characterEncoding=UTF-8&serverTimezone=UTC
       driver-class-name: com.mysql.cj.jdbc.Driver
    thymeleaf:
       cache: false
       encoding: utf-8
       mode: HTML5
       suffix: .html
       prefix: classpath:/templates/
```

其中 type 表示使用 Druid 连接池数据源，如果不配置，则使用默认的连接池 Hikari。

(4) 创建实体类 Book，关键代码如下：

```
//第 4 章/mybatis1/Book.java
@Data
```

```
@AllArgsConstructor
@NoArgsConstructor
public class Book {
    private int id;
    private String name;
private double price;
private String category;
    private int pnum;
    private String imgurl;
    private String description;
    private String author;
    private int sales;
}
```

(5) 创建数据访问层。创建 BookMapper 接口，在接口上面添加@Mapper 注解，这样 Spring Boot 将扫描到它，创建 Bean，纳入 Spring 容器中，在每种方法上面添加@Select 等注解，并提供 SQL 语句，关键代码如下：

```
//第 4 章/mybatis1/BookMapper.java
import com.sike.book.Book;
import org.apache.ibatis.annotations.*;
import java.util.List;

@Mapper
public interface BookMapper {
    //查询所有书
    @Select("select * from book")
    public List<Book> findAllBooks();
    //根据 id 号查找一本书
    @Select("select * from book where id = #{id}")
    public Book findBookById(int id);
    //添加一本书
    @Insert("insert into book values(null, #{name}, #{price}, #{category}, #{pnum},
 #{imgurl}, #{description}, #{author}, #{sales})")
    public void addBook(Book book);
    //修改一本书
    @Update("update book set name = #{name},price = #{price},category = #{category}, " +
            "pnum = ${pnum},imgurl = #{imgurl},description = #{description}," +
            "author = #{author},sales = #{sales} where id = #{id}")
    public void updateBook(Book book);
    //删除一本书
    @Delete("delete from book where id = #{id}")
    public void deleteBook(int id);
}
```

MyBatis 项目的所有数据访问层接口都要添加@Mapper 注解，也可以都不添加，但要在 Spring Boot 入口类中添加@MapperScan("包名")注解，这样会自动扫描所有该包下的接口。

(6) 创建业务逻辑层。创建 BookService 接口和 BookServiceImpl 实现类，其中 BookServiceImpl 的关键代码如下：

```
//第 4 章/mybatis1/BookServiceImpl.java
@Service
public class BookServiceImpl implements BookService{
    @Autowired
    private BookMapper bookMapper;
    @Override
    public List < Book > findAllBooks() {
        return bookMapper.findAllBooks();
    }
    @Override
    public Book findBookById(int id) {
        return bookMapper.findBookById(id);
}
@Override
@Transactional
    public void addBook(Book book) {
        bookMapper.addBook(book);
}
@Override
@Transactional
    public void updateBook(Book book) {
        bookMapper.updateBook(book);
    }
@Override
@Transactional
    public void deleteBook(int id) {
        bookMapper.deleteBook(id);
    }
}
```

注意,应在增、删、改方法上加@Transactional 注解,表示事务。

(7) 创建控制器 BookController 类,关键代码如下:

```
//第 4 章/mybatis1/BookController.java
@Controller
public class BookController {
    @Autowired
    private BookService bookService;
    //查找所有图书
    @GetMapping("/books")
    public ModelAndView findAllBooks(){
        List < Book > books = bookService.findAllBooks();
        ModelAndView mv = new ModelAndView();
        mv.addObject("books",books);
        mv.setViewName("booklist");
        return mv;
    }
    //查找指定编号的图书
    @GetMapping("/book/{id}")
    public ModelAndView findStudentById(@PathVariable("id") int id){
        Book book = bookService.findBookById(id);
        ModelAndView mv = new ModelAndView();
```

```
        mv.addObject("book",book);
        mv.setViewName("bookdetail");
        return mv;
    }
    //添加新书
    @PostMapping("/addBook")
    public ModelAndView addBook(Book book){
        bookService.addBook(book);
        ModelAndView mv = new ModelAndView();
    //添加成功后跳转到查找所有学生的控制器
        mv.setViewName("redirect:/books");
        return mv;
    }
    //添加新书视图界面
    @GetMapping("/addBook")
    public String addBook(){
        return "addbook";
    }
     //根据编号删除图书
    @GetMapping("/deleteBook/{id}")
    public ModelAndView deleteBook(@PathVariable("id") int id){
        bookService.deleteBook(id);
        ModelAndView mv = new ModelAndView();
    //删除成功后跳转到查找所有学生的控制器
        mv.setViewName("redirect:/books");
        return mv;
    }
     //修改图书视图界面
    @GetMapping("/toupdatebook/{id}")
    public ModelAndView toUpdateBook(@PathVariable("id") int id){
        Book book = bookService.findBookById(id);
        ModelAndView mv = new ModelAndView();
        mv.addObject("book",book);
        mv.setViewName("updateBook");
        return mv;
    }
     //修改图书动作
    @PostMapping("/updateBook")
    public ModelAndView UpdateBook(Book book){
        bookService.updateBook(book);
        ModelAndView mv = new ModelAndView();
     //修改成功后跳转到查找所有学生的控制器
        mv.setViewName("redirect:/books");
        return mv;
    }
}
```

（8）创建视图。创建 booklist.html，用于展示全部图书信息，创建 bookdetail.html，用于展示一本书的详情，创建 addbook.html，用于添加新书，创建 updateBook.html，用于修改书。详细代码参考本书配套电子资源。

（9）运行代码进行测试。在浏览器输入 http://localhost:8080/books，结果如图 4-2 所示。

编号	书名	价格	类目	库存	图片	说明	作者	已售
1	Java程序设计	69.0	计算机	100	101.jpg	Java程序设计	李白	10
2	SSM开发实战	65.0	计算机	100	102.jpg	SSM开发实战	王维	20
3	JavaWeb程序设计	45.0	计算机	100	103.jpg	Java程序设计	李白	30
4	MySQL数据库技术	68.0	计算机	100	104.jpg	MySQL数据库技术	李白	40
5	HTML+CSS网页设计	49.0	计算机	100	105.jpg	HTML+CSS网页设计	李白	50
6	Vue教程	59.0	计算机	100	106.jpg	Vue教程	苏东坡	60
7	Python程序设计	55.0	计算机	200	107.jpg	Python程序设计	苏东坡	70
8	西游记	75.0	文学	300	108.jpg	西游记	吴承恩	80
9	三国演义	80.0	文学	500	109.jpg	三国演义	罗贯中	0
10	红楼梦	90.0	文学	600	110.jpg	红楼梦	曹雪芹	100

图 4-2　图书列表

其他功能自行测试。

添加新书测试路径：http://localhost:8080/addBook。

图书详情测试路径：http://localhost:8080/book/1。

修改图书测试路径：http://localhost:8080/toupdatebook/1。

删除图书测试路径：http://localhost:8080/deleteBook/10。

4.2　动态查询

所谓动态查询是指查询条件是不固定的，例如商城中的商品搜索，每个人的搜索条件都不同，SQL 语句是动态的。

可以使用@SelectProvider、@InsertProvider、@UpdateProvider、@DeleteProvider 注解实现动态增、删、改、查操作。下面以@SelectProvider 注解为例进行说明。

【例 4-2】 动态查询图书信息。

(1) 创建数据访问层。在 BookMapper 接口中添加方法 searchBooks(Book book)，在方法上面添加@SelectProvider 注解，代码如下：

```
@SelectProvider(method = "searchBookSql",type = SqlContext.class)
public List<Book> searchBooks(Book book);
```

在上述代码的@SelectProvider 注解中 type 属性表示要调用的类，method 属性表示需要调用上述类中的方法名称，该方法用于创建动态的 SQL 查询语句。在同一个包下创建类 SqlContext，创建方法 searchBookSql，关键代码如下：

```
//第 4 章/mybatis1/SqlContext.java
import com.sike.entity.Book;
import org.apache.ibatis.jdbc.SQL;
public class SqlContext {
    //构造动态查询图书的 SQL 语句
   public String searchBookSql(Book book){
```

```
        return new SQL(){
            { SELECT(" * ");
                FROM("book");
                    if(book.getName()!= null&&book.getName()!= ""){
                        WHERE(" name like '%' #{name} '%'");
                    }
                    if(book.getCategory()!= null&&book.getCategory()!= ""){
                        WHERE(" category = #{category}");
                    }
                    if(book.getAuthor()!= null&&book.getAuthor()!= ""){
                        WHERE(" author = #{author}");
                    }
            }
        }.toString();
    }
}
```

本段代码根据图书名称、类目、作者创建动态的 SQL 语句。

（2）创建业务逻辑层。在 BookService 接口和 BookServiceImpl 中添加方法 searchBooks (Book book)，其中在 BookServiceImpl 中添加的代码如下：

```
@Override
public List<Book> searchBooks(Book book) {
    return bookMapper.searchBooks(book);
}
```

（3）创建控制器。在 BookController 中添加方法，代码如下：

```
//第 4 章/mybatis1/BookController.java
@GetMapping("/searchBooks")
    //动态查询图书
    public ModelAndView searchBooks(Book book){
        List<Book> books = bookService.searchBooks(book);
        ModelAndView mv = new ModelAndView();
        mv.addObject("books",books);
        mv.setViewName("books");
        return mv;
    }
```

（4）修改前端 booklist.html 页面，添加查询表单，将表单的 action 属性设置为 searchBooks。关键代码如下：

```
//第 4 章/mybatis1/booklist.html
<div>
    <form action = "/searchBooks" method = "get">
        图书名称:<input type = "text" name = "name" /><br/>
        图书类别: <input type = "text" name = "category" /><br/>
        图书作者: <input type = "text" name = "author" /><br/>
        <input type = "submit" value = "搜索"/>
    </form>
</div>
```

（5）运行代码进行测试。在浏览器中输入 http://localhost:8080/books，页面如图 4-3 所示。在“图书类别”中输入“计算机”，在“图书作者”中输入“李白”，单击“搜索”按钮，结果如图 4-4 所示。

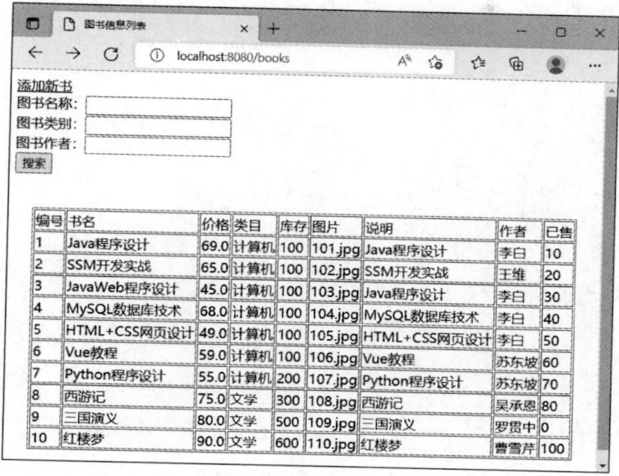

编号	书名	价格	类目	库存	图片	说明	作者	已售
1	Java程序设计	69.0	计算机	100	101.jpg	Java程序设计	李白	10
2	SSM开发实战	65.0	计算机	100	102.jpg	SSM开发实战	王维	20
3	JavaWeb程序设计	45.0	计算机	100	103.jpg	Java程序设计	李白	30
4	MySQL数据库技术	68.0	计算机	100	104.jpg	MySQL数据库技术	李白	40
5	HTML+CSS网页设计	49.0	计算机	100	105.jpg	HTML+CSS网页设计	李白	50
6	Vue教程	59.0	计算机	100	106.jpg	Vue教程	苏东坡	60
7	Python程序设计	55.0	计算机	200	107.jpg	Python程序设计	苏东坡	70
8	西游记	75.0	文学	300	108.jpg	西游记	吴承恩	80
9	三国演义	80.0	文学	500	109.jpg	三国演义	罗贯中	0
10	红楼梦	90.0	文学	600	110.jpg	红楼梦	曹雪芹	100

图 4-3 带搜索框

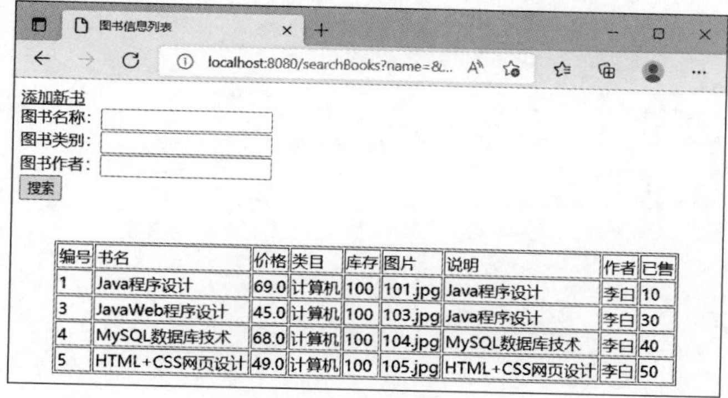

编号	书名	价格	类目	库存	图片	说明	作者	已售
1	Java程序设计	69.0	计算机	100	101.jpg	Java程序设计	李白	10
3	JavaWeb程序设计	45.0	计算机	100	103.jpg	Java程序设计	李白	30
4	MySQL数据库技术	68.0	计算机	100	104.jpg	MySQL数据库技术	李白	40
5	HTML+CSS网页设计	49.0	计算机	100	105.jpg	HTML+CSS网页设计	李白	50

图 4-4 动态查询结果

4.3 分页查询

Spring Boot 整合了 PageHelper，只需导入 pagehelper-spring-boot-starter 包就可以方便地实现分页查询。

【例 4-3】 分页查询所有图书信息。

（1）导入依赖。在上述案例的项目的 pom.xml 文件中导入 PageHelper 依赖，关键代码如下：

```
//第 4 章/mybatis1/pom.xml
<dependency>
    <groupId>com.github.pagehelper</groupId>
```

```
    <artifactId>pagehelper-spring-boot-starter</artifactId>
    <version>1.4.1</version>
</dependency>
```

（2）配置分页属性。在 application.yml 配置文件中添加下列有关分页属性的配置项，代码如下：

```
//第 4 章/mybatis1/application.yml
pagehelper:
    #指明当前查询的是 MySQL 数据库
  helper-dialect: mysql
    #启用合理化,当 pageNum 小于 1 时查询第 1 页,当 pageNum 大于页数时查询最后一页
  reasonable: true
    #是否自动分页,依据的是入参,如果参数中有 pageNum 和 pageSize 分页参数,则会自动分页
  support-methods-arguments: true
    #如果 POJO 或者 Map 中发现了 countSql 属性,就作为 count 参数使用
   params: count=countSql
```

或者在这里不进行配置，而是创建一个配置类，效果相同，做法如下。

新建 com.seehope.config 包，在包下创建 PageHelperConfig 类，添加@Configuration 注解，用于配置分页信息注入 Spring 容器中，参考代码如下：

```
//第 4 章/mybatis1/PageHelperConfig.java
@Configuration
public class PageHelperConfig {
    @Bean
    public PageHelper pageHelper(){
        PageHelper pageHelper = new PageHelper();
        roperties properties = new Properties();
      //将 RowBounds 的第 1 个参数 offset 当成页码 pageNum 使用
        properties.setProperty("offsetAsPageNum","true");
      //将进行 count 查询
        properties.setProperty("rowBoundsWithCount","true");
      //启用合理化,当 pageNum 小于 1 时查询第 1 页,当 pageNum 大于页数时查询最后一页
        properties.setProperty("reasonable","true");
      //指明当前查询的是 MySQL 数据库
        properties.setProperty("helper-dialect","mysql");
        pageHelper.setProperties(properties);
        return pageHelper;
    }
}
```

这两种方案显然第 1 种方案比较简洁，本案例使用第 1 种方案。

（3）创建控制器。在 BookController 中添加方法，代码如下：

```
//第 4 章/mybatis1/BookController.java
@GetMapping("/booksPage")
    //默认查询第 1 页,每页显示 3 条
    public ModelAndView
 booksPage(@RequestParam(value = "start",defaultValue = "1")int start,
```

```
        @RequestParam(value = "size",defaultValue = "3") int size){
    //表示起始页为 start,每页显示 size 条并根据 id 升序排序进行分页
        PageHelper.startPage(start,size,"id asc");
        List<Book> books = bookService.findAllBooks();
        PageInfo<Book> page = new PageInfo<>(books);
        ModelAndView mv = new ModelAndView();
        mv.addObject("page",page);
        mv.setViewName("bookslistPage");
        return mv;
    }
```

(4) 创建视图。将 booklist.html 复制一份后改名为 bookslistPage.html,适当修改一下,删除搜索框,添加分页组件。分页组件的关键代码如下:

```
//第 4 章/mybatis1/bookslistPage.html
<div>
    <a th:if = "${not page.isFirstPage}" th:href = "@{/booksPage(start = ${page.pageNum -
1})}">上一页</a>
      总页数:<span th:text = "${page.pages}"></span> 
      当前页:<span th:text = "${page.pageNum}"></span>
      总记录数:<span th:text = "${page.size}"></span> 
      <a th:if = "${not page.isLastPage}" th:href = "@{/booksPage(start =
${page.pageNum + 1})}">下一页</a>
</div>
```

(5) 运行代码进行测试。在浏览器输入:http://localhost:8080/booksPage,结果如图 4-5 所示。单击"下一页",结果如图 4-6 所示。

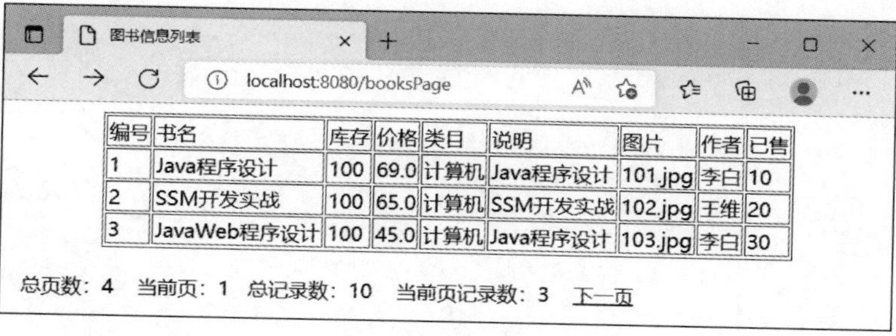

编号	书名	库存	价格	类目	说明	图片	作者	已售
1	Java程序设计	100	69.0	计算机	Java程序设计	101.jpg	李白	10
2	SSM开发实战	100	65.0	计算机	SSM开发实战	102.jpg	王维	20
3	JavaWeb程序设计	100	45.0	计算机	Java程序设计	103.jpg	李白	30

图 4-5 分页查询第 1 页

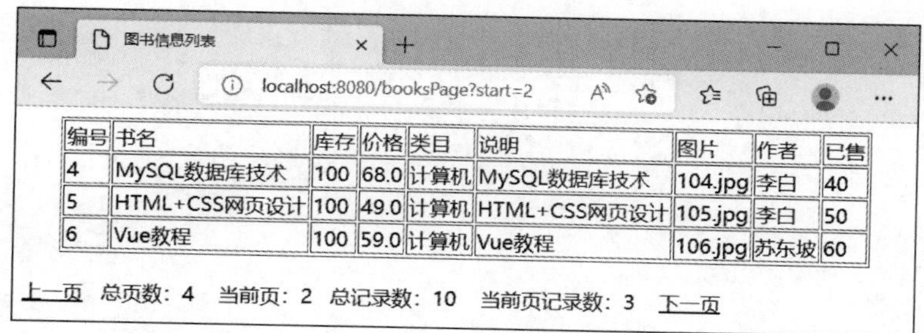

编号	书名	库存	价格	类目	说明	图片	作者	已售
4	MySQL数据库技术	100	68.0	计算机	MySQL数据库技术	104.jpg	李白	40
5	HTML+CSS网页设计	100	49.0	计算机	HTML+CSS网页设计	105.jpg	李白	50
6	Vue教程	100	59.0	计算机	Vue教程	106.jpg	苏东坡	60

图 4-6 分页查询第 2 页

4.4 使用 XML 映射文件查询

使用注解的方式进行单表查询非常方便，但多表查询和结果映射等复杂应用情形仍然推荐使用 XML 映射文件的方式进行查询。

【例 4-4】 使用 XML 文件实现上述案例同样功能的查询。

(1) 创建数据访问层。将在上述案例中的 BookMapper 接口中的所有方法上的注解暂时注释掉即可。

(2) 配置 application.yml 属性文件。添加与 MyBatis 有关的配置如下：

```
//第 4 章/mybatis1/application.yml
mybatis:
    #扫描别名包
  type-aliases-package: com.sike.entity
    #加载此路径下的映射文件
  mapper-locations: classpath:mappers/*.xml
```

(3) 创建映射文件。在此项目的 resource 下创建 mappers 目录，在此目录下创建 BookMapper.xml，代码如下：

```
//第 4 章/mybatis1/BookMapper.xml
<?xml version="1.0" encoding="UTF-8" ?>
<!DOCTYPE mapper
        PUBLIC "-//mybatis.org//DTD Mapper 3.0//EN"
        "http://mybatis.org/dtd/mybatis-3-mapper.dtd">
<mapper namespace="com.sike.repository.BookMapper">
    <select id="findAllBooks" resultType="Book">
            select * from book
    </select>
    <select id="findBookById" resultType="Book">
            select * from book where
            id=#{id}
    </select>
    <select id="searchBooks" resultType="Book">
            select * from book
            <where>
                    <if test="name!= null and name!= ''">
                            and name like '%' #{name} '%'
                    </if>
                    <if test="category!= null and category!= ''">
                            and category=#{category}
                    </if>
                    <if test="author!= null and author!= ''">
                            and author=#{author}
                    </if>
            </where>
    </select>
    <insert id="addBook" useGeneratedKeys="true" keyProperty="id">
            insert into book
```

```
    values(null, #{name}, #{price}, #{category}, #{pnum}, #{imgurl}, #{description},
#{author}, #{sales})
    </insert>
    <update id = "updateBook" parameterType = "Book">
            update book set
            name = #{name},price = #{price},category = #{category},
            pnum = ${pnum},imgurl = #{imgurl},description = #{description},
            author = #{author},sales = #{sales}
            where id = #{id}
    </update>
    <delete id = "deleteBook">
            delete from book where id = #{id}
    </delete>
</mapper>
```

(4) 运行代码进行测试。其他步骤都跟注解方式相同。这里保持不变即可,测试结果相同。

4.5 动态更新

如果前端传递过来的对应字段的值有内容,则修改,如果无内容,则不修改,是否修改处于不确定状态,SQL 语句是动态的,这时就要用到动态更新。同样用 XML 映射文件来处理更为方便。

【例 4-5】 在刚才项目的基础上,动态修改学生信息。

(1) 数据库准备。在 Bookstore 数据库中创建表 student,录入若干数据,如图 4-7 所示。

id	studentname	gender	age
1	张三	男	18
2	李白	男	20
3	张无忌	男	19
4	赵敏	女	17
5	张三	女	22
6	武松	男	26

图 4-7 student 表

(2) 创建实体类。创建实体类 Student,为了方便设计动态查询,需要把原本应该是 int 类型的 age 属性修改为 String 类型。Student 类的代码如下:

```
//第 4 章/mybatis1/Student.java
@Data
@NoArgsConstructor
@AllArgsConstructor
public class Student {
    private int id;
    private String studentname;
    private String gender;
    private String age;
}
```

(3) 创建接口。接口名称为 StudentMapper,代码如下:

```
//第 4 章/mybatis1/StudentMapper.java
@Mapper
public interface StudentMapper {
    //根据 id 号查询学生对象
```

```
    public Student findStudent(int id);
    //修改学生信息
    public void updateStudent(Student student);
}
```

（4）创建映射文件。映射文件的名称为 StudentMapper.xml，代码如下：

```
//第 4 章/mybatis1/StudentMapper.xml
<?xml version = "1.0" encoding = "UTF - 8" ?>
<!DOCTYPE mapper
        PUBLIC " - //mybatis.org//DTD Mapper 3.0//EN"
        "http://mybatis.org/dtd/mybatis - 3 - mapper.dtd">
< mapper namespace = "com.sike.repository.StudentMapper">
    < select id = "findStudent" resultType = "Student">
        select * from student where id = #{id}
    </select >

    < update id = "updateStudent" parameterType = "Student">
        UPDATE student
        < trim prefix = "set" suffixOverrides = ",">
            < if test = "studentname!= null and studentname!= ''"> studentname = #{studentname},
</if >
            < if test = "gender!= null and gender!= ''"> gender = #{gender},</if >
            < if test = "age!= null and age!= ''"> age = #{age},</if >
        </trim >
        where id = #{id}
    </update >
</mapper >
```

这里重点注意动态修改的语法，基本思路是参数不为空就修改，参数为空就不作修改。

（5）创建业务逻辑层。业务层接口为 StudentService，实现类为 StudentServiceImpl，其中实现类的代码如下：

```
//第 4 章/mybatis1/StudentServiceImpl.java
@Service
public class StudentServiceImpl implements StudentService{
    @Autowired
    private StudentMapper studentMapper;
    //根据 id 号查找学生
    @Override
    public Student findStudent(int id) {
        return studentMapper.findStudent(id);
    }
    //修改学生信息
    @Override
    public void updateStudent(Student student) {
        studentMapper.updateStudent(student);
    }
}
```

（6）创建控制器 StudentController，代码如下：

```
//第 4 章/mybatis1/StudentController.java
@Controller
public class StudentController {
    @Autowired
    private StudentService studentService;

@GetMapping("/toupdatestudent/{id}")
public ModelAndView toupdate(@PathVariable("id") int id){
    Student student = studentService.findStudent(id);
        ModelAndView mv = new ModelAndView();
        mv.addObject("student",student);
        mv.setViewName("updatestudent");
        return mv;
    }

    @GetMapping("/updatestu")
    public ModelAndView updateStudent(Student student){
        studentService.updateStudent(student);
        student = studentService.findStudentById(student.getId());
        ModelAndView mv = new ModelAndView();
        mv.addObject("student",student);
        mv.setViewName("updatestudent");
        return mv;
    }
}
```

（7）创建前端页面。页面 updatestudent.html 用于展示将要修改的学生原有信息，以及提交修改后的数据，代码如下：

```
//第 4 章/mybatis1/updatestudent.html
<!DOCTYPE html>
<html lang = "en" xmlns:th = "http://www.thymeleaf.org">
<head>
    <meta charset = "UTF-8">
    <title>Title</title>

</head>
<body>
<h1>动态修改学生信息</h1>
<form action = "updatestu" method = "get">
<input type = "hidden" name = "id" th:value = "${student.id}"/>
    <table border = "1" width = "600px">
        <tr>
            <th>学号</th>
            <th>姓名</th>
            <th>性别</th>
            <th>年龄</th>
        </tr>
        <tr>
            <td th:text = "${student.id}"></td>
            <td th:text = "${student.studentname}"></td>
            <td th:text = "${student.gender}">
```

```
            </td>
            <td th:text="${student.age}"></td>
        </tr>
        <tr>
            <td>修改内容</td>
            <td><input type="text" name="studentname"/></td>
            <td>
                <input type="radio" name="gender" value='男'/>男
                <input type="radio" name="gender" value='女'/>女
            </td><input type="text" name="age"/></td>
        </tr>
    </table>
    <br/>
    <input type="submit" value="修改"/>
</form>
</body>
</html>
```

（8）运行代码进行测试。通过浏览器访问 http://localhost:8080/toupdatestudent/1，获得学号为 1 的学生原始信息，如图 4-8 所示，并且信息下面有可以进行修改的表单，用户可以修改相应位置的值，也可不作修改。

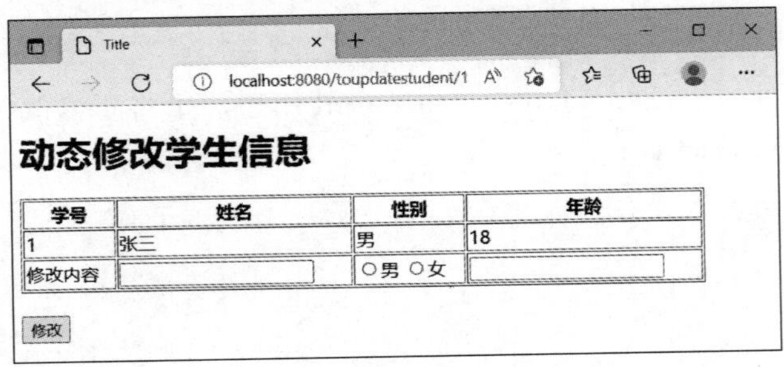

图 4-8　动态修改原始值

这里将姓名修改为李四，将性别修改为女，年龄不作修改，最后单击“修改”按钮，结果如图 4-9 所示，从图中的网址栏可以看出 age 是不带值的，最终 age 将不会被修改。

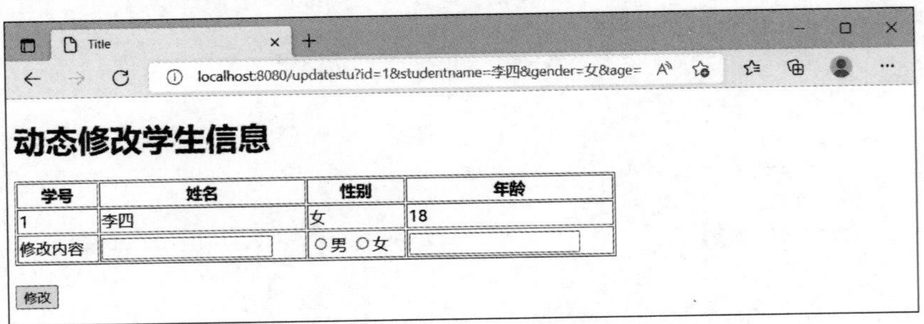

图 4-9　动态修改结果

这里多个属性的修改或不修改是可以有多种组合的，所以是一种动态更新，读者可以多次进行不同组合的测试。

4.6 批量删除

这里使用 MyBatis 的< foreach >循环，也是用 XML 映射文件来处理，详情见下面的案例。

【例 4-6】 批量删除图书信息。

(1) 在 BookMapper 接口下添加方法，代码如下：

```
public void deleteBooks(int[] ids);
```

(2) 在映射文件 BookMapper.xml 文件中添加代码，这是实现批量删除的关键，代码如下：

```
//第 4 章/mybatis1/BookMapper.xml
<delete id = "deleteBooks">
    delete from book where id in
        <foreach collection = "array" item = "id" open = "(" close = ")" separator = ",">
            #{id}
        </foreach>
</delete>
```

这里 foreach 的作用是遍历数组参数后构造成类似(1,2,3)这样的结构，由于数组参数的长度是不固定的，所以说这也是一种动态查询。

(3) 向业务逻辑层添加方法。BookService 接口和 BookServiceImpl 实现类都添加 deleteBooks 方法，其中实现类中的方法的代码如下：

```
//第 4 章/mybatis1/BookServiceImpl.java
@Override
@Transactional
public void deleteBooks(int[] id) {
    bookMapper.deleteBooks(id);
}
```

(4) 向控制器添加 deleteBooks 方法，代码如下：

```
//第 4 章/mybatis1/BookController.java
        //根据多个编号删除图书
@GetMapping("/deleteBooks")
public ModelAndView deleteBook(int[] id){
    bookService.deleteBooks(id);
    ModelAndView mv = new ModelAndView();
    //删除成功后，跳转到查找所有学生的控制器
    mv.setViewName("redirect:/books");
    return mv;
}
```

(5) 修改前端页面。修改 booklist.html 页面,修改成可以勾选多个图书信息,以及添加一个"删除所选"的按钮,如图 4-10 所示。注意还需要导入 jQuery,具体代码见本书配套资源。

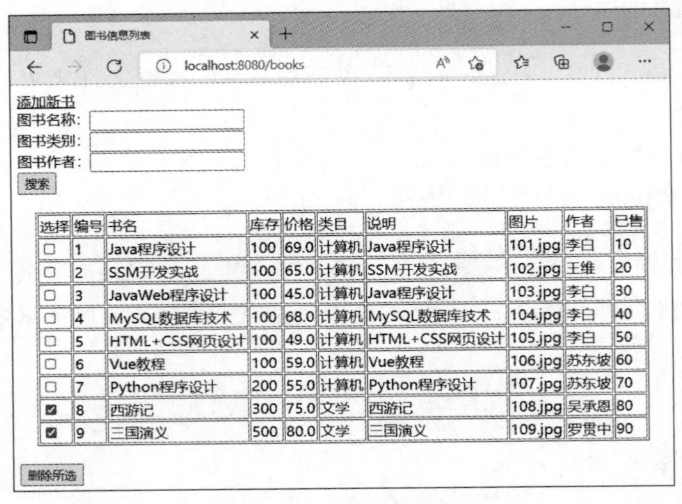

图 4-10 动态修改结果

(6) 运行代码进行测试。通过浏览器访问 http://localhost:8080/books 的效果如图 4-9 所示。这里勾选后面两本书,然后单击"删除所选"按钮,再单击"确定删除"按钮,结果这两本书将会被删除。

4.7 一对多关联查询

一个班级可以有多名学生,班级与学生就形成了一对多的关系,班级称为一方,学生称为多方。在查询一方的同时,把关联的多方也查询出来,称为一对多关联查询。

【例 4-7】 在前面案例的基础上查询指定班级编号的班级信息,同时查询出该班的所有学生信息。

(1) 数据库准备。在 bookstore 数据库中新建表 classinfo,用于保存班级信息,如图 4-11 所示。修改 student 表,添加 classno 列并录入数据,如图 4-12 所示。

classno	classname
1	计算机软件1班
2	计算机软件2班

图 4-11 班级信息表 classinfo

id	studentname	gender	age	classno
1	张飞	男	18	1
2	李白	男	20	2
3	张无忌	男	19	1
4	赵敏	女	17	2
5	张三	女	22	1
6	武松	男	26	2

图 4-12 学生信息表 student

(2) 创建实体类 Classinfo 和修改 Student。Classinfo 是一方,除了本身的属性外,还要添加一个 List < Student >类型的属性,表示该班级对象下的所有学生信息。实体类

Classinfo 的代码如下：

```
//第 4 章/mybatis1/Classinfo.java
@Data
@NoArgsConstructor
@AllArgsConstructor
public class Classinfo {
    private int classno;
    private String classname;
    private List<Student> students;
}
```

Student 是多方，除了本身的属性外，还要添加一个 Classinfo 类型的属性，用来表示该学生对象所在的班级信息。这一步也可先不做，当做多对一时才是必要的，这里为后面多对一做准备。Student 在前面案例的基础上再添加的代码如下：

```
    private Classinfo classinfo;
```

(3) 创建接口 ClassinfoMapper，代码如下：

```
@Mapper
public interface ClassinfoMapper {
    public Classinfo findClassinfoById(int classno);
}
```

(4) 创建映射文件。在 mappers 目录下创建 ClassinfoMapper.xml 映射文件，代码如下：

```
//第 4 章/mybatis1/ClassinfoMapper.xml
<?xml version="1.0" encoding="UTF-8" ?>
<!DOCTYPE mapper
        PUBLIC "-//mybatis.org//DTD Mapper 3.0//EN"
        "http://mybatis.org/dtd/mybatis-3-mapper.dtd">
<mapper namespace="com.sike.repository.ClassinfoMapper">
    <select id="findClassinfoById" resultMap="classMap">
        select c.*, s.* from classinfo c, student s where c.classno = s.classno and c.classno =
#{classno}
    </select>

    <resultMap id="classesMap" type="Classinfo">
        <id property="classno" column="classno"/>
        <result property="classname" column="classname"/>
        <collection property="students" column="classno" ofType="Student">
            <id property="id" column="id"/>
            <result property="studentname" column="studentname"/>
            <result property="gender" column="gender"/>
            <result property="age" column="age"/>
        </collection>
    </resultMap>
</mapper>
```

这里使用两表连接查询的方式实现，然后对查询结果进行映射，将班级信息封装为 Classinfo 对象，将学生信息封装为 Student 对象并存入 Classinfo 对象的 students 集合属性中。这里注意一对多映射时用到了< collection >标签。

一对多关联查询除了上述使用两表连接查询的办法外，还可以使用两次查询的方案，思路是第 1 次只查询 classinfo 表，封装为 Classinfo 对象，当对 Classinfo 对象的 students 属性进行封装时再根据 classno 去查询 student 表，并将查询结果封装为 Student 对象，具体做法是先把上述的< select >和< resultMap >标签相关内容都注释掉，然后添加以下内容，代码如下：

```
//第 4 章/mybatis1/ClassinfoMapper.xml
<select id = "findClassinfoById" resultMap = "classMap2">
    select *
    from classinfo
    where classno =  #{classno}
</select>

<resultMap id = "classMap2" type = "Classoinfo">
    <id property = "classno" column = "classno"/>
    <result property = "classname" column = "classname"/>
    < collection property = " students" column = " classno" ofType = " Student" select =
"selectStudentsByClassno" >
    </collection>
</resultMap>

<select id = "selectStudentsByClassno" resultType = "Student">
    select * from student where classno = #{classno}
</select>
```

这两种方案任选一种即可。

(5) 创建业务逻辑层。创建业务逻辑层接口 ClassinfoService 和 ClassinfoServiceImpl 实现类，其中实现类的代码如下：

```
//第 4 章/mybatis1/ClassinfoServiceImpl.java
@Service
public class ClassinfoServiceImpl implements ClassinfoService{
    @Autowired
    private ClassinfoMapper classinfoMapper;
    @Override
    public Classinfo findClassinfoById(int classno) {
        return classinfoMapper.findClassinfoById(classno);
    }
}
```

(6) 创建控制器 ClassinfoController，代码如下：

```
//第 4 章/mybatis1/ClassinfoController.java
@Controller
public class ClassinfoController {
```

```
    @Autowired
    private ClassinfoService classinfoService;
    @GetMapping("/classinfos/{id}")
    public ModelAndView findClassinfoById(@PathVariable("id") int classno){
        Classinfo classinfo = classinfoService.findClassinfoById(classno);
        ModelAndView mv = new ModelAndView();
        mv.addObject("classinfo",classinfo);
        mv.setViewName("classinfo");
        return mv;
    }
}
```

（7）前端页面。创建 classinfo.html，代码如下：

```
//第 4 章/mybatis1/classinfo.html
<!DOCTYPE html>
<html lang = "en" xmlns:th = "http://www.thymeleaf.org">
<head>
    <meta charset = "UTF-8">
    <title>Title</title>
</head>
<body>
<h1>班级信息</h1>
<table border = "1" align = "center">
    <tr>
        <td>班级编号:</td>
        <td th:text = "${classinfo.classno}"></td>
    </tr>
    <tr>
        <td>班级名称:</td>
        <td th:text = "${classinfo.classname}"></td>
    </tr>
</table>
<h3>该班级有下列学生</h3>
<table border = "1" width = "300px" align = "center">
    <tr>
        <th>学号</th>
        <th>姓名</th>
        <th>性别</th>
        <th>年龄</th>
    </tr>
    <tr th:each = "student:${classinfo.students}">
        <td th:text = "${student.id}"></td>
        <td th:text = "${student.studentname}"></td>
        <td th:text = "${student.gender}">
        </td>
        <td th:text = "${student.age}"></td>
    </tr>
</table>
</body>
</html>
```

（8）运行代码进行测试。通过浏览器访问 http://localhost:8080/classinfos/1，结果如

图 4-13 所示。

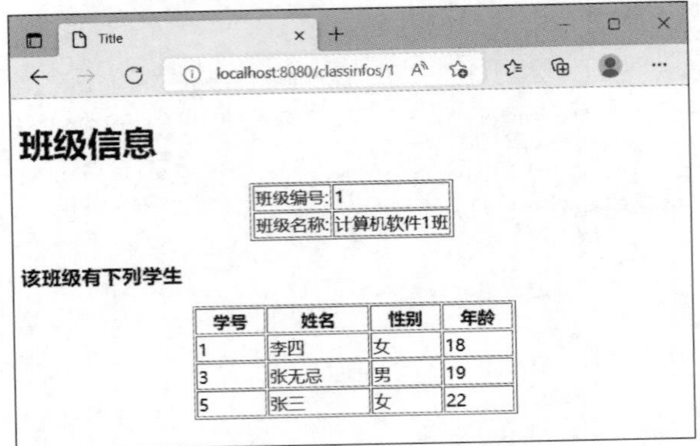

图 4-13　一对多查询结果

4.8　多对一关联查询

一个班级可以有多名学生，班级与学生是一对多的关系，反过来讲学生与班级就是多对一的关系，学生称为多方，班级称为一方。在查询多方的同时，把关联的一方也查询出来，称为多对一关联查询。

【例 4-8】 在前面案例的基础上查询指定学号的学生信息，同时查询出该学生所在班级信息。

(1) 创建接口。接口名称为 StudentMapper，代码如下：

```
@Mapper
public interface StudentMapper {
   public Student findStudentById(int id);
}
```

(2) 向映射文件添加语句块。在映射文件 StudentMapper.xml 中添加以下代码：

```
//第 4 章/mybatis1/StudentMapper.xml
    <select id = "findStudentById" resultMap = "studentMap">
        select * from student, classinfo where student.classno = classinfo.classno and
student.id = #{id}
    </select>
    <resultMap id = "studentMap" type = "Student">
        <id property = "id" column = "id"/>
        <result property = "studentname" column = "studentname"/>
        <result property = "gender" column = "gender"/>
        <result property = "age" column = "age"/>
        <association property = "classinfo" javaType = "Classinfo" column = "classno">
            <id property = "classno" column = "classno"/>
            <result property = "studentname" column = "studentname"/>
        </association>
    </resultMap>
```

这里采用了两表连接查询的方案，注意多对一关联映射时用到了< association >标签。

多对一关联查询除了用上述两表连接查询外还可以用两次独立查询的方案，先查询 student 表，封装为 Student 对象，当对 Student 对象的 classinfo 属性进行封装时再根据 classno 去查询 classinfo 表，并将查询结果封装为 Classinfo 对象。将上述代码注释，添加的代码如下：

```
//第 4 章/mybatis1/StudentMapper.xml
<select id = "findStudentById" resultMap = "studentMap2">
    select * from student where id = #{id}
</select>

<resultMap id = "studentMap2" type = "Student">
    <id property = "id" column = "id"/>
    <result property = "studentname" column = "studentname"/>
    <result property = "gender" column = "gender"/>
    <result property = "age" column = "age"/>
    <association property = "classinfo" javaType = "Classinfo" column = "classno" select =
"selectClassinfoByClassno">
    </association>
</resultMap>

<select id = "selectClassinfoByClassno" resultType = "Classinfo">
    select * from classinfo where classno = #{classno}
</select>
```

(3) 向业务逻辑层添加方法，其中向业务逻辑层 StudentServiceImpl 实现类添加的代码如下：

```
@Override
public Student findStudentById(int id) {
    return studentMapper.findStudentById(id);
}
```

(4) 向控制器添加方法。在控制器 StudentController 中添加的代码如下：

```
//第 4 章/mybatis1/StudentController.java
        @GetMapping("/students/{id}")
    public ModelAndView findStudentById(@PathVariable("id") int id){
        Student student = studentService.findStudentById(id);
        ModelAndView mv = new ModelAndView();
        mv.addObject("student",student);
        mv.setViewName("student");
        return mv;
    }
```

(5) 创建前端页面。将 classinfo.html 复制一份后改名为 student.html，稍微修改一下，详细代码参考本书配套资源。

(6) 运行代码进行测试。通过浏览器访问 http://localhost:8080/students/1，结果如图 4-14 所示。

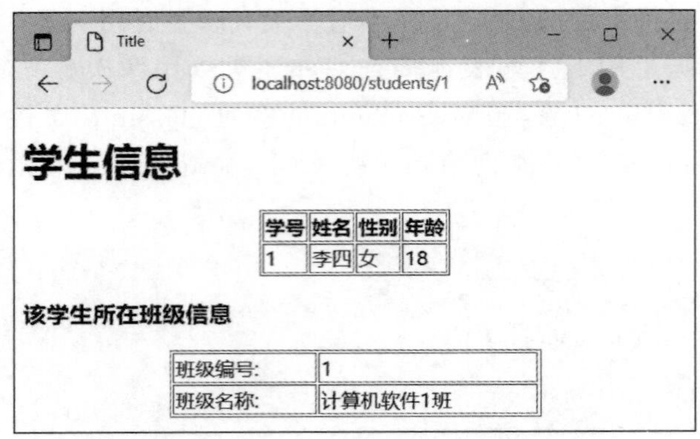

图 4-14 多对一查询结果

此外多对多关联查询相当于两个一对多查询，只是需要一个中间表，具体类似前述 JPA 多对多查询，除此之外都跟一对多查询相同，在此不再赘述。

4.9 自连接查询

4.9.1 使用多对一实现自连接查询

【例 4-9】 员工表 employee 中每个员工（包括经理）都有个编号，每个员工都有对应的上司的员工编号（老板除外），查询某个编号的员工信息及其对应的上司信息。由于上司也是同一张表中的员工，所以这属于自连接查询。

（1）数据库准备。创建表 employee，录入部分测试数据，如图 4-15 所示。

empno	ename	job	leaderid	salary
101	李白	销售	103	20000
102	杜甫	销售	103	18000
103	苏东坡	经理	104	25000
104	刘备	老板	(Null)	30000

图 4-15 员工信息表 employee

（2）创建实体类 Employee 类，其中每个员工都有一个 Employee 类型的 leader 属性，表示他的上司，代码如下：

```
//第 4 章/mybatis1/Employee.java
@Data
@AllArgsConstructor
@NoArgsConstructor
public class Employee {
    private int empno;
    private String ename;
    private String job;
    private int salary;
    private Employee leader;
}
```

(3) 创建接口 EmployeeMapper,代码如下:

```
//第 4 章/mybatis1/EmployeeMapper.java
@Mapper
    //查找员工及其上司
public interface EmployeeMapper {
    public Employee findEmployeeById(int empno);
}
```

(4) 创建映射文件 EmployeeMapper.xml,代码如下:

```
//第 4 章/mybatis1/EmployeeMapper.xml
<?xml version = "1.0" encoding = "UTF - 8" ?>
<!DOCTYPE mapper
        PUBLIC " - //mybatis.org//DTD Mapper 3.0//EN"
        "http://mybatis.org/dtd/mybatis - 3 - mapper.dtd">
<mapper namespace = "com.sike.repository.EmployeeMapper">
    <select id = "findEmployeeById" resultMap = "employeeMap">
        select * from employee where empno = #{empno}
    </select>
    <resultMap id = "employeeMap" type = "Student">
        <id property = "empno" column = "empno"/>
        <result property = "ename" column = "ename"/>
        <result property = "job" column = "job"/>
        <result property = "salary" column = "salary"/>
        <association property = "leader" javaType = "Employee" column = "leaderid" select =
"findLeaderById">
        </association>
    </resultMap>
    <select id = "findLeaderById" resultType = "Employee">
        select * from employee where empno = #{leaderid}
    </select>
</mapper>
```

这里采用的是两次查询的方案,首先查询的是普通员工,封装为 Employee,当封装 Employee 对象的 leader 属性时,再根据 leaderid 再次去查询 employee 表(将 leaderid 当作普通的 empno),并将查询结果封装为 Employee 对象。

(5) 创建业务逻辑层。创建 EmployeeService 接口和 EmployeeServiceImpl 实现类,其中实现类的代码如下:

```
//第 4 章/mybatis1/EmployeeServiceImpl.java
@Service
public class EmployeeServiceImpl implements EmployeeService{
    @Autowired
    private EmployeeService employeeService;

    @Override
    public Employee findEmployeeById(int empno) {
        return employeeService.findEmployeeById(empno);
    }
}
```

(6) 创建控制器 EmployeeController,代码如下:

```
//第 4 章/mybatis1/EmployeeController.java
@Controller
public class EmployeeController {
    @Autowired
    private EmployeeService employeeService;

    @GetMapping("/employees/{id}")
    public ModelAndView findEmployeeById(@PathVariable("id") int id){
        Employee employee = employeeService.findEmployeeById(id);
        ModelAndView mv = new ModelAndView();
        mv.addObject("employee",employee);
        mv.setViewName("employee");
        return mv;
    }
}
```

(7) 创建前端页面 employee.html,详见本书配套资源。

(8) 运行代码进行测试。通过浏览器访问 http://localhost:8080/employees/101,结果如图 4-16 所示。

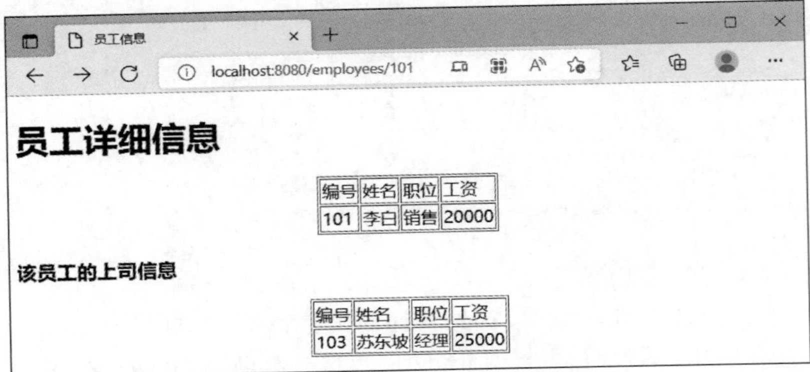

图 4-16　多对一自连接查询结果

4.9.2　使用一对多实现自连接查询

【例 4-10】 员工表 employee 中每个员工(包括经理)都有个编号,每个员工都有对应的上司的员工编号(老板除外),查询某个编号的员工信息及其所有的下属信息。

(1) 修改实体类 Employee。添加一个属性,用于保存该员工的下属员工,代码如下:

```
private List<Employee> employees;                    //下属员工
```

(2) 向接口添加方法。在接口 EmployeeMapper 添加的方法如下:

```
public Employee findLeaderAndEmps(int empno);        //查询员工及其下属
```

(3) 向映射文件添加语句块。添加的代码如下:

```
//第 4 章/mybatis1/EmployeeMapper.java
<select id="findLeaderAndEmps" resultMap="employeeMap2">
    select * from employee where empno=#{empno}
</select>

<resultMap id="employeeMap2" type="Employee">
    <id property="empno" column="empno"/>
    <result property="ename" column="ename"/>
    <result property="job" column="job"/>
    <result property="salary" column="salary"/>
    <collection property="employees" column="empno" ofType="Employee" select=
"findEmployeesById">
    </collection>
</resultMap>

<select id="findEmployeesById" resultType="Employee">
    select * from employee where leaderid=#{leaderid}
</select>
```

同样使用两次查询的方式实现,首先根据员工编号查询员工并封装为 Employee 对象,在封装下属员工属性 employees 时,再次用员工编号去查询,但这次员工编号要当成 leaderid 来查,查询结果封装成 Employee。

(4) 向业务逻辑层添加方法。在 EmployeeServiceImpl 实现类中添加方法,代码如下:

```
@Override
public Employee findLeaderAndEmps(int empno) {
    return employeeMapper.findLeaderAndEmps(empno);
}
```

(5) 向控制器添加方法。在控制器 EmployeeController 中添加方法,代码如下:

```
//第 4 章/mybatis1/EmployeeController.java
@GetMapping("/leaders/{id}")
public ModelAndView findLeaderAndEmps(@PathVariable("id") int id){
    Employee employee=employeeService.findLeaderAndEmps(id);
    System.out.println(employee);
    ModelAndView mv=new ModelAndView();
    mv.addObject("employee",employee);
    mv.setViewName("leader");
    return mv;
}
```

(6) 创建 leader.html 页面,详见本书配套资源。

(7) 运行代码进行测试。通过浏览器访问 http://localhost:8080/leaders/103,结果如图 4-17 所示。

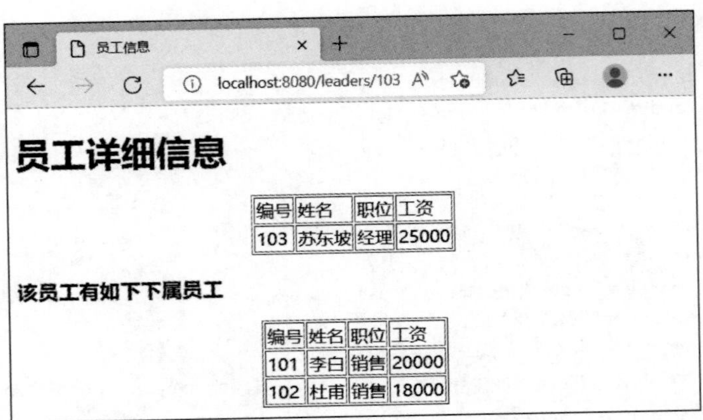

图 4-17　一对多自连接查询结果

4.10　不等连接查询

【例 4-11】　查询各个员工的信息及其工资等级。

（1）数据库准备。新建一个工资等级表 salarylevel，如图 4-18 所示。

	id	studentname	gender	age
□	1	王维	男	18
□	2	李白	男	20
□	3	杜甫	男	19
□	4	李清照	女	17

图 4-18　工资等级表

（2）修改实体类 Employee。在实体类 Employee 中添加一个表示工资等级的属性，代码如下：

```
private String level;                //工资等级
```

（3）向接口添加方法。在 EmployeeMapper 接口中添加下列方法，代码如下：

```
public List < Employee > findEmployeeSalarylevel();
```

（4）向映射文件添加 select 语句块。在 EmployeeMapper. xml 映射文件中添加的代码如下：

```
< select id = "findEmployeeSalarylevel" resultType = "Employee">
    select employee. * , level from employee, salarylevel where employee. salary between minsal
and maxsal
</select >
```

这个就是不等连接的重点，这里两表连接查询条件不再是外键相等，而是一个范围。

（5）向业务逻辑层添加方法。向接口和实现类添加方法，其中 EmployeeServiceImpl 实现类的方法的代码如下：

```
@Override
public List<Employee> findEmployeeSalarylevel() {
    return employeeMapper.findEmployeeSalarylevel();
}
```

（6）向控制器添加方法，代码如下：

```
//第 4 章/mybatis1/EmployeeController.java
@GetMapping("/employees")
public ModelAndView findEmployeeSalarylevel(){
    List<Employee> employees = employeeService.findEmployeeSalarylevel();
    System.out.println(employees);
    ModelAndView mv = new ModelAndView();
    mv.addObject("employees",employees);
    mv.setViewName("emplist");
    return mv;
}
```

（7）创建前端页面 emplist.html，代码详见本书配套资源。

（8）运行代码进行测试。通过浏览器访问 http://localhost:8080/employees，结果如图 4-19 所示。

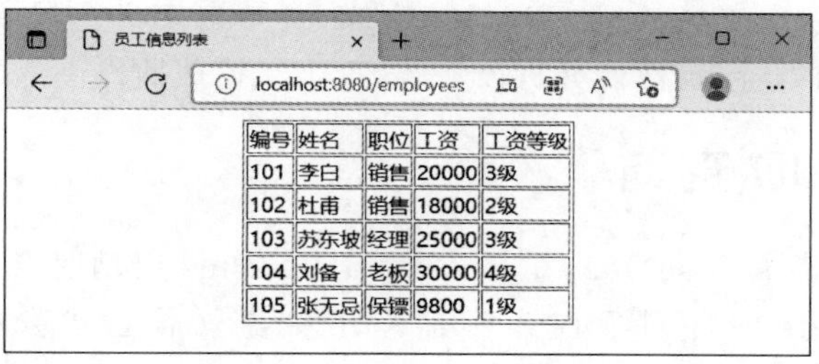

编号	姓名	职位	工资	工资等级
101	李白	销售	20000	3级
102	杜甫	销售	18000	2级
103	苏东坡	经理	25000	3级
104	刘备	老板	30000	4级
105	张无忌	保镖	9800	1级

图 4-19 员工工资等级

本章小结

本章学习了 Spring Boot 整合 MyBatis 的注解查询、动态查询、分页查询、XML 映射文件查询、动态更新、批量删除、一对多与多对一查询和自连接查询等技术。

第 5 章

Spring Boot 整合 MyBatis-Plus

MyBatis-Plus 是国内团队苞米豆在 MyBatis 的基础上开发的增强框架，扩展了一些功能，以提高效率。引入 MyBatis-Plus 不会对现有的 MyBatis 框架产生任何影响，而且 MyBatis-Plus 支持所有 MyBatis 原生的特性。

使用 MyBatis-Plus 可以无须编写 SQL 语句就能进行基本的 CRUD 操作。MyBatis-Plus 内置了 BaseMapper，提供了大量的 CRUD 方法，可以满足大部分单表的简单查询。

MyBatis-Plus 具有无侵入、损耗小等特性，支持强大的 CRUD 操作、支持 Lambda 形式调用、支持主键自动生成、支持 ActiveRecord 模式、支持自定义全局通用操作，具有内置代码生成器、内置分页插件、内置性能分析插件、内置全局拦截插件。

5.1 基本 CRUD 查询

MyBatis-Plus 封装了 BaseMapper 接口，MyBatis-Plus 启动时会自动解析实体表关系映射并转换为 MyBatis 内部对象注入容器。开发者只需创建数据访问层接口，继承 BaseMapper 就可直接使用。查看源码，可以看到 BaseMapper 提供的方法如下所示，各方法的作用见其注释。

```
//插入一条记录
int insert(T entity);
//根据 entity 条件，删除记录
int delete(@Param(Constants.WRAPPER) Wrapper<T> wrapper);
//删除(根据 ID 批量删除)
int deleteBatchIds(@Param(Constants.COLLECTION) Collection<? extends Serializable> idList);
//根据 ID 删除
int deleteById(Serializable id);
//根据 columnMap 条件，删除记录
int deleteByMap(@Param(Constants.COLUMN_MAP) Map<String, Object> columnMap);
//根据 whereEntity 条件，更新记录
int update(@Param(Constants.ENTITY) T entity, @Param(Constants.WRAPPER) Wrapper<T> updateWrapper);
//根据 ID 修改
int updateById(@Param(Constants.ENTITY) T entity);
//根据 ID 查询
```

```
T selectById(Serializable id);
//根据 entity 条件,查询一条记录
T selectOne(@Param(Constants.WRAPPER) Wrapper<T> queryWrapper);

//查询(根据 ID 批量查询)
List<T> selectBatchIds(@Param(Constants.COLLECTION) Collection<? extends Serializable>
idList);
//根据 entity 条件,查询全部记录
List<T> selectList(@Param(Constants.WRAPPER) Wrapper<T> queryWrapper);
//查询(根据 columnMap 条件)
List<T> selectByMap(@Param(Constants.COLUMN_MAP) Map<String, Object> columnMap);
//根据 Wrapper 条件,查询全部记录
List<Map<String, Object>> selectMaps(@Param(Constants.WRAPPER) Wrapper<T>
queryWrapper);
//根据 Wrapper 条件,查询全部记录.注意: 只返回第 1 个字段的值
List<Object> selectObjs(@Param(Constants.WRAPPER) Wrapper<T> queryWrapper);
//根据 entity 条件,查询全部记录(并翻页)
IPage<T> selectPage(IPage<T> page, @Param(Constants.WRAPPER) Wrapper<T> queryWrapper);
//根据 Wrapper 条件,查询全部记录(并翻页)
IPage<Map<String, Object>> selectMapsPage(IPage<T> page, @Param(Constants.WRAPPER)
Wrapper<T> queryWrapper);
//根据 Wrapper 条件,查询总记录数
Integer selectCount(@Param(Constants.WRAPPER) Wrapper<T> queryWrapper);
```

在上述代码中,泛型 T 为任意实体对象,参数 Serializable 为任意类型主键,MyBatis-Plus 不推荐使用复合主键约定每张表都有自己的唯一 id 主键,对象 Wrapper 为条件构造器。

【例 5-1】 查询图书信息。

(1) 创建项目。创建 Spring Boot 项目 mybatisplus,导入 MyBatis-Plus 等依赖,pom.xml 文件中的关键代码如下:

```
//第 5 章/mybatisplus1/pom.xml
<dependency>
        <groupId>com.baomidou</groupId>
        <artifactId>mybatis-plus-boot-starter</artifactId>
        <version>3.5.3</version>
    </dependency>
    <dependency>
        <groupId>org.springframework.boot</groupId>
        <artifactId>spring-boot-starter-web</artifactId>
    </dependency>
    <dependency>
        <groupId>mysql</groupId>
        <artifactId>mysql-connector-java</artifactId>
        <version>8.0.25</version>
    </dependency>
    <dependency>
            <groupId>org.projectlombok</groupId>
            <artifactId>lombok</artifactId>
            <optional>true</optional>
```

```
        </dependency>
    <dependency>
        <groupId>org.springframework.boot</groupId>
        <artifactId>spring-boot-starter-thymeleaf</artifactId>
    </dependency>
```

(2) 创建实体类 Book，代码如下：

```java
//第 5 章/mybatisplus1/Book.java
@Data
@AllArgsConstructor
@NoArgsConstructor
@TableName("book")
public class Book {
    @TableId(value = "id",type = IdType.AUTO)
    private Integer id;

    @TableField("name")
    private String name;
    private double price;
    private String category;
    private int pnum;
    private String imgurl;
    private String description;
    private String author;
    private int sales;
}
```

其中注解@TableName 表示该实体类对应的数据库表名，如果实体类与表名不一致，则这一步是必要的，否则可以不添加该注解，默认表名与实体类名称相同。注解@TableId 表示实体类中对应数据库表的主键的属性，其中 type= IdType.AUTO 表示主键由数据库自增长。

(3) 配置文件 application.properties。在此文件中配置的数据库连接信息内容跟 4.1 节案例相同。

此外也可全局设置表名的前缀，例如数据库中的表名有可能是带 t_开头的，但实体类一般不这样开头，所以会导致表名与实体类名称不一致，主要差别可能就是这个 t_，这时就可以在这里配置，参考代码如下：

```
mybatis-plus.global-config.db-config.table-prefix=t_
```

还可在这里全局设置主键的增长方式，参考代码如下：

```
mybatis-plus.global-config.db-config.id-type=auto
```

说明：上述配置非必要，如果实体类已经对表名进行了映射，并且主键也指定了增长策略，则无须上述两个配置。

其他常用配置的参考代码如下：

```
//第 5 章/mybatisplus1/application.yml
mybatis - plus:
    #扫描 XML 映射文件,多个目录用逗号或者分号分隔(告诉 Mapper 所对应的 XML 文件位置)
  mapper - locations: classpath:mapper/ * .xml
    #实体类路径
  type - aliases - package: com.sike.entity
    #以下配置均有默认值,可以不设置
  global - config:
    db - config:
    #主键类型 AUTO:"数据库 ID 自增" INPUT:"用户输入 ID",ID_WORKER:"全局唯一 ID (数字类型
    #唯一 ID)", UUID:"全局唯一 ID UUID";
    #配置了这个实体类可以省略注解@TableId
      id - type: AUTO
    #数据库表的前缀,配置后实体类可省略注解@TableName
      table - prefix: tb_
    #字段策略 IGNORED:"忽略判断" NOT_NULL:"非 NULL 判断" NOT_EMPTY:"非空判断"
      field - strategy: NOT_EMPTY
      #数据库类型
      db - type: MYSQL
  configuration:
    #是否开启自动驼峰命名规则映射:从数据库列名到 Java 属性驼峰命名的类似映射
   map - underscore - to - camel - case: true
    #返回 map 时 true:当查询数据为空时字段返回为 null,false:不加这个查询数据为空时,字段
    #将被隐藏
  call - setters - on - nulls: true
   #这个配置会将执行的 SQL 打印出来,在开发或测试时可以用
  log - impl: org.apache.ibatis.logging.stdout.StdOutImpl
```

(4) 创建数据访问层。创建 BookMapper 接口,继承 BaseMapper < Book >接口,关键代码如下:

```
import com.baomidou.mybatisplus.core.mapper.BaseMapper;
import com.seehope.domain.Book;
public interface BookMapper extends BaseMapper < Book > {
}
```

这里面可以不定义任何方法,因为父接口 BaseMapper 已经包含了基本的增、删、改、查方法,在业务层中调用即可。同样可以选择在这个接口上面添加@Mapper 注解或者在启动类上添加 MapperScan("接口所在包名")注解,这里选择后者。

(5) 创建业务逻辑层。创建 BookService 接口和 BookServiceImpl 实现类,其中 BookServiceImpl 的关键代码如下:

```
//第 5 章/mybatisplus1/BookServiceImpl.java
@Service
public class BookServiceImpl implements BookService {
    @Autowired
    private BookMapper bookMapper;
    @Override
    public List < Book > findAllBooks() {
        return bookMapper.selectList(null);
```

```
    }

    @Override
    public Book findBookById(int id) {
        return bookMapper.selectById(id);
    }

    @Override
    public void addBook(Book book) {
        bookMapper.insert(book);
    }
    @Override
    public void updateBook(Book book) {
        bookMapper.updateById(book);
    }
    @Override
    public void deleteBook(int id) {
        bookMapper.deleteById(id);
    }
}
```

(6) 创建控制器 BookController,代码同 4.1 节案例,具体代码参考本书配套资源。

(7) 创建视图。同 4.1 节案例。

(8) 运行代码进行测试。效果同 4.1 节案例。

总结:MyBatis-Plus 非常省事,数据访问层几乎不用写代码就可以使用。

5.2 条件查询

在 BaseMapper 接口提供的 CRUD 方法中,有些方法提供了 Wrapper 类型的参数,用于设置查询条件,Wrapper 类型的参数既可以使用子类 QueryWrapper 对象,也可以使用子类 LambdaQueryWrapper 对象。

5.2.1 使用 QueryWrapper 封装查询条件

调用 BaseMapper 与 select 有关的方法时,使用 Wrapper 子类的 QueryWrapper 对象做参数,调用 BaseMapper 的 delete 和 update 有关的方法时,使用 Wrapper 子类的 UpdateWrapper 对象做参数。

Wrapper 是一个抽象类,AbstractWrapper 是 Wrapper 的子类,QueryWrapper 和 UpdateWrapper 又是 AbstractWrapper 的子类。AbstractWrapper 提供了众多的方法,用于设置查询条件。常用的方法见表 5-1。

条件查询的步骤,先创建 QueryWrapper 对象或 UpdateWrapper 对象,然后调用表 5-1 中的方法构造查询条件,最后将 QueryWrapper 对象或 UpdateWrapper 对象放入 Dao 层接口的有关方法中作为参数即可。

表 5-1 AbstractWrapper 常用的方法

方 法	语 法	说 明	示 例
eq	eq(R column, Object val) eq(boolean condition, R column, Object val)	等于 =	eq("name", "张飞") 相当于 name = '张飞'
ne	ne(R column, Object val) ne(boolean condition, R column, Object val)	不等于 <>	ne("name", "张飞") 相当于 name<> '张飞'
gt	gt(R column, Object val) gt(boolean condition, R column, Object val)	大于＞	gt("age", 18) 相当于 age＞18
ge	ge(R column, Object val) ge(boolean condition, R column, Object val)	大于或等于＞＝	ge("age",18) 相当于 age＞＝18
lt	lt(R column,Object val) lt(boolean condition, R column, Object val)	小于＜	lt("age",18) 相当于 age＜18
le	le(R column,Object val) le(boolean condition, R column, Object val)	小于或等于 ＜＝	le("age",18) 相当于 age＜＝18
between	between(R column, Object val1, Object val2) between(boolean condition, R column, Object val1,Object val2)	BETWEEN 值 1 AND 值 2	between("age",18,30) 相当于 age between 18 and 30
notBetween	notBetween(R column, Object val1, Object val2) notBetween(boolean condition, R column,Object val1,Object val2)	NOT BETWEEN 值 1 AND 值 2	notBetween("age",18,30) 相当于 age not between 18 and 30
like	like(R column,Object val) like(boolean condition,R column,Object val)	LIKE '%值%'	like("name","李") 相当于 name like '%李%'
notLike	notLike(R column,Object val) notLike(boolean condition, R column, Object val)	NOT LIKE '%值%'	notLike("name","李")相当于-＞name not like '%李%'
likeLeft	likeLeft(R column,Object val) likeLeft(boolean condition, R column, Object val)	LIKE '%值'	likeLeft("name","李") 相当于 name like '%李'
likeRight	likeRight(R column,Object val) likeRight(boolean condition, R column, Object val)	LIKE '值%'	likeRight("name","李") 相当于 name like '李%'

续表

方　法	语　法	说　明	示　例
isNull	isNull(R column) isNull(boolean condition,R column)	字段 IS NULL	isNull("name") 相当于 name is null
isNotNull	isNotNull(R column) isNotNull(boolean condition,R column)	字段 IS NOT NULL	isNotNull("name") 相当于 name is not null
in	in(R column,Collection<? > value) in (boolean condition, R column, Collection<? > value)	字段 IN (value.get(0), value.get(1), …)	in("age",{1,2,3}) 相当于 age in (1,2,3)
	in(R column, Object… values) in(boolean condition, R column, Object … values)	字段 IN (v0, v1, …)	in("age", 1, 2, 3) 相当于 age in (1,2,3)
notIn	notIn(R column, Collection<? > value) notIn (boolean condition, R column, Collection<? > value)	字段 NOT IN (value.get(0), value.get(1),…)	notIn("age",{1,2,3}) 相当于 age not in (1,2,3)
	notIn(R column, Object… values) notIn (boolean condition, R column, Object… values)	字段 NOT IN (v0, v1, …)	notIn("age", 1, 2, 3) 相当于 age not in (1,2,3)
groupBy	groupBy(R… columns) groupBy(boolean condition, R… columns)	分组: GROUP BY 字段, …	groupBy("id", "name") 相当于 group by id,name
orderByAsc	orderByAsc(R… columns) orderByAsc (boolean condition, R … columns)	排序: ORDER BY 字段, … ASC	orderByAsc("id", "name") 相当于 order by id ASC,name ASC
orderByDesc	orderByDesc(R… columns) orderByDesc (boolean condition, R … columns)	排序: ORDER BY 字段, … DESC	orderByDesc("id", "name") 相当于 order by id DESC, name DESC
orderBy	orderBy (boolean condition, boolean isAsc, R… columns)	排序: ORDER BY 字段, …	orderBy(true, true, "id", "name") 相当于 order by id ASC,name ASC
having	having(String sqlHaving,Object… params) having (boolean condition, String sqlHaving, Object… params)	HAVING (SQL 语句)	having("sum(age)>10")相当于 having sum(age)>10 having("sum(age)>{0}",11)相当于 having sum(age)>11
or	or() or(boolean condition)	拼接 OR 注意事项: 主动调用 or 表示紧接着下一种方法不是用 and 连接!(不调用 or 则默认为使用 and 连接)	eq("id",1).or().eq("name","李白")相当于 id = 1 or name = '李白'

续表

方　法	语　法	说　明	示　例
and	and(Consumer < Param > consumer) and(boolean condition, Consumer < Param > consumer)	AND 嵌套	and(i -> i. eq("name", "张飞"). ne("status", "活着"))相当于 and (name = '张飞' and status <> '运动')

【例 5-2】 动态查询图书信息,任意输入不同条件组合均可查询到相关的图书信息。

(1) 接着上一个案例,在项目的 BookService 接口和 BookServiceImpl 中均添加方法 List < Book > searchBooks(Book book),其中 BookServiceImpl 中的方法的代码如下:

```
//第 5 章/mybatisplus1/BookServiceImpl.java
@Override
public List < Book > searchBooks(Book book) {
    QueryWrapper < Book > queryWrapper = new QueryWrapper <>(); queryWrapper.like(book.getName()!= ""
&&book.getName()!= null,"name",book.getName()); queryWrapper.eq(book.getCategory()!= ""&&book.
getCategory()!= null,"category",book.getCategory()); queryWrapper.eq(book.getAuthor()!= ""
&&book.getAuthor()!= null,"author",book.getAuthor());
    return bookMapper.selectList(queryWrapper);
}
```

这里使用了 AbstractMapper 的 like 与 eq 方法,like 方法的第 1 个参数是条件,即当 book 对象的 name 属性不为空时才使用这条查询。上述多个 queryWrapper 语句之间默认为 AND 的关系。

(2) 控制器方法与视图都同第 4 章案例,具体代码可参考本书配套资源,运行代码进行测试,效果也相同。

5.2.2 使用 LambdaQueryWrapper 封装查询条件

上面使用 QueryWrapper 封装查询条件时各个属性是手工输入的字符串,容易出错,而使用 LambdaQueryWrapper 封装查询条件时可以使用 Lambda 表达式,可以调用各个属性,从而避免出现错误。

【例 5-3】 使用 LambdaQueryWrapper 封装上述搜索条件。

(1) 将业务层 BookServiceImpl 中的 searchBooks 原有方法代码注释掉,然后添加代码,添加的代码如下:

```
//第 5 章/mybatisplus1/BookServiceImpl.java
    public List < Book > searchBooks(Book book) {
        LambdaQueryWrapper < Book > queryWrapper = new LambdaQueryWrapper <>(); queryWrapper.
like(book.getName()!= ""&&book.getName()!= null,Book::getName,book.getName());
queryWrapper.eq(book.getCategory()!= ""&&book.getCategory()!= null,Book::getCategory,book.
getCategory());
queryWrapper.eq(book.getAuthor()!= ""&&book.getAuthor()!= null,Book::getAuthor,book.
getAuthor());
        return bookMapper.selectList(queryWrapper);
    }
```

(2) 运行代码进行测试，结果相同。

5.3 分页查询

MyBatis-Plus 提供了 Page 类封装分页信息，Page 包括以下常用分页属性，代码如下：

```
    //当前页的记录集合
private List<T> records;
    //总记录数
private long total;
    //每页显示的记录数
private long size;
    //当前页码
private long current;
```

Page 类的带参构造方法为 public Page(long current, long size)，其中参数 current 表示当前页，size 表示每页显示的记录数。

BaseMapper 有一个 selectPage 方法，完整语法如下：

```
<E extends IPage<T>> E selectPage(E page, @Param("ew") Wrapper<T> queryWrapper);
```

该方法的第 1 个参数是 Page 对象，需用上述提到的构造方法进行构造，第 2 个参数是查询条件，可以为 null，如果是 null 就查询泛型 T 代表的数据库表的所有记录。返回的 IPage 对象即为封装好的分页信息。

此外，还需要做分页配置类。具体见下面的案例。

【例 5-4】 在上面案例项目的基础上分页查询图书信息。

(1) 创建分页配置类。其实就是一个拦截器，代码如下：

```
//第 5 章/mybatisplus1/MybatisPlusConfig.java
import com.baomidou.mybatisplus.extension.plugins.MybatisPlusInterceptor;
import com.baomidou.mybatisplus.extension.plugins.inner.PaginationInnerInterceptor;
import org.springframework.context.annotation.Bean;
import org.springframework.context.annotation.Configuration;

@Configuration
public class MybatisPlusConfig {
    @Bean
    public MybatisPlusInterceptor paginationInterceptor() {
        MybatisPlusInterceptor mybatisPlusInterceptor = new MybatisPlusInterceptor();
        mybatisPlusInterceptor.addInnerInterceptor(new PaginationInnerInterceptor());
        return mybatisPlusInterceptor;
    }
}
```

(2) 向业务层 BookService 接口和 BookServiceImpl 实现类添加 getPage(int pageNum, int size)方法。实现类 BookServiceImpl 中的方法，代码如下：

```
//第 5 章/mybatisplus1/BookServiceImpl.java
    @Override
public IPage<Book> getPage(int pageNum, int size){
            //参数一是当前页,参数二是每页的个数
        IPage<Book> bookPage = new Page<>(pageNum, size);
        bookPage = bookMapper.selectPage(bookPage, null);
        return bookPage;
    }
```

注：Page 类是 IPage 接口的实现类。

(3) 在控制器 BookController 中添加方法，代码如下：

```
//第 5 章/mybatisplus1/BookController.java
    @GetMapping("/booksPage")
    //默认查询第 1 页,每页显示 3 条
    public ModelAndView booksPage(@RequestParam(value = "start", defaultValue = "1") int
start, @RequestParam(value = "size",defaultValue = "3") int size){
    //表示起始页为 start,每页显示 size 条记录,根据 id 升序排序进行分页
        IPage<Book> page = bookService.getPage(start,size);
        ModelAndView mv = new ModelAndView();
        mv.addObject("page",page);
        mv.setViewName("booksPage");
        return mv;
    }
```

(4) 创建视图。booksPage.html 页面关键代码如下。

遍历当前页的商品：

```
//第 5 章/mybatisplus1/booksPage.html
<tr th:each="book:${page.records}">
        <td th:text="${book.id}"></td>
        <td th:text="${book.name}"></td>
        <td th:text="${book.pnum}"></td>
        <td th:text="${book.price}"></td>
        <td th:text="${book.category}"></td>
        <td th:text="${book.description}"></td>
        <td th:text="${book.imgurl}"></td>
        <td th:text="${book.author}"></td>
        <td th:text="${book.sales}"></td>
</tr>
```

分页控件：

```
//第 5 章/mybatisplus1/booksPage.html
<div>
    <a th:if="${page.current>1}" th:href="@{/booksPage(start=${page.current-1})}">上
一页</a>
      总页数:<span th:text="${page.getPages()}"></span> 
      当前页:<span th:text="${page.current}"></span>
      总记录数:<span th:text="${page.total}"></span> 
```

```
      <a th:if="${page.current < page.getPages()}" th:href="@{/booksPage(start=${page.current + 1})}">下一页</a>
</div>
```

(5) 运行代码进行测试,效果同第4章案例。

5.4 业务逻辑层快速开发

MyBatis-Plus 不但提供了数据访问层的快速开发,同样针对业务逻辑层也提供了快速开发技术。详情见下面的案例。

【例 5-5】 在上面案例的基础上,使用 MyBatis-Plus 业务层快速开发技术实现查询所有图书和根据 id 查询一本图书的功能。

(1) 创建业务层接口。接口名称为 IBookService,注意要继承 MyBatis-Plus 提供的 IService<Book>接口,代码如下:

```
public interface IBookService extends IService<Book> {
}
```

(2) 创建业务层实现类。实现类的名称为 BookServiceImpl2,注意要实现上述 IBookService 接口,并且要继承 MyBatis-Plus 提供的 ServiceImpl 类,代码如下:

```
@Service
public class BookServiceImpl2 extends ServiceImpl<BookMapper,Book> implements IBookService{
}
```

(3) 在控制器 BookController 中添加方法,代码如下:

```
//第5章/mybatisplus1/BookController.java
@Autowired
private IBookService iBookService;
@GetMapping("/books2")
public ModelAndView findAllBooks2(){
    List<Book> books = iBookService.list();
    ModelAndView mv = new ModelAndView();
    mv.addObject("books",books);
    mv.setViewName("books");
    return mv;
}

@GetMapping("/books2/{id}")
public ModelAndView findBooksById2(@PathVariable int id){
    Book book = iBookService.getById(id);
    ModelAndView mv = new ModelAndView();
    mv.addObject("book",book);
    mv.setViewName("book");
    return mv;
}
```

(4) 运行代码进行测试。

通过浏览器中访问 http://localhost:8080/books2 和 http://localhost:8080/books2/1,将分别看到所有图书的列表和 1 号图书的信息。

本章小结

本章学习了 Spring Boot 整合 MyBatis-Plus 基本 CRUD 查询,条件查询,分页查询,以及如何整合业务层进行快速开发。

第6章 MyBatis-Plus+Vue+Element 前后端分离实战

本章完成一个前后端分离的项目,实现学生信息的增、删、改、查与分页等基础操作功能。前端使用 Vue. js 3. 0+Element Plus,后端使用 Spring Boot 3. 0+JDK 17 整合 MyBatis-Plus 实现。数据库采用 MySQL 8. 0,使用 Navicat 进行可视化管理。前端使用 Visual Studio Code 工具进行开发,后端采用 IDEA 2021 工具进行开发。前后端项目各自独立运行,后端提供 RESTful 风格的 HTTP 接口,前端使用 axios(AJAX 输入输出系统)进行异步调用。

6.1 后端项目

6.1.1 数据库创建

在 MySQL 中创建数据库 studentdb2,在数据库中创建表 student,将主键 id 设置为自增长,表结构如图 6-1 所示。

创建表结构后,打开表,添加若干测试用数据。读者可以直接从本书配套资源中执行 studentdb2. sql 文件获得数据。

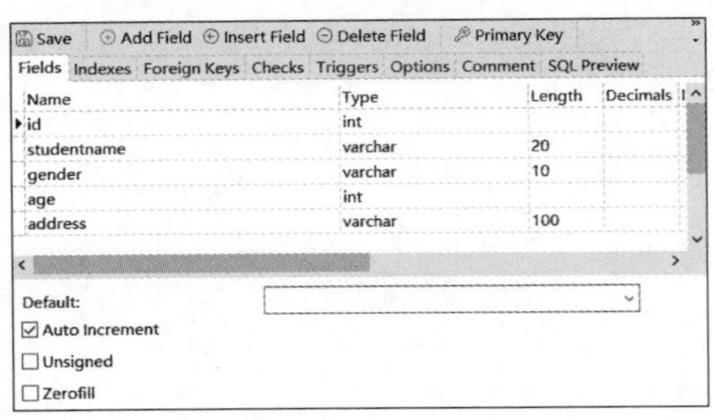

图 6-1 数据库表 student 结构

6.1.2 Spring Boot 项目搭建

首先创建好一个 Spring Boot 项目,步骤如下。

1. 新建项目并添加依赖

在 IDEA 中单击菜单 File→Project 后会弹出 New Project 对话框,选择左侧菜单中的 Spring Initializr,右侧会出现如图 6-2 所示的对话框,然后分别填写好项目名称、项目路径、项目组织、包名、JDK 版本选择 17,其他保持默认,这里将项目名称设置为 student,然后单击 Next 按钮,此时会弹出如图 6-3 所示的对话框,首先在该对话框中选择 Spring Boot 的版本 3. 0. 0(SNAPSHOT),然后在左侧选择 Spring Web 依赖,其他依赖先不选,这样可以相对比较快速地创建项目。

最后单击“完成”按钮,等待一段时间后,即可创建一个 Spring Boot 3. 0 项目,然后打开

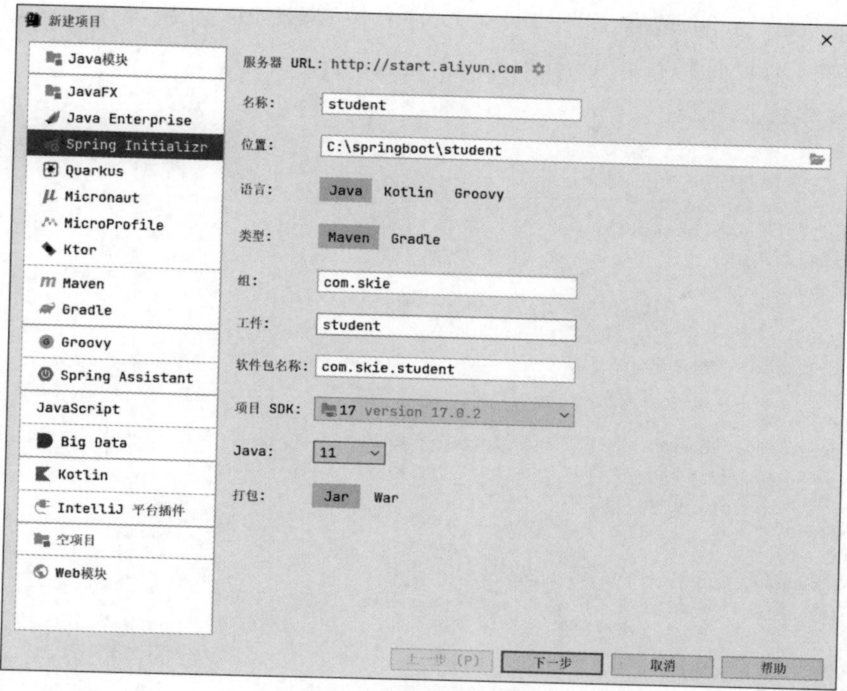

图 6-2　创建项目对话框

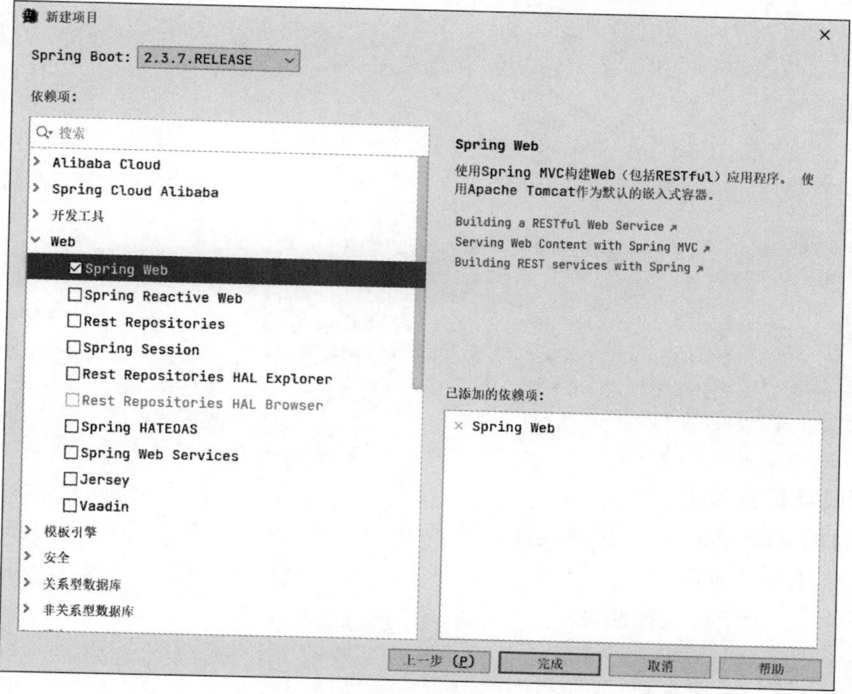

图 6-3　选择依赖

项目的 pom. xml 文件，添加连接 MySQL 的依赖、MyBatis 依赖、MyBatis-Plus 依赖、Lombok 依赖、Druid 依赖等，代码如下：

```
//第 6 章/student/pom.xml
<dependency>
    <groupId>mysql</groupId>
    <artifactId>mysql-connector-java</artifactId>
    <scope>runtime</scope>
</dependency>
<dependency>
    <groupId>org.projectlombok</groupId>
    <artifactId>lombok</artifactId>
    <optional>true</optional>
</dependency>
<dependency>
    <groupId>org.mybatis.spring.boot</groupId>
    <artifactId>mybatis-spring-boot-starter</artifactId>
    <version>2.3.0</version>
</dependency>
<dependency>
    <groupId>com.baomidou</groupId>
    <artifactId>mybatis-plus-boot-starter</artifactId>
    <version>3.5.3</version>
</dependency>
<dependency>
    <groupId>com.alibaba</groupId>
    <artifactId>druid</artifactId>
    <version>1.2.3</version>
</dependency>
```

2. 配置文件

在项目的 application. properties 文件中进行配置，重新将端口号设置为 8088，配置数据库连接信息及 druid 连接池，代码如下：

```
//第 6 章/student/application.properties
server.port=8088
spring.datasource.driver-class-name=com.mysql.cj.jdbc.Driver
spring.datasource.url=jdbc:mysql://localhost:3306/studentdb2?useUnicode=
true&characterEncoding=utf-8&useSSL=false&serverTimezone=UTC
spring.datasource.username=root
spring.datasource.password=root
spring.datasource.type=com.alibaba.druid.pool.DruidDataSource
```

3. 创建项目包结构

在项目的 com. sike 包下接着创建以下子包。

config：用于放置配置类。

controller：用于放置控制器。

entity：用于放置实体类。

mapper：用于放置数据访问层接口。

service：用于放置业务层类。

项目的最终结构如图 6-4 所示。

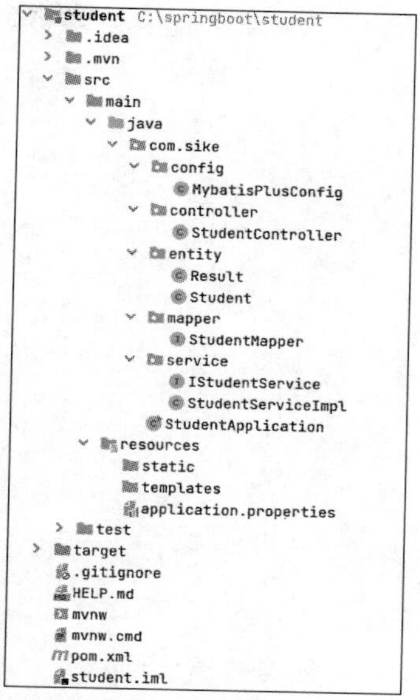

```
student C:\springboot\student
  .idea
  .mvn
  src
    main
      java
        com.sike
          config
            MybatisPlusConfig
          controller
            StudentController
          entity
            Result
            Student
          mapper
            StudentMapper
          service
            IStudentService
            StudentServiceImpl
          StudentApplication
      resources
        static
        templates
        application.properties
    test
  target
  .gitignore
  HELP.md
  mvnw
  mvnw.cmd
  pom.xml
  student.iml
```

图 6-4 项目的最终结构图

6.1.3 增、删、改、查功能实现

1. 创建实体类

在包 entity 下创建实体类 Student，用于封装数据库表 student 的信息，代码如下：

```java
//第 6 章/student/Student.java
import com.baomidou.mybatisplus.annotation.IdType;
import com.baomidou.mybatisplus.annotation.TableId;
import lombok.AllArgsConstructor;
import lombok.Data;
import lombok.NoArgsConstructor;
@Data
@AllArgsConstructor
@NoArgsConstructor
public class Student {
    @TableId(type = IdType.AUTO)
    private int id;
    private String studentname;
    private String gender;
    private int age;
    private String address;
}
```

其中类上面的注解表示使用 lombok 插件实现类的封装与构造，属性 id 上面的注解表明这个属性映射到表的主键并且值由数据库自增长。

entity 包下还要创建一个 Result 类，用于封装返给前端的信息，实现返回数据的统一格式，方便前端人员获取请求执行成功与失败信息及返回的数据，Result 类的各个属性及方法的作用详见代码注释，代码如下：

```java
//第 6 章/student/Result.java
@Data
@NoArgsConstructor
public class Result<T> {
    //这里约定数字 0 代表成功，-1 代表失败
    private String code;
    //code 对应的中文描述，即成功或失败
    private String msg;
    //返给前端的数据
    private T data; public Result(T data) {
        this.data = data;
    }
    //执行成功，但没有数据，适用增、删、改操作
    public static Result success() {
        Result result = new Result<>();
        result.setCode("0");
```

```
        result.setMsg("成功");
        return result;
    }
    //执行成功并返回的数据
    public static <T> Result<T> success(T data) {
        Result<T> result = new Result<>(data);
        result.setCode("0");
        result.setMsg("成功");
        return result;
    }
    //执行失败,msg 可以封装失败信息
    public static Result error(String msg) {
        Result result = new Result();
        result.setCode("-1");
        result.setMsg(msg);
        return result;
    }
}
```

2. 创建数据访问层

在 mapper 包下创建接口 StudentMapper，继承 MyBatis-Plus 提供的 BaseMapper<Student>接口，由于只需简单的增、删、改、查功能，所以可使用父接口 BaseMapper<Student>默认提供的方法，无须再编写其他代码。接口代码如下：

```
public interface StudentMapper extends BaseMapper<Student> {
}
```

3. 创建业务逻辑层

MyBatis-Plus 也提供了业务层的解决方案，可以快速地实现业务逻辑功能。在包 service 下创建接口 IStudentService，继承 MyBatis-Plus 提供的 IService<Student>接口，获得该接口的所有方法，包括本项目所需的增、删、改、查方法，无须另外添加其他方法。接口代码如下：

```
public interface IStudentService extends IService<Student> {
}
```

然后创建接口的实现类 StudentServiceImpl，实现 IStudentService 接口，如果这样，将不得不重写该接口的大量方法，包括本项目用不到的其他方法。解决方案是让实现类 StudentServiceImpl 继承 MyBatis-Plus 提供的一个 ServiceImpl<StudentMapper,Student>类，这样就无须自行重写接口的所有方法了，此外还要添加@Service 注解并纳入 Spring 容器管理。最终实现类 StudentServiceImpl 的代码如下：

```
@Service
public class StudentServiceImpl extends ServiceImpl<StudentMapper, Student> implements
IStudentService{
}
```

4. 创建控制器

在 controller 包下创建控制器 StudentController，控制器使用 @Autowired 注解注入业务层的 IStudentService 接口实现类，然后创建增、删、改、查的方法，全部使用 RESTful 风格的请求方式，返回数据使用 Result 进行封装。暂时先不实现分页功能，代码如下：

```
//第 6 章/student/StudentController.java
@RestController
@RequestMapping("/students")
public class StudentController {
    @Autowired
    IStudentService StudentService;
    @GetMapping
    public Result <?> findAllStudents(){
        List < Student > students = StudentService.list();
        return Result.success(students);
    }
    @PostMapping
    public Result <?> save(@RequestBody Student student) {
        StudentService.save(student);
        return Result.success();
    }
    @PutMapping
    public Result <?> update(@RequestBody Student student) {
        StudentService.updateById(student);
        return Result.success();
    }
    @DeleteMapping("/{id}")
    public Result <?> delete(@PathVariable long id) {
        StudentService.removeById(id);
        return Result.success();
    }
}
```

5. 运行与测试

运行项目，然后打开浏览器访问 http://localhost:8088/students，结果如图 6-5 所示，返回了 JSON 数据，证明后台运行成功。

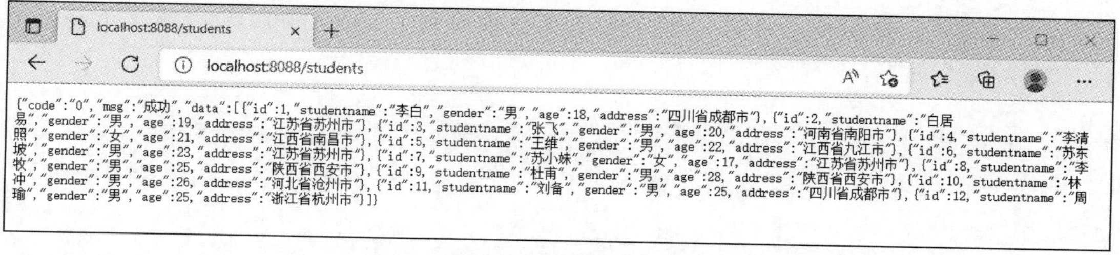

图 6-5　后台运行测试

6.2 前端项目

6.2.1 安装 Vue 开发环境

1. 安装 Node.js

Vue 3.0 项目的创建需要用到 Node.js 提供的 npm 包管理器，所以要先安装 Node.js。首先进入 Node.js 的中文官网 https://nodejs.org/zh-cn/下载最新长期维护版本的安装包，如图 6-6 所示。

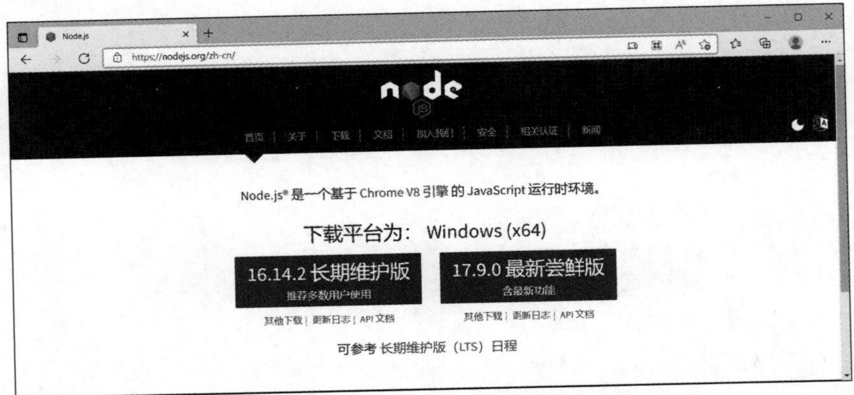

图 6-6 Node.js 下载页面

下载安装包后双击进行安装，安装完毕，打开命令行窗口，输入命令 node -v 获取 Node.js 的版本信息以便检查安装情况，如果结果出现的版本信息如图 6-7 所示，则表示安装成功。

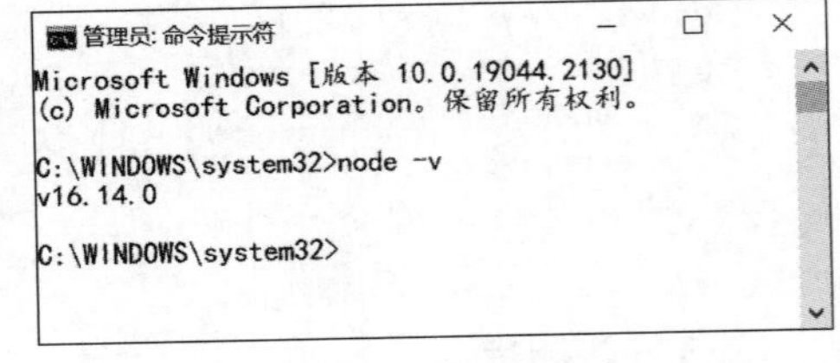

图 6-7 Node.js 版本信息

2. 安装 Vue-CLI

Vue 3.0 项目依赖了 Vue-CLI 3.0 或以上的版本，需要先进行安装才能使用。首先在硬盘中创建一个文件夹，将用于创建前端项目，本示例文件夹为 C:\spring bootbook\vue，然后打开命令提示符，用 DOS 命令进入该目录，如果此前安装了 Vue 2.0 版本，则需要先进行卸载，卸载的命令如下：

```
C:\spring bootbook\vue > npm uninstall Vue - CLI  - g
```

如果之前没有安装过，则可直接输入如下命令，安装最新版本的 Vue-CLI，命令如下：

```
C:\spring bootbook\vue > npm install  - g @vue/cli
```

安装完成后输入如下命令，检查安装情况，命令如下：

```
C:\spring bootbook\vue > vue  - V
```

如果结果如图 6-8 所示，则表示安装成功。

安装完后就可以创建 Vue 项目了。

6.2.2 创建 Vue 项目

1. 创建 Vue 项目详细步骤

创建 Vue 项目的命令语法是 vue create 项目名称。打开命令行窗口，使用 DOS 命令进入项目目录，命令如下：

```
C:\spring bootbook\vue > vue create vueproject
```

创建一个命名为 vueproject 的 Vue 项目，如图 6-9 所示。

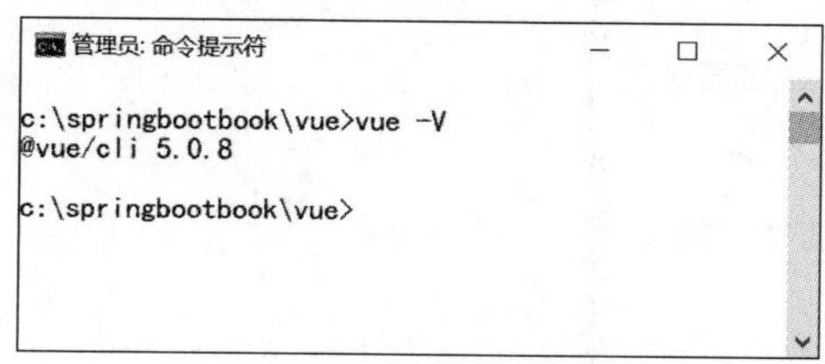

图 6-8　Vue-CLI 版本信息

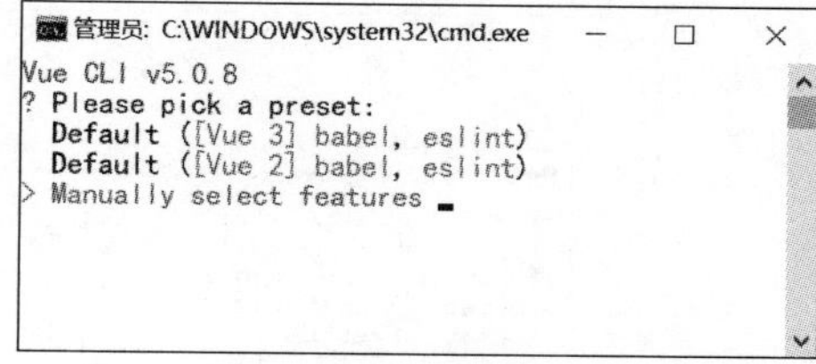

图 6-9　创建 Vue 项目

使用箭头选择 Manually select features 选项，然后按 Enter 键，出现如图 6-10 所示的选项，可以选择需要的功能。使用方向键和空格键进行选择，这里选择 Babel、Router、Vuex、CSS Pre-processors、Linter/Formatter，然后按 Enter 键进入选择 Vue 版本界面，如图 6-11 所示，这里选择 3.x 版本，按 Enter 键进入如图 6-12 所示界面，其他配置可参考图 6-13～6-17 中的选项。最终提示 vueproject 项目创建成功，如图 6-18 所示。

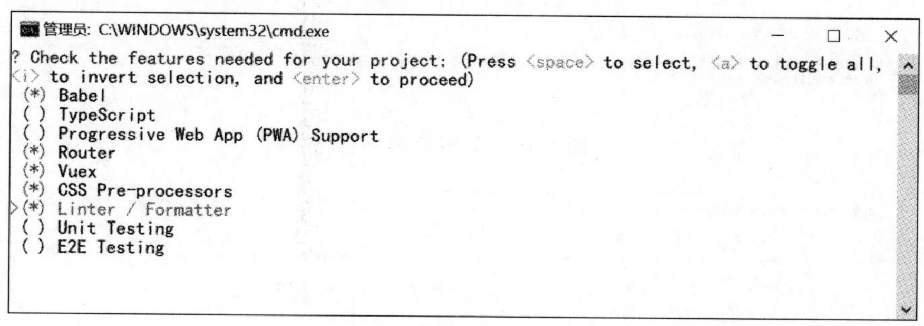

图 6-10　功能选择

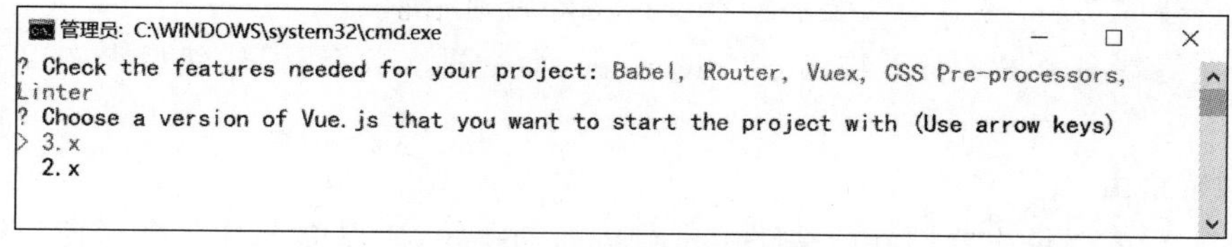

图 6-11　版本选择

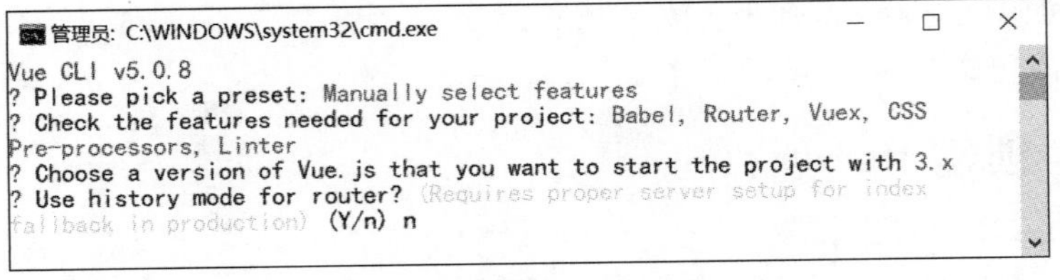

图 6-12 历史模式选择

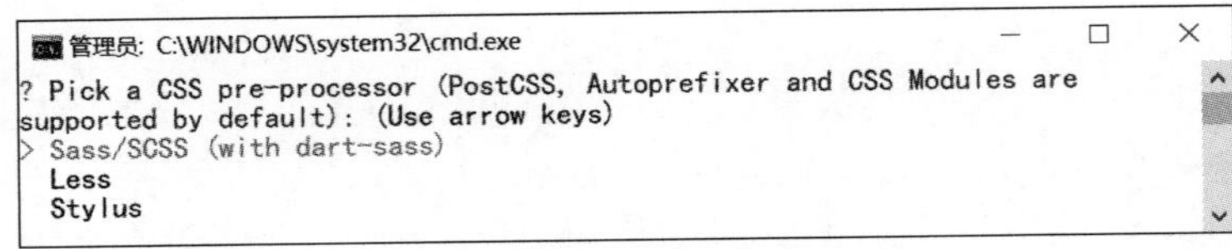

图 6-13 CSS 预处理器选择

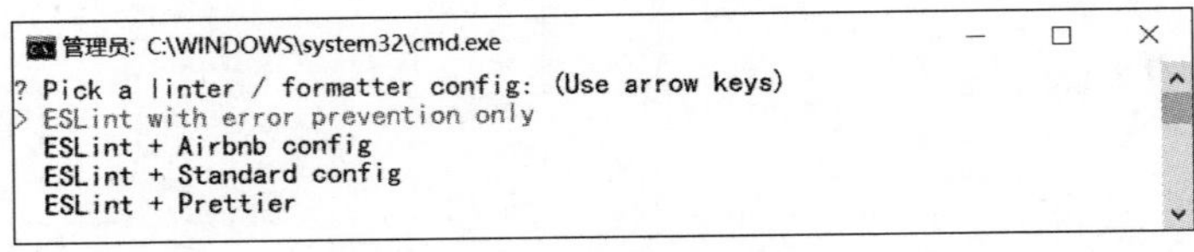

图 6-14 ESLint 配置

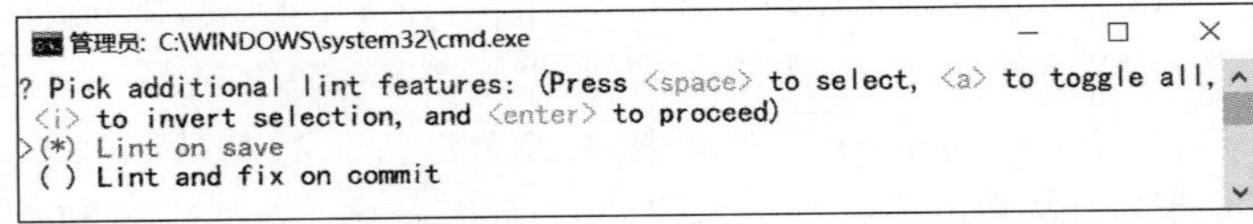

图 6-15 Lint 配置

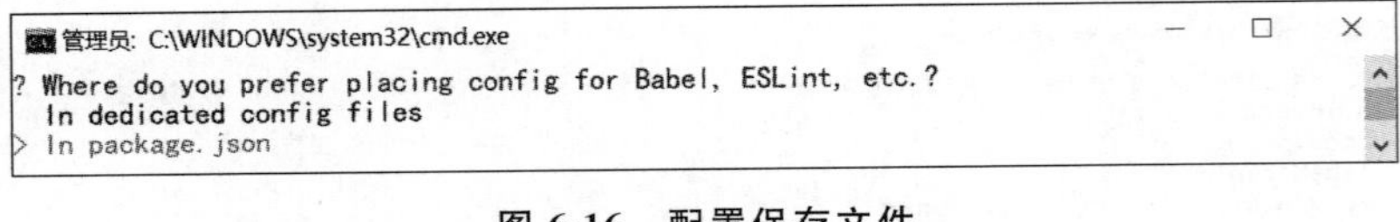

图 6-16 配置保存文件

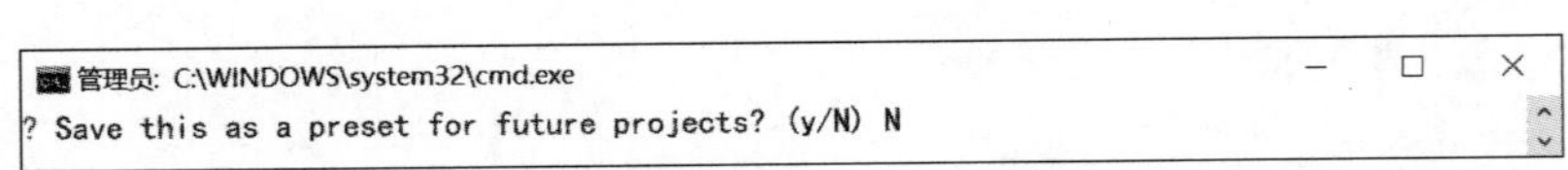

图 6-17 是否保存此次配置并用于未来项目

2. 安装库

项目创建成功后，还需要安装一些本项目需要用到的库。

首先在终端命令提示符下输入 cd vueproject 命令进入项目目录，然后参考以下命令进行安装。

1）安装路由

因为在 Vue 项目中要用到前端路由进行页面的跳转，所以需要在命令行窗口输入命令安装路由，命令如下：

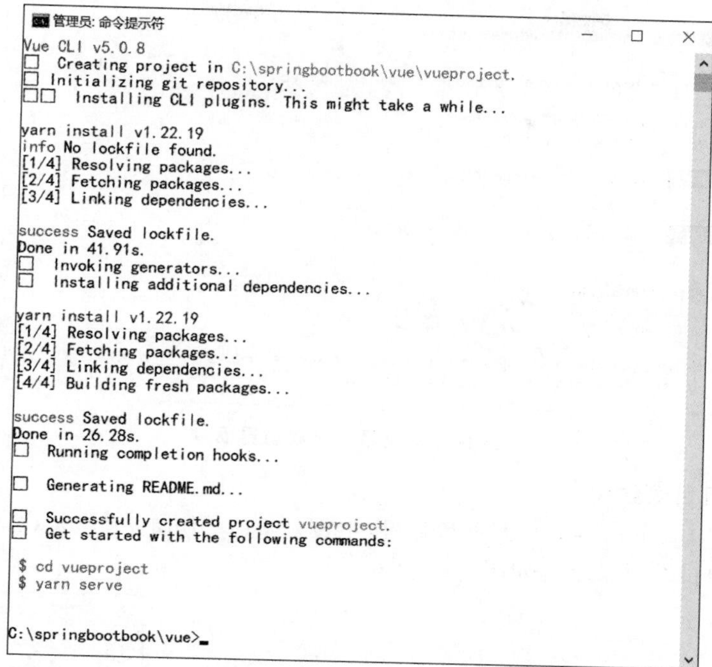

图 6-18 创建项目成功提示

```
C:\spring bootbook\vue\vueproject > npm install vue - router@next
```

2）安装 axios

因为 Vue 前端向后端发送异步请求要用到 axios，所以需要在命令行窗口输入命令安装 axios，命令如下：

```
C:\spring bootbook\vue\vueproject > npm install axios  -- save
```

3）安装 Element Plus

本 Vue 项目需要用到 Element Plus 提供的各种 UI 组件，也要进行安装，命令如下：

```
C:\spring bootbook\vue\vueproject > npm install element - plus  -- save
```

4）安装 Element Plus 中要用到的 icon 图标

安装命令如下：

```
C:\spring bootbook\vue\vueproject > npm install @element - plus/icons
```

3. 运行项目

在终端界面命令提示符的当前项目路径下输入 npm run serve 命令，运行项目，结果如图 6-19 所示，表示项目运行成功。单击图 6-19 中所示的超链接，即可访问项目首页，如图 6-20 所示。

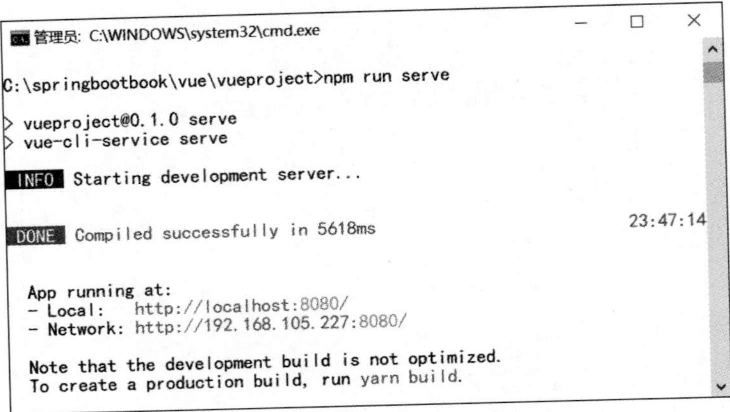

图 6-19 项目运行成功界面

4. Vue 项目目录结构

使用 Visual Studio Code 打开项目目录(本例是 C:\spring bootbook\vue\vueproject),可以看到新建项目的目录结构如图 6-21 所示。

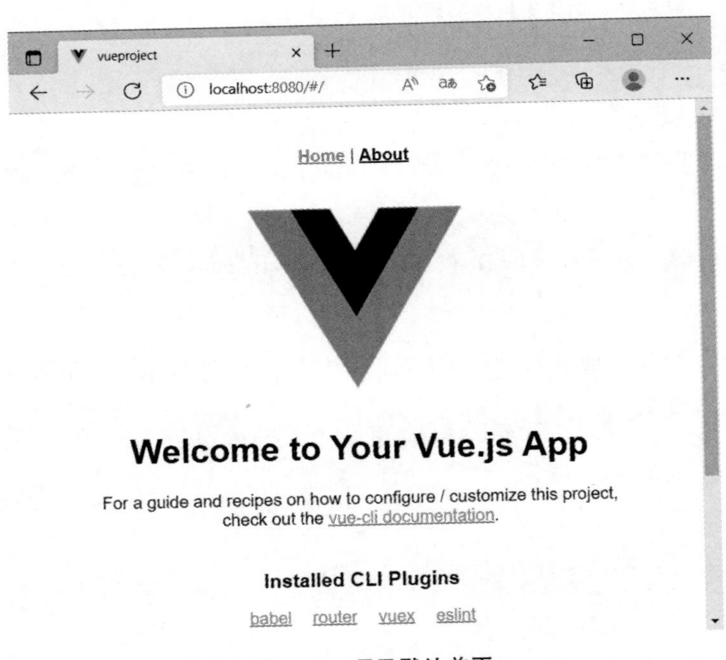

图 6-20 项目默认首页

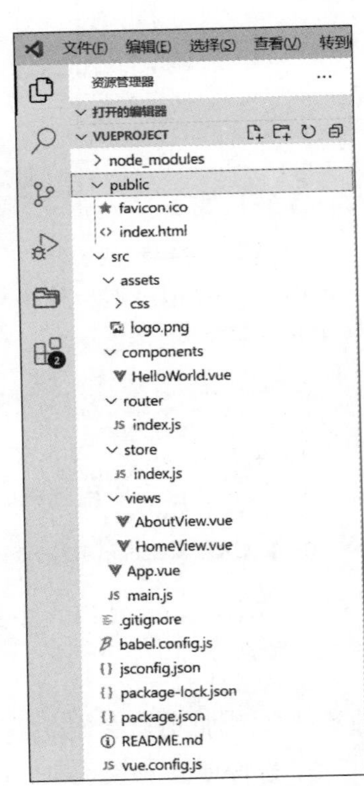

图 6-21 Vue 项目目录结构

简单地对上面的目录进行介绍。

(1) node_models 目录:项目的依赖包,包含了很多基础依赖,如本项目依赖的 vue-

router、vuex 都可以在该目录下面找得到，也可以根据开发的需要安装其他依赖，方法是在 Visual Studio Code 中单击菜单 Terminal→New Terminal 打开终端（相当于 Windows 系统的命令提示符），默认路径就是当前项目路径下，安装命令如下：

```
C:\spring bootbook\vue\vueproject > npm install [依赖包的名称]
```

(2) public 目录：公共资源目录，用于放置 HTML 文件和所需的图片（图标）。这里的 index. html 是程序的主页文件，一般只定义一个空的根节点< div id="app"></div >用于挂载 Vue 实例。

(3) src 目录：是项目的核心文件目录，其下又包括以下子目录或文件。

assets：静态资源目录，存放 CSS 样式、图片、脚本和字体等。

components：组件目录，存放项目的各种组件。

router：路由目录，在该目录下的 index. js 文件中配置路由。

store：容器目录，用于状态管理。

views：视图目录，用于存放路由配置中所用到的各种视图组件。

App. vue：项目的主组件，是页面入口文件。

main. js：入口 JavaScript 文件，由此文件创建 Vue 实例，串联起项目的各部分。

(4) package. json 文件：项目的描述及依赖。

(5) package-lock. json：版本管理。

5. Visual studio Code 插件

为了提高开发效率，建议在 Visual Studio Code 工具中安装以下插件。

Eslint：语法纠错，检查代码是否符合规范。

Prettier formatter：代码格式化。

Vetur：Vue 语法支持，包括语法高亮、语法代码提示、语法 lint 检测等

JavaScript(ES6) Code Snippets：ES6 语法智能提示及快速输入，除 JS 外还支持. ts，. jsx，. tsx，. html，. vue，省去了配置其支持各种包含 JS 代码文件的时间。

HTML CSS Support：让 html 标签上写 class 智能提示当前项目所支持的样式。

open in browser：直接右击项目后可单击启动。

Vue VS Code Snippets：创建 Vue 组件文件时自动生成模板，如果没有这个插件，创建的 Vue 文件将是空白文件。用法：新建 Vue 组件文件后，打开新文件，输入 vbase，然后按 Enter 键选择一个模板即可。

安装组件的方法：先单击左侧工具栏的最左下角的图标，然后在搜索框中输入要添加的插件名字，此时就会出现多个功能相似的插件列表供选择安装，每个插件的右下角有个 Install 按钮，单击该按钮即可安装，如图 6-22 所示。

安装了多个插件后，单击左侧工具栏的最左下角图标，此时将出现已安装的组件列表，如图 6-23 所示。

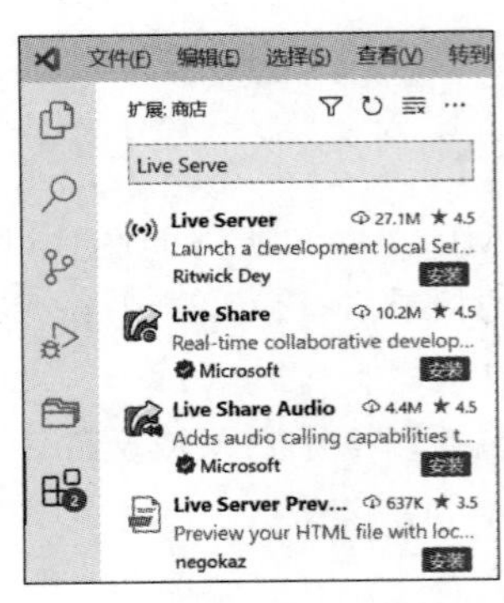

图 6-22　安装插件

图 6-23　已安装插件

6.2.3　编写 Vue 项目基础功能代码

1. 创建全局 CSS 文件

在 src/assets 目录下创建 css 子目录，在此子目录下创建 global. css 文件，设置样式清除默认边距，代码如下：

```
* {
    margin:0;
    padding:0;
}
```

要使这个文件起全局作用，需要在 mian. js 中导入该文件，在 mian. js 文件头部添加的代码如下：

```
import './assets/css/global.css'
```

2. 主页布局设计

本项目 App. vue 主页使用如图 6-24 所示的布局。

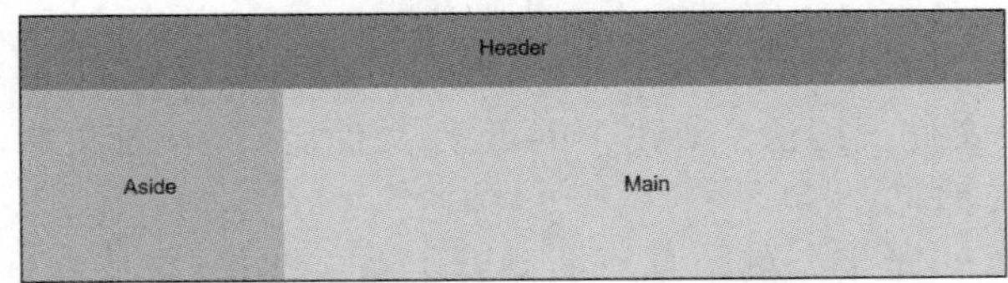

图 6-24　主页布局

其中 Header 版块（标题栏）将导入一个自定义的 Header. vue 组件，Aside 版块（侧边栏）将导入一个自定义的 Aside. vue 组件，Main 版块（主体内容）定义为一个< router-view >标签，使用路由加载各个视图，例如如果路由路径是/，则加载 HomeView. vue 视图。待自定义的 Header. vue 和 Aside. vue 组件创建完毕再进行编码。

3. Element Plus 的使用

本 Vue 项目需要用到 Element Plus 提供的各种 UI 组件，要先安装 Element Plus，安装步骤前面已经讲解过，安装好了后还要在 main. js 文件中导入才能使用，并且需要在 main. js 的主代码中调用 use(ElementPlus)表示使用 Element Plus，最终 main. js 文件的全部代码如下：

```
//第 6 章/vueproject/main.js
import { createApp } from 'vue'
import App from './App.vue'
import router from './router'
import store from './store'
import ElementPlus from 'element-plus'
import 'element-plus/dist/index.css'
import './assets/css/global.css'

createApp(App).use(store).use(router).use(ElementPlus).mount('#app')
```

4. 创建 Header. vue 标题栏组件

这是主页中的头部版块(标题栏)组件，设计成左侧是一个 logo 与标题文字，中间留空，右侧是个下拉菜单的布局，使用 flex 布局进行实现，如图 6-25 所示。网站 logo 图标文件 hn. png 放在 assets 目录下。

图 6-25　头部版块

在 src/components 目录下创建 Header. vue 文件，新建完毕后输入 vbase 选择模板(必须先安装 Vue VS Code Snippets 插件)，即可创建一个有模板代码的 Vue 文件，然后进行详细编码，注意要设置高度、背景等 CSS 样式，代码如下：

```
//第 6 章/vueproject/Header.vue
<template>
  <div style="display:flex;height:50px;line-height:50px;border-bottom: 1px solid #ccc;
background-color: royalblue;">
    <div style="width:200px;color:white;font-weight: bold;padding-left:10px;font-
size:13px;">
        <img alt="Vue logo" src="../assets/hn.png" align="center" style="padding-
right:5px;">
        学生信息管理系统</div>
    <div style="flex: 1"></div>
    <div style="width:100px;padding-top:20px;">
      <el-dropdown>
    <span class="el-dropdown-link">
      <span style="color:white">个人中心</span>
      <el-icon class="el-icon--right">
        <arrow-down />
      </el-icon>
    </span>
        <template #dropdown>
```

```
            <el-dropdown-menu>
              <el-dropdown-item>个人信息</el-dropdown-item>
              <el-dropdown-item>退出系统</el-dropdown-item>
            </el-dropdown-menu>
          </template>
        </el-dropdown>
      </div>
    </div>
</template>

<script>
export default {
  //eslint-disable-next-line vue/multi-word-component-names
  name: "Header"
}
</script>
<style scoped>
</style>
```

其中的<el-dropdown>就是 Element Plus 提供的下拉菜单，可参照 Element Plus 官网 https://element-plus.gitee.io/zh-CN/component/dropdown.html，如图 6-26 所示，复制其中的代码进行适当修改即可。

图 6-26　下拉菜单

5. 创建 Aside.vue 侧边栏组件

侧边栏主要使用 Element Plus 提供的 Menu 菜单(侧栏)，官方网址为 https://element-plus.gitee.io/zh-CN/component/menu.html，如图 6-27 所示，将代码复制过来后需要进行适当修改。

最终代码如下：

```
//第 6 章/vueproject/Aside.vue
<template>
```

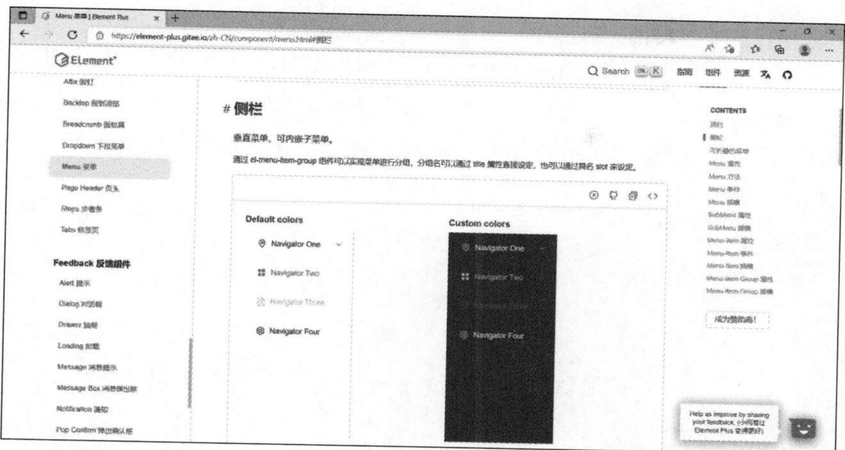

图 6-27 侧边栏

```
    <el-menu
        default-active="1"
        class="el-menu-vertical-demo"
        @open="handleOpen"
        @close="handleClose">
      <el-menu-item index="1">
        <el-icon><location /></el-icon>
        <span>学生管理</span>
      </el-menu-item>
      <el-menu-item index="2">
        <el-icon><Setting /></el-icon>
        <span>系统管理</span>
      </el-menu-item>
    </el-menu>
</template>

<script>
import { Location,Setting } from "@element-plus/icons";
export default {
  //eslint-disable-next-line vue/multi-word-component-names
  components:{
    Location,
    Setting
  },
  //eslint-disable-next-line vue/multi-word-component-names
  name: "Aside"
}
</script>
```

该组件用到的< el-icon >图标需要安装才能使用，前面已经讲解过如何安装，安装好后每个图标要当作一个组件进行导入，具体代码可参见上面 Aside. vue 的完整代码。

这里侧边栏菜单暂时不设置具体的功能，后期有需要再扩展，本系统的功能主要集中在Main 区域。

6. 主页 App.vue 编码

主页 App.vue 布局直接使用 Element Plus 中的< el-container >布局容器，复制其中的常见布局中的 Header-Aside-Main 布局代码，在头部版块放置< Header/>组件，在侧边栏版块放置< Aside/>组件，主体内容版块使用< router-view >标签，关键代码如下：

```
//第 6 章/vueproject/App.vue
<template>
  <div id="nav">
    <el-container>
      <el-header>
        <Header/>
      </el-header>
      <el-container>
        <el-aside width="200px" >
          <Aside />
        </el-aside>
        <el-main>
          <router-view></router-view>
        </el-main>
      </el-container>
    </el-container>
  </div>
</template>
<script>
import Header from "@/components/Header";
import Aside from "@/components/Aside";

export default {
  name:"App",
  components:{
    Aside,
    //eslint-disable-next-line vue/no-unused-components
    Header
  }
}
</script>
```

7. 修改路由文件

在默认 src/router 目录下已经创建了一个 index.js 路由配置文件，打开该文件，其中的路由定义部分的代码如下：

```
//第 6 章/vueproject/index.js
const routes = [
  {
    path: '/',
    name: 'home',
    component: HomeView
  },
  {
    path: '/about',
```

```
      name: 'about',
      //route level code - splitting
      //this generates a separate chunk (about.[hash].js) for this route
      //which is lazy - loaded when the route is visited.
      component: () => import(/ * webpackChunkName: "about" * / '../views/AboutView.vue')
    }
  ]
```

其中的 path：'/'路由是本项目需要的，另外一个 path：'/about'路由是不需要的，要删除，将 path：'/about'路由所在的整个大括号连同大括号前面那个标点符号一起删除即可。此处路由 path：'/'的含义是如果浏览器访问的路径是 http://localhost:8080/，主页中的<router-view>标签将显示（替换）为 HomeView.vue 视图，所以接下来的重点是实现 HomeView.vue 视图，该视图默认已经创建，但需要删除所有主要代码（只保留模板）进行重建。

6.2.4 跨域问题解决方案

本项目采用前后端分离，前后端是不同的项目，使用不同端口，前端是无法直接使用异步请求访问后端接口的，解决方案有两种思路，一种是后台配置跨域，如使用 CORS，另一种是前端使用代理实现跨域，这里使用后一种方案。只需在项目的 vue.config.js 文件中添加代码，代码如下：

```
//第 6 章/vueproject/vue.config.js
module.exports = {
  publicPath:'/',
    //设置本地默认端口，选填
  devServer: {
    //设置代理，必须填
    proxy: {
      '/api': {
    //配置访问的服务器地址
          target: 'http://localhost:8088',
//用于将请求中的/api 字符串替换为空
//然后访问地址就能正确访问，若不添加此行配置，则访问地址就变成了
//http://localhost:8080/api/请求资源 URI，这样的请求就会出现 404 操作
//是否支持 websocket，默认为 true
          pathRewrite: { '^/api': '' },
          ws: true,
//用于控制请求头中的 host 值，默认为 true
          changeOrigin: true
      }
    }
  }
}
```

这里的意思是使用/api 请求来代替真实的请求，浏览器代理会将/api 请求重新替换成真实请求去访问，所以前端的所有请求前面要加上/api 前缀（但前面不能有真实后台地址）。

6.2.5 查看全部学生信息功能模块

1. 在 HomeView.vue 视图中添加表格组件

从 Element Plus 官网中复制 Table 表格组件的代码，网址为 https://element-plus.gitee.io/zh-CN/component/table.html，这里复制的是带斑马纹和边框的表格。此外还要另外复制操作按钮的代码，即每行的最右边要有编辑和删除按钮，具体的代码如下：

```
//第 6 章/vueproject/HomeView.vue
<template>
<div class="home" style="padding: 50px;">
    <el-table
      :data="tableData"
      stripe
      border
      style="width: 100%; margin-bottom: 10px;">
      <el-table-column prop="id" label="编号" width="180" sortable />
      <el-table-column prop="studentname" label="学生姓名" width="180" />
      <el-table-column prop="gender" label="性别" />
      <el-table-column prop="age" label="年龄" />
      <el-table-column prop="address" label="家庭地址" />
      <el-table-column fixed="right" label="操作" width="150">
        <template #default="scope">
          <el-button type="primary" size="small" @click="handleEdit(scope.row)"
            >编辑</el-button>
          <el-popconfirm
            title="你确定要删除吗?"
            @confirm="handleDelete(scope.row.id)">
            <template #reference>
              <el-button type="danger" size="small">删除</el-button>
            </template>
          </el-popconfirm>
        </template>
      </el-table-column>
    </el-table>
  </div>
</template>
<script>
export default {
  name: 'HomeView',
  components: {
  }
}
</script>
```

上面<el-table>标签中的:data="tableData"属性用于指定表格的数据源，这需要在<script></script>标签中进行定义和获取数据。

2. 编写代码请求后台获取表格所需数据

在 HomeView.vue 的<script></script>标签之间编写代码，首先要导入 axios，然后在 data(){}语句块中定义变量 tableData，初始值为一个空数组，然后在 created 函数(组件创建完毕事件)中调用自定义的 load()方法,该方法的作用是使用 axios 异步访问后台,获取所有的学生信息数据。这样当组件创建完毕后就会自动发送异步请求获取后台数据并赋值给 tableData,从而使表格能展示数据,全部代码如下:

```
//第 6 章/vueproject/HomeView.vue
<script>
import { onMounted, reactive, toRefs } from "vue"
import axios from "axios"

export default {
  name: "HomeView",
  components: {},
  setup() {
    const state = reactive({
      tableData: [],
    })

    const load = () => {
      axios
        .get("/api/students")
        .then((res) => {
          state.tableData = res.data.data
        })
    }
    onMounted(() => {
      load()
    })
    return {
      ...toRefs(state),
    }
  }
}
</script>
```

先运行后台项目,再在前台的终端中输入 npm run serve 命令运行后台项目,可以看到初始界面如图 6-28 所示,表格里面已经有数据了。

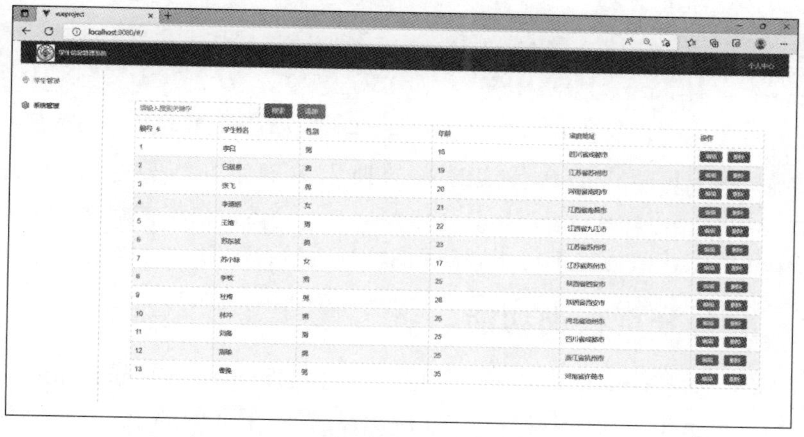

图 6-28 初始界面

但此页面没有分页，不太合适，接下来要进行分页，后台与前台都要做相应的改动。先来改动后台。

6.2.6 后台分页查询功能

MyBatis-Plus 要进行分页，首先需要配置一个拦截器，在 com.sike.config 包下创建一个配置类，代码如下：

```java
//第 6 章/student/MybatisPlusConfig.java
import com.baomidou.mybatisplus.annotation.DbType;
import com.baomidou.mybatisplus.extension.plugins.MybatisPlusInterceptor;
import com.baomidou.mybatisplus.extension.plugins.inner.PaginationInnerInterceptor;
import org.mybatis.spring.annotation.MapperScan;
import org.springframework.context.annotation.Bean;
import org.springframework.context.annotation.Configuration;

//MyBatis-Plus 分页插件
@Configuration
@MapperScan("com.sike.mapper")
public class MybatisPlusConfig {
    @Bean
    public MybatisPlusInterceptor mybatisPlusInterceptor() {
        MybatisPlusInterceptor interceptor = new MybatisPlusInterceptor();
        interceptor.addInnerInterceptor(new PaginationInnerInterceptor(DbType.MYSQL));
        return interceptor;
    }
}
```

然后改造 StudentController 控制器中的关于查询所有学生信息的代码，首先将 findAllStudents 方法注释掉，然后添加一个新的方法，用于分页查询与模糊查询，代码如下：

```java
//第 6 章/student/StudentController.java
    @GetMapping
    public Result<?> findPage(@RequestParam(defaultValue = "1") Integer pageNum, @
RequestParam(defaultValue = "5") Integer pageSize, @RequestParam(defaultValue = "",
required = false) String search) {
        Page<Student> page = StudentService.page(new Page(pageNum, pageSize), Wrappers.
<Student>lambdaQuery().like(Student::getStudentname, search));
        return Result.success(page);
    }
```

其中的参数 search 是指前台传递过来的搜索关键字，代码 Wrappers.<Student>lambdaQuery().like(Student::getStudentname，search)是指根据关键字进行模糊查询，暂时不要求，search 的默认值为空字符串，然后重新运行后台项目。

6.2.7 前台分页查询功能

前台首先要添加 Element Plus 分页组件，网址为 https://element-plus.gitee.io/zh-CN/component/pagination.html，如图 6-29 所示，选择最下面的那个。

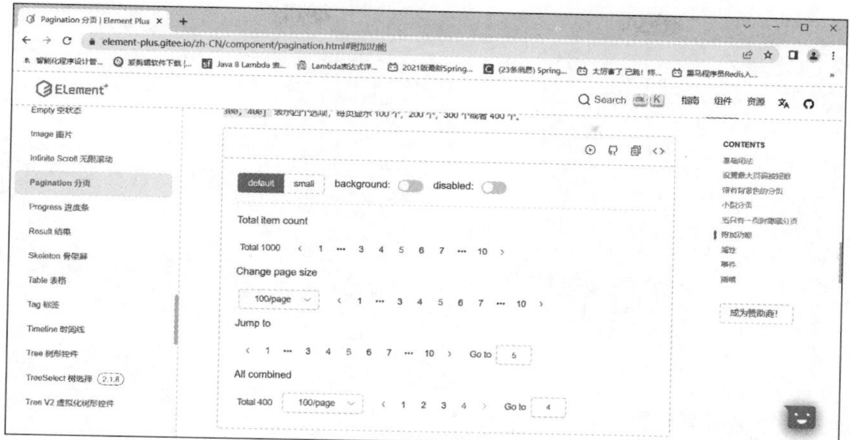

图 6-29 分页插件

将代码复制过来，放到表格下面，适当修改一下（这里主要修改 page-sizes），代码如下：

```
//第 6 章/vueproject/HomeView.vue
    <el-pagination
        v-model:currentPage="currentPage"
        v-model:page-size="pageSize"
        :page-sizes="[5, 10, 20]"
        :small="small"
        :disabled="disabled"
        :background="background"
        layout="total, sizes, prev, pager, next, jumper"
        :total="total"
        @size-change="handleSizeChange"
        @current-change="handleCurrentChange"
    />
```

这里绑定了若干数据，变量 currentPage 表示当前页，变量 pageSize 表示一页显示的条数，变量 total 表示查询出来的总记录数，handleSizeChange 是当 pageSize 发生改变时触发的方法，handleCurrentChange 是当前页码发生改变时触发的方法。

修改<script></script>部分的代码，修改后的代码如下：

```
//第 6 章/vueproject/HomeView.vue
<script>
import { onMounted, reactive, toRefs } from "vue"
import axios from "axios"

export default {
  name: "HomeView",
  components: {},
  setup() {
    const state = reactive({
      tableData: [],
```

```
      currentPage: 1,
      pageSize: 5,
      total: 0,
    })

    const load = () => {
      axios
        .get("/api/students", {
          params: {
            pageNum: state.currentPage,
            pageSize: state.pageSize,
          },
        })
        .then((res) => {
          state.tableData = res.data.data.records
          state.total = res.data.data.total
        })
    }

    onMounted(() => {
      load()
    })

    const handleCurrentChange = (pageNum) => {
      state.currentPage = pageNum;
      load();
    }
    const handleSizeChange = (pageSize) => {
      state.pageSize = pageSize;
      load()
    }

    return {
      ...toRefs(state),
      handleCurrentChange,
      handleSizeChange,
    }
  }
}
</script>
```

结果如图 6-30 所示，单击第 2 页，结果如图 6-31 所示。

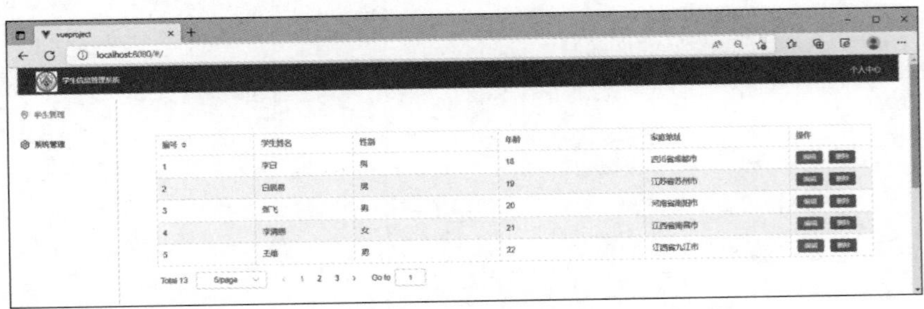

图 6-30　分页效果

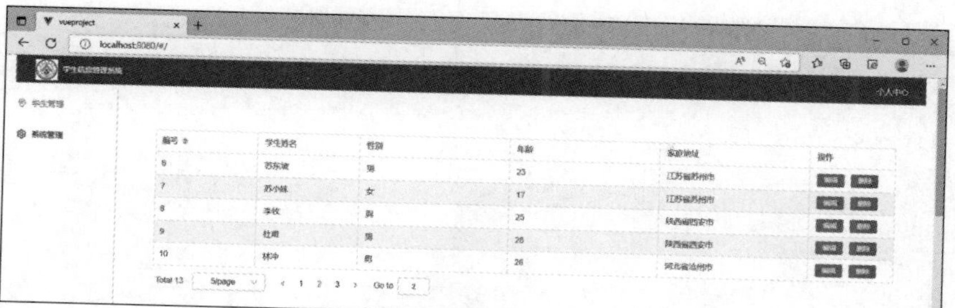

图 6-31 第 2 页

单击下拉列表，选择 10/page，结果如图 6-32 所示。

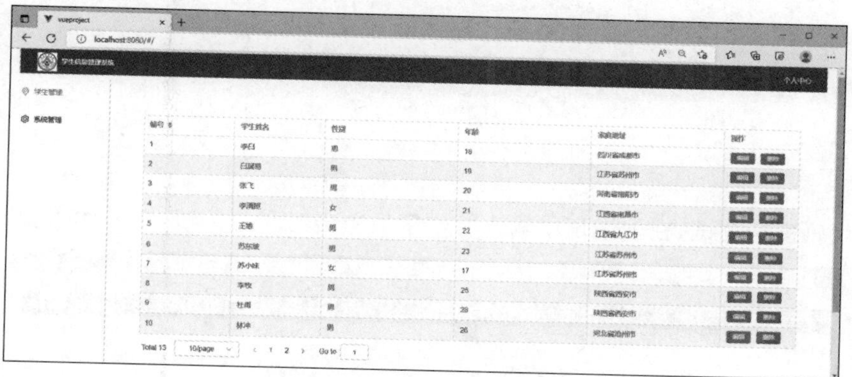

图 6-32 修改一页显示的条数

6.2.8 搜索功能

表格的上面还要添加一个具有搜索功能的文本框与搜索按钮，代码如下：

```
//第 6 章/vueproject/HomeView.vue
  <div style = "text - align: left;padding - right: 10px;margin - bottom: 10px;">
    <el - input v - model = "search" placeholder = "请输入搜索关键字" style = "width: 20 %;
margin - right: 10px;" clearable></el - input>
    <el - button type = "primary" @click = "load">搜索</el - button>
    <el - button type = "success" @click = "add">添加</el - button>
  </div>
```

搜索的关键字与变量 search 双向绑定，单击“搜索”按钮时触发 load 方法，在 load 方法中，通过 axios 方法将 search 数据发送到后台进行分页查询。首先，在 state 中定义变量 search，然后在 load 方法中发送值，后台已经有接收 search 的功能，相关详细的代码如下：

```
//第 6 章/vueproject/HomeView.vue
  const state = reactive({
    tableData: [],
    currentPage: 1,
    pageSize: 5,
```

```
    total: 0,
    search: "",
    form: {},
    dialogVisible: false,
  })

  const load = () => {
    axios
      .get("/api/students", {
        params: {
          pageNum: state.currentPage,
          pageSize: state.pageSize,
        search: state.search,
        },
      })
      .then((res) => {
        state.tableData = res.data.data.records
        state.total = res.data.data.total
      })
  }
```

运行代码进行测试,在搜索框中输入"李"字后单击"搜索"按钮,结果如图 6-33 所示。

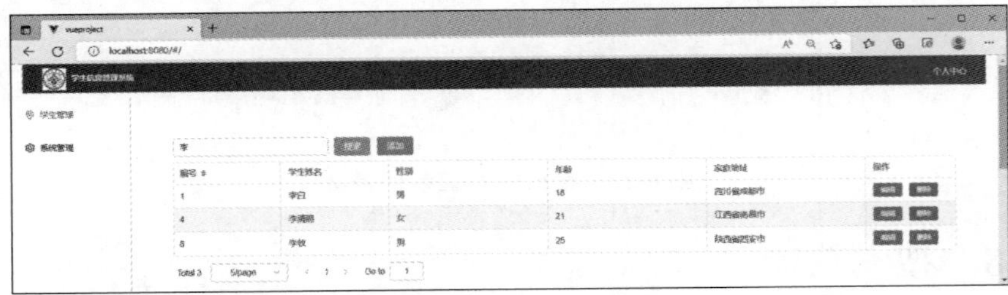

图 6-33　搜索结果

6.2.9　新增功能

首先在前端页面中添加一个"添加"按钮,见 6.3.8 节中的有关代码,注意"添加"按钮要绑定一个单击事件,该事件的作用是显示对话框,然后还要添加一个对话框,从 Element Plus 官网 https://element-plus.gitee.io/zh-CN/component/dialog.html 中复制代码,再在对话框内部添加一个表单,表单的参考代码见 Element Plus 官网 https://element-plus.gitee.io/zh-CN/component/form.html,修改标签名和绑定数据部分,修改后的代码如下:

```
//第 6 章/vueproject/HomeView.vue
    <el-dialog
        v-model="dialogVisible"
        title="学生信息"
        width="30%">
      <el-form :model="form" label-width="120px">
        <el-form-item label="学生姓名">
```

```
        <el-input v-model="form.studentname" />
      </el-form-item>
      <el-form-item label="性别">
        <el-radio v-model="form.gender" label="男" size="large">男</el-radio>
        <el-radio v-model="form.gender" label="女" size="large">女</el-radio>
      </el-form-item>
      <el-form-item label="年龄">
        <el-input v-model="form.age" />
      </el-form-item>
      <el-form-item label="家庭住址">
        <el-input type="textarea" v-model="form.address" />
      </el-form-item>
    </el-form>
    <template #footer>
    <span class="dialog-footer">
      <el-button @click="dialogVisible = false">取消</el-button>
      <el-button type="primary" @click="save">确定</el-button>
    </span>
    </template>
  </el-dialog>
```

在上面的代码中,v-model="dialogVisible"用于控制对话框的显示与隐藏,值为 true 表示显示,值为 false 表示隐藏,:model="form"代表表单绑定的对象为 form,form.studentname 等是具体绑定的 form 对象中的一个属性。表单的“取消”按钮需要绑定一个单击事件,该事件的代码 dialogVisible = false 表示隐藏对话框,“确定”按钮的单击事件需要绑定 save 方法,该方法将表单的数据(form 对象)用 axios 方法发送到后台,然后添加到数据库,最后显示响应结果:添加成功或错误信息。上述所有功能的有关代码如下。

变量增加了两个,有关代码如下:

```
//第 6 章/vueproject/HomeView.vue
    const state = reactive({
      tableData: [],
      currentPage: 1,
      pageSize: 5,
      total: 0,
      search: "",
      form: {},
      dialogVisible: false,
    })
```

add 方法,代码如下:

```
    const add = () => {
      state.dialogVisible = true;
      state.form = {}
    }
```

save 方法,代码如下:

```
//第 6 章/vueproject/HomeView.vue
    const save = () => {
        axios.post("/api/students", state.form).then((res) => {
          if (res.data.code === "0") {
            ElMessage({
              message: "添加成功!",
              type: "success",
            })
          } else {
            ElMessage.error(res.msg)
          }
          load()
          state.dialogVisible = false
        })
    }
```

运行代码进行测试,单击“添加”按钮,此时会弹出对话框,如图 6-34 所示。填写数据,单击“保存”按钮,此时会弹出信息“添加成功”,并且表格数据有更新,如图 6-35 所示。

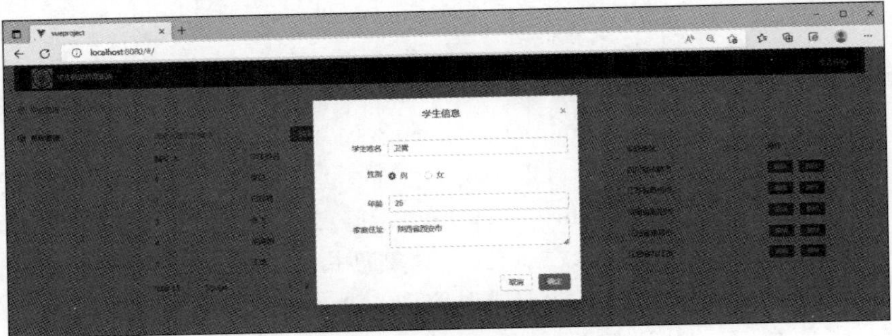

图 6-34　添加学生信息

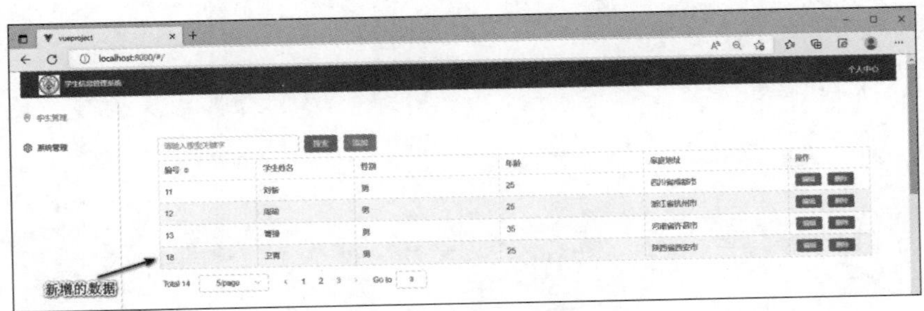

图 6-35　新增数据

6.2.10　修改功能

单击表格中某一行右侧的“编辑”按钮,将出现该学生的数据并且可以修改数据后更新到后台数据库。

“编辑”按钮中@click="handleEdit(scope.row)"表示单击事件中传递行对象数据,该数据来自表格绑定的数据(集合)对象 tableData 中的其中一个行对象,scope 可以当作 tableData 集合,row 可以当作集合中的其中一个元素,单击哪一行就代表哪个元素,单击事件 handleEdit 获取行对象数据后赋值给表单绑定的数据 form,然后显示对话框,如图 6-36 所示。

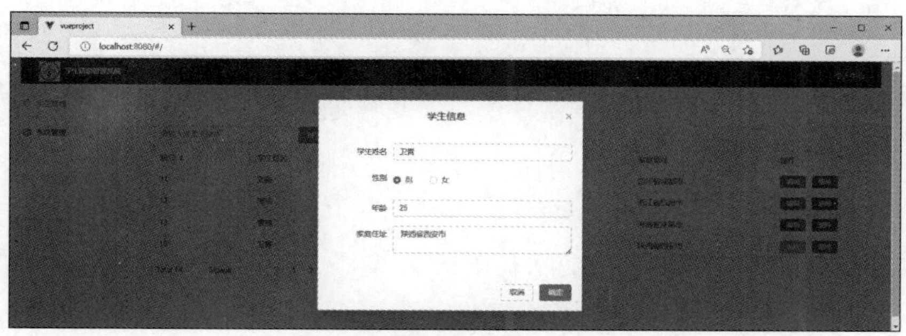

图 6-36 修改数据

修改完数据并单击"保存"按钮后将数据发送到后台进行处理,但这个界面跟新增数据是同一个界面,需要区别处理,区别的方法是看有没有 id 号,如果没有就进行新增处理,如果有就进行修改处理,然后发送不同的请求,其中修改处理用的是 PUT 请求,新增处理用到的是 POST 请求。有关代码如下:

```
//第 6 章/vueproject/HomeView.vue
    const save = () => {
      if (state.form.id) {
        axios.put("/api/students", state.form).then((res) => {
          if (res.data.code === "0") {
            ElMessage({
              message: "修改成功!",
              type: "success",
            })
          } else {
            ElMessage.error(res.msg)
          }
          load()
          state.dialogVisible = false
        });
      } else {
        axios.post("/api/students", state.form).then((res) => {
          if (res.data.code === "0") {
            ElMessage({
              message: "添加成功!",
              type: "success",
            })
          } else {
            ElMessage.error(res.msg)
          }
          load()
          state.dialogVisible = false
```

```
        });
      }
    }
    const handleEdit = (row) => {
      state.form = JSON.parse(JSON.stringify(row))
      state.dialogVisible = true
    }
```

这里将行对象数据先转换为 JSON 字符串再重新转换为 JSON，这样 form 的数据就跟 row 数据解耦了。

6.2.11 删除功能

删除只需传递 id 号，相对比较简单，代码如下：

```
//第 6 章/vueproject/HomeView.vue
    const handleDelete = (id) => {
      axios.delete("/api/students/" + id).then((res) => {
        if (res.data.code === "0") {
          ElMessage({
            message: "删除成功!",
            type: "success",
          })
        } else {
          ElMessage.error(res.msg);
        }
        load();
        state.dialogVisible = false;
      })
    }
```

最后注意 setup()中所有方法都要 return 一下，代码如下：

```
//第 6 章/vueproject/HomeView.vue
    return {
      ...toRefs(state),
      handleCurrentChange,
      handleSizeChange,
      add,
      save,
      handleEdit,
      handleDelete,
      load,
    }
```

本章小结

本章学习了一个前后端分离的较简单项目，有助于快速掌握前后端分离开发的基本方法及步骤，以及掌握前后端的数据交互。

第 7 章

Spring Boot 整合 Redis

常用的 NoSQL 数据库包括 Redis、MongoDB 等，本章主要学习如何用 Spring Boot 访问 Redis 数据库。Redis 用途广泛，Spring Boot 访问 Redis 在开发中使用频繁，是需要掌握的一项重要技术。本章在 7.2 节介绍 Spring Boot 访问 Redis，在 7.3 节介绍 Spring Boot 访问 Redis 集群。

7.1 Redis 简介

Redis 是一款基于 key-value 的内存数据存储系统，有以下一些优点。

(1) 速度快：Redis 非常快，每秒可执行大约 110 000 次的设置(SET)操作，每秒大约可执行 81 000 次的读取/获取(GET)操作。

(2) 支持丰富的数据类型：Redis 的值(value)可以是字符串(String)，哈希(Map)，列表(list)，集合(sets) 和有序集合(sorted sets)等类型。

(3) 操作具有原子性：所有 Redis 操作都是原子操作，这确保如果两个客户端并发访问，Redis 服务器则能接收更新的值。

(4) 应用广泛：可用于缓存，消息队列(Redis 本地支持发布/订阅)，应用程序中的任何短期数据，如 Web 应用程序中的会话(Session)、网页计数、排行榜等。

7.1.1 Redis 的安装与运行

这里只讲解 Windows 系统下的安装，下载网址为 https://github.com/MSOpenTech/redis/releases，Redis 支持 32 位和 64 位系统，根据系统平台的实际情况自行选择，这里下载 Redis-x64-3.2.100，解压后打开 Redis-x64-3.2.100 目录，找到 redis-server.exe，双击即可运行 Redis 服务器端程序。

另外可以下载 Redis 图形化客户端工具，方便直观查看数据库信息，这里下载的是 RedisDesktopManager。

7.1.2 Redis 的常用命令

1. 通用命令

select：选择数据库，Redis 默认有 16 个数据库，编号是 0～15，默认当前数据库是 0，如果要选择其他编号的数据库，则用“select 编号”命令。

keys：查看键，后面接键的名称或包含通配符 * 的字符串，如果要查看所有的键，则用 keys * 。

exists key：是否存在某个键，key 代表键的名称。

del key：删除某个键，key 代表键的名称。

2. 值为 String 类型的有关命令

set key value：将一个键-值对添加到 Redis 数据库中，如果键存在，则修改键的值。

mset key1 value1 key2 value…：一次设置多个键-值对。

get key：通过键查找值。

mget key1 key2 key3…：一次读取多个键的值。

append key value：将 value 值追加到键原有值上，如果没有这个键，则新建。

3. 值为 List 类型的有关命令

lpush key value：将一个值添加到列表的头部(左侧添加)。

rpush key value：将一个值添加到列表的尾部(右侧添加)。

lrange key start stop：查看列表中索引从 start 到 stop 之间的值。

lpop key：返回并删除列表中的尾部的值。

更多有关 Redis 的知识可参考有关文档，本书重点讲述 Spring Boot 如何整合 Redis，从而通过程序操作 Redis 数据库，以及使用 Spring Boot＋Redis 技术实现缓存应用及其他一些常见应用。

7.2 Spring Boot 访问 Redis

Spring Boot 访问 Redis 的技术称为 Spring Data Redis，Spring Boot 提供了 RedisAutoConfiguration 自动配置类，该自动配置类在检测到 spring-boot-start-data-redis 依赖包被使用时生效，只需在 Spring Boot 中导入 spring-boot-start-data-redis 依赖包就可以使用 Spring Data Redis。Spring Data Redis 默认创建了 RedisTemplate 和 StringRedisTemplate 两个 Bean，用户可以从 Spring 容器中注入并使用它们进行 Redis 的常用操作。此外用户还可以使用 RedisRepository 访问 Redis 数据库。

RedisTemplate 提供了操作 Redis 中的多种数据类型的 API，StringRedisTemplate 只针对键值都是字符串类型的数据进行操作。RedisTemplate 默认使用 JdkSerializationRedisSerializer 进行序列化，StringRedisTemplate 默认使用 StringRedisSerializer 进行序列化。

RedisAutoConfiguration 自动配置类创建 RedisTemplate 和 StringRedisTemplate 实例(Bean)时使用了 RedisProperties 类提供的属性，包括 Redis 服务器地址、端口号、密码等属性，这些属性很多都有默认值，例如服务器地址默认为 localhost、端口号默认为 6379，同时该类上面有@ConfigurationProperties(prefix = "spring. redis")注解，表示可以加载 Spring Boot 的主配置文件 application. properties 中前缀为 spring. redis 的配置信息，这样用户既可以不在 application. properties 做任何有关 Redis 的配置，也可以在 application.

properties 中使用 spring. redis 前缀重新配置 Redis。查看 RedisProperties 源码，可以看到 Spring Boot 有关 Redis 的默认配置，如果要重新配置，将这些代码复制到 application. properties 中并适当修改即可，代码如下：

```
//第 7 章/application.properties
spring.redis.database = 0
#数据库名
spring.redis.host = localhost
#Redis 服务器连接端口
spring.redis.port = 6379
#Redis 服务器连接密码(默认为空)
spring.redis.password =
#连接池最大连接数(使用负值表示没有限制)
spring.redis.pool.max-active = 8
#连接池最大阻塞等待时间(使用负值表示没有限制)
spring.redis.pool.max-wait = -1
#连接池中的最大空闲连接
spring.redis.pool.max-idle = 8
#连接池中的最小空闲连接
spring.redis.pool.min-idle = 0
#连接超时时间(毫秒)
spring.redis.timeout = 30000
```

7.2.1 RedisTemplate 操作 String 类型

示例：Spring Boot 整合 Redis 实现简单的 String 类型的数据存取。

(1) 创建项目并导入依赖。创建 Spring Boot 项目，命名为 redis1。重点是导入 spring-boot-start-data-redis 依赖，其他常规依赖可查看配套源码，代码如下：

```
<dependency>
    <groupId>org.springframework.boot</groupId>
    <artifactId>spring-boot-starter-data-redis</artifactId>
</dependency>
```

(2) 配置 application. properties。根据上面的理论，Spring Boot 自动配置了 Redis，默认配置可以满足本项目要求，所以这里 application. properties 不需要任何配置。

(3) 创建实体类。注意实体类 Book 必须实现序列化接口，代码如下：

```
//第 7 章/redis1/Book.java
@Data
@AllArgsConstructor
@NoArgsConstructor
public class Book implements Serializable {
    private int id;
    private String name;
    private double price;
    private String category;
    private int pnum;
```

```
    private String imgurl;
    private String description;
    private String author;
    private int sales;
}
```

(4) 创建数据访问层,代码如下:

```
//第 7 章/redis1/BookDao.java
@Repository
public class BookDao {

    @Autowired
    private RedisTemplate redisTemplate;
    @Autowired
    private StringRedisTemplate stringRedisTemplate;

    //存储字符串类型的 key - value
    public void setValue(String key,String value){
        stringRedisTemplate.opsForValue().set(key,value);
    }

    //通过键获取字符串类型的值
    public String getValue(String key){
        return stringRedisTemplate.opsForValue().get(key);
    }

    //查找所有书
    public List<Book> findBooks(String id){
        return (List<Book>) redisTemplate.opsForValue().get(id);
    }

    //保存书
    public void saveBooks(Object key,List<Book> books) {
        redisTemplate.opsForValue().set(key,books);
    }

    //通过 id 号查找一本书
    public Book findBookById(int id) {

        return (Book) redisTemplate.opsForValue().get(String.valueOf(id));
    }

    //保存书
    public void saveBook(Book book) {
        redisTemplate.opsForValue().set(String.valueOf(book.getId()),book);
    }

    public void deleteBook(int id) {
        redisTemplate.delete(String.valueOf(id));
    }
}
```

RedisTemplate 和 StringRedisTemplate 的 opsForValue 方法都用于创建 ValueOperations <K,V>对象，该对象提供了众多用于操作 Redis 的 API，如 get(Object o)、set(K k,V v)方法分别用于获取键的值和设置键-值对。

（5）创建业务逻辑层，代码如下：

```
//第 7 章/redis1/BookService.java
@Service
public class BookService {

    @Autowired
    private BookDao bookDao;

    public String getValue(String key){
        return bookDao.getValue(key);
    }

    public void setValue(String key,String value){
        bookDao.setValue(key,value);
    }

    public List<Book> findBooks(String id){
        return bookDao.findBooks(id);
    }

    public void saveBooks(Object key,List<Book> books) {
        bookDao.saveBooks(key,books);
    }

    public Book findBookById(int id) {

        return (Book) bookDao.findBookById(id);
    }

    public void saveBook(Book book) {
        bookDao.saveBook(book);
}

    public void deleteBook(int id) {
        bookDao.deleteBook(id);
    }
}
```

（6）创建控制器，代码如下：

```
//第 7 章/redis1/BookController.java
@Controller
public class BookController {

    @Autowired
    private BookService bookService;
```

```
    //存储字符串类型的 key - value
    @ResponseBody
    @GetMapping("/setValue")
    public String setVlaue(){
        bookService.setValue("redis","Spring Data Redis");
        return "保存键 - 值对成功!";
    }

    //通过键获取字符串类型的值
    @ResponseBody
    @GetMapping("/getValue")
    public String getValue(){
        ModelAndView mv = new ModelAndView();
        return bookService.getValue("redis");
    }

    @GetMapping("/saveBook")
    @ResponseBody
    public String saveBook(){
        Book book = new Book(1,"C语言程序设计",50.0,"计算机",100,"101.jpg","","zhangsan",50);
        bookService.saveBook(book);
        return "保存一本书成功!";
    }

    @GetMapping("/findBook")
    public ModelAndView findBookById(){
        ModelAndView mv = new ModelAndView();
        Book book = bookService.findBookById(1);
        mv.addObject("book",book);
        mv.setViewName("book");
        return mv;
    }

    @GetMapping("/saveBooks")
    @ResponseBody
    public String saveBooks(){
        Book book1 = new Book(1,"C语言程序设计",50.0,"计算机",100,"101.jpg","","zhangsan",50);
        Book book2 = new Book(2,"Java 语言程序设计",60.0,"计算机",100,"102.jpg","",
"zhangsan",50);
        Book book3 = new Book(3,"Python 语言程序设计",70.0,"计算机",100,"103.jpg","",
"zhangsan",50);
        List<Book> books = new ArrayList<Book>();
        books.add(book1);
        books.add(book2);
        books.add(book3);
        bookService.saveBooks("101",books);
        return "保存多本书成功!";
    }

    @GetMapping("/findBookById/{id}")
    public ModelAndView findBookById(@PathVariable("id") int id){
        ModelAndView mv = new ModelAndView();
        List<Book> books = bookService.findBooks("101");
```

```
        Book book = new Book();
        if(books!= null&&books.size()> 0){
            book = books.get(id - 1);
        }
        mv.addObject("book",book);
        mv.setViewName("book");
        return mv;
    }

    @GetMapping("/findBooks")
    public ModelAndView findBooks(){
        ModelAndView mv = new ModelAndView();
        List < Book > books = bookService.findBooks("101");
        mv.addObject("books",books);
        mv.setViewName("books");
        return mv;
    }

    @GetMapping("/deleteBook/{id}")
    public ModelAndView deleteBook(@PathVariable("id") int id){
        ModelAndView mv = new ModelAndView();
        bookService.deleteBook(id);
        List < Book > books = bookService.findBooks("101");
        books.remove(id - 1);
        bookService.saveBooks("101",books);
        mv.addObject("books",books);
        mv.setViewName("books");
        return mv;
    }
}
```

(7) 创建视图。创建 book.html,用于展示一本书的信息,创建 books.html,用于展示多本书的信息。详见本书配套资源。

(8) 运行代码进行测试。运行项目的同时还得运行 Redis。

在浏览器网址栏输入 http://localhost:8080/setValue,浏览器输出:"保存键-值对成功!"。

在浏览器网址栏输入 http://localhost:8080/getValue,浏览器输出:"Spring Data Redis"。

在浏览器网址栏输入 http://localhost:8080/saveBook,浏览器输出:"保存一本书成功!"。

在浏览器网址栏输入 http://localhost:8080/findBook,浏览器输出如图 7-1 所示。

在浏览器网址栏输入 http://localhost:8080/saveBooks,浏览器输出:"保存一本书成功!"。

在浏览器网址栏输入 http://localhost:8080/findBooks,浏览器输出如图 7-2 所示。

单击图 7-2 中的图书详情超链接,结果如图 7-3 所示。单击删除超链接,可以实现删除当前这一本书。

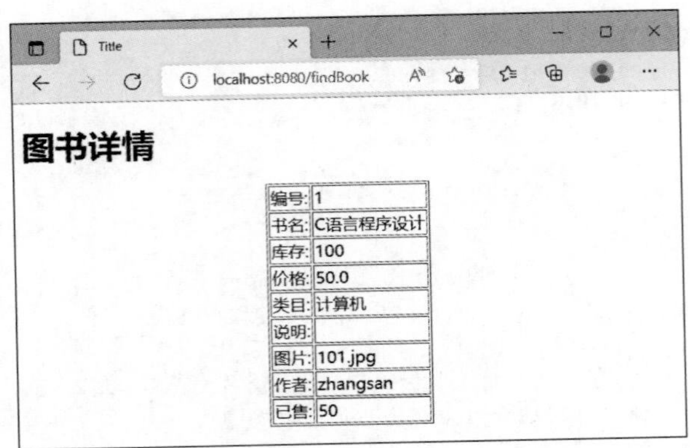

图 7-1　查找一本书

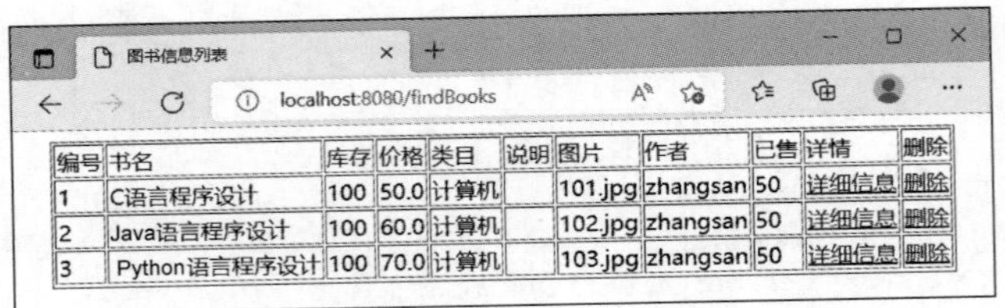

图 7-2　查找所有书

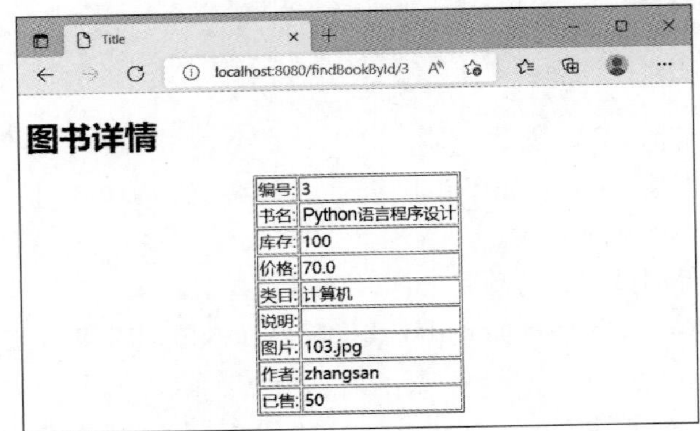

图 7-3　图书详情

(9) 解决序列化问题。

在上述案例中，使用图形化界面操作 Redis 数据库，使用 StringRedisTemplate 操作的数据没什么问题，但 RedisTemplate 操作的数据为乱码，无法直接查看，这是因为 RedisTemplate 默认的序列化为 JdkSerializationRedisSerializer，这样对象数据就会使用 Java 对象流保存为序列化后的字符串（无法直接查看）。对于这种情况，可以通过在配置类中重新创建 RedisTemplate 的 Bean，使用 Jackson2JsonRedisSerialize 替换默认序列化，使对象转换为 JSON 格式的字符串再进行保存。创建 com. sike. conf 包，在包下创建 RedisConfig 类，关键代码如下：

```
//第 7 章/redis1/RedisConfig.java
@Configuration
public class RedisConfig {
    @Bean
    public RedisTemplate < Object, Object > redisTemplate(RedisConnectionFactory connectionFactory) {
        RedisTemplate < Object, Object > redisTemplate = new RedisTemplate <>();
        redisTemplate.setConnectionFactory(connectionFactory);

        //使用 Jackson2JsonRedisSerialize 替换默认序列化
        Jackson2JsonRedisSerializer jackson2JsonRedisSerializer = new Jackson2JsonRedisSerializer
(Object.class);

        ObjectMapper objectMapper = new ObjectMapper();
        objectMapper.setVisibility(PropertyAccessor.ALL, JsonAutoDetect.Visibility.ANY);
        objectMapper.enableDefaultTyping(ObjectMapper.DefaultTyping.NON_FINAL);

        jackson2JsonRedisSerializer.setObjectMapper(objectMapper);
        //设置 key 和 value 的序列化规则
        redisTemplate.setKeySerializer(new StringRedisSerializer());
        redisTemplate.setValueSerializer(jackson2JsonRedisSerializer);

        redisTemplate.setHashKeySerializer(new StringRedisSerializer());
        redisTemplate.setHashValueSerializer(jackson2JsonRedisSerializer);

        redisTemplate.afterPropertiesSet();
        return redisTemplate;
    }
}
```

清除 Redis 中的旧数据，重新运行项目，在浏览器网址栏输入 http://localhost:8080/saveBook，再次存入数据，重新用图形化界面查看 Redis，发现新数据可以直接识别了。

7.2.2 RedisTemplate 操作 Redis 各种数据类型

RedisTemplate 提供了以下 5 种方法分别操作 Redis 的 5 种类型的数据。

(1) opsForValue()方法：操作字符串。

(2) opsForHash()方法：操作散列。

(3) opsForList()方法：操作列表。

(4) opsForSet()方法：操作集合。

(5) opsForZSet()方法：操作有序集合。

1. opsForValue()方法

opsForValue()方法提供的操作字符串的方法如下。

void set(K key, V value)方法：用于存储键-值对，键和值都是字符串，其中值可以是序列化后的对象，详见 7.2.1 节的案例。

void set(K key, V value, long timeout, timeUnit unit)方法：在存储键-值对的同时规定了失效时间，timeout 代表失效时间，unit 代表时间单位，可以取以下值。

(1) TimeUnit.DAYS：日。

（2）TimeUnit. HOURS：时。

（3）TimeUnit. MINUTES：分。

（4）TimeUnit. SECONDS：秒。

（5）TimeUnit. MILLISECONDS：毫秒。

【例 7-1】 在 Redis 中存储时效为 5s 的键-值对。

接着在上述 redis1 项目的 test/java/com. sike 下的 Redis1ApplicationTests 测试类中添加以下内容，代码如下：

```
//第 7 章/redis1/Redis1ApplicationTests. java
@Autowired
    private RedisTemplate redisTemplate;

    @Test
    void test1() throws InterruptedException {
        redisTemplate. opsForValue(). set("test1","Test Timeout 5 seconds",5, TimeUnit. SECONDS);
        System. out. println("第 0s 取值：" + redisTemplate. opsForValue(). get("test1"));
        Thread. sleep(4000);
        System. out. println("第 4s 取值：" + redisTemplate. opsForValue(). get("test1"));
        Thread. sleep(2000);
        System. out. println("第 6s 取值：" + redisTemplate. opsForValue(). get("test1"));
    }
```

运行结果如下：

```
第 0s 取值：Test Timeout 5 seconds
第 4s 取值：Test Timeout 5 seconds
第 6s 取值：null
```

可见超时后数据被清除了。

【例 7-2】 V getAndSet(K key,V value)方法：先获取并返回 key 的旧值，再设置为新值。

在 Redis1ApplicationTests 测试类中添加测试方法，代码如下：

```
//第 7 章/redis1/Redis1ApplicationTests. java
    //测试 getAndSet 方法
    @Test
    void test2() throws InterruptedException {
        redisTemplate. opsForValue(). set("test2", "Test getAndSet1");
        System. out. println(redisTemplate. opsForValue(). getAndSet("test2", "Test getAndSet2"));
        System. out. println(redisTemplate. opsForValue(). get("test2"));
    }
```

运行结果如下：

```
Test getAndSet1
Test getAndSet2
```

【例 7-3】 Integer append(K key,String value)方法：如果 key 不存在，则创建，相当于 set 方法，如果 key 存在，则将字符串追加到末尾。

在 Redis1ApplicationTests 测试类中添加如下方法，代码如下：

```
//第 7 章/redis1/Redis1ApplicationTests.java
    //测试 append 方法
  @Test
  void test3() {
    //设置字符串序列化
      redisTemplate.setValueSerializer(new StringRedisSerializer());
      //首次追加,相当于 set 方法
      redisTemplate.opsForValue().append("test3", "test3");
      System.out.println(redisTemplate.opsForValue().get("test3"));
    //将内容追加到末尾
      redisTemplate.opsForValue().append("test3", " OK!");
      System.out.println(redisTemplate.opsForValue().get("test3"));
        }
```

运行结果如下：

```
test3
test3 OK!
```

2. opsForHash()方法

opsForHash()方法提供了操作 Hash 类型的值的方法如下。

void put(H h, HK hk,HV hv)方法：用于存储指定键中的字段与值。

Map < HK, HV > entries(H h)方法：用于获取指定键的所有字段与值。

【例 7-4】 分别存储书的名称与价格信息。

代码如下：

```
//第 7 章/redis1/Redis1ApplicationTests.java
    //测试 put 方法,存入一个字段与值
  @Test
  void testHash1() {
      redisTemplate.opsForHash().put("book1", "bookname", "三国演义");
      redisTemplate.opsForHash().put("book1", "price", "69.0");
    //读取整个 Hash 类型(字段与值)
      System.out.println(redisTemplate.opsForHash().entries("book1"));
  }
```

运行结果如下：

```
{bookname = 三国演义, price = 69.0}
```

【例 7-5】 void putAll(H h, java.util.Map <? extends HK, ? extends HV > map)方法：用 Map 封装多个字段与值，一次性存储多个字段与值。

代码如下：

```
//第 7 章/redis1/Redis1ApplicationTests.java
    //测试 Hash 类型,putAll 方法,将整个 hashmap 存入
  @Test
  void testHash2() {
```

```
        Map < String, Object > map = new HashMap();
        map.put("bookname", "西游记");
        map.put("category", "文学");
        redisTemplate.opsForHash().putAll("book2", map);
      //读取整个 Hash 类型
        System.out.println(redisTemplate.opsForHash().entries("book2"));
    }
```

【例 7-6】 Set < HK > keys(H h)方法：获取指定键的字段的集合。

代码如下：

```
//第 7 章/redis1/Redis1ApplicationTests.java
      //测试 keys 方法,获取所有键的集合
    @Test
    void testHash3() {
        redisTemplate.opsForHash().put("book3", "bookname", "红楼梦");
        redisTemplate.opsForHash().put("book3", "price", "89.0");
//读取所有键的集合
        System.out.println(redisTemplate.opsForHash().keys("book3"));
    }
```

运行结果如下：

```
[bookname, price]
```

【例 7-7】 List < HV > values(H h)方法：获取指定键的值的集合。

代码如下：

```
//第 7 章/redis1/Redis1ApplicationTests.java
      //测试 values 方法,获取所有值的集合
    @Test
    void testHash4() {
        redisTemplate.opsForHash().put("book4", "bookname", "封神榜");
        redisTemplate.opsForHash().put("book4", "price", "79.0");
    //读取所有值的集合
        System.out.println(redisTemplate.opsForHash().values("book4"));
    }
```

运行结果如下：

```
[封神榜, 79.0]
```

【例 7-8】 Long size(H h)方法：返回指定键中字段的数量。

Boolean hasKey(H h, Object o)方法：查找指定键中是否包含某个字段。

Long delete(H h, Object... objects)方法：删除指定键中的某个字段。

代码如下：

```
//第 7 章/redis1/Redis1ApplicationTests.java
      //测试 delete 方法,删除某个键的某个字段,hasKey 方法,size 方法
    @Test
```

```
    void testHash5() {
        redisTemplate.opsForHash().put("book5", "bookname", "封神榜");
        redisTemplate.opsForHash().put("book5", "price", "89.0");
      //查看全部
        System.out.println(redisTemplate.opsForHash().entries("book5"));
      //字段个数
        System.out.println(redisTemplate.opsForHash().size("book5"));
      //判断字段是否存在
        System.out.println(redisTemplate.opsForHash().hasKey("book5", "price"));
      //删除一个字段
        redisTemplate.opsForHash().delete("book5", "price");
      //再次判断
        System.out.println(redisTemplate.opsForHash().hasKey("book5", "price"));
      //再次查看全部
        System.out.println(redisTemplate.opsForHash().entries("book5"));
    }
```

运行结果如下：

```
{bookname = 封神榜, price = 89.0}
2
true
false
{bookname = 封神榜}
```

3. opsForList()方法

提供方法操作列表类型如下。

【例 7-9】 Long leftPush(K k, V v)：从左侧将一个元素添加到列表。

Long leftPushAll(K k, V... vs)：从左侧一次将多个元素添加到列表。

Long size(K k)：获取集合中的元素个数。

java.util.List < V > range(K k,long l, long l1)：返回某个列表指定索引区间的元素。索引从 0 算起，−1 表示最右侧的第 1 个元素。

代码如下：

```
//第 7 章/redis1/Redis1ApplicationTests.java
    //测试 leftPush 方法,leftPushAll 方法,range 方法,size 方法
    @Test
    void TestList1() {
        redisTemplate.opsForList().leftPush("mylist1", "a");
        redisTemplate.opsForList().leftPush("mylist1", "b");
        redisTemplate.opsForList().leftPush("mylist1", "c");
      //元素的数量
        System.out.println(redisTemplate.opsForList().size("mylist1"));
      //获取所有元素
        System.out.println(redisTemplate.opsForList().range("mylist1", 0, -1));
      //一次添加多个元素
        redisTemplate.opsForList().leftPushAll("mylist1", "1","2");
        String[] str = {"3", "4", "5"};
      //使用数组一次添加多个元素
```

```
        redisTemplate.opsForList().leftPushAll("mylist1", str);
        System.out.println(redisTemplate.opsForList().size("mylist1"));
        System.out.println(redisTemplate.opsForList().range("mylist1", 0, -1));
    }
```

运行结果如下：

```
3
[c, b, a]
8
[5, 4, 3, 2, 1, c, b, a]
```

【例 7-10】 Long rightPushAll(K k, V... vs)：从右侧一次将多个元素添加到列表。

代码如下：

```
//第 7 章/redis1/Redis1ApplicationTests.java
    //测试 rightPush 方法,rightPushAll 方法
    @Test
    void TestList2() {
        redisTemplate.opsForList().rightPush("mylist2", "a");
        redisTemplate.opsForList().rightPush("mylist2", "b");
        redisTemplate.opsForList().rightPush("mylist2", "c");
        System.out.println(redisTemplate.opsForList().size("mylist2"));
        System.out.println(redisTemplate.opsForList().range("mylist2", 0, -1));
     //一次添加多个元素
        redisTemplate.opsForList().rightPushAll("mylist2", "1","2");
        String[] str = {"3", "4", "5"};
     //使用数组一次添加多个元素
        redisTemplate.opsForList().rightPushAll("mylist2", str);
        System.out.println(redisTemplate.opsForList().size("mylist2"));
        System.out.println(redisTemplate.opsForList().range("mylist2", 0, -1));

    }
```

运行结果如下。

```
3
[a, b, c]
8
[a, b, c, 1, 2, 3, 4, 5]
```

【例 7-11】 Long remove(K k, long l, Object o)：删除集合中指定数量个元素，如果数量为 0，则该元素全部从集合删除，如果数量为正数，则从左到右删除，如果为负数，则从右到左删除。

代码如下：

```
//第 7 章/redis1/Redis1ApplicationTests.java
        //测试 remove
    @Test
    void testList3() {
```

```
        String[] str = {"10", "20", "30", "10", "20", "30", "10", "20", "30"};
        redisTemplate.opsForList().rightPushAll("mylist3", str);
        System.out.println(redisTemplate.opsForList().range("mylist3", 0, -1));
      //全部删除
        redisTemplate.opsForList().remove("mylist3", 0, "10");
        System.out.println(redisTemplate.opsForList().range("mylist3", 0, -1));
      //从左到右删
        redisTemplate.opsForList().remove("mylist3", 2, "20");
        System.out.println(redisTemplate.opsForList().range("mylist3", 0, -1));
      //从右到左删
        redisTemplate.opsForList().remove("mylist3", -2, "30");
        System.out.println(redisTemplate.opsForList().range("mylist3", 0, -1));
    }
```

运行结果如下。

```
[10, 20, 30, 10, 20, 30, 10, 20, 30]
[20, 30, 20, 30, 20, 30]
[30, 30, 20, 30]
[30, 20]
```

【例 7-12】 V leftPop(K k)：删除并返回左侧的第 1 个元素。

V rightPop(K k)：删除并返回右侧的第 1 个元素。

代码如下：

```
//第 7 章/redis1/Redis1ApplicationTests.java
    //测试 leftPop,rightPop 方法
    @Test
    void testList4() {
        String[] str = {"a", "b", "c","d","e"};
        redisTemplate.opsForList().rightPushAll("mylist4", str);
        System.out.println(redisTemplate.opsForList().range("mylist4", 0, -1));
      //从左侧删
        System.out.println(redisTemplate.opsForList().leftPop("mylist4"));
        System.out.println(redisTemplate.opsForList().range("mylist4", 0, -1));
      //从右侧删
        System.out.println(redisTemplate.opsForList().rightPop("mylist4"));
        System.out.println(redisTemplate.opsForList().range("mylist4", 0, -1));
    }
```

运行结果如下：

```
[a, b, c, d, e]
a
[b, c, d, e]
e
[b, c, d]
```

【例 7-13】 V index(K k, long l)：获取指定索引处的元素值。

void set(K k, long l, V v)：为指定索引处的元素设置值，原有值将被覆盖。

代码如下：

```
//第 7 章/redis1/Redis1ApplicationTests.java
    //测试 set 和 index 方法
    @Test
    void testList5(){
        String[] str = {"a", "b", "c"};
        redisTemplate.opsForList().rightPushAll("mylist5", str);
        System.out.println(redisTemplate.opsForList().range("mylist5", 0, -1));
     //获取索引 1 处的值
        System.out.println(redisTemplate.opsForList().index("mylist5",1));
     //将索引 1 处的值改为 b
        redisTemplate.opsForList().set("mylist5", 1,"d");
        System.out.println(redisTemplate.opsForList().range("mylist5", 0, -1));
        System.out.println(redisTemplate.opsForList().index("mylist5",1));
    }
```

4. opsForSet()方法

opsForSet 提供操作列表类型的方法如下。

【例 7-14】 Long add(K k, V... vs)方法：将数据(元素)添加到集合。

Long size(K k)方法：返回集合的长度，即集合中元素的个数。

java.util.Set<V> members(K k)：返回集合中的所有元素。

Long remove(K k, Object... objects)：删除元素。

V pop(K k)：随机删除。

代码如下：

```
//第 7 章/redis1/Redis1ApplicationTests.java
    //测试添加删除,size,members 方法
    @Test
    void testSet1(){
        redisTemplate.opsForSet().add("myset1","a");
        redisTemplate.opsForSet().add("myset1","b","c");
        String[] str = {"1","2"};
        redisTemplate.opsForSet().add("myset1",str);

        System.out.println("size:" + redisTemplate.opsForSet().size("myset1"));
     //查看所有元素
        System.out.println(redisTemplate.opsForSet().members("myset1"));
     //删除一个元素
        System.out.println(redisTemplate.opsForSet().remove("myset1","a"));
        System.out.println(redisTemplate.opsForSet().members("myset1"));
     //删除多个元素
        System.out.println(redisTemplate.opsForSet().remove("myset1",str));
        System.out.println(redisTemplate.opsForSet().members("myset1"));
     //重新添加
        redisTemplate.opsForSet().add("myset1",str);
     //再次查看
        System.out.println(redisTemplate.opsForSet().members("myset1"));
     //随机删除
        System.out.println(redisTemplate.opsForSet().pop("myset1"));
        System.out.println(redisTemplate.opsForSet().members("myset1"));
    }
```

运行结果如下：

```
size:5
[c, 1, b, 2, a]
1
[c, 1, b, 2]
2
[c, b]
[c, 1, b, 2]
2
[c, 1, b]
```

【例 7-15】 Boolean move(K k, V v, K k1)方法：将元素移动到另一个集合。

代码如下：

```
//第 7 章/redis1/Redis1ApplicationTests.java
    //测试移动
    @Test
    void testSet2(){
        String[] str1 = {"1","2","3"};
        String[] str2 = {"a","b","c"};
        System.out.println(redisTemplate.opsForSet().add("myset2",str1));
        System.out.println(redisTemplate.opsForSet().add("myset3",str2));
        System.out.println(redisTemplate.opsForSet().members("myset2"));
        System.out.println(redisTemplate.opsForSet().members("myset3"));
        redisTemplate.opsForSet().move("myset2","1","myset3");
        System.out.println(redisTemplate.opsForSet().members("myset2"));
        System.out.println(redisTemplate.opsForSet().members("myset3"));
    }
```

运行结果如下：

```
3
3
[3, 1, 2]
[b, c, a]
[3, 2]
[1, b, c, a]
```

【例 7-16】 Cursor < V > scan(K k, ScanOptions scanOptions)：遍历集合中的所有元素。

代码如下：

```
//第 7 章/redis1/Redis1ApplicationTests.java
    @Test
    void testSet3(){
        String[] str = {"a","b","c"};
        redisTemplate.opsForSet().add("myset4",str);
        Cursor<Object> cursor = redisTemplate.opsForSet().scan("myset4", ScanOptions.NONE);
        while(cursor.hasNext()){
            System.out.println(cursor.next());
        }
    }
```

运行结果如下：

```
b
c
a
```

5. opsForZSet()方法

opsForZSet 提供的操作列表类型的方法如下。

【例 7-17】 Boolean add(K k，V v，double v1)：添加元素。

Long size(K k)：返回集合中元素的个数。

Set < V > range(K k，long l，long l1)：返回指定索引范围的元素。

Long rank(K k，Object o)：返回某个元素的索引。

代码如下：

```java
//第 7 章/redis1/Redis1ApplicationTests.java
    @Test
    void testZset1(){
        redisTemplate.opsForZSet().add("zset1","f1",80);
        redisTemplate.opsForZSet().add("zset1","f2",70);
        redisTemplate.opsForZSet().add("zset1","f3",90);
        System.out.println("size:" + redisTemplate.opsForZSet().size("zset1"));
        System.out.println(redisTemplate.opsForZSet().range("zset1",0, - 1));
        System.out.println(redisTemplate.opsForZSet().rank("zset1","f1"));
    }
```

运行结果如下：

```
size:3
[f2, f1, f3]
1
```

【例 7-18】 Double score(K k，Object o)：返回某个元素的分数。

Set < V > rangeByScore(K k，double v，double v1)：返回指定分数范围的元素。

Long count(K k，double v，double v1)：返回指定分数范围的元素的个数。

代码如下：

```java
//第 7 章/redis1/Redis1ApplicationTests.java
    @Test
    void testZset2(){
        redisTemplate.opsForZSet().add("zset2","f1",80);
        redisTemplate.opsForZSet().add("zset2","f2",70);
        redisTemplate.opsForZSet().add("zset2","f3",90);
        redisTemplate.opsForZSet().add("zset2","f4",60);
        System.out.println(redisTemplate.opsForZSet().score("zset2","f1"));
        System.out.println(redisTemplate.opsForZSet().range("zset2",0, - 1));
        System.out.println(redisTemplate.opsForZSet().rangeByScore("zset2",70,90));
        System.out.println(redisTemplate.opsForZSet().count("zset2",70,90));
    }
```

运行结果如下：

```
80.0
[f4, f2, f1, f3]
[f2, f1, f3]
3
```

【例 7-19】 Long remove(K k, Object... objects)：删除指定元素。

Long removeRange(K k, long l, long l1)：删除指定索引范围的元素。

Long removeRangeByScore(K k, double v, double v1)：删除指定分数范围的元素。

代码如下：

```java
//第 7 章/redis1/Redis1ApplicationTests.java
    @Test
    void testZset3(){
        redisTemplate.opsForZSet().add("zset3","f1",40);
        redisTemplate.opsForZSet().add("zset3","f2",50);
        redisTemplate.opsForZSet().add("zset3","f3",60);
        redisTemplate.opsForZSet().add("zset3","f4",70);
        redisTemplate.opsForZSet().add("zset3","f5",80);
        redisTemplate.opsForZSet().add("zset3","f6",90);
        redisTemplate.opsForZSet().add("zset3","f7",100);
        System.out.println(redisTemplate.opsForZSet().range("zset3",0,-1));
        redisTemplate.opsForZSet().remove("zset3","f1");
        System.out.println(redisTemplate.opsForZSet().range("zset3",0,-1));
        redisTemplate.opsForZSet().removeRange("zset3",0,1);
        System.out.println(redisTemplate.opsForZSet().range("zset3",0,-1));
        redisTemplate.opsForZSet().removeRangeByScore("zset3",70,80);
        System.out.println(redisTemplate.opsForZSet().range("zset3",0,-1));
    }
```

运行结果如下：

```
[f1, f2, f3, f4, f5, f6, f7]
[f2, f3, f4, f5, f6, f7]
[f4, f5, f6, f7]
[f6, f7]
```

7.2.3 Redis 实现分布式 Session 共享

如果服务器端做了负载均衡，服务器端同时部署了多个服务器，当用户在服务器 1 上进行了登录，然后下次访问的是服务器 2，则有可能不能识别用户的登录状态，这时就要通过共享 Session 来解决，其思路是将 Session 放在多个服务器之外的共同的 Redis 中，让多个服务器共享。

【例 7-20】 实现分布式 Session 共享。

(1) 新建 Spring Boot 项目。将项目命名为 redisSession，添加依赖，代码如下：

```
//第 7 章/redisSession/pom.xml
<dependencies>
    <dependency>
        <groupId>org.springframework.boot</groupId>
        <artifactId>spring-boot-starter-data-redis</artifactId>
    </dependency>
    <dependency>
        <groupId>org.springframework.boot</groupId>
        <artifactId>spring-boot-starter-web</artifactId>
    </dependency>
    <dependency>
        <groupId>org.springframework.session</groupId>
        <artifactId>spring-session-data-redis</artifactId>
        <version>2.5.0</version>
    </dependency>
</dependencies>
```

（2）启动类添加@EnableRedisHttpSession 注解。

（3）创建控制器 SessionController。将 sessionId 输出到浏览器，代码如下：

```
//第 7 章/redisSession/SessionController.java
@RestController
public class SessionController {

    @Value("${server.port}")
    private String port;

    @GetMapping("/session")
    public Map<String,Object> getSession(HttpServletRequest request){
        Map<String,Object> map = new HashMap<>();
        map.put("sessionId",request.getSession().getId());
        map.put("port",port);
        return map;
    }
}
```

（4）多环境配置。删除 application.properties 文件，创建 application-dev.properties 文件表示开发环境，配置如下：

```
server.port = 8081
```

创建 application-prod.properties 文件表示生产环境，配置如下：

```
server.port = 8082
```

（5）运行代码进行测试。先打包项目，然后切换到 JAR 包所在目录的命令提示符，运行两个服务器端程序，模拟两个不同的服务器，分别输入两条命令，命令如下：

```
java -jar redisSession-0.0.1-SNAPSHOT.jar --spring.profiles.active=dev
java -jar redisSession-0.0.1-SNAPSHOT.jar --spring.profiles.active=prod
```

通过浏览器访问 localhost:8081/session,结果如图 7-4 所示。

图 7-4 访问 8081

通过浏览器访问 localhost:8082/session,结果如图 7-5 所示。

图 7-5 访问 8082

可见两者的 SessionID 是相同的,实现了不同服务器的 Session 共享。

【例 7-21】 在上面项目的基础上,配置 nginx 实现反向代理与负载均衡。

(1) 下载 nginx,解压后打开 conf 子目录下的 nginx.conf 文件,核心内容修改如下:

```
//第 7 章/nginx.conf
upstream sike.com{
      server 127.0.0.1:8081 weight = 1;
      server 127.0.0.1:8082 weight = 1;
   }

   server {
      listen    80;
      server_name localhost;

      location / {
         proxy_pass http://sike.com;
      }

      error_page 500 502 503 504 /50x.html;
      location = /50x.html {
         root html;
      }
   }
```

(2) 当浏览器访问 localhost:80 时,如果多次刷新,则会发现将轮流访问 127.0.0.1:8081 和 127.0.0.1:8082,实现了反向代理和负载均衡的功能,如图 7-6 和图 7-7 所示。

图 7-6 实际访问 8081

图 7-7 实际访问 8082

7.2.4 新闻阅读与点赞次数实战

实战说明：首页是新闻列表，单击任一标题，可以进入该新闻详情页面，详情页面显示该条新闻阅读次数，点赞次数，初次进入时阅读次数为 1，点赞数为 0，提供一个按钮，可以点赞，点赞完后点赞数立即更新，刷新页面，并且阅读次数和点赞次数都刷新。阅读和点赞次数都保存到 redis 内存数据库中，速度快，但每隔一分钟都将最新数据持久化保存到 MySQL 数据库中进行持久化。

(1) 添加依赖。在前面 7.2.1 节项目 redis1 的基础中，在 pom. xml 文件中添加有关定时任务的依赖，代码如下：

```
//第 7 章/redis1/pom.xml
  <!-- quartz 相关依赖 -->
        <dependency>
            <groupId>org.quartz-scheduler</groupId>
            <artifactId>quartz</artifactId>
        </dependency>
        <dependency>
            <groupId>org.quartz-scheduler</groupId>
            <artifactId>quartz-jobs</artifactId>
        </dependency>
```

(2) 创建 NewsController 控制器。主要提供访问首页的功能，查看新闻详情的功能，查看详情时把该新闻 id 存储在 redis 中并且把包含阅读次数和点赞次数的 hash 类型数据读取出来，阅读次数还要加 1，存入 model 域供前端展示，并更新到 redis。还有点赞功能，从 redis 中提取数据，然后点赞次数加 1，更新 redis 及回传给前端展示，代码如下：

```
//第 7 章/redis1/NewsController.java
@Controller
public class NewsController {
    @Autowired
    private RedisTemplate redisTemplate;

    //访问首页功能
    @RequestMapping("/index")
    public String index(){
        return "index";
    }
    //更新浏览量,获取最新点赞数并在页面显示
    @RequestMapping("/detail/{id}")
```

```
    public String detail(@PathVariable("id")int id, Model model) {
     //从 redis 中读取数据.数据结构是 HashSet,以 news_ + id 为键,分别以 read 字段存储阅读次
//数,以 zan 字段存储点赞次数
        Map<String,String> map = redisTemplate.opsForHash().entries("news_" + id);
     //获取阅读数
        String countRead = map.get("read");
        if(countRead == null||countRead.equals("")){
     //如果之前没有阅读过,则将阅读次数设置为 1
            countRead = "1";
        }else{
     //如果阅读过,则阅读次数加 1
            countRead = (Integer.parseInt(countRead) + 1) + "";
        }
     //更新 hashmap
        map.put("read",countRead);
     //将数据更新到 redis
        redisTemplate.opsForHash().putAll("news_" + id,map);
     //将数据放入 model 域,前端就能展示
        model.addAllAttributes(map);
        return "news" + id;

    }

     //点赞功能
    @RequestMapping("/addZan")
    @ResponseBody
    public String addZan(int id){
        Map<String,String> map = redisTemplate.opsForHash().entries("news_" + id);
     //取出原来的赞数
        String countZan =  map.get("zan");
        if(countZan == null||countZan.equals("")){
     //如果没有赞过,则赞数为 1
            countZan = "1";
        }else{
     //如果以前赞过,则赞数加 1
            countZan = (Integer.parseInt(countZan) + 1) + "";
        }
     //将最新的赞数保存到 redis
        redisTemplate.opsForHash().put("news_" + id,"zan",countZan);
        return countZan;
    }

}
```

(3) 定时任务。Redis 中的数据每隔一分钟要保存到数据库,此时会用到 Spring 的定时任务,创建 com.ximeng.job 包,在包下创建 NewJob 类,创建 SaveNewsData 方法,在方法前面添加@Scheduled 注解实现每隔一分钟执行该方法功能,此外在启动类上面要加上@EnableScheduling 注解,表示开启定时任务。关于定时任务后面章节会有详细介绍,代码如下:

```
//第 7 章/redis1/NewsJob.java
@Component
public class NewsJob {
    protected final Logger logger = LoggerFactory.getLogger(this.getClass());

    @Autowired
    private RedisTemplate redisTemplate;
     //每分钟
    @Scheduled(cron = "0 0/1 * * * ? ")
    public void SaveNewsData() {
     //获取所有以 news_开头的键
       Set<String> keys = redisTemplate.keys("news_*");
       for(String key:keys){
           Map<String,String> map = redisTemplate.opsForHash().entries(key);
     //获取 key 中包含的 id 号,key 是 news_+id 的格式
           String id = key.substring(5);
           String read = map.get("read");          //获取阅读次数
           String zan = map.get("zan");            //获取点赞次数
     //然后就可调用业务层将这些数据更新到数据库,读者自行实现
           logger.info("编号: " + id + ",阅读次数: " + read + ",点赞次数: " + zan);
       }
       logger.info("以上数据已保存到数据库");
    }
}
```

(4) 创建视图。在 templates 下创建 index.html、news1.html、news2.html 页面。index.html 页面的关键代码如下：

```
//第 7 章/redis1/index.html
<h1>新闻列表</h1>
<ul>
    <li><a href="/detail/1">新闻 1</a></li>
    <li><a href="/detail/2">新闻 2</a></li>
</ul>
```

(5) news1.html 关键代码如下：

```
//第 7 章/redis1/news1.html
<!DOCTYPE html>
<html lang="en" xmlns:th="http://www.thymeleaf.org">
<head>
    <meta charset="UTF-8">
    <title>warmer-redis</title>
    <script type="text/javascript" src="/js/jquery-1.12.4.js"></script>
    <script>
        function zan(id){
           $.ajax({
               url:"/addZan",
               type:"get",
               data:"id=" + id,
               success:function(data){
                  $("#countZan").text(data);
```

```
                }
            });
        }
    </script>
</head>
<body>
<h1 style="text-align: center">新闻 1</h1>
阅读数<font color="red" th:text="${read}"></font>   点赞数<font id=
"countZan" color="red" th:text="${zan==null?0:zan}"></font>  
<input type="button" onclick="zan(1)" value="点赞"/>
</body>
</html>
```

news2.html 跟 news1.html 几乎相同，只是将 1 改为 2 即可。

(6) 运行测试。通过浏览器访问 http://localhost:8080/index，结果如图 7-8 所示。单击新闻 1 链接，结果如图 7-9 所示，再刷新几次以便观察阅读次数的变化，单击"点赞"按钮，观察点赞次数的变化，再次刷新，观察阅读次数与点赞次数的变化。这里最后一次测试的结果如图 7-10 所示。

图 7-8　新闻列表

图 7-9　阅读 1 次

图 7-10　阅读和点赞多次

加到首页，浏览新闻 2，结果类似。此外观察控制台，每隔一分钟会提示最新数据被保存到数据库。这里最后一次输出如下：

```
编号: 2,阅读次数: 4,点赞次数: 2
编号: 1,阅读次数: 5,点赞次数: 3
以上数据已保存到数据库
```

7.2.5　使用 RedisRepository 访问 Redis

Spring Data 推出了操作 Redis 的 RedisRespository 方式，提供类似 Spring Data JPA 一样的接口，使操作 Redis 变得非常简单。只要在接口中继承 CrudRepository 接口，就能跟 Spring Data JPA 一样，其中的增、删、改操作不需要定义任何方法。

【例 7-22】 新建 Spring Boot 项目，命名为 redis3，导入 Redis 有关的依赖，采用默认配

置，创建实体类 Book，代码如下：

```
//第 7 章/redis3/Book.java
@Data
@AllArgsConstructor
@NoArgsConstructor
@RedisHash(value = "books",timeToLive = 60)
public class Book implements Serializable {
   @Id
   private int id;
   private String name;
   private String category;
   private String author;
   private double price;
}
```

注意必须加@RedisHash 注解，用于指定操作实体类对象在 Redis 数据库中的存储空间，此处表示针对 Book 实体类的数据操作都存储在 Redis 数据库且名为 books 的存储空间下。

创建 Dao 层接口，这里基本的增、删、改、查无须写任何方法，代码如下：

```
@Repository
public interface BookRepository extends CrudRepository<Book,Integer> {
}
```

创建测试类，代码如下：

```
//第 7 章/redis3/Redis3ApplicationTests.java
@Spring BootTest
class Redis3ApplicationTests {

    @Autowired
    private BookRepository bookRepository;
      //添加图书
    @Test
    void testSaveBook() {
        Book book1 = new Book(1,"西游记","文学","吴承恩",88);
        bookRepository.save(book1);
        Book book2 = new Book(2,"三国演义","文学","罗贯中",78);
        bookRepository.save(book2);
        Book book3 = new Book(3,"水浒传","文学","施耐庵",68);
        bookRepository.save(book3);
        Book book4 = new Book(4,"三国志","文学","佚名",78);
        bookRepository.save(book4);
        System.out.println("添加成功!");
    }
      //查询所有图书
    @Test
    void testFindAllBooks() {
       Iterable<Book> iterable = bookRepository.findAll();
       Iterator<Book> it = iterable.iterator();
```

```
        while(it.hasNext()){
            Book book = it.next();
            System.out.println(book);
        }
    }
     //根据 Id 号图书
    @Test
    void testFindBookById() {
        Book book = bookRepository.findById(1).get();
        System.out.println(book);
    }
     //修改图书
    @Test
    void testUpdateBook() {
        Book book = bookRepository.findById(1).get();
        book.setPrice(98);
        bookRepository.save(book);
        System.out.println("修改成功!");
    }
     //删除图书
    @Test
    void testDeleteBook() {
        bookRepository.deleteById(4);
        System.out.println("删除成功!");
    }
}
```

自行测试，观察控制台的输出结果。

7.3 Spring Boot 访问 Redis 集群

首先在 Linux 系统中搭建好 Redis 集群，然后按以下示例的步骤就可以访问 Redis 的集群。

(1) 创建 Spring Boot 项目，命名为 redis2，重点导入的依赖如下：

```
//第 7 章/redis2/pom.xml
<dependency>
    <groupId>org.springframework.boot</groupId>
    <artifactId>spring-boot-starter-data-redis</artifactId>
</dependency>
<dependency>
    <groupId>org.apache.commons</groupId>
    <artifactId>commons-pool2</artifactId>
</dependency>
```

(2) 配置文件 application.yml。配置文件要配置集群节点，连接池信息等，参考代码如下：

```
//第 7 章/redis2/application.yml
spring:
  redis:
```

```
    #密码
    password:
    #lettuce 连接池配置
    lettuce:
      pool:
        max-active: 8
        max-idle: 8
        min-idle: 0
        max-wait: 1000
      shutdown-timeout: 100
    #集群配置
    cluster:
      nodes:
        - 192.168.216.128:6379
        - 192.168.216.128:6380
        - 192.168.216.128:6381
        - 192.168.216.128:6389
        - 192.168.216.128:6390
        - 192.168.216.128:6391
    #重连最大数
      max-redirects: 3
```

(3) RedisConfig 配置类。用于更改序列化方式,代码如下:

```java
//第 7 章/redis2/RedisConfig.java
package com.sike.config;

import org.springframework.context.annotation.Bean;
import org.springframework.context.annotation.Configuration;
import org.springframework.data.redis.connection.RedisConnectionFactory;
import org.springframework.data.redis.core.RedisTemplate;
import org.springframework.data.redis.serializer.GenericJackson2JsonRedisSerializer;
import org.springframework.data.redis.serializer.StringRedisSerializer;

@Configuration
public class RedisConfig {

  @Bean
   public RedisTemplate < String, String > redisTemplate ( RedisConnectionFactory
connectionFactory) {
      RedisTemplate<String, String> redisTemplate = new RedisTemplate<>();

       //设置 value 的序列化规则和 key 的序列化规则
      StringRedisSerializer stringRedisSerializer = new StringRedisSerializer();
         GenericJackson2JsonRedisSerializer genericJackson2JsonRedisSerializer = new
GenericJackson2JsonRedisSerializer();

      redisTemplate.setKeySerializer(stringRedisSerializer);
      //key 采用 String 的序列化方式
      redisTemplate.setHashKeySerializer(stringRedisSerializer);
      //hash 的 key 也采用 String 的序列化方式
       //value 序列化方式采用
      jacksonredisTemplate.setValueSerializer(genericJackson2-JsonRedisSerializer);
```

```
        //默认使用 lettuce,如果想使用 Jedis,则需创建 JedisConnectionFactory 实例作为参数传入
        redisTemplate.setConnectionFactory(connectionFactory);
        return redisTemplate;
    }
}
```

(4) 创建业务层接口与实现类,其中实现类的关键代码如下:

```
//第 7 章/redis2/RedisClusterServiceImpl.java
@Service
public class RedisClusterServiceImpl implements RedisClusterService{
    @Autowired
    private RedisTemplate<String, String> redisTemplate;

    @Override
    public String set(String key, String value) {
        redisTemplate.opsForValue().set(key,value);
        return key;
    }
    @Override
    public String get(String key) {
        return redisTemplate.opsForValue().get(key);
    }
}
```

(5) 创建控制器 RedisClusterController,代码如下:

```
//第 7 章/redis2/RedisClusterController.java
@RestController
public class RedisClusterController {
    @Autowired
    private RedisClusterService redisClusterService;

    @PostMapping("/cluster/{key}")
    public void setData(@PathVariable("key") String key){
        System.out.println("set " + key);
        redisClusterService.set(key,key + "_ok");
    }
    @GetMapping("/cluster/{key}")
    public void getData(@PathVariable("key") String key){
        System.out.println(redisClusterService.get(key));
    }
}
```

(6) 运行代码进行测试。注意同时要启动 Redis 集群。用 postman 分别调用 setData 和 getData 对应的服务,Redis 集群搭建详见本书配置源码。

本章小结

本章学习了 Redis 的常用命令,使用 RedisTemplate 与 StringRedisTemplate 操作 Redis 数据库,以及使用 RedisRepository 访问 Redis 数据库,最后介绍了访问 Redis 集群。

第 8 章 自动配置原理及自定义 starter

本章介绍自动配置的原理、条件注解、自定义 starter 及使用自定义 starter 等内容，将特别讨论 Spring Boot 3 自动配置原理与旧版的不同之处。Spring Boot 提供了非侵入性的自动配置功能，用户使用这些自动配置功能可以更加快速地开发系统。通过本章的学习，读者可以掌握自动配置原理并自定义一个 starter。

8.1 自动配置原理

在第 1 个 Spring Boot 项目中，用户只需导入 spring-boot-starter-web 依赖，无须配置 Web 的功能就可进行 Web 开发，这是因为 Spring Boot 提供了自动配置的功能，此外从 Spring Boot 整合 Redis 的案例中发现，只要导入了 spring-boot-starter-data-redis 依赖，就可以使用@Autowired 注解从容器中注入 RedisTemplate 的 Bean，可以不用配置即可使用，这也是因为 Spring Boot 的自动配置功能，其实不只是 Redis，针对相当多的第三方库，Spring Boot 提供了自动配置功能，而且 Spring Boot 的自动配置功能是非侵入性的，可以很方便地在 application. properties 文件中修改默认的配置。自动配置分为两种情况，一种是 Spring Boot 官方已经收录的第三方应用，下面称为内置自动配置类，如 Redis；另一种是 Spring Boot 官方未收录的第三方应用，下面称为外部自动配置类，如 MyBatis，两种情况的自动配置原理不太一样，这点跟旧版的 Spring Boot 不同，旧版的不区分。

8.1.1 内置自动配置类的自动配置

首先 Spring Boot 在 JAR 包 org. springframework. boot. autoconfigure 下针对很多官方收录的应用（如 Redis）提供了自动配置类，一般命名为 XxxAutoConfiguration，如针对 Redis 提供了 RedisAutoConfiguration，以及它们配套的 XxxProperties. java 文件，用于提供给 XxxAutoCongiguration 自动配置类所需属性值，如 RedisProperties。XxxProperties. java 文件使用了这个注解：@ConfigurationProperties(prefix = "xxx")，用于从 application. properties 中读取配置值，但 XxxProperties. java 文件中很多属性直接给了默认值，所以很多应用不用任何配置也可以使用。在 XxxAutoCongiguration 自动配置类中提供了某个 Xxx 应用所需的 Bean，需要某个属性值就从 XxxProperties. java 文件获取，XxxProperties. java 需要值时

从 application. properties 中获取或用默认值。

以第 7 章的 redis1 项目为例，Spring Boot 在 org. springframework. boot. autoconfigure 包下的如图 8-1 所示的 org. springframework. boot. autoconfigure. AutoConfiguration. imports 文件中列出了所有要自动配置的类的清单，这些自动配置类将在程序启动时自动加载进来。

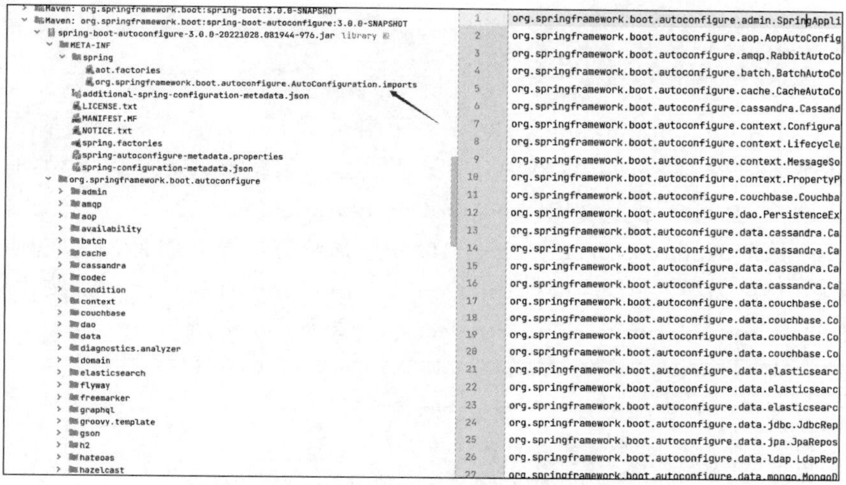

图 8-1 内置自动配置类清单

Spring Boot 是如何做到当程序启动时将清单中的自动配置类加载进来的呢？这是由启动类的@Spring BootApplication 注解实现这个功能的。下面来深入研究一下启动类的@Spring BootApplication 注解，按住 Ctrl 键后单击启动类的@Spring BootApplication 注解，此时会发现它是一个组合注解，代码如下：

```
//第 8 章/redis1/Spring BootApplication.java
@Target({ElementType.TYPE})
@Retention(RetentionPolicy.RUNTIME)
@Documented
@Inherited
@Spring BootConfiguration
@EnableAutoConfiguration
@ComponentScan(
    excludeFilters = {@Filter(
    type = FilterType.CUSTOM,
    classes = {TypeExcludeFilter.class}
), @Filter(
    type = FilterType.CUSTOM,
    classes = {AutoConfigurationExcludeFilter.class}
)}
)
```

其中除了元注解外，主要由 3 个注解组成，其中注解@Spring BootConfiguration 表示这是一个 Spring Boot 的配置类，注解@ComponentScan 表示扫描当前包下的所有组件，注解@EnableAutoConfiguration 表示开启自动配置功能,显然这个注解就是要研究的重点。按住 Ctrl 键,单击该注解,发现其又包含注解,代码如下:

```
//第 8 章/redis1/EnableAutoConfiguration.java
@Target({ElementType.TYPE})
@Retention(RetentionPolicy.RUNTIME)
@Documented
@Inherited
@AutoConfigurationPackage
@Import({AutoConfigurationImportSelector.class})
```

其中注解@AutoConfigurationPackage 表示自动导包,就是将启动类所在的包下面的所有的组件都扫描到 Spring 容器中,开发时所有的类都必须放在启动类的同一包或者其子包下就是这个原因。@EnableAutoConfiguration 中包含的另一个注解@Import({AutoConfigurationImportSelector.class})的作用是给容器导入组件(其实就是自动配置类),导入哪些组件,需要进一步研究 AutoConfigurationImportSelector 类,按住 Ctrl 键,单击该注解中的 AutoConfigurationImportSelector,结果如图 8-2 所示。

```
public class AutoConfigurationImportSelector implements DeferredImportSelector, BeanClassLoaderAware, ResourceLoaderAware,
 BeanFactoryAware, EnvironmentAware, Ordered {
    private static final AutoConfigurationImportSelector.AutoConfigurationEntry EMPTY_ENTRY = new AutoConfigurationImportSelector
 .AutoConfigurationEntry();
    private static final String[] NO_IMPORTS = new String[0];
    private static final Log logger = LogFactory.getLog(AutoConfigurationImportSelector.class);
    private static final String PROPERTY_NAME_AUTOCONFIGURE_EXCLUDE = "spring.autoconfigure.exclude";
    private ConfigurableListableBeanFactory beanFactory;
    private Environment environment;
    private ClassLoader beanClassLoader;
    private ResourceLoader resourceLoader;
    private AutoConfigurationImportSelector.ConfigurationClassFilter configurationClassFilter;

    public AutoConfigurationImportSelector() {
    }

    public String[] selectImports(AnnotationMetadata annotationMetadata) {
        if (!this.isEnabled(annotationMetadata)) {
            return NO_IMPORTS;
        } else {
            AutoConfigurationImportSelector.AutoConfigurationEntry autoConfigurationEntry = this.getAutoConfigurationEntry
 (annotationMetadata);
            return StringUtils.toStringArray(autoConfigurationEntry.getConfigurations());
        }
    }
```

图 8-2 AutoConfigurationImportSelector 类

注意 AutoConfigurationImportSelector 类中的这条语句,代码如下:

```
private AutoConfigurationImportSelector.ConfigurationClassFilter configurationClassFilter;
```

这个 ConfigurationClassFilter 类的作用就是加载清单中的所有自动配置类。按住 Ctrl 键,单击这个类进入类的定义,部分代码如图 8-3 所示。

可以看到里面的一条关键的语句,代码如下:

```
this.autoConfigurationMetadata = AutoConfigurationMetadataLoader.loadMetadata(classLoader);
```

按住 Ctrl 键,单击 loadMetadata 方法,结果如图 8-4 所示。

```
private static class ConfigurationClassFilter {
    private final AutoConfigurationMetadata autoConfigurationMetadata;
    private final List<AutoConfigurationImportFilter> filters;

    ConfigurationClassFilter(ClassLoader classLoader, List<AutoConfigurationImportFilter> filters) {
        this.autoConfigurationMetadata = AutoConfigurationMetadataLoader.loadMetadata(classLoader);
        this.filters = filters;
    }
```

图 8-3　ConfigurationClassFilter 类

```
static AutoConfigurationMetadata loadMetadata(ClassLoader classLoader) {
    return loadMetadata(classLoader, path: "META-INF/spring-autoconfigure-metadata.properties");
}
```

图 8-4　loadMetadata 方法

从这些代码可以清楚地知道 Spring Boot 读取并加载了 META-INF/spring-autoconfigure-metadata. properties 文件中所列清单的所有自动配置类。加载这些自动配置类时，并不会全部创建这些自动配置类的 Bean，因为在这些自动配置类中一般做了条件注解，只有符合条件的 Bean 才会创建，这些常用的条件包括类路径下有哪个类存在时才加载，所以通常需要先导入第三方库的依赖，一旦第三方库的依赖导入，条件中要求的类就存在了，当 Spring Boot 启动时，相关的 Bean 就会创建并加载到容器中，否则就不会创建 Bean。典型的就是只有导入 spring-boot-starter-data-redis 依赖时，自动配置类 RedisAutoConfiguration 才会创建 RedisTemplate 的 Bean 并放入容器中，在程序中注入以下 RedisTemplate 的代码才会生效，代码如下：

```
@Autowired
private RedisTemplate redisTemplate;
```

在 IDEA 左侧的所有依赖包中找到包 spring-boot-autoconfigure-3. 0. 0-SNAPSHOT，然后往里面再找到 org. springframework. boot. autoconfigure. data. redis 包，在该包下面找到 RedisAutoConfiguration 自动配置类。观察其主要源代码如下：

```
//第 8 章/redis1/RedisAutoConfiguration.java
@Configuration(
    proxyBeanMethods = false
)
@ConditionalOnClass({RedisOperations.class})
@EnableConfigurationProperties({RedisProperties.class})
@Import({LettuceConnectionConfiguration.class, JedisConnectionConfiguration.class})
public class RedisAutoConfiguration {
   public RedisAutoConfiguration() {
   }

   @Bean
   @ConditionalOnMissingBean(
       name = {"redisTemplate"}
   )
```

```
    @ConditionalOnSingleCandidate(RedisConnectionFactory.class)
     public  RedisTemplate  <  Object,  Object  >  redisTemplate  ( RedisConnectionFactory
redisConnectionFactory) {
         RedisTemplate<Object, Object> template = new RedisTemplate();
         template.setConnectionFactory(redisConnectionFactory);
         return template;
}
...
}
```

该自动配置类里面包含了创建RedisTemplate实例的方法，生成一个Bean纳入Spring容器管理。注意类上面有一个注解@ConditionalOnClass({RedisOperations.class})，其作用就是当RedisOperations类存在时才会创建这个自动配置类中的Bean，而RedisOperations类只有当导入spring-boot-starter-data-redis依赖时才会存在，这样当pom.xml导入了spring-boot-starter-data-redis依赖时，Spring Boot启动后才能创建RedisTemplate的Bean，所以简单来讲，只要导入了清单中的某个依赖(JAR包)Spring Boot启动时就会自动配置好。

8.1.2 外部自动配置类的自动配置

对于没有录入Spring Boot官方的自动配置类，均需开发者自行创建，打包到依赖JAR包中，如MyBatis的自动配置类。在本书第4章的mybatis1项目中，打开mybatis-spring-boot-autoconfigure依赖包，如图8-5所示，从图8-5的左下角可以看到已经提供了自动配置类MybatisAutoConfiguration等及关联的Properties文件。

图8-5 打开mybatis-spring-boot-autoconfigure依赖包

现在问题的关键是Spring Boot启动时如何知道这些自动配置类并把它加载进来。开发者首先要做一件重要的事情，就是要把创建好的所有自动配置类做个清单(键-值对)放在MATA-INF下的spring.factories文件中，例如MyBatis的自动配置类做的清单如图8-5所示的右半部分。可以看到这个清单的键是org.springframework.boot.autoconfigure.EnableAutoConfiguration，值是多个自动配置类的全路径名称，用逗号分隔。

然后Spring Boot的任务就是在启动时将类路径下的所有META-INF/spring.factories文件中的键名为org.springframework.boot.autoconfigure.EnableAutoConfiguration的对应的自动配置类清单下的自动配置类加载到Spring容器中来。这要从图8-2讲起，这时关注点跟1.1.1节不一样，这次关注的是AutoConfigurationImportSelector类的selectImports方法，该方

法用于获得所有自动配置类的全路径名称作为元素的数组，再将该数组中的所有自动配置类加载到 Spring 容器中。

接下来搞清楚 AutoConfigurationImportSelector 类的 selectImports 方法的工作流程。selectImports 方法内部最为重要的是调用了 getAutoConfigurationEntry 方法，该方法返回了 AutoConfigurationEntry 类型的对象，该对象里面又封装了一个 List < String >集合，这个集合包括了所有自动配置类的全路径名称，然后 selectImports 方法再将 AutoConfigurationEntry 类型的对象中的 List < String >集合取出来转换为 String 数组。

所以现在的重点变成了搞清楚 getAutoConfigurationEntry 方法是如何获得包括所有自动配置类的全路径名称的 List < String >集合。在图 8-2 所示的 selectImports 方法内部找到 getAutoConfigurationEntry 方法，按住 Ctrl 键单击，进入该方法，代码如下：

```
//第 8 章/redis1/AutoConfigurationImportSelector.java
protected AutoConfigurationImportSelector. AutoConfigurationEntry getAutoConfigurationEntry
(AnnotationMetadata annotationMetadata) {
    if (!this. isEnabled(annotationMetadata)) {
        return EMPTY_ENTRY;
    } else {
        AnnotationAttributes attributes = this. getAttributes(annotationMetadata);
        List < String > configurations = this. getCandidateConfigurations(annotationMetadata,
attributes);
        configurations = this. removeDuplicates(configurations);
        Set < String > exclusions = this. getExclusions(annotationMetadata, attributes);
        this. checkExcludedClasses(configurations, exclusions);
        configurations. removeAll(exclusions);
        configurations = this. getConfigurationClassFilter(). filter(configurations);
        this. fireAutoConfigurationImportEvents(configurations, exclusions);
        return new AutoConfigurationImportSelector. AutoConfigurationEntry(configurations,
exclusions);
    }
}
```

阅读该代码，可以发现它关键调用了 this. getCandidateConfigurations(annotationMetadata, attributes)方法，获取了包括所有自动配置类的全路径名称的 List < String >集合，获取这个集合后，还进行了必要的过滤、排除与筛选，然后封装到 AutoConfigurationEntry 对象中，所以重点变成了研究 getCandidateConfigurations 是如何获得包括所有自动配置类的全路径名称的 List < String >集合。

按住 Ctrl 键后单击进入该 getCandidateConfigurations 方法，代码如下：

```
//第 8 章/redis1/AutoConfigurationImportSelector.java
protected List < String > getCandidateConfigurations ( AnnotationMetadata metadata,
AnnotationAttributes attributes) {
    List < String > configurations = new ArrayList(SpringFactoriesLoader. loadFactoryNames
(this. getSpringFactoriesLoaderFactoryClass(), this. getBeanClassLoader()));
    ImportCandidates var10000 = ImportCandidates. load(AutoConfiguration. class, this.
getBeanClassLoader());
    Objects. requireNonNull(configurations);
```

```
    var10000.forEach(configurations::add);
    Assert.notEmpty(configurations, "No auto configuration classes found in META - INF/spring.
factories nor in META - INF/spring/org.springframework.boot.autoconfigure.AutoConfiguration.
imports. If you are using a custom packaging, make sure that file is correct.");
    return configurations;
}
```

显然这种方法又调用了 SpringFactoriesLoader 类，它是 Spring 框架提供的原生工具类，SpringFactoriesLoader 类会加载编译后在 classes 目录下的 META-INF/spring. factories 文件，当类加载器读取 spring. factories 文件时，SpringFactoriesLoader 类将获取 spring. factories 文件中列出来的所有自动配置类的路径，再通过反射实例化对象，这样 spring. factories 文件中列出来的所有自动配置类就能加载到容器中了。

SpringFactoriesLoader 类的 loadFactoryNames 方法就是让 SpringFactoriesLoader 类加载 spring. factories 文件中列出来的自动配置类，返回包括所有自动配置类的全路径名称的 List < String >集合，该方法的第 1 个参数 this. getSpringFactoriesLoaderFactoryClass 需要先了解一下，按住 Ctrl 键，单击该参数类型，代码如下：

```
protected Class <?> getSpringFactoriesLoaderFactoryClass() {
    return EnableAutoConfiguration.class;
}
```

可见，这个参数其实就是 EnableAutoConfiguration，其全路径是 org. springframework. boot. autoconfigure. EnableAutoConfiguration，这就是 META-INF/spring. factories 文件的键名。回到 getCandidateConfigurations 方法中，再次按 Ctrl 键，单击 SpringFactoriesLoader 类的 loadFactoryNames 方法，代码如下：

```
//第 8 章/redis1/SpringFactoriesLoader.class
public static List < String > loadFactoryNames(Class <?> factoryType, @Nullable ClassLoader
classLoader) {
    return
forDefaultResourceLocation(classLoader).loadFactoryNames(factoryType);
}
```

这里的代码要分两部分进行研究，先研究 forDefaultResourceLocation(classLoader)方法，按住 Ctrl 键，单击 forDefaultResourceLocation(classLoader)，进入该方法，代码如下：

```
public static SpringFactoriesLoader forDefaultResourceLocation (@ Nullable ClassLoader
classLoader) {
    return forResourceLocation("META - INF/spring.factories", classLoader);
}
```

forResourceLocation(String resourceLocation)方法的作用是根据类径下的 META-INF/spring. factories 文件中的清单加载了所有自动配置类，并且将该清单中的所有键-值对读取为 Map < String, List < String >>集合，存入 SpringFactoriesLoader 类的 Map < String, List < String >> factories 属性中。退后一步，再来研究 loadFactoryNames(factoryType)方法，按

住 Ctrl 键,单击前述代码中的 loadFactoryNames(factoryType)方法,进入方法内部,代码如下:

```
private List < String > loadFactoryNames(Class <?> factoryType) {
    return (List) this. factories. getOrDefault (factoryType. getName ( ), Collections. emptyList
());
}
```

该方法的作用是先获取 factories 中 Map < String, List < String >>集合数据,然后获取集合中的键为 factoryType. getName()的值,这个键其实就是上述的 EnableAutoConfiguration 类的全路径:org. springframework. boot. autoconfigure. EnableAutoConfiguration,返回该键对应的值,这个值通常是由多个自动配置类的全路径名称字符串组成的 List 集合,这个集合最后被转换成 String 数组,这样 Spring 容器就知晓有哪些自动配置类需要加载进来。当然并不是所有自动配置类都要加载进来,只有符合条件注解的才会被加载。

外部自动配置类的自动配置原理总结如下:

Spring Boot 启动时会通过@EnableAutoConfiguration 注解找到所有 JAR 包的 META-INF/spring. factories 在配置文件中的所有自动配置类进行加载,但只有满足设定的条件才会真正被加载。自动配置类通过以 Properties 结尾命名的类中取得在全局配置文件中配置的属性,如 server. port,而 XxxxProperties 类是通过@ConfigurationProperties 注解与全局配置文件中对应的属性进行绑定的。

8.2 条件注解

每个 XxxxAutoConfiguration 自动配置类都是在某些条件之下才会生效的,这些条件的限制在 Spring Boot 中以注解的形式体现。常见的条件注解见表 8-1。

表 8-1　常见的条件注解

注　　解	作　　用
@ConditionalOnJava:	系统的 Java 版本是否符合要求
@ConditionalOnBean:	容器中存在指定的 Bean
@ConditionalOnMissingBean:	容器中不存在指定的 Bean
@ConditionalOnExpression:	满足 SpEL 表达式
@ConditionalOnClass:	系统中有指定的类
@ConditionalOnMissingClass:	系统中没有指定的类
@ConditionalOnSingleCandidate:	容器中只有一个指定的 Bean,或者首选 Bean
@ConditionalOnProperty:	系统中指定的属性是否有指定的值
@ConditionalOnResource:	类路径下是否存在指定资源文件
@ConditionOnWebApplication:	当前是 Web 环境
@ConditionalOnNotWebApplication:	当前不是 Web 环境

8.3 自定义一个 starter

在日常开发工作中，可能需要开发一个通用模块，以供其他工程复用。Spring Boot 提供了这样的功能机制：把通用模块封装成一个个 starter，这样其他工程复用时只需在 pom.xml 文件中引用依赖，由 Spring Boot 自动装配。下面假设为用户注册功能创建一个自动配置类。

1. 创建工程导入依赖

创建一个名为 register-spring-boot-starter 的 Spring Boot 项目，组织名称为 com.sike，导入 spring-boot-starter-web 依赖。此外还要注释或删除下面这个插件，代码如下：

```
<plugin>
    <groupId>org.springframework.boot</groupId>
    <artifactId>spring-boot-maven-plugin</artifactId>
</plugin>
```

2. 创建配置类用于读取配置文件信息

创建 com.sike.config 包，用于放置配置类，在包下创建 RegisterProperties 类，用于从 application.properties 或 application.yml 配置文件中读取配置信息，部分信息直接提供默认值，代码如下：

```java
//第 8 章/register-spring-boot-starter/RegisterProperties.java
package com.sike.config;

import org.springframework.boot.context.properties.ConfigurationProperties;

@ConfigurationProperties(prefix = "register.user")
public class RegisterProperties {
    private String username = "admin";
    private String password = "123456";
    private String telephone;

    public String getUsername() {
        return username;
    }

    public void setUsername(String username) {
        this.username = username;
    }

    public String getPassword() {
        return password;
    }

    public void setPassword(String password) {
        this.password = password;
    }
```

```
    public String getTelephone() {
        return telephone;
    }

    public void setTelephone(String telephone) {
        this.telephone = telephone;
    }
}
```

这里读取的是前缀为 register.user 的配置信息，在配置文件中若存在前缀为 register.user 的配置信息，则该前缀下的 username、password 和 admin 的配置项的值将会被读取进该类的对应属性中，该类的 username 和 password 属性有默认值，如果配置项中有对应的配置项就用配置项的值，如果没有就用默认值。

刚创建完毕时注解会报错，这是因为没有纳入 Spring 容器管理，先不用处理此报错，待后面有关类配置完毕后就不会再报错。

3. 创建核心业务功能类

创建包 com.sike.service，在包下创建 RegisterService 类，这是提供给其他应用使用的核心功能。这里 RegisterService 类提供了一个 register 方法供调用，但该方法用到的若干数据需要从其他地方提供，代码如下：

```
//第 8 章/register-spring-boot-starter/RegisterService.java
package com.sike.service;

public class RegisterService {
    private String username;
    private String password;
    private String telephone;

    public void register(){
        System.out.println("注册成功!你的注册信息如下：");
        System.out.println("用户名：" + username);
        System.out.println("密码：" + password);
        System.out.println("电话：" + telephone);
    }

    public String getUsername() {
        return username;
    }

    public void setUsername(String username) {
        this.username = username;
    }

    public String getPassword() {
        return password;
    }

    public void setPassword(String password) {
```

```
        this.password = password;
    }

    public String getTelephone() {
        return telephone;
    }

    public void setTelephone(String telephone) {
        this.telephone = telephone;
    }

}
```

4. 创建自动配置类

在 com.sike.config 包下创建自动配置类 RegisterAutoConfiguration，这个类的目的是让 Spring Boot 启动时自动创建 RegisterService 类型的 Bean 并加载到 Spring 容器中，代码如下：

```
//第 8 章/register-spring-boot-starter/RegisterAutoConfiguration.java
package com.sike.config;

import com.sike.service.RegisterService;
import org.springframework.beans.factory.annotation.Autowired;
import org.springframework.boot.autoconfigure.condition.ConditionalOnMissingBean;
import org.springframework.boot.autoconfigure.condition.ConditionalOnProperty;
import org.springframework.boot.context.properties.EnableConfigurationProperties;
import org.springframework.context.annotation.Bean;
import org.springframework.context.annotation.Configuration;

@Configuration
@EnableConfigurationProperties(RegisterProperties.class)
public class RegisterAutoConfiguration {

    @Autowired
    private RegisterProperties registerProperties;

    @Bean
    @ConditionalOnMissingBean(RegisterService.class)
    public RegisterService createRegisterConfiguration(){
        RegisterService registerService = new RegisterService();
        registerService.setUsername(registerProperties.getUsername());
        registerService.setPassword(registerProperties.getPassword());
        registerService.setTelephone(registerProperties.getTelephone());
        return registerService;
    }
}
```

注解@Configuration 表示这是一个配置类。注解@EnableConfigurationProperties(RegisterProperties.class)表示启用 RegisterProperties 类的@ConfigurationPropertie 注解功能，让 RegisterProperties 生效，以便能从配置文件中读取数据，创建了一个 RegisterProperties 类型

的 Bean 并加入 Spring 容器中，这样就不再报前述错误了，代码中再用注解@Autowired 注入 RegisterProperties 类型的 Bean，在 createRegisterConfiguration 方法中使用了这个 Bean 的值，提供给 registerService 使用。注解@ConditionalOnMissingBean(RegisterService.class)表示只有在类路径下不存在 RegisterService 这个类时才创建。createRegisterConfiguration 方法最主要的功能就是创建了 RegisterService 类型的 Bean 并放入了 Spring 容器中。

5. 创建 spring.factories 文件

在 resource 下创建 META-INF 目录，在目录下创建 spring.factories 文件，并且在文件中写入键-值对，代码如下：

```
org.springframework.boot.autoconfigure.EnableAutoConfiguration = \
com.sike.config.RegisterAutoConfiguration
```

最后打包为一个 JAR 包，安装到本地 Maven 仓库中。

8.4 使用自定义 starter

1. 创建项目

创建一个名为 usestarter 的 spring 项目，不选任何依赖。检查一下 IDEA 中 Maven 配置要与上述项目一致。

2. 导入依赖

导入 register-spring-boot-starter 依赖，代码如下：

```
//第 8 章/usestarter/pom.xml
        <dependency>
            <groupId>com.sike</groupId>
            <artifactId>register-spring-boot-starter</artifactId>
            <version>0.0.1-SNAPSHOT</version>
        </dependency>
```

3. 配置文件

创建 application.properties 文件并修改为 application.yml 文件，配置如下：

```
register:
  user:
telephone: 13812345678
```

4. 测试类

在默认测试类 UsestarterApplicationTests 中编码，代码如下：

```
//第 8 章/usestarter/UsestarterApplicationTests.java
package com.sike;

import com.sike.service.RegisterService;
import org.junit.jupiter.api.Test;
```

```
import org.springframework.beans.factory.annotation.Autowired;
import org.springframework.boot.test.context.Spring BootTest;

@Spring BootTest(classes = UsestarterApplication.class)
class UsestarterApplicationTests {

    @Autowired
private RegisterService registerService;

    @Test
    void testRegister(){
        registerService.register();
    }
}
```

运行代码,结果如下:

```
注册成功!你的注册信息如下:
用户名:admin
密码:123456
电话:13812345678
```

可见,成功地应用了自定义的 starter 并实现了通用的功能。这里用户名和密码在 application.yml 文件中并没有对应的配置项,却有值输出,这是因为自定义 starter 中已经提供了默认值,如果 application.yml 文件有配置项,则输出配置项的值。

本章小结

本章在前面认识 Spring Boot 整合各种第三方技术的基础上,学习了 Spring Boot 自动配置原理,以及如何自定一个 Starter 并使用。

第二部分
Spring Boot 高级技术

第 9 章 Spring Boot 整合 Spring Cache

对一些更新不是很频繁的数据，如果每次访问都从数据库中重新查询，则会比较耗费资源，可以考虑将这些数据在首次访问时从数据库中查询出来，然后存入缓存，当再次访问时就不需要重复查询数据库了，直接从缓存中读取出来，既省资源速度又快。Spring Cache 正是解决上述问题的一种技术。本章涵盖了 Spring Cache 常用注解、实战案例、使用 Redis 做缓存、复杂多条件查询时的缓存和自定义键生成策略等内容。

9.1 Spring Cache 简介

Spring Cache 是 Spring 提供的一整套缓存解决方案，但它本身不是一种具体的缓存实现技术，Spring 提供了 CacheManager 和 Cache 接口，统一了不同的缓存技术，其中 CacheManager 是 Spring 提供的各种缓存技术的抽象接口，而 Cache 接口包含缓存的各种操作。

在项目中要使用 Spring Cache，首先需要在 pom.xml 文件中导入 spring-boot-starter-cache 依赖，默认会选择 ConcurrentMapCacheManager 缓存技术，然后在业务层的方法上添加 Spring Cache 的有关注解，在启动类上面添加@EnableCaching 注解开启缓存即可。

9.2 Spring Cache 常用注解

9.2.1 @Cacheable 注解

@Cacheable 可以标记在一种方法上，也可以标记在一个类上。当标记在一种方法上时表示该方法是支持缓存的，当标记在一个类上时则表示该类所有的方法都是支持缓存的。

对于一个支持缓存的方法，Spring 会在其被调用后将其返回值缓存起来，以保证下次利用同样的参数来执行该方法时可以直接从缓存中获取结果，而不需要再次执行该方法。Spring 对缓存方法的返回值是以键-值对的形式进行缓存的，值就是方法的返回结果，键可以是方法的参数等，后面会有详述。当一个支持缓存的方法在对象内部被调用时不会触发缓存功能。

@Cacheable 可以指定 3 个属性，即 value、key 和 condition。

1. value 属性

value 属性用于指定 Cache 名称，也叫缓存的命名空间，表示当前方法的返回值是会被缓存在哪个 Cache 上的。其可以是一个 Cache，也可以是多个 Cache，当需要指定多个 Cache 时其是一个数组，示例如下：

```
@Cacheable(value = "cache1")
 //Cache 发生在 cache1 上
public Book findBookById(int id) {
    return null;
}
@Cacheable(value = {"cache1", "cache2"})
 //Cache 发生在 cache1 和 cache2 上
public Book findBookById(int id) {
    return null;
}
```

2. key 属性

key 属性用来指定存储方法的返回结果时对应的键，该属性支持 SpringEL 表达式。当没有指定该属性时，Spring 将使用默认策略生成 key。默认的 key 生成策略是通过 KeyGenerator 生成的，其默认策略如下：

(1) 如果方法没有参数，则使用 0 作为 key。

(2) 如果只有一个参数，则使用该参数作为 key。

(3) 如果参数多于一个，则使用所有参数的 hashCode 作为 key。

除了默认策略还可以自定义策略生成 key，自定义策略是指可以通过 Spring 的 EL 表达式来指定 key。这里的 EL 表达式可以使用方法参数及它们对应的属性。使用方法参数时可以直接使用“#参数名”或者“#p 参数 index”，代码如下：

```
//第 9 章/springcache/BookService.java
  @Cacheable(value = "books", key = "#id")
   //使用"#参数名"
  public Book findBookById(int id) {
      return null;
  }

  @Cacheable(value = "books", key = "#p0")
   //使用"#p参数 index"
  public Book findBookById(int id) {
      return null;
  }

  @Cacheable(value = "books", key = "#book.id")
  public Book findBookById(Book book) {
      return null;
  }

  @Cacheable(value = "books", key = "#p0.id")
  public User find(Book book) {
```

```
    return null;
}
```

除了上述使用方法参数作为 key 之外，Spring 还提供了一个 root 对象，可以用来生成 key。通过该 root 对象可以获取表 9-1 所示的信息。

表 9-1 root 对象相关信息

属性名称	描述	示例
methodName	当前方法名	#root.methodName
method	当前方法	#root.method.name
target	当前被调用的对象	#root.target
targetClass	当前被调用的对象的 class	#root.targetClass
args	当前方法参数组成的数组	#root.args[0]
caches	当前被调用的方法使用的 Cache	#root.caches[0].name

当要使用 root 对象的属性作为 key 时也可以将"#root"省略，因为 Spring 默认使用的就是 root 对象的属性，示例代码如下：

```
@Cacheable(value = {"books", "mybooks"}, key = "caches[1].name")
public Book find(Book book) {
    return null;
}
```

3. condition 属性

用来指定缓存发生的条件，有时并不希望缓存一种方法所有的返回结果，可以通过 condition 属性实现这一功能。condition 属性默认为空，表示将缓存所有的调用情形。其值是通过 SpringEL 表达式来指定的，当为 true 时表示进行缓存处理；当为 false 时表示不进行缓存处理，即每次调用该方法时该方法都会执行一次。如下示例表示只有当 user 的 id 为偶数时才会进行缓存，代码如下：

```
@Cacheable(value = {"users"}, key = "#user.id", condition = "#user.id % 2 == 0")
public User find(User user) {
    System.out.println("find user by user " + user);
    return user;
}
```

9.2.2 @CachePut 注解

@CachePut 可以标注在类上或方法上，一般标注在添加或修改的方法上面，表示该方法的返回值将会存储到缓存上。使用@CachePut 时可以指定的属性跟@Cacheable 是一样的，示例如下：

```
@CachePut("users")
 //每次都会执行方法,并将结果存入指定的缓存中
public User find(Integer id) {
```

```
        returnnull;
    }
```

9.2.3 @CacheEvict 注解

@CacheEvict 是用来标注在需要清除缓存元素的方法或类上的。当标记在一个类上时表示其中所有的方法的执行都会触发缓存的清除操作。@CacheEvict 可以指定的属性有 value、key、condition、allEntries 和 beforeInvocation，其中 value、key 和 condition 的语义与 @Cacheable 对应的属性类似，即 value 表示清除操作是发生在哪些 Cache 上的（对应 Cache 的名称）；key 表示需要清除的是哪个 key，如未指定，则会使用默认策略生成的 key；condition 表示清除操作发生的条件。下面介绍新出现的两个属性 allEntries 和 beforeInvocation。

1. allEntries 属性

allEntries 是 boolean 类型，表示是否需要清除缓存中的所有元素。默认值为 false，表示不需要。当将 allEntries 指定为 true 时，Spring Cache 将忽略指定的 key。有时需要通过 Cache 清除所有的元素，这比一个一个清除元素更有效率，代码如下：

```
@CacheEvict(value = "users", allEntries = true)
public void delete(Integer id) {
    System.out.println("delete user by id: " + id);
}
```

2. beforeInvocation 属性

清除操作默认为在对应方法成功执行之后触发，即方法如果因为抛出异常而未能成功返回时也不会触发清除操作。使用 beforeInvocation 可以改变触发清除操作的时间，当我们将该属性值指定为 true 时，Spring 会在调用该方法之前清除缓存中的指定元素，代码如下：

```
@CacheEvict(value = "users", beforeInvocation = true)
public void delete(Integer id) {
    System.out.println("delete user by id: " + id);
}
```

其实除了可以使用@CacheEvict 清除缓存元素外，当我们使用 Ehcache 作为实现时，也可以配置 Ehcache 自身的驱除策略，其是通过 Ehcache 的配置文件来指定的。由于 Ehcache 不是本书描述的重点，这里就不多赘述了，如果想了解更多关于 Ehcache 的信息，同，则可查看笔者关于 Ehcache 的专栏。

9.2.4 @Caching 注解

@Caching 注解可以在一种方法或者类上同时指定多个与 Spring Cache 相关的注解。其拥有 3 个属性：cacheable、put 和 evict，分别用于指定 @ Cacheable、@ CachePut 和 @CacheEvict，代码如下：

```
@Caching(cacheable = @Cacheable("users"), evict = { @CacheEvict("cache2"),
      @CacheEvict(value = "cache3", allEntries = true) })
public User find(Integer id) {
   returnnull;
}
```

9.3 Spring Cache 实战案例

实战说明：查看图书详情时，如果缓存中有数据，就从缓存中读取数据，否则从数据库中查询，如果添加一本新书，则数据同样会被存入缓存，再次查询时将从缓存中读取；当删除一本书时，在从数据库删除的同时如果缓存中也有数据，则一并删除。Spring Cache 采用默认缓存实现技术，Dao 层采用 JPA。

(1) 创建项目，添加依赖。创建 Spring Boot 项目 springcache，在 pom.xml 文件中添加 spring-boot-starter-cache 等依赖，代码如下：

```
//第 9 章/springcache/pom.xml
<dependency>
        <groupId>org.springframework.boot</groupId>
        <artifactId>spring-boot-starter-cache</artifactId>
    </dependency>
    <dependency>
        <groupId>mysql</groupId>
        <artifactId>mysql-connector-java</artifactId>
    </dependency>
    <dependency>
        <groupId>org.springframework.boot</groupId>
        <artifactId>spring-boot-starter-data-jpa</artifactId>
    </dependency>
    <dependency>
        <groupId>org.springframework.boot</groupId>
        <artifactId>spring-boot-starter-thymeleaf</artifactId>
    </dependency>
    <dependency>
        <groupId>org.springframework.boot</groupId>
        <artifactId>spring-boot-starter-web</artifactId>
    </dependency>
    <dependency>
        <groupId>org.projectlombok</groupId>
        <artifactId>lombok</artifactId>
        <optional>true</optional>
    </dependency>
```

(2) 创建实体类 Book。注意必须实现序列化接口，代码如下：

```
//第 9 章/springcache/Book.java
@Data
@AllArgsConstructor
@NoArgsConstructor
@Entity
```

```
public class Book implements Serializable {
    @Id
    @GeneratedValue(strategy = GenerationType.IDENTITY)
    private int id;
    @Column(name = "name")
    private String name;
    @Column(name = "price")
    private double price;
    @Column(name = "category")
    private String category;
    @Column(name = "pnum")
    private int pnum;
    @Column(name = "imgurl")
    private String imgurl;
    @Column(name = "description")
    private String description;
    @Column(name = "author")
    private String author;
    @Column(name = "sales")
    private int sales;
}
```

（3）配置 application.properties 文件。这里 application.properties 文件需要配置数据库连接信息，连接 bookstore 数据库，参照之前的案例，这里不再重复。为了观察 JPA 是否发出 SQL 语句，在这里添加如下配置，示例代码如下：

```
spring.jpa.show-sql = true
```

（4）开启缓存功能。在启动类上面添加@EnableCaching 注解。

（5）创建数据访问层。创建 BookDao 接口，关键代码如下：

```
public interface BookDao extends JpaRepository<Book, Integer> {
}
```

（6）创建业务逻辑层。创建 BookService，在这里进行增、删、改、查及添加缓存注解实现缓存功能。关键代码如下：

```
//第 9 章/springcache/BookService.java
@Service
public class BookService {
   @Autowired
   private BookDao bookDao;
    //查找所有书
   public List<Book> findAllBooks(){
      return bookDao.findAll();
}
    //将缓存的键定义为方法参数,值是方法的返回值
   @Cacheable(value = "book",key = "#id")
    //查找一本书
   public Book findBookById(int id){
      System.out.println("从数据库中查找 id 为" + id + "的书,并添加到缓存,key 为" + id);
```

```
        return bookDao.findById(id).orElse(new Book());
    }
    //将缓存的键定义为参数 book 对象的 id 属性,值为方法返回值
    @CachePut(value = "book",key = "#book.id")
    //添加一本书,同时添加到缓存
    public Book addBook(Book book){
        System.out.println("将一本书添加到数据库,同时添加到缓存");
        return bookDao.save(book);
    }
    //根据参数指定的键来删除缓存
    @CacheEvict(value = "book",key = "#id")
    //根据 id 号删除一本书,同时删除缓存
    public void deleteBook(int id){
        System.out.println("从数据库删除一本书,同时删除 key 为" + id + "的缓存");
        bookDao.deleteById(id);
    }
    //修改缓存
    @CachePut(value = "book",key = "#book.id")
    //修改一本书
    public Book updateBook(Book book){
        System.out.println("从数据库修改一本书,同时修改缓存,key 为" + book.getId());
        return bookDao.save(book);
    }
}
```

这里每个 Cache 注解的上面都有个 value 属性,也可以所有方法都不要 value 属性,但与在类上面添加 CacheConfig(cacheName="book")的效果相同。

(7) 创建控制器 BookController。大部分代码跟以前基本相同,这里不再提供,可参考配套源码。

(8) 创建视图。创建 book.html、books.html、addBook.html、updateBook,代码跟以前基本相同,这里不再提供,可参考配套源码。

(9) 运行代码进行测试。在浏览器输入 http://localhost:8080/books/1,结果页面会出现编号为 1 的图书详情,并且控制台的输出如下:

```
从数据库中查找 id 为 1 的书,并添加到缓存,key 为 1
Hibernate: select book0_.id as id1_0_0_, book0_.author as author2_0_0_, book0_.category as
category3_0_0_, book0_.description as descript4_0_0_, book0_.imgurl as imgurl5_0_0_, book0_.
name as name6_0_0_, book0_.pnum as pnum7_0_0_, book0_.price as price8_0_0_, book0_.sales as
sales9_0_0_ from book book0_ where book0_.id = ?
```

刷新页面,图书信息依然会出现,但控制台不再有输出,证明是从缓存中获取了数据。

在浏览器输入 http://localhost:8080/addBook,添加一本书,控制台的输出如下:

```
将一本书添加到数据库,同时添加到缓存
Hibernate: insert into book (author, category, description, imgurl, name, pnum, price, sales)
values (?, ?, ?, ?, ?, ?, ?, ?)
Hibernate: select book0_.id as id1_0_, book0_.author as author2_0_, book0_.category as category3_0_,
book0_.description as descript4_0_, book0_.imgurl as imgurl5_0_, book0_.name as name6_0_, book0_.pnum
as pnum7_0_, book0_.price as price8_0_, book0_.sales as sales9_0_ from book book0_
```

证明数据已经添加到数据库及缓存。根据添加后的新书的id，这里是9，在浏览器中输入 http://localhost:8080/books/9，结果页面会出现该书详情，但控制台并没有输出，证明是从缓存中获取数据。

在浏览器输入 http://localhost:8080/deleteBook/9，结果发现该书被删除了，同时控制台的输出如下：

```
从数据库删除一本书,同时删除 key 为 10 的缓存
Hibernate: select book0_.id as id1_0_0_, book0_.author as author2_0_0_, book0_.category as
category3_0_0_, book0_.description as descript4_0_0_, book0_.imgurl as imgurl5_0_0_, book0_.
name as name6_0_0_, book0_.pnum as pnum7_0_0_, book0_.price as price8_0_0_, book0_.sales as
sales9_0_0_ from book book0_ where book0_.id = ?
Hibernate: delete from book where id = ?
Hibernate: select book0_.id as id1_0_, book0_.author as author2_0_, book0_.category as
category3_0_, book0_.description as descript4_0_, book0_.imgurl as imgurl5_0_, book0_.name
as name6_0_, book0_.pnum as pnum7_0_, book0_.price as price8_0_, book0_.sales as sales9_0_
from book book0_
```

证明从数据库删除了数据，并且也从缓存中删除了。

9.4 使用 Redis 做缓存

上面案例使用了默认的缓存实现技术，也可以使用现在流行的 Redis 缓存技术。

【例 9-1】 使用 Redis 缓存技术。

(1) 复制项目。将上述项目复制一份并重命名为 rediscache，在 pom.xml 文件中添加 Redis 有关依赖，代码如下：

```
<dependency>
        <groupId>org.springframework.boot</groupId>
        <artifactId>spring-boot-starter-data-redis</artifactId>
</dependency>
```

(2) 配置文件 application.yml，示例代码如下：

```
//第 9 章/rediscache/application.yml
spring:
  cache:
    #将指定缓存类型为 redis
    type: redis
    redis:
      #将 redis 中的过期时间指定为 1h,默认 ttl 为 -1,表示永不过期
      time-to-live: 3600000
      #key-prefix: CACHE_          #缓存 key 前缀,一般不推荐
      #use-key-prefix: true        #是否开启缓存 key 前缀,一般不配置
      cache-null-values: true      #缓存空值,解决缓存穿透问题
```

还可以配置 redis 本身的配置，也可不配置，采用默认的，参考代码如下：

```
//第 9 章/rediscache/application.yml
  #redis 配置
```

```
spring.redis.host = localhost
spring.redis.port = 6379
spring.redis.password =
spring.redis.database = 0
spring.redis.timeout = 3600000
  #redis 池设置
spring.redis.lettuce.pool.max-active = 20
spring.redis.lettuce.pool.max-wait = -1
  #最大阻塞等待时间(负数表示没限制)
spring.redis.lettuce.pool.max-idle = 5
spring.redis.lettuce.pool.min-idle = 0
```

(3) 创建 RedisConfig 配置类。

缓存默认使用 JDK 进行序列化(可读性差),自定义序列化方式为 JSON,需要编写配置类,关键代码如下:

```
//第 9 章/rediscache/RedisConfig.java
@Configuration
@EnableConfigurationProperties(CacheProperties.class)
  //获得 Redis 在配置文件的配置
public class RedisConfig {
    @Bean
        public    RedisCacheConfiguration    redisCacheConfiguration    ( CacheProperties
cacheProperties) {
  //获取在配置文件中的配置信息
        CacheProperties.Redis redisProperties = cacheProperties.getRedis(); org.springframework.
data.redis.cache.RedisCacheConfiguration config = org.springframework.data.redis.cache.
RedisCacheConfiguration.defaultCacheConfig();
  //将缓存序列化方式指定为 JSON
        config = config.serializeValuesWith(
                    RedisSerializationContext. SerializationPair. fromSerializer ( new
GenericJackson2JsonRedisSerializer()));
  //设置在配置文件中的各项配置,如过期时间
        if (redisProperties.getTimeToLive() != null) {
            config = config.entryTtl(redisProperties.getTimeToLive());
        }
        if (redisProperties.getKeyPrefix() != null) {
            config = config.prefixKeysWith(redisProperties.getKeyPrefix());
        }
        if (!redisProperties.isCacheNullValues()) {
            config = config.disableCachingNullValues();
        }
        if (!redisProperties.isUseKeyPrefix()) {
            config = config.disableKeyPrefix();
        }
        return config;
    }
}
```

(4) 打开 Redis 服务器,运行代码进行测试。在浏览器输入 http://localhost:8080/books/1,控制台有输出,再次刷新网页,控制台无输出,打开 Redis 客户端,输入命令 keys *,发现多

了 book::1 的 key,这就是刚刚存入的缓存。

9.5 复杂多条件查询时的缓存

当动态查询图书时,条件是动态的,但仍有可能在多次查询中,后面的查询使用了跟前面一样的条件,这时缓存就有用武之地了,但这种存储缓存和获取缓存都比较复杂,主要是 key 的设计比较复杂,因为它可能包含多个不确定的属性。

【例 9-2】 在上述 rediscache 项目的基础上动态查询图书信息,实现不同组合的查询条件均有缓存功能。

(1) 修改 Dao 层。在原有基础上继承 JpaSpecificationExecutor 接口,以实现动态查询功能,代码如下:

```
@Repository
public interface BookDao extends JpaRepository<Book, Integer>, JpaSpecificationExecutor {
}
```

(2) 在业务层添加方法。添加方法实现动态查询,还有关键一点,即在方法上面添加 @Cacheable 注解,其中的键采用拼接的方式,当查询条件(对象)的某个属性不为空时就拼接,代码如下:

```
//第 9 章/rediscache/BookService.java
  //将缓存的键定义为拼接的参数,值是方法的返回值
@Cacheable(value = "books",key = "(#condition.name!= null?#condition.name:'') +
(#condition.category!= null?#condition.category:'') + (#condition.author!= null?#condition.
author:'')")
  //查找一本书
public List<Book> searchBooks(Book condition){
   System.out.println("条件查询,并添加到缓存,key 为搜索条件的组合");
   System.out.println("condition:" + condition);
   return findAll(condition);
}

public List<Book> findAll(Book book) {
  //封装查询对象 Specification,这是自带的动态条件查询
   Specification<Book> spec = new Specification<Book>() {
      @Override
      public Predicate toPredicate(Root<Book> root, CriteriaQuery<?> query, CriteriaBuilder
criteriaBuilder) {
  //定义集合来肯定 Predicate[]的长度,由于 CriteriaBuilder 的 or 方法需要传入的是断言数组
             List<Predicate> predicates = new ArrayList<Predicate>();
  //对客户端查询条件进行判断,并封装 Predicate 断言对象
             if(null != book.getName()&&""!= book.getName()){
  System.out.println("root.get(\"name\"):" + root.get("name").as(String.class));
  predicates.add(criteriaBuilder.like(root.get("name").as(String.class), "%" + book.
getName() + "%"));
             }
             if(null != book.getCategory()&&""!= book.getCategory()){
```

```
                predicates.add(criteriaBuilder.equal(root.get("category").as(String.class),
book.getCategory()));
                }
                if(null != book.getAuthor()&&""!= book.getAuthor()){
                    predicates.add(criteriaBuilder.equal(root.get("author").as(String.class),
"%" + book.getAuthor() + "%"));
                }
                return criteriaBuilder.and(predicates.toArray(new Predicate[predicates.size()]));
            }
        };
    //查询出所有数据源列表
        return bookDao.findAll(spec);
    }
```

例如，如果从前端传递过来封装了查询条件的 Book 对象（condition），name 属性的值是 a，category 的属性的值是“计算机”，而 author 属性的值是 NULL，这时缓存中的键就是“a 计算机”，查出来的值就会以这个键名存储到缓存名称为 books 的缓存中。

（3）在控制器中添加方法，代码如下：

```
//第 9 章/rediscache/BookController.java
@GetMapping("/searchBooks")
public ModelAndView searchBooks(Book book){
    List<Book> books = bookService.searchBooks(book);
    ModelAndView mv = new ModelAndView();
    mv.addObject("books",books);
    mv.setViewName("books");
    return mv;
}
```

（4）前端页面。在前端 books.html 文件中添加一个搜索用的表单，关键代码如下：

```
//第 9 章/rediscache/books.html
<div>
    <form action = "/searchBooks" method = "get">
        图书名称: <input type = "text" name = "name" /><br/>
        图书类别: <input type = "text" name = "category" /><br/>
        图书作者: <input type = "text" name = "author" /><br/>
        <input type = "submit" value = "搜索"/>
    </form>
</div>
```

（5）运行代码进行测试。通过浏览器访问 http://localhost:8080/books，结果如图 9-1 所示，在图书名称处填写 a，在图书类别处填写计算机，在图书作者处留空，然后单击“搜索”按钮，结果如图 9-2 所示。

观察控制台，控制台发出了查询语句，再观察 Redis 客户端，发现多了一个键为“a 计算机”的键-值对。再次在搜索页面中的图书名称处填写 a，在图书类别处填写计算机，在图书作者处留空，然后单击“搜索”按钮，结果相同，但观察控制台，不再发出 SQL 语句，充分说明了没有去 MySQL 数据库查询，表明是从缓存里面读取数据了。

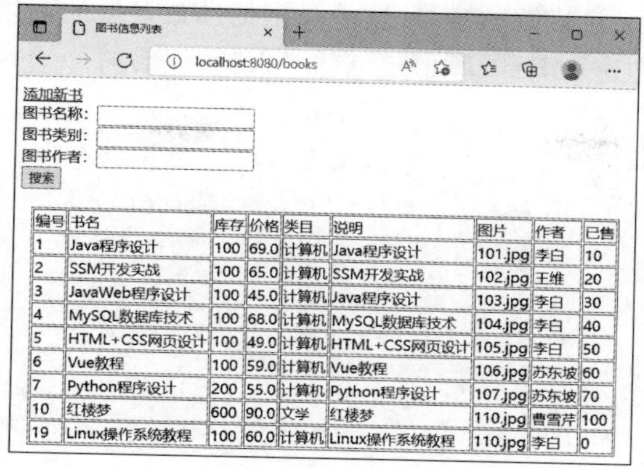

图 9-1 初始页面

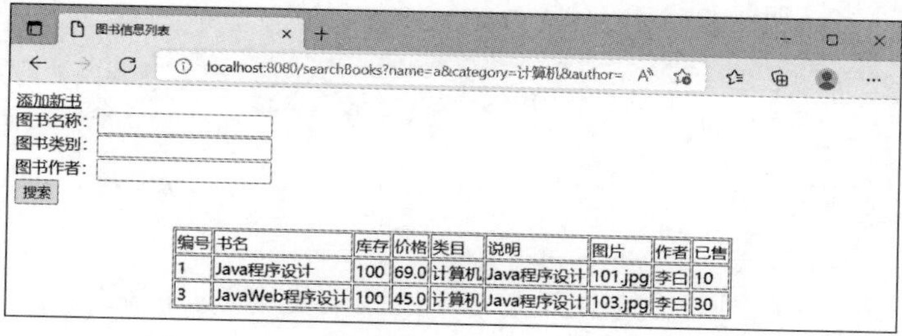

图 9-2 搜索结果

9.6 自定义键生成策略

上面案例拼接的键实现起来比较麻烦，还有一种做法是自定义键生成策略，做法是将方法上面有@Cacheable 注解的 key 属性替换为 keygenerator 属性，同时在 RedisConfig 中创建一个 KeyGenerator 类型的 Bean，代码如下：

```java
//第 9 章/rediscache/RedisConfig.java
    @Bean
    public KeyGenerator bookSearchGenerator(){
        KeyGenerator keyGenerator = new KeyGenerator() {
            @Override
            public Object generate(Object target, Method method, Object... params) {
                StringBuilder sb = new StringBuilder();
                for (Object obj : params) {
                    sb.append(obj.toString());
                }
                return sb.toString();
            }
        };
        return keyGenerator;
    }
```

这种方法就是自定义生成键的策略，这里是指把参数对象的调用了 toString()方法后的字符串作为键，最后把这个 Bean 赋值给@Cacheable 注解的 keygenerator 属性。完成后的代码如下：

```
//第 9 章/rediscache/BookService.java
  //将缓存的键定义为自定义的键生成策略,值是方法的返回值
@Cacheable(value = "books",keyGenerator = "bookSearchGenerator")
  //查找一本书
public List < Book > searchBooks(Book condition){
   System.out.println("条件查询,并添加到缓存,key 为搜索条件的组合");
   System.out.println("condition:" + condition);
   return findAll(condition);
}
```

运行代码进行测试。跟上次测试输入相同的数据进行测试，效果相同，但这时 Redis 中的键不再是“a 计算机”，而是：

```
Book( id = 0, name = a, price = 0.0, category = 计算机, pnum = 0, imgurl = null, description =
null, author = , sales = 0)
```

本章小结

本章学习了 Spring Cache 的基本概念、常用注解、使用 Redis 做缓存、复杂多条件查询时的缓存、实战案例等。

第 10 章

Spring Boot 整合 MongoDB

MongoDB 是一种非常流行的数据库，在各类项目中应用广泛。Spring Boot 通过 Spring Data 对其进行了整合，即 Spring Data MongoDB，其操作过程类似本书第 3 章介绍的 Spring Data JPA，但提供了更多 MongoDB 的不同操作。本章首先介绍 MongoDB，并在 10.2 节详细描述 Spring Boot 整合 MongoDB 的步骤，具体可以分为 MongoRepository 和 MongoTemplate 两种整合技术。

10.1 MongoDB 简介

MongoDB 是一种基于分布式文件存储的非关系型数据库，旨在为 Web 应用提供可扩展的高性能数据存储解决方案，MongoDB 将数据存储为一个文档，数据结构由键-值（key-value）对组成，数据结构非常松散，类似于 JSON 的 BJSON 格式，可以存储比较复杂的数据类型，字段值可以包含其他文档、数组及文档数组，其语法对面向对象语言比较友好，适用于 Java 编程，适用场景如下：

（1）大量且无强关系型数据，例如日志、缓存等。

（2）高频读写操作又对事务强制性要求较低，例如实验性数据、测试数据等。

（3）轻查询重显示数据，例如介于 Redis 和 MySQL 之间的视图应用。

为了便于初学者理解 MongoDB，这里提供了 MongoDB 与 SQL 的术语对比，见表 10-1。

表 10-1 MongoDB 与 SQL 的术语对比

SQL	MongoDB
表（Table）	集合（Collection）
行（Row）	文档（Document）
列（Col）	字段（Field）
主键（Primary Key）	对象 ID（ObjectId）
索引（Index）	索引（Index）
嵌套表（Embedded Table）	嵌入式文档（Embedded Document）
数组（Array）	数组（Array）

MongoDB 的官网下载网址为 https://www.Mongodb.com/download-center/community，但官网下载非常慢，可从 http://dl.Mongodb.org/dl/win32/x86_64 下载。这里下载的是 win32/MongoDB-win32-x86_64-2012plus-v4.2-latest.zip 版本，下载后解压，解压后找到 bin 目录，打开 Windows 命令行窗口，更改到 bin 路径，输入命令 mongod-dbpath d:\data\db，这里 d:\data\db 是用户自行创建的用于存储数据库的目录。按 Enter 键后即可运行 MongoDB。此外需要一个图形管理界面，这里使用 Robo 3T，下载网址为 robomongo.org/，安装好后新建连接，使用默认连接即可。

10.2 使用 Spring Boot 访问 MongoDB

Spring Boot 访问 MongoDB 有两种方式，一是使用 MongoRepository 接口；二是使用 MongoTemplate。

10.2.1 使用 MongoRepository

Spring Data MongoDB 提供了类似 Spring Data JPA 的 JpaRepository 接口的 MongoRepository 接口，里面封装了查询 MongoDB 数据库的大量 API。Spring Boot 中已经自动配置了 MongoDB 的连接，使用时只需导入 spring-boot-starter-data-MongoDB 依赖便可自行创建 JpaRepository 实例。Spring Boot 默认连接的 MongoDB 数据库是：服务器为 localhost，端口号为 27017，数据库为默认数据库 test，无用户名和密码，如果没有变化，则无须配置，如果有变化，则需要在 application.properties 中重新配置，参考代码如下：

```
//第 10 章/MongoDB1/application.properties
spring.data.Mongodb.database = test
spring.data.Mongodb.host = 127.0.0.1
spring.data.Mongodb.port = 27017
spring.data.Mongodb.repositories.enabled = true
spring.data.Mongodb.username = 用户名
spring.data.Mongodb.password = 密码
```

查看 MongoRegpository 的源码，发现它跟 JpaRespository 一样继承自 PagingAndSortingRepository 接口，这就不难理解 MongoRegpository 与 JpaRespository 的很多功能是一样的。MongoRegpository 提供了以下一些方法。

(1) count()：统计总数。

(2) count(Example < S > example)：条件统计总数。

(3) delete(T entities)：通过对象信息删除某条数据。

(4) deleteById(ID id)：通过 id 删除某条数据。

(5) deleteALL(Iterable <? extends T > entities)：批量删除某条数据。

(6) deleteAll()：清空表中所有的数据。

(7) existsById(ID id)：判断数据是否存在。

(8) exists(Example < T > example)：判断某特定数据是否存在。

(9) findAll():获取表中所有的数据。

(10) findAll(Sort sort):获取表中所有的数据,按照某特定字段排序。

(11) findAll(Pageable pageAble):获取表中所有的数据,分页查询。

(12) findAll(Example<T> example):条件查询。

(13) findAll(Iterable ids):条件查询。

(14) findAll(Example<T> example,Pageable pageable):条件分页查询。

(15) findAll(Example<T> example,Sort sort):条件查询排序。

(16) findOneById(ID id):通过 id 查询一条数据。

(17) findOne(Example example):通过条件查询一条数据。

Spring Data MongoDB 提供了@Document 注解,用来标注实体类,表示一个实体类对象映射为 MongoDB 中的一个文档。@Id 注解用于标注实体类中的主键。

【例 10-1】 使用 Spring Boot 连接 MongoDB 数据库,实现简单的 CRUD,还能使用符合命名规范的方法名称查询,还可使用自定义查询条件查询。

(1) 创建项目,添加依赖。创建 Spring Boot 项目 MongoDB1,添加 spring-boot-starter-data-MongoDB 等依赖,其他依赖参见配套源码,pom. xml 关键代码如下:

```
<dependency>
    <groupId>org.springframework.boot</groupId>
    <artifactId>spring-boot-starter-data-MongoDB</artifactId>
</dependency>
```

(2) 配置 application. properties 文件。由于本案例采用默认连接,所以不需要任何配置,如果有不同,则可参考上面示例代码在这里配置。

(3) 创建实体类 Book,关键代码如下:

```
//第 10 章/MongoDB1/Book.java
@Data
@AllArgsConstructor
@NoArgsConstructor
@Document(collection = "book")
public class Book {
  @Id
private int id;
@Field("name")
    private String name;
    private double price;
    private String category;
    private int pnum;
    private String imgurl;
    private String description;
    private String author;
    private int sales;
}
```

常用注解说明如下。

@Document：标注在实体类上，表示一个实体类对象映射为 MongoDB 中的一个文档，其中(collection="文档名")可以不加，默认文档名与实体类名一致。

@Id：标注实体类中的主键。

@Indexed：索引，加索引后以该字段为条件检索将大大提高速度。

@Field：指定文档的字段名。可以不加，默认字段名与属性名一致。

@Transient：被该注解标注的，将不会被录入数据库中。只作为普通的 javaBean 属性。

@DBRef：设置对象的关联。类似于关系型数据库的外键。

(4) 创建数据访问层。创建 BookRepository，继承 MongoRepository，关键代码如下：

```
//第 10 章/MongoDB1/BookRepository.java
public interface BookRepository extends MongoRepository<Book,Integer>{
    //使用符合命名规范的方法名称进行查询
   public List<Book> findByAuthor(String author);
   public List<Book> findByCategoryAndAuthor(String category,String author);
   public List<Book> findByPriceBetween(double minPrice,double maxcPrice);
   public List<Book> findByNameLike(String name);

    //使用@Query 注解,自定义条件查询
    //查询某个类别的书
   @Query("{'category':?0}")
   public List<Book> findCategory(String category);

    //查询价格小于某个值的书
   @Query("{'price':{'$lte':?0}}")
   public List<Book> findPrice(double price);

    //模糊查询名字及类别,模糊查询用 $regex 关键字
   @Query("{'name':{$regex:/?0/},'category':?1}")
   public List<Book> searchBooks(String name,String category);
}
```

上面一部分代码使用了符合命名规范的方法名称进行查询，这个跟 JPA 是一样的，同样可以参考表 3-4，另一部分代码使用了@Query 注解进行条件查询。一些常用的命名查询与 Query 查询的对照见表 10-2。

表 10-2 命名查询与 Query 查询的对照

关 键 字	中 文 含 义	命名方法示例	Query 查询语句
GreaterThan	大于	findByAgeGreaterThan(int age)	{"age" : {"$gt" : age}}
LessThan	小于	findByAgeLessThan(int age)	{"age" : {"$lt" : age}}
Between	在…之间	findByAgeBetween(int from, int to)	{"age" : {"$gt" : from, "$lt" : to}}
IsNotNull, NotNull	是否非空	findByFirstnameNotNull()	{"age" : {"$ne" : null}}
IsNull, Null	是否为空	findByFirstnameNull()	{"age" : null}
Not	不包含	findByFirstnameNot(String name)	{"age" : {"$ne" :name}}
Like	模糊查询	findByFirstnameLike(String name)	{"age" : age} (age as egex)

(5) 创建控制器 BookController,代码如下:

```
//第 10 章/MongoDB1/BookController.java
@Controller
public class BookController {
    @Autowired
    private BookRepository bookRepository;

      //基础查询(CRUD)
    @GetMapping("/books")
    public ModelAndView books(){
        List<Book> books = bookRepository.findAll();
        ModelAndView mv = new ModelAndView();
        mv.addObject("books",books);
        mv.setViewName("books");
        return mv;
    }

    @GetMapping("/book/{id}")
    public ModelAndView findStudentById(@PathVariable("id") int id){
        Book book =  (Book) bookRepository.findById(id).orElse(new Book());
        ModelAndView mv = new ModelAndView();
        mv.addObject("book",book);
        mv.setViewName("book");
        return mv;
    }

    @GetMapping("/addBook")
    public String addStudent(){
        return "addBook";
    }

    @PostMapping("/addBook")
    public ModelAndView addStudent(Book book){
        bookRepository.insert(book);
        ModelAndView mv = new ModelAndView();
    //添加成功后跳转到查找所有学生的控制器
        mv.setViewName("redirect:/books");
        return mv;
    }

    @GetMapping("/deleteBook/{id}")
    public ModelAndView deleteStudent(@PathVariable("id") int id){
        bookRepository.deleteById(id);
        ModelAndView mv = new ModelAndView();
    //删除成功后跳转到查找所有学生的控制器
        mv.setViewName("redirect:/books");
        return mv;
    }

    @GetMapping("/updateBook/{id}")
    public ModelAndView toUpdateStudent(@PathVariable("id") int id){
        Book book =  (Book) bookRepository.findById(id).orElse(new Book());
```

```
        ModelAndView mv = new ModelAndView();
        mv.addObject("book",book);
        mv.setViewName("updateBook");
        return mv;
    }

    @PostMapping("/updateBook")
    public ModelAndView UpdateStudent(Book book){
        bookRepository.save(book);
        ModelAndView mv = new ModelAndView();
     //修改成功后跳转到查找所有学生的控制器
        mv.setViewName("redirect:/books");
        return mv;
    }

//使用符合命名规范的方法进行查询
    @GetMapping("/findByAuthor")
    public ModelAndView findByAuthor(String author){
        List<Book> books = bookRepository.findByAuthor(author);
        ModelAndView mv = new ModelAndView();
        mv.addObject("books",books);
        mv.setViewName("books");
        return mv;
    }

    @GetMapping("/findByCategoryAndAuthor")
    public ModelAndView findByCategoryAndAuthor(String category,String author){
        List<Book> books = bookRepository.findByCategoryAndAuthor(category,author);
        ModelAndView mv = new ModelAndView();
        mv.addObject("books",books);
        mv.setViewName("books");
        return mv;
    }

    @GetMapping("/findByPriceBetween")
    public ModelAndView findByPriceBetween(double minPrice,double maxPrice){
        List<Book> books = bookRepository.findByPriceBetween(minPrice,maxPrice);
        ModelAndView mv = new ModelAndView();
        mv.addObject("books",books);
        mv.setViewName("books");
        return mv;
    }

    @GetMapping("/findByNameLike")
    public ModelAndView findByNameLike(String name){
        List<Book> books = bookRepository.findByNameLike(name);
        ModelAndView mv = new ModelAndView();
        mv.addObject("books",books);
        mv.setViewName("books");
        return mv;
    }

     //使用@Query注解,自定义条件查询
```

```
    //查询某个类别的书
    @GetMapping("/findCategory")
    public ModelAndView findCategory(String category){
        List<Book> books = bookRepository.findCategory(category);
        ModelAndView mv = new ModelAndView();
        mv.addObject("books",books);
        mv.setViewName("books");
        return mv;
    }

    //查询价格小于某个值的书
    @GetMapping("/findPrice")
    public ModelAndView findPrice(double price){
        List<Book> books = bookRepository.findPrice(price);
        ModelAndView mv = new ModelAndView();
        mv.addObject("books",books);
        mv.setViewName("books");
        return mv;
    }

    //根据书名和目录模糊查询图书
    @GetMapping("/searchBooks")
    public ModelAndView searchBooks(String name,String category){
        List<Book> books = bookRepository.searchBooks(name,category);
        ModelAndView mv = new ModelAndView();
        mv.addObject("books",books);
        mv.setViewName("books");
        return mv;
    }
}
```

(6) 创建视图。HTML 文件跟以前一样,复制过来即可,但 addBook.html 需要加上图书编号,因为这里 id 被当作普通属性来用。

(7) 运行代码进行测试。注意需同时启动 MongoDB。

在浏览器输入 http://localhost:8080/addBook,这是添加界面。这里一共添加了 8 本书,添加完成后的页面如图 10-1 所示。

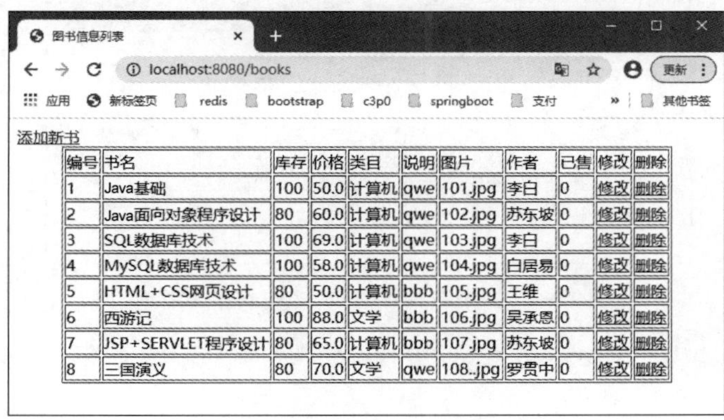

编号	书名	库存	价格	类目	说明	图片	作者	已售	修改	删除
1	Java基础	100	50.0	计算机	qwe	101.jpg	李白	0	修改	删除
2	Java面向对象程序设计	80	60.0	计算机	qwe	102.jpg	苏东坡	0	修改	删除
3	SQL数据库技术	100	69.0	计算机	qwe	103.jpg	李白	0	修改	删除
4	MySQL数据库技术	100	58.0	计算机	qwe	104.jpg	白居易	0	修改	删除
5	HTML+CSS网页设计	80	50.0	计算机	bbb	105.jpg	王维	0	修改	删除
6	西游记	100	88.0	文学	bbb	106.jpg	吴承恩	0	修改	删除
7	JSP+SERVLET程序设计	80	65.0	计算机	bbb	107.jpg	苏东坡	0	修改	删除
8	三国演义	80	70.0	文学	qwe	108..jpg	罗贯中	0	修改	删除

图 10-1 添加后的数据

查看 MongoDB 数据库，发现有 8 个文档，如图 10-2 所示（为了展示整体，这里将第 1 个文档展开，但其他文档折叠）。

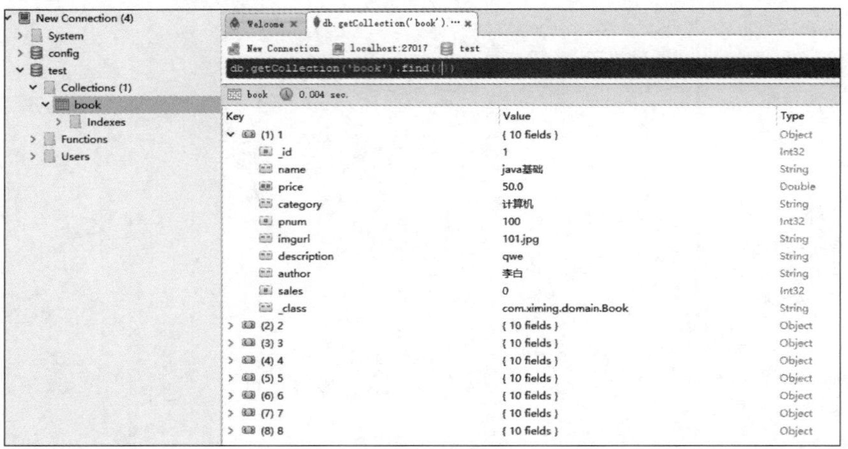

图 10-2　查看 MongoDB 数据库

在浏览器输入 http://localhost:8080/findByAuthor? author=李白，结果如图 10-3 所示。

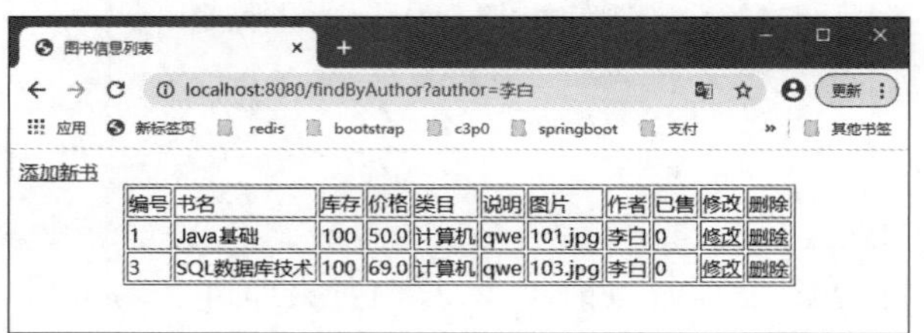

图 10-3　按作者查询 MongoDB 数据库

在浏览器输入 http://localhost:8080/findByNameLike? name=计，结果如图 10-4 所示。

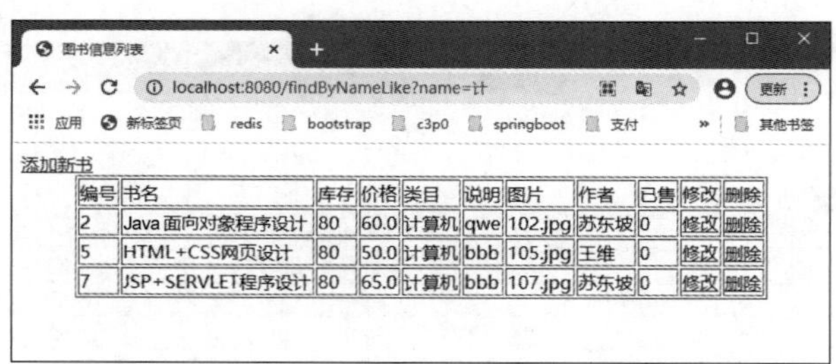

图 10-4　按书名模糊查询 MongoDB 数据库

在浏览器输入 http://localhost:8080/searchBooks? name=S&category=计算机，结果如图 10-5 所示。

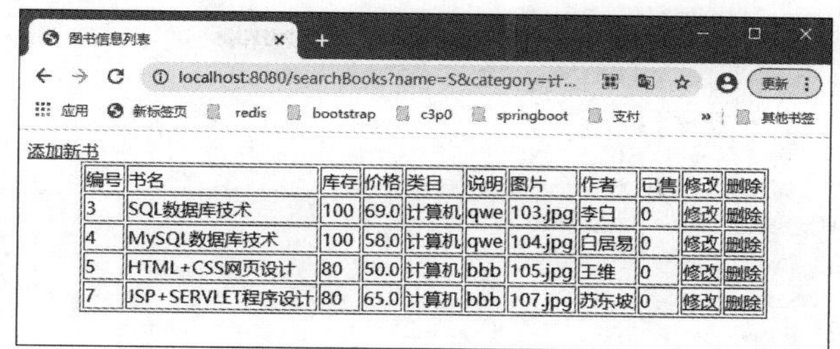

图 10-5 多条件查询 MongoDB 数据库

BookController 中还有更多的方法,读者可打开配套源码自行测试。

10.2.2 使用 MongoTemplate

(1) 新建项目。项目名称为 MongoDB2,添加依赖,跟上一个项目相同。

(2) 创建实体类 Book,基本跟上一个项目相同,但为了区别,将实体类映射到不同的集合,不同之处是@Document 注解,代码如下:

```
@Document(collection = "mybook")
```

这里使用的集合名称是 mybook。

(3) 创建业务层。创建接口 BookService,实现类 BookServieImpl,其中实现类的代码是重点,代码如下:

```
//第 10 章/MongoDB2/BookServiceImpl.java
@Service
public class BookServiceImpl implements BookService{
    @Autowired
    private MongoTemplate mongoTemplate;

    @Override
    public List < Book > findAllBooks() {
        return mongoTemplate.findAll(Book.class,"mybook");
    }

    @Override
    public Book findBookById(int id) {
        return mongoTemplate.findById(id,Book.class,"mybook");
    }

    @Override
    public Book addBook(Book book) {
        return mongoTemplate.insert(book,"mybook");
    }
    @Override
     public UpdateResult updateBook(Book book) {
        Query query = new Query();
        query.addCriteria(Criteria.where("id").is(book.getId()));
```

```
        Update update = new Update();
        update.set("name",book.getName());
        update.set("name",book.getAuthor());
        update.set("name",book.getCategory());
        update.set("name",book.getDescription());
        update.set("name",book.getImgurl());
        update.set("name",book.getPnum());
        update.set("name",book.getPrice());
        update.set("name",book.getSales());
        return mongoTemplate.updateFirst(query,update,Book.class,"mybook");
    }
    @Override
    public DeleteResult deleteBook(int id) {
        Query query = new Query();
        query.addCriteria(Criteria.where("id").is(id));
        return mongoTemplate.remove(query,Book.class,"mybook");
    }
    //模糊查询
    @Override
    public List<Book> findLike(String name) {
        Pattern pattern = Pattern.compile("^.*" + name + ".*$", Pattern.CASE_
INSENSITIVE);
        Query query = new Query(Criteria.where("name").regex(pattern));
        List<Book> bookList = mongoTemplate.find(query, Book.class,"mybook");
        return bookList;
    }
}
```

这里实现了基本的增、删、改、查和模糊查询功能。

(4) 创建控制器 BookController，基本同上一个项目，只需注意细节差别，详见本书配套资源。

(5) 前端页面。基本跟之前相同，只是列表上面多了一个用于模糊查询的表单，详见本书配套资源。

(6) 运行代码进行测试。注意，需要同时启动 MongoDB。

先测试 http://localhost:8080/addBook，添加图书信息，其他测试再自行一一测试。

本章小结

本章学习了 MongoDB 的基础知识，使用 MongoRepository 操作 MongoDB 数据库，使用 MongoTemplate 操作 MongoDB 数据库。

第 11 章

Spring Security 安全管理框架

Spring Security 是一个功能强大且高度可定制的身份验证和访问控制框架，提供了完善的认证机制和方法级的授权功能。Spring Boot 3.0 默认使用的是 Spring Security 6.0 版本，它的配置类与旧版有很大不同，旧版的配置类继承自 WebSecurityConfigurerAdapter 类，并重写了里面的多种方法，而 Spring Security 6.0 版本的配置类没有继承 WebSecurityConfigurerAdapter 类，用户可以直接在配置类里面创建各种 Bean。本章讲解 Spring Security 的认证、授权、权限控制、JWT 原理等内容，并使用 JWT 进行前后端分离认证实战，此外还将讲解 OAuth2 基础知识和 OAuth2 第三方 GitHub 登录实战。

11.1 Spring Security 的认证功能

认证即确认用户访问当前系统的身份，只有经过认证的用户才能访问系统的特定资源。

11.1.1 默认的用户认证

下面通过案例来了解 Spring Security 的用户认证功能。

(1) 创建 Spring Boot 项目 springsecurity1，导入依赖。pom.xml 文件的关键代码如下：

```
//第 11 章/springsecurity1/pom.xml
    <dependency>
        <groupId>org.springframework.boot</groupId>
        <artifactId>spring-boot-starter-thymeleaf</artifactId>
    </dependency>
    <dependency>
        <groupId>org.springframework.boot</groupId>
        <artifactId>spring-boot-starter-web</artifactId>
    </dependency>
    <dependency>
        <groupId>org.projectlombok</groupId>
        <artifactId>lombok</artifactId>
    </dependency>
```

目前暂时没有导入 Spring Security。

（2）创建控制器 SecurityController，提供访问首页和各个功能页的 URL。

```
//第 11 章/springsecurity1/SecurityController
@Controller
public class SecurityController {
     //首页的访问路径
    @GetMapping("/index")
    public String index(){
        return "index";
    }
     //示例：访问 menu1/1,将返回 menu1/1.html
    @GetMapping("/menu{num}/{id}")
    public String menu(@PathVariable("num")int num, @PathVariable("id")int id){
       return "menu" + num + "/" + id;
    }
}
```

（3）在 resource/templates 下创建首页 index. html，代码如下：

```
//第 11 章/springsecurity1/index.html
<!DOCTYPE html>
<html lang = "en" xmlns:th = "http://www.thymeleaf.org">
<head>
    <meta charset = "UTF - 8">
    <title>index</title>
    <style>
        .menu{
            width:200px;
            height: 150px;
            border:1px solid #ccc;
            margin - right: 20px;
            float:left;
            text - align: center;
        }
    </style>
</head>
<body>
<h1>主页</h1>
<div class = "menu">
    <h2>menu1</h2>
        <a th:href = "@{/menu1/1}">menu1_1</a><br/>
        <a th:href = "@{/menu1/2}">menu1_2</a><br/>
        <a th:href = "@{/menu1/3}">menu1_3</a><br/>
</div>
<div class = "menu">
    <h2>menu2</h2>
       <a th:href = "@{/menu2/1}">menu2_1</a><br/>
       <a th:href = "@{/menu2/2}">menu2_2</a><br/>
       <a th:href = "@{/menu2/3}">menu2_3</a><br/>
</div>
<div class = "menu">
    <h2>menu3</h2>
        <a th:href = "@{/menu3/1}">menu3_1</a><br/>
```

```
        <a th:href = "@{/menu3/2}"> menu3_2 </a><br/>
        <a th:href = "@{/menu3/3}"> menu3_3 </a><br/>
</div>
</body>
</html>
```

(4) 在 resource/templates 下分别创建 menu1、menu2、menu3 共 3 个目录，在这 3 个目录下分别创建 1.html、2.html、3.html 文件，每个 HTML 文件用大标题显示目录路径与文件名称即可，如 menu1/1.html 内部的代码如下：

```
<body>
<h1>menu1_1 </h1>
</body>
```

(5) 运行项目，通过浏览器访问 http://localhost:8080/，结果如图 11-1 所示。

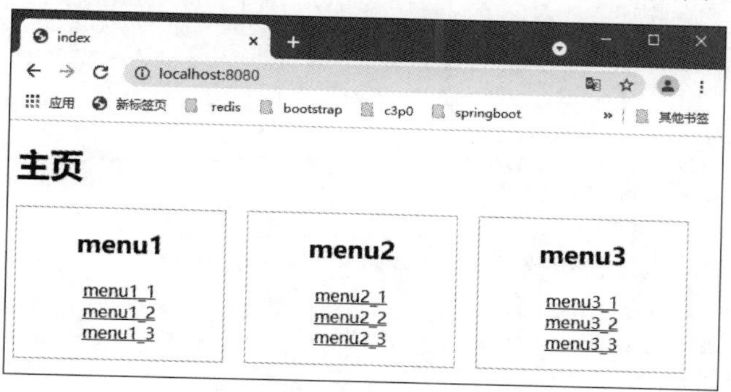

图 11-1 主页

单击任一菜单下的超链接都能跳转到相应页面，如单击 menu1_2，结果如图 11-2 所示。

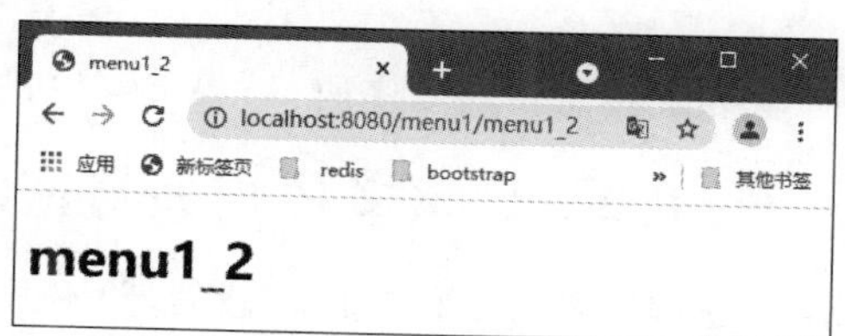

图 11-2 功能页

这时没用到 security 认证功能，所有页面都能任意访问。下面将添加 Spring Security 的认证功能，只有认证过的用户才能访问。

(6) 导入 Spring Security 依赖，在 pom.xml 文件中添加的代码如下：

```
<dependency>
    <groupId> org.springframework.boot </groupId>
    <artifactId> spring-boot-starter-security</artifactId>
</dependency>
```

重新运行项目，在浏览器输入 http://localhost:8080 访问首页，结果出现如图 11-3 所示的登录界面，可见不再允许自由访问各个页面，默认都需要经过认证才能访问。

Spring Security 的过滤器接管了所有访问，需要经过认证才能通过。这个认证的默认用户名是 user，密码在项目启动时在控制台给出，如图 11-4 箭头所示。

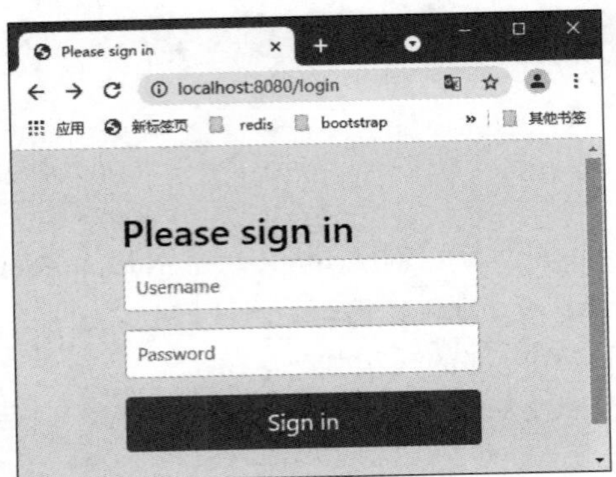

图 11-3 登录页

```
2022-10-30 20:16:08.643  INFO 58184 --- [           main] c.e.s.SpringSecurityQuickApplication    :
2022-10-30 20:16:08.646  INFO 58184 --- [           main] c.e.s.SpringSecurityQuickApplication    :
2022-10-30 20:16:09.535  INFO 58184 --- [           main] o.s.b.w.embedded.tomcat.TomcatWebServer :
2022-10-30 20:16:09.545  INFO 58184 --- [           main] o.apache.catalina.core.StandardService  :
2022-10-30 20:16:09.545  INFO 58184 --- [           main] org.apache.catalina.core.StandardEngine :
2022-10-30 20:16:09.640  INFO 58184 --- [           main] o.a.c.c.C.[Tomcat].[localhost].[/]      :
2022-10-30 20:16:09.641  INFO 58184 --- [           main] w.s.c.ServletWebServerApplicationContext :
2022-10-30 20:16:09.803  INFO 58184 --- [           main] o.s.s.concurrent.ThreadPoolTaskExecutor :
2022-10-30 20:16:09.945  INFO 58184 --- [           main] .s.s.UserDetailsServiceAutoConfiguration :

Using generated security password: 1679fa13-50f5-4932-9cab-dba7b97cbdcf

2022-10-30 20:16:10.040  INFO 58184 --- [           main] o.s.s.web.DefaultSecurityFilterChain    :
2022-10-30 20:16:10.122  INFO 58184 --- [           main] o.s.b.w.embedded.tomcat.TomcatWebServer :
2022-10-30 20:16:10.132  INFO 58184 --- [           main] c.e.s.SpringSecurityQuickApplication    :
```

图 11-4 默认密码

输入上述用户名与密码，结果又可以进入首页。

11.1.2 自定义用户名与密码

上述用户名与密码是临时性的，并不适用项目使用，可以在项目的 application. properties 文件中自定义用户名与密码，代码如下：

```
spring.security.user.name = admin
spring.security.user.password = 123456
```

重新运行项目，控制台不再输出默认密码，通过浏览器访问首页，会弹出登录界面，输入上述用户名与密码，验证通过后就可以访问首页了。

以上方法只能定义一个用户名与密码，如果需要定义多个用户名与密码就可以通过创建一个配置类实现，在配置类的 UserDetailsService 方法中使用内存方式创建多个用户，设置每个用户的用户名与密码及角色。

(1) 接着上面的 springsecurity1 项目，注释掉 application. properties 文件中定义的用户名与密码。创建一个 WebSecurityConfig 配置类，关键代码如下：

```
//第 11 章/springsecurity1/WebSecurityConfig.java
@Configuration
public class WebSecurityConfig {

    @Bean
    PasswordEncoder passwordEncoder() {
        return new BCryptPasswordEncoder();
        //如果不想加密就返回
        //return NoOpPasswordEncoder.getInstance();
    }

    @Bean
    public UserDetailsService userDetailsService() {
        //1.使用内存数据进行认证
        InMemoryUserDetailsManager manager = new InMemoryUserDetailsManager();
        //2.创建 4 个用户
        //设置内存用户名与密码并赋予角色
        UserDetails user1 = User.withUsername("admin").password(passwordEncoder().encode
("123")).roles("role1","role2","role3").build();
        UserDetails user2 = User.withUsername("user1").password(passwordEncoder().encode
("123")).roles("role1").build();
        UserDetails user3 = User.withUsername("user2").password(passwordEncoder().encode
("123")).roles("role2").build();
        UserDetails user4 = User.withUsername("user3").password(passwordEncoder().encode
("123")).roles("role3").build();

        //3.将这 4 个用户添加到内存中
        manager.createUser(user1);
        manager.createUser(user2);
        manager.createUser(user3);
        manager.createUser(user4);
        return manager;
    }
}
```

其中 passwordEncoder()方法表示密码加密方式，一般使用 BCryptPasswordEncoder 方式。这样就创建了 4 个用户，创建用户时还需指定角色，这里暂时这样设置用户角色：用户 user1 具有 role1 的角色，user2 具体 role2 的角色，user3 具有 role3 的角色，用户 admin 同时具有 role1、role2、role3 三个角色，暂时不用管角色的作用。

(2) 重新运行代码，通过浏览器访问首页，此时会出现登录界面，分别使用上述 4 个用户登录都能访问首页和各子菜单页面。

11.1.3　访问控制

上述 springsecurity1 项目，希望实现首页无须登录就能访问，静态资源可以自由访问，其他页面需要登录才能访问，关键步骤如下。

(1) 在 WebSecurityConfig 类中添加以下方法，允许静态资源直接放行，代码如下：

```
//第 11 章/springsecurity1/WebSecurityConfig.java
@Bean
```

```
public WebSecurityCustomizer webSecurityCustomizer() {
    //忽略这些静态资源(不拦截)
   return (web) -> web.ignoring().requestMatchers("/js/**","/css/**","/images/**");
}
```

(2) 在 WebSecurityConfig 类中添加 filterChain 方法，开启登录配置，代码如下：

```
//第 11 章/springsecurity1/WebSecurityConfig.java
@Bean
SecurityFilterChain filterChain(HttpSecurity httpSecurity) throws Exception {
    //开启登录配置
   httpSecurity.authorizeHttpRequests()
   //允许直接访问的路径
         .requestMatchers("/","/index").permitAll()
//其他任何请求都必须经过身份验证
         .anyRequest().authenticated();
   //开启表单验证
   httpSecurity.formLogin()
}
```

(3) 重新运行项目，通过浏览器访问首页，此时会发现无须登录便可以正常访问，单击首页的任何一个子菜单都会弹出登录窗口，要求登录才能访问。

11.1.4 自定义登录界面与注销登录

上述登录界面是由系统给定的，很多时候登录界面是由开发者自定义的，下面来学习如何使用自定义的登录界面。

(1) 在 springsecurity1 项目中，在 resources/templates 下创建一个登录页面 login.html，关键代码如下：

```
//第 11 章/springsecurity1/login.html
<body>
<h1>用户登录</h1>
<form th:action="@{/login}" method="post">
    用户名: <input type="text" name="username"><br/>
    密码: <input type="password" name="password"><br/>
    <input type="submit" value="登录"><br/>
</form>
</body>
```

(2) 接下来希望 Spring Security 登录认证时采用这个页面，而不是系统默认的页面。在 SecurityController 控制器中添加登录页面的访问路径，代码如下：

```
    //自定义登录页的访问路径
   @GetMapping("/toLogin")
   public String tologin(){
      return "login";
   }
```

(3) 在 WebSecurityConfig 配置类的 filterChain 方法中的 httpSecurity.formLogin()

下面接着添加以下代码：

```
//第 11 章/springsecurity1/WebSecurityConfig.java
  //开启表单验证
httpSecurity.formLogin()
  //跳转到自定义的登录页面
        .loginPage("/toLogin")
  //自定义表单的用户名的 name 属性,默认为 username
        .usernameParameter("username")
  //自定义表单的密码的 name 属性,默认为 password
        .passwordParameter("password")
  //表单请求的地址,使用 Security 定义好的/login,并且与自定义表单的 action 一致
        .loginProcessingUrl("/login")
  //允许访问登录有关的路径
        .permitAll();
```

（4）重新运行项目，单击访问首页任意一个菜单项，此时会出现登录页面，输入用户名 admin 和密码 123，可以跳转到原来的访问目标页面。登录后可以访问任意一个页面。

（5）要想实现登录后能注销登录，需要在 filterChain 方法中添加的代码如下：

```
  //开启注销
  //注销后跳转到 index 页面
httpSecurity.logout().logoutSuccessUrl("/index");
  //关闭 csrf
httpSecurity.csrf().disable();
```

注意：如果不关闭 csrf，则注销不会成功。

（6）重新运行项目，在登录后访问任意一个子菜单，然后通过浏览器访问/logout，即可注销登录，程序返回首页。注意/logout 是 Spring Security 默认的退出登录的 URL。filterChain 方法的完整配置如下：

```
//第 11 章/springsecurity1/WebSecurityConfig.java
@Bean
SecurityFilterChain filterChain(HttpSecurity httpSecurity) throws Exception {
    //开启登录配置
    httpSecurity.authorizeHttpRequests()
    //允许直接访问的路径
            .requestMatchers("/","/index").permitAll()
    //其他任何请求都必须经过身份验证
            .anyRequest().authenticated();

    httpSecurity.formLogin()
    //跳转到自定义的登录页面
            .loginPage("/toLogin")
    //自定义表单的用户名的 name,默认为 username
            .usernameParameter("username")
    //自定义表单的密码的 name,默认为 password
            .passwordParameter("password")
    //表单请求的地址,使用 Security 定义好的/login,并且与自定义表单的 action 一致
            .loginProcessingUrl("/login")
```

```
                .permitAll();                          //允许访问登录有关的路径

        //开启注销
        //注销后跳转到 index 页面
        httpSecurity.logout().logoutSuccessUrl("/index");
        httpSecurity.csrf().disable();                       //关闭 csrf

        return httpSecurity.build();
    }
```

11.1.5 登录认证失败的处理

当采用 Spring Security 默认提供的登录页面进行登录时，如果输入错误的用户名或密码，程序将跳转到/login? error，页面将会提示 Bad credentials，表示用户名或密码错误，如图 11-5 所示。

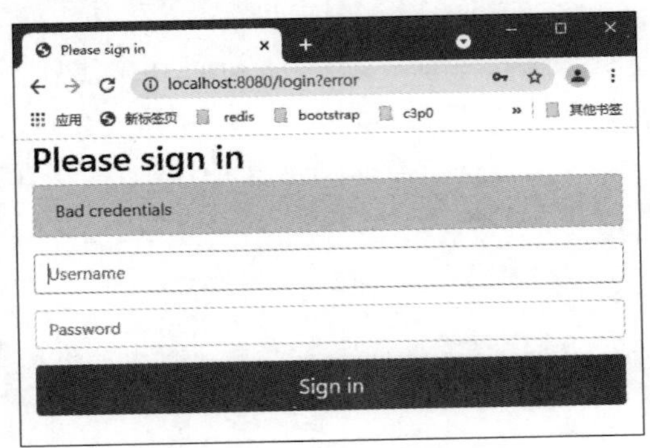

图 11-5 登录认证失败

如果是自定义登录页面，则要进行配置，有关步骤如下。

(1) 接着上述项目，首先需要在 WebSecurityConfig 的配置类的 filterChain 方法中配置登录失败时跳转到的 URL，具体位置在.permitAll()的前面添加的代码如下：

```
.failureUrl("/toLogin/error")                    //如果登录失败跳转到
```

(2) 在控制器 SecurityController 中添加方法，此方法应对应上述 URL。登录失败时程序将抛出 BadCredentialsException 等各种异常，这些异常都是 AuthenticationException 的子类，其中 BadCredentialsException 表示用户名或密码错误导致的异常，抛出的异常 Spring Security 都会存储到键为"SPRING_SECURITY_LAST_EXCEPTION"的 session 域中，所以可以提取出来，再具体判断是哪种子类异常，从而传递不同的错误提示信息给前端。具体的代码如下：

```
//第 11 章/springsecurity1/WebSecurityConfig.java
    //登录失败发生异常时的访问路径
    @GetMapping("/toLogin/error")
    public String toLogin(HttpServletRequest request, Model model){
        AuthenticationException authenticationException = (AuthenticationException)
request.getSession().getAttribute(WebAttributes.AUTHENTICATION_EXCEPTION);
        if (authenticationException instanceof UsernameNotFoundException || authenticationException
 instanceof
BadCredentialsException) {
            model.addAttribute("msg","用户名或密码错误");
        } else if (authenticationException instanceof DisabledException) {
```

```
            model.addAttribute("msg","用户已被禁用");
        } else if (authenticationException instanceof LockedException) {
            model.addAttribute("msg","账户被锁定");
        } else if (authenticationException instanceof AccountExpiredException) {
            model.addAttribute("msg","账户过期");
        } else if (authenticationException instanceof CredentialsExpiredException) {
            model.addAttribute("msg","证书过期");
        }
        return "login";
    }
```

(3) 修改前端 login.html 页面，添加显示错误信息的代码如下：

```
<span th:text="${msg}" style="color:red"></span><br/>
```

(4) 运行代码进行测试，输入错误的用户名或密码，结果如图 11-6 所示。

11.1.6　记住用户名

(1) 首先，在 WebSecurityConfig 配置类的 filterChain 方法下添加以下代码：

```
httpSecurity.rememberMe();                          //记住我
```

(2) 修改 login.html，添加“记住我”选择框，注意该表单项的 name 属性必须是 remember-me，关键代码如下：

```
记住我:<input type="checkbox" name="remember-me"/><br/>
```

(3) 运行代码进行测试，访问首页，再单击子菜单项，此时会弹出登录界面，如图 11-7 所示。

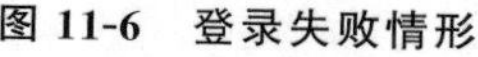
图 11-6　登录失败情形

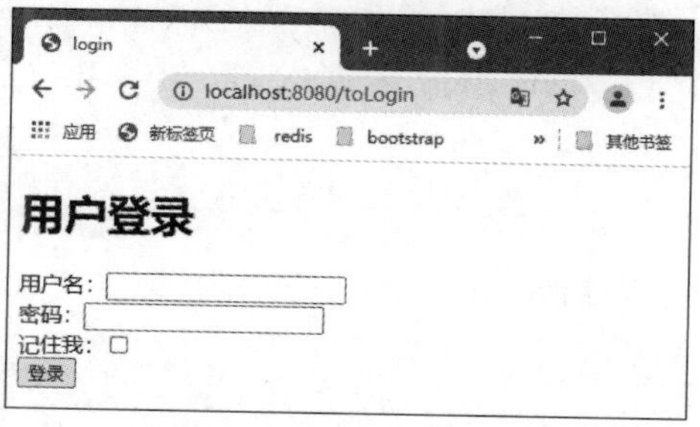

图 11-7　“记住我”选择框

输入用户名与密码，勾选“记住我”选择框，登录后进入子菜单项。关闭浏览器，重新打开后访问首页，再访问子菜单项，无须登录，直接就能访问，证明系统记住了用户名与密码。

11.1.7　图形验证码的使用

接着上述项目，为项目添加验证码功能。在 Spring Security 中需要添加过滤器实现验证码功能，具体步骤如下：

(1) 在 springsecurity1 项目中创建一个工具类 ValidCode，用于生成验证码。这个验证码的源码参见本书配套资源。

(2) 创建过滤器 ValidCodeFilter，继承 GenericFilterBean，在代码中设置为只过滤登录程序/login。

```
//第 11 章/springsecurity1/ValidCodeFilter.java
@Component
public class ValidCodeFilter extends GenericFilterBean {
    @Override
    public void doFilter(ServletRequest req, ServletResponse res, FilterChain chain)
            throws IOException, ServletException {
        HttpServletRequest request = (HttpServletRequest) req;
        HttpServletResponse response = (HttpServletResponse) res;
            //下面代码表示只过滤/login
        if ( " POST". equalsIgnoreCase ( request. getMethod ( )) && "/login". equals ( request.
getServletPath())) {
            //从前端获取用户填写的验证码
            String requestCode = request.getParameter("code");
            String validcode = (String) request.getSession().getAttribute("validcode");
            if (!validcode.toLowerCase().equals(requestCode.toLowerCase())) {
            //如果验证码不相同就跳转
            //手动设置异常
            //存储错误信息,以便前端展示
                request.getSession().setAttribute("msg","验证码错误");
                response.sendRedirect("/toLogin");
            }
        }
            //如果验证码相同就放行
        chain.doFilter(request, response);
    }
}
```

(3) 修改配置类 WebSecurityConfig，注入的过滤器如下：

```
@Autowired
ValidCodeFilter validCodeFilter;
```

再修改 filterChain 方法，在第 1 行添加下述代码：

```
httpSecurity.addFilterBefore(validCodeFilter, UsernamePasswordAuthenticationFilter.class);
```

意思是在认证用户名与密码之前加一个 validCodeFilter 过滤器，这样将先验证验证码，验证码通过后才验证用户名与密码。

(4) 在控制器 SecurityController 中添加的代码如下，其功能是访问/validcode 即可输出验证码图片，代码如下：

```
//第 11 章/springsecurity1/SecurityController.java
@GetMapping("/validcode")
```

```
public void getValidPicture(HttpServletRequest request, HttpServletResponse response) throws
IOException {
    ValidCode validCode = new ValidCode();
    BufferedImage image = validCode.getImage();
    //获取随机验证码(字符串)
    String validcode = validCode.getValidcode();
    System.out.println("validcode:" + validcode);
    HttpSession session = request.getSession();
    //将随机验证码存入 session
    session.setAttribute("validcode", validcode);
    //输出图片
    validCode.output(image, response.getOutputStream());}
```

(5) 放行访问路径/validcode。修改 filterChain 方法，直接放行的有关代码如下：

```
.antMatchers("/","/index","/validcode").permitAll() //允许直接访问的路径
```

可见，除了首页，添加多一项"/validcode"也将直接放行。

(6) 修改 login.html 文件，添加的代码如下：

```
验证码: <input type = "text" name = "code"><img src = "/validcode" width = "100" height = "40"/>
<br/>
```

这样该 HTML 页面在加载时将访问/validcode，并将验证码图片加载到<img>标签中。

(7) 获取验证码错误信息。需要在控制器的 toLogin 方法中获取有关的 Session，修改 toLogin 方法，修改后的代码，如下：

```
//第 11 章/springsecurity1/SecurityController.java
//自定义登录页的访问路径
@GetMapping("/toLogin")
public String toLogin(HttpServletRequest request){
    String msg = (String) request.getSession().getAttribute("msg");
    if(msg!= null){
        request.setAttribute("msg",msg);
    }
    return "login";
}
```

(8) 运行代码进行测试。访问首页再访问子菜单，此时会弹出登录框，要求输入验证码，如图 11-8 所示。输入一个错误的验证码，控制台将提示如下：

```
org.springframework.security.authentication.AuthenticationServiceException: 验证码错误!
```

然后程序将跳回登录界面，并提示验证码错误，如图 11-9 所示。如果验证码、用户名和密码都正确，则可正常访问子菜单。

11.1.8 前后端分离时的登录处理

在前后端分离登录成功、失败或者退出登录时，不需要由后端指定跳转页面，而只需返回 JSON 数据，在 WebSecurityConfig 类的 filterChain 方法中进行如下配置。

图 11-8 有验证码

图 11-9 提示验证码错误

登录成功后的处理参考代码：

```
//第 11 章/springsecurity1/WebSecurityConfig.java
.successHandler(new AuthenticationSuccessHandler() {
    @Override
    public void onAuthenticationSuccess(HttpServletRequest request, HttpServletResponse
response, Authentication authentication) throws IOException, ServletException {
        response.setContentType("application/json;charset=utf-8");
        PrintWriter out = response.getWriter();
        String json = "{\"status\":\"ok\",\"msg\":\"登录成功\"}";
        out.write(json);
    }
})
```

登录失败时的处理参考代码：

```
//第 11 章/springsecurity1/WebSecurityConfig.java
.failureHandler(new AuthenticationFailureHandler() {
    @Override
    public void onAuthenticationFailure(HttpServletRequest request, HttpServletResponse
response, AuthenticationException exception) throws IOException, ServletException {
        response.setContentType("application/json;charset=utf-8");
        PrintWriter out = response.getWriter();
        String json = "{\"status\":\"error\",\"msg\":\"" + exception.getMessage() + "\"}";
        out.write(json);
    }
})
```

这时就不需要下面这个配置了：

```
.failureUrl("/toLogin/error")//如果登录失败,则跳转到
```

退出登录时的处理参考代码：

```
//第 11 章/springsecurity1/WebSecurityConfig.java
  //退出登录时的处理,适用于前后端分离项目
httpSecurity.logout().logoutSuccessHandler(new LogoutSuccessHandler() {
```

```
    @Override
    public void onLogoutSuccess(HttpServletRequest request, HttpServletResponse response,
Authentication authentication) throws IOException, ServletException {
        response.setContentType("application/json;charset = utf - 8");
        PrintWriter out = response.getWriter();
        String json = "{\"status\":\"ok\",\"msg\":\"退出登录\"}";
        out.write(json);
    }
});
```

这时不需要下面这个配置了：

```
httpSecurity.logout().logoutSuccessUrl("/index"); //注销后跳转到 index 页面
```

以上代码仅供参考，本节案例暂不实现这个功能。

11.2 Spring Security 的授权功能

11.2.1 自定义用户授权

用户授权简单来讲就是规定什么用户可以访问什么页面，不同的用户可以访问不同的页面。简单的授权可以在配置类中直接指定，复杂的授权需要整合数据库。这里先学习简单的自定义授权。

（1）将项目 springsecurity1 复制一份并命名为 springsecurity2。

（2）打开 WebSecurityConfig 类，修改 filterChain 方法中的 httpSecurity.authorizeRequests()，相关配置如下：

```
//第 11 章/springsecurity2/WebSecurityConfig.java
  //开启登录配置
httpSecurity.authorizeHttpRequests()
  //允许直接访问的路径
        .requestMatchers("/","/index","/validcode").permitAll()
  //用户需要有 role1 的角色才能访问/menu1/**
        .requestMatchers("/menu1/**").hasRole("role1")
        .requestMatchers("/menu2/**").hasRole("role2")
        .requestMatchers("/menu3/**").hasRole("role3")
  //其他任何请求都必须经过身份验证
        .anyRequest().authenticated();
```

注：** 表示任意子目录。

这样就给不同的访问路径规定了不同的角色才能访问，结合之前创建用户时给不同户分配了不同的角色，这意味着不同的用户可以访问不同的路径。如创建用户 user1 时分配的是 role1 角色，这样用户可以访问/menu1/**，但不能访问/menu2/** 和/menu3/**，其余用户以此类推，admin 用户由于同时分配了 role1、role2、role3 三个角色，所以 admin 用户可以同时访问上述 3 个菜单。

（3）运行代码进行测试。先访问 http://localhost:8080/，进入首页，然后访问 http://

localhost:8080/toLogin，登录界面，使用 user1 登录，登录后访问 menu1 菜单下的子菜单，子菜单均能正常访问，但访问 menu2 及 menu3 会报错，如图 11-10 所示。

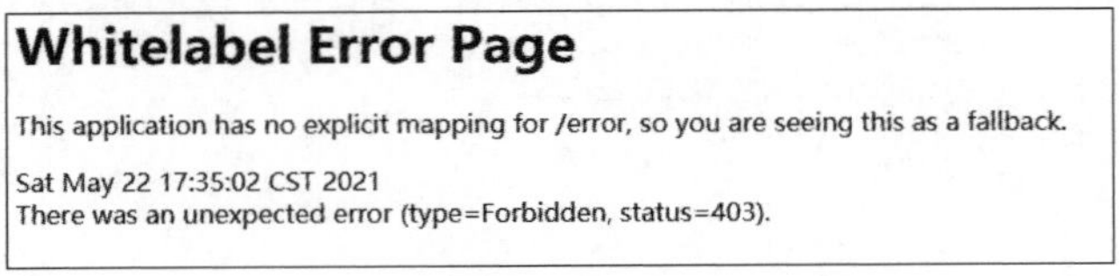

Whitelabel Error Page

This application has no explicit mapping for /error, so you are seeing this as a fallback.

Sat May 22 17:35:02 CST 2021
There was an unexpected error (type=Forbidden, status=403).

图 11-10　没有权限，显示异常

报错信息中关键词 Forbidden 表明了没有访问权限。再次用 user2 或 user3 登录，情况与此类似，用 admin 登录，则 3 个菜单均能访问。

11.2.2　无访问权限的处理

前面无权限的用户访问时会抛出默认错误页面，并不友好，需要跳转到专门制作的页面，具体步骤如下。

（1）创建页面 errorRole.html，主要代码如下：

```
//第 11 章/springsecurity2/errorRole.html
<div>
    <h1>你没有权限访问此页</h1>
    <a th:href="@{/toLogin}">登录</a>   <a th:href="@{/index}">返回首页</a>
</div>
```

（2）添加配置项。在 WebSecurityConfig 类的 filterChain 方法中添加如下配置项：

```
//没有权限时跳转页
httpSecurity.exceptionHandling().accessDeniedPage("/errorRole");
```

（3）向控制器添加方法，代码如下：

```
@GetMapping("/errorRole")
public String errorRole(){
   return "errorRole";
}
```

（4）运行代码进行测试。用 user1 登录，然后访问 menu2/1，结果如图 11-11 所示。

图 11-11　自定义没有权限跳转页

(5) 如果是前后端分离项目，则在无权限时可以不指定跳转页，而是返回 JSON 信息，关键步骤是对 WebSecurityConfig 类的 filterChain 方法中的如下配置项进行替换：

```
//没有权限时跳转页
httpSecurity.exceptionHandling().accessDeniedPage("/errorRole");
```

替换后的代码如下：

```
//第 11 章/springsecurity2/WebSecurityConfig.java
httpSecurity.exceptionHandling().accessDeniedHandler(new AccessDeniedHandler() {
    @Override
    public void handle(HttpServletRequest request, HttpServletResponse response,
AccessDeniedException accessDeniedException) throws IOException, ServletException {
        response.setContentType("application/json;charset = utf - 8");
        PrintWriter out = response.getWriter();
        String json = "{\"status\":\"error\",\"msg\":\"权限不足\"}";
        out.write(json);
    }
});
```

其中 JSON 字符串可以自行根据需要设计。

11.2.3 Thymeleaf 整合 Security

为了方便登录与注册，需要在项目 springsecurity2 的首页中提供登录与注销的超链接，但两个功能不能同时出现，如果未登录，则只能出现登录链接，如果已经登录，则只能出现注销链接，此外已经登录还要显示当前登录的用户名，所以 HTML 页面必须有判断是否已登录的功能，这就需要用到 Thymeleaf 与 Security 的整合包。同样，尽管首页都能访问，但由于不同用户权限不同，要求用户 user1 只能看到首页中的 menu1 菜单，用户 user2 只能看到首页中的 menu2 菜单，user3 只能看到首页中的 menu3 菜单，而 admin 各个菜单都能看见，这需要 HTML 页面必须有判断权限的功能，同样要用到 Thymeleaf 与 Security 的整合包。导入 Thymeleaf 与 Security 的整合包后，就可以在 HTML 页面使用 security 标签，这个标签类似大家熟悉的 JSTL 标签，具有各种 Security 相关的判断与获取功能。

完整过程如下。

(1) 导入 thymeleaf-extras-springsecurity6 依赖，在 pom.xml 文件中添加的代码如下：

```
<dependency>
    <groupId>org.thymeleaf.extras</groupId>
    <artifactId>thymeleaf - extras - springsecurity6</artifactId>
</dependency>
```

(2) 在 index.html 文件中引入 security 标签。在 index.html 页面的头部<html>标签的内部添加的代码如下：

```
<html lang = "en"
      xmlns:th = "http://www.thymeleaf.org"
```

```
    xmlns:sec = "http://www.thymeleaf.org/extras/spring-security"
>
```

这样该页面就可以使用 security 标签了。

(3) 在 index.html 文件中添加如下代码，在页面中添加登录与注销的超链接及登录用户名，代码如下：

```
//第 11 章/springsecurity2/index.html
<div>
    <span sec:authorize = "!isAuthenticated()">
        <a th:href = "@{/toLogin}">登录</a>
    </span>   
    <span sec:authorize = "isAuthenticated()">
        <a th:href = "@{/logout}">注销</a>
    </span>   
    用户名:<span sec:authentication = "name"></span>
</div>
```

<span sec:authorize="isAuthenticated()"></span>表示判断是否登录，如果已经登录，则显示<span></span>标签内部的内容，否则不显示，<span sec:authentication="name"></span>表示获取已经登录的用户名。

(4) 修改各个菜单的 div，通过添加 Security 标签从而根据用户权限决定是否显示该菜单，修改后的有关代码如下：

```
//第 11 章/springsecurity2/index.html
<div class = "menu" sec:authorize = "hasRole('ROLE_role1')">
    <h2> menu1 </h2>
    <a th:href = "@{/menu1/1}"> menu1_1 </a><br/>
    <a th:href = "@{/menu1/2}"> menu1_2 </a><br/>
    <a th:href = "@{/menu1/3}"> menu1_3 </a><br/>
</div>
<div class = "menu" sec:authorize = "hasRole('ROLE_role2')">
    <h2> menu2 </h2>
    <a th:href = "@{/menu2/1}"> menu2_1 </a><br/>
    <a th:href = "@{/menu2/2}"> menu2_2 </a><br/>
    <a th:href = "@{/menu2/3}"> menu2_3 </a><br/>
</div>
<div class = "menu" sec:authorize = "hasRole('ROLE_role3')">
    <h2> menu3 </h2>
    <a th:href = "@{/menu3/1}"> menu3_1 </a><br/>
    <a th:href = "@{/menu3/2}"> menu3_2 </a><br/>
    <a th:href = "@{/menu3/3}"> menu3_3 </a><br/>
</div>
```

<div class="menu" sec:authorize="hasRole('ROLE_role1')"></div>的意思是指如果当前登录用户有 role1 的权限，则显示，否则不显示，其中注意角色前面要加上"ROLE_"。修改后的完整的 index.html 可参照随书配套源码。

(5) 运行代码进行测试。访问首页，结果如图 11-12 所示，表示当前是匿名用户，即未

登录状态，单击登录，以 user1 登录后结果如图 11-13 所示，只能看到 menu1 菜单，注销登录，再次测试 user2 登录，只能看到 menu2 菜单，如图 11-14 所示，user3 情况与此类似，最后用 admin 登录，则 3 个菜单都能看见，如图 11-15 所示。

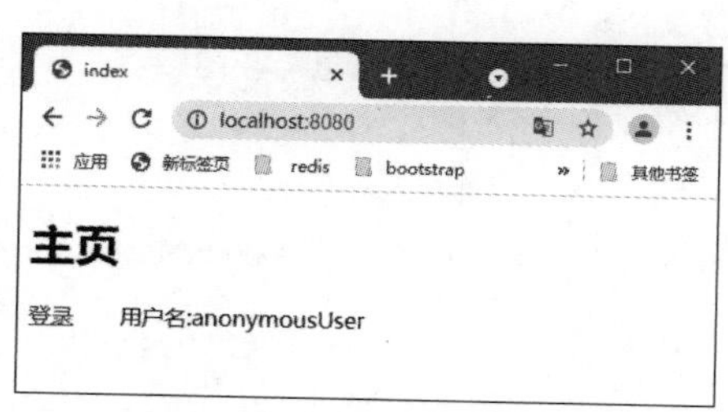

图 11-12 首页

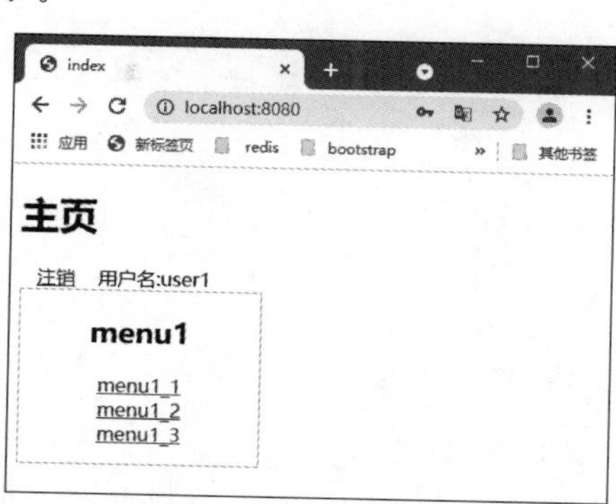

图 11-13 user1 登录后显示的主页

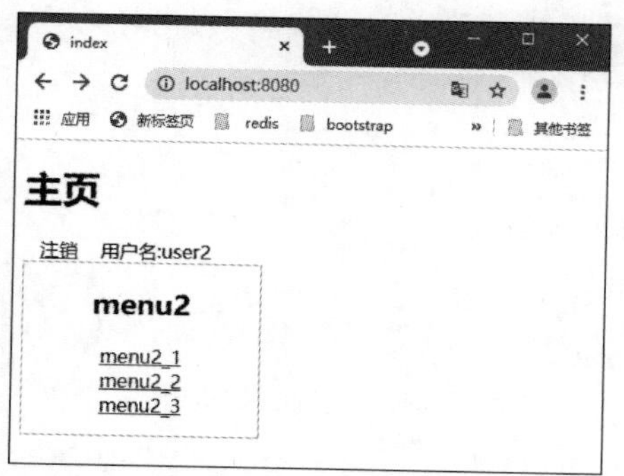

图 11-14 user2 登录后显示的主页

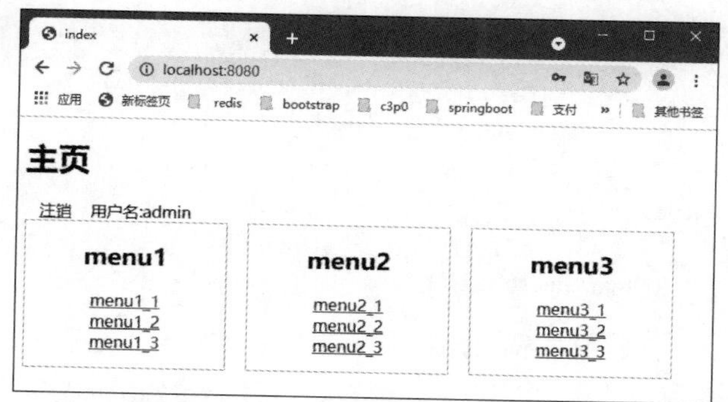

图 11-15 admin 登录后显示的主页

11.3 使用 MyBatis 实现数据库认证

上面的用户名与密码及角色与权限是通过在配置类中使用内存方式定义的，实际上通常使用数据库来定义用户与权限，具体步骤如下。

(1) 首先创建 MySQL 数据库 securitydb，创建用户表 user、角色表 role、权限表 menu 代表可访问资源，角色权限中间表 menu_role 表示哪个资源有哪些角色可访问，角色与权限是多对多的关系，一个角色可能有多个权限，一个权限可能由多个角色拥有，用户角色中间表 user_role 表示用户有哪些角色，也是多对多关系。预录入一些数据，各个表如图 11-16、图 11-17 和图 11-18 所示。

这里注意用户编号 3 同时分配了 1、2、3 三个角色，如图 11-19 和图 11-20 所示。

注意，其中角色表录入的权限需要加上“ROLE_”前缀，之前以内存方式创建角色时并没有加这个前缀，这是因为系统默认自动添加，但采用数据库方式时不会自动添加，只能手动添加。

uid	username	password
1	user1	123
2	user2	123
3	admin	123

图 11-16　用户表 user

rid	name	nameChinese
1	ROLE_user	普通用户
2	ROLE_manager	经理
3	ROLE_admin	管理员

图 11-17　角色表

id	uid	rid
1	1	1
2	2	1
3	2	2
4	3	1
5	3	2
6	3	3

图 11-18　用户角色中间表 user_role

mid	menuname	url
1	商品管理	/menu1/**
2	用户管理	/menu2/**
3	系统管理	/menu3/**

图 11-19　权限表 menu

id	rid	mid
1	1	1
2	2	1
3	2	2
4	3	1
5	3	2
6	3	3

图 11-20　角色权限表 menu_role

(2) 将上述 springsecurity2 项目复制一份并命名为 springsecurity3，在 springsecurity3 项目中导入 MyBatis 及连接数据库等相关依赖，在 pom. xml 文件中添加以下代码：

```
//第 11 章/springsecurity3/pom.xml
<dependency>
    <groupId>org.mybatis.spring.boot</groupId>
    <artifactId>mybatis-spring-boot-starter</artifactId>
    <version>2.3.0</version>
</dependency>
<dependency>
    <groupId>mysql</groupId>
    <artifactId>mysql-connector-java</artifactId>
</dependency>
```

(3) 配置 MyBatis 与数据库连接。在 application. properties 中添加如下配置：

```
//第 11 章/springsecurity3/application.properties
spring.datasource.url=jdbc:mysql://localhost:3306/securitydb?useUnicode=
true&characterEncoding=utf8&serverTimezone=UTC&useSSL=true
spring.datasource.username=root
spring.datasource.password=root
spring.datasource.driver-class-name=com.mysql.cj.jdbc.Driver
  #扫描别名包
mybatis.type-aliases-package=com.sike.domain
  #加载映射文件
mybatis.mapper-locations=classpath:mappers/*.xml
```

(4) 创建实体类。

实体类用户 TUser，代码如下：

```
//第 11 章/springsecurity3/TUser.java
@Data
@AllArgsConstructor
@NoArgsConstructor
public class TUser{
```

```
    private int uid;
    private String username;
    private String password;
    //当前用户具有的角色
    private Collection < Role > roles;
}
```

实体类角色 Role，代码如下：

```
//第 11 章/springsecurity3/Role.java
@Data
@AllArgsConstructor
@NoArgsConstructor
public class Role {
    //角色编号
    private int rid;
    //角色英文名称
    private String name;
    //角色中文名称
    private String nameChinese;
    //一个角色可能有多个权限(菜单)
    private List < Menu > menus;
}
```

实体类权限 Menu，代码如下：

```
//第 11 章/springsecurity3/Menu.java
@Data
@AllArgsConstructor
@NoArgsConstructor
public class Menu {
    //权限编号
    private Integer mid;
    //权限名称
    private String menuname;
    //该权限对应能访问的 URL
    private String url;
    //拥有该权限的所有角色
    private List < Role > roles;
}
```

(5) 创建 UserMapper 接口，代码如下：

```
//第 11 章/springsecurity3/UserMapper.java
@Mapper
public interface UserMapper {
    //根据姓名查找用户 TUser
    TUser findUserByName(String username);
    //根据用户 id 查找角色 Role 集合，角色中又包含权限
    List < Role > findRolesByUserId(int id);
}
```

(6) 创建映射文件。在 resources/mappers 下创建映射文件 UserMapper.xml，关键代

码如下：

```
//第 11 章/springsecurity3/UserMapper.xml
<mapper namespace="com.sike.mapper.UserMapper">
    <select id="findUserByName" resultType="TUser">
        select * from user where username=#{username}
    </select>
    <select id="findRolesByUserId" resultMap="roleMap">
        select role.*,menu.* from role,user_role,menu,role_menu
        where role.rid=user_role.rid and role.rid=role_menu.rid and
role_menu.mid=menu.mid and uid=#{id}
    </select>

    <resultMap id="roleMap" type="Role">
        <id column="rid" property="rid"/>
        <result column="name" property="name"/>
        <result column="nameChinese" property="nameChinese"/>
        <collection property="menus" ofType="Menu">
            <id column="mid" property="mid"/>
            <result column="menuname" property="menuname"/>
            <result column="url" property="url"/>
        </collection>
    </resultMap>
</mapper>
```

（7）创建业务层 UserService，实现 UserDetailsService 接口，重写 loadUserByUsername 方法，实现登录的业务逻辑，代码如下：

```
//第 11 章/springsecurity3/UserService.java
@Service
public class UserService implements UserDetailsService {
    @Autowired
    UserMapper userMapper;

    @Override
    public UserDetails loadUserByUsername(String username) throws UsernameNotFoundException {
        //从数据库中查询用户
        TUser tuser = userMapper.findUserByName(username);
        if(tuser == null){
          throw new UsernameNotFoundException("账号不存在");
        }
        //从数据库中查询到该用户的所有角色(含权限)
        tuser.setRoles(userMapper.findRolesByUserId(tuser.getUid()));
        Collection<GrantedAuthority> authorities = new ArrayList<>();
        //取出用户的角色,封装到 authorities 中
        for(Role role:tuser.getRoles()){
            authorities.add(new SimpleGrantedAuthority(role.getName()));
        //如果权限精确到权限菜单级别,则要补充这个
            for(Menu menu:role.getMenus()){
                authorities.add(new SimpleGrantedAuthority(menu.getMenuname()));
            }
        }
```

```
        //下面的密码一般要加密
        return new User(tuser.getUsername(), new BCryptPasswordEncoder().encode(tuser.
getPassword()),authorities);
    }
}
```

上述 User 是由 Spring Security 提供的类，用于登录认证，需要跟用户自定义的 TUser 区别开来。

(8) 修改配置类 WebSecurityConfig，注入 UserService 对象，删除原来内存用户配置的方法 userDetailsService，然后在 filterChain 方法中添加一句关键代码：

```
httpSecurity.userDetailsService(userService);
```

表示使用上述自定义的业务逻辑类 UserService 进行登录，最终 WebSecurityConfig 类的完整代码如下：

```
//第 11 章/springsecurity3/WebSecurityConfig.java
@Configuration
public class WebSecurityConfig {

    @Autowired
    ValidCodeFilter validCodeFilter;

    @Autowired
    UserDetailsService userService;

    @Bean
    PasswordEncoder passwordEncoder() {
        return new BCryptPasswordEncoder();
        //如果不想加密就返回
        //return NoOpPasswordEncoder.getInstance();
    }

        //静态资源直接放行
    @Bean
    public WebSecurityCustomizer webSecurityCustomizer() {
        //忽略这些静态资源(不拦截)
        return (web) -> web.ignoring().requestMatchers("/js/**", "/css/**","/images/**");
    }

    @Bean
    SecurityFilterChain filterChain(HttpSecurity httpSecurity) throws Exception {
        //先验证验证码
        httpSecurity.addFilterBefore(validCodeFilter, UsernamePasswordAuthenticationFilter.
class);
        httpSecurity.authorizeHttpRequests() //开启登录配置
        //允许直接访问的路径
                .requestMatchers("/","/index","/validcode").permitAll()
        //用户需要有 user 的角色才能访问/menu1/**
                .requestMatchers("/menu1/**").hasRole("user")
```

```
                .requestMatchers("/menu2/**").hasRole("manager")
                .requestMatchers("/menu3/**").hasRole("admin")
        //其他任何请求都必须经过身份验证
                .anyRequest().authenticated();
        //开启表单验证
        httpSecurity.formLogin()
        //跳转到自定义的登录页面
                .loginPage("/toLogin")
        //自定义表单的用户名的 name,默认为 username
                .usernameParameter("username")
        //自定义表单的密码的 name,默认为 password
                .passwordParameter("password")
        //表单请求的地址,使用 Security 定义好的/login,并且与自定义表单的 action 一致
                .loginProcessingUrl("/login")
        //如果登录失败,则跳转到
                .failureUrl("/toLogin/error")
        //允许访问登录有关的路径
                .permitAll();
        //开启注销
        //注销后跳转到 index.html 页面
          httpSecurity.logout().logoutSuccessUrl("/index");
        //关闭 csrf
        httpSecurity.csrf().disable();
        //没有权限时跳转页
        httpSecurity.exceptionHandling().accessDeniedPage("/errorRole");
        //记住我
        httpSecurity.rememberMe();
        httpSecurity.userDetailsService(userService);
        return httpSecurity.build();
    }
}
```

（9）由于数据库所用角色名称跟之前内存用户时有点不一样，所以 index.html 页面中有关的角色名称也要进行相应修改：分别用 ROLE_user、ROLE_manager、ROLE_admin 代替之前的 ROLE_role1、ROLE_role2、ROLE_role13。

（10）运行代码进行测试，分别用 user1、user2、admin 登录，user1 可以看到 menu1 菜单，user2 可以看到 menu1 和 menu2 两个菜单，admin 可以看到 menu1、menu2、menu3 三个菜单。

11.4 使用 MyBatis 实现动态授权

前面的 springsecurity3 项目访问什么资源需要什么权限仍然是手动配置的，这样显然不太合适，最好根据数据库中的数据自动配置访问哪个资源需要哪些角色或权限。

首先要设计好数据库，一个用户可以对应多个角色，一个角色又可对应多个权限，每个权限包含一个可访问的 URL，反过来，每个 URL 可以有多个角色能够访问。

Spring Security 提供了 FilterInvocationSecurityMetadataSource 接口，需要在接口的 getAttributes 方法中先获取当前用户访问的 URL，再获取数据库权限表 menu 中所有的权

限，遍历所有的权限，判断用户访问的 URL 是否匹配其中一个权限，如果不匹配就放行，如果匹配，则获取该权限对应的所有角色，这样就相当于动态地给一个 URL（当前用户访问的那个 URL）配置了访问它所需要的角色，这些角色存储在 Collection <ConfigAttribute>中。

要想让动态配置的角色起作用，接下来需要实现登录用户的角色与访问当前 URL 所需要的角色进行匹配，这需要用到 AccessDecisionManager 接口，在接口的 decide 方法中，获取上述功能传递过来的 Collection < ConfigAttribute >，再获取当前登录用户的角色，进行匹配，如果能匹配，则表示允许当前用户访问，否则没有访问权限。

这两个接口是关键，其他更多细节可参考的步骤如下：

（1）将项目 springsecurity3 复制一份并命名为 springsecurity4。

（2）创建 MenuMapper 接口。在接口中创建方法，代码如下：

```
@Mapper
public interface MenuMapper {
    //找到全部权限集合
   List<Menu> getAllMenus();
}
```

（3）创建映射文件 MenuMapper.xml，核心代码如下：

```
//第 11 章/springsecurity4/MenuMapper.xml
<mapper namespace = "com.sike.mapper.MenuMapper">
    <resultMap id = "menuMap" type = "Menu">
        <id column = "mid" property = "mid"></id>
        <result column = "menuname" property = "menuname"></result>
        <result column = "url" property = "url"></result>
        <collection property = "roles" ofType = "Role">
            <id column = "rid" property = "rid"></id>
            <result column = "name" property = "name"></result>
            <result column = "nameChinese" property = "nameChinese"></result>
        </collection>
    </resultMap>
    <select id = "getAllMenus" resultMap = "menuMap">
        select menu.*, role.* from menu, role_menu, role where menu.mid = role_menu.mid and
role_menu.rid = role.rid
    </select>
</mapper>
```

这里的 SQL 代码的含义是通过多表链接查询出所有权限及每个权限对应的角色。

（4）在 util 包下创建 MyFilterInvocationSecurityMetadataSource 类，实现 FilterInvocationSecurityMetadataSource 接口，代码如下：

```
//第 11 章/springsecurity4/MyFilterInvocationSecurityMetadataSource.java
@Component
public class MyFilterInvocationSecurityMetadataSource implements FilterInvocationSecurityMe-
tadataSource {
   AntPathMatcher antPathMatcher = new AntPathMatcher();
   @Autowired
   MenuMapper menuMapper;
```

```
    @Override
    public Collection < ConfigAttribute > getAttributes(Object object) throws IllegalArgu-
mentException {
        //获取当前访问路径
        String requestUrl = ((FilterInvocation)object).getRequestUrl();
        //获取所有的权限,每个权限又包括多个角色
        List < Menu > menus = menuMapper.getAllMenus();
        for(Menu menu:menus){
            //用户访问的 URL 与数据库中的权限匹配
            if(antPathMatcher.match(menu.getUrl(),requestUrl)){
            //获取该权限对应的所有角色
                List < Role > roles = menu.getRoles();
            //将角色集合转换为数组
                String[] roleArr = new String[roles.size()];
                for(int i = 0;i < roles.size();i++){
                    roleArr[i] = roles.get(i).getName();
                }
            //将角色数组转换为 Collection < ConfigAttribute >返回
                return SecurityConfig.createList(roleArr);
            }
        }
        return null;
    }

    @Override
    public Collection < ConfigAttribute > getAllConfigAttributes() {
        return null;
    }

    @Override
    public boolean supports(Class <?> clazz) {
        return false;
    }
}
```

(5) 在 util 包下创建 MyAccessDecisionManager 类,实现 AccessDecisionManager 接口,代码如下:

```
//第 11 章/springsecurity4/MyAccessDecisionManager.java
@Component
public class MyAccessDecisionManager implements AccessDecisionManager {
    @Override
    public void decide(Authentication authentication, Object object, Collection < ConfigAttribute >
configAttributes) throws AccessDeniedException, InsufficientAuthenticationException {
        Collection <? extends GrantedAuthority > authorities = authentication.getAuthorities();
        //遍历当前 URL 所需的全部角色
        for(ConfigAttribute configAttribute:configAttributes){
            if (configAttribute.getAttribute() == null && authentication instanceof
UsernamePasswordAuthenticationToken){
            //表示已经认证过的
                return;
```

```
            }
        //遍历当前用户所有的角色权限,如果有一个能匹配,则成功
                for(GrantedAuthority authority:authorities){ if(configAttribute.getAttribute().
equals(authority.getAuthority())){
                        return;
                    }
                }
            }
        throw new AccessDeniedException("没有权限");
    }

    @Override
    public boolean supports(ConfigAttribute attribute) {
        return false;
    }

    @Override
    public boolean supports(Class<?> clazz) {
        return false;
    }
}
```

(6) 在 WebSecurityConfig 中进行配置。注入上述两个类,代码如下:

```
//第 11 章/springsecurity4/WebSecurityConfig.java
@Autowired
MyFilterInvocationSecurityMetadataSource myFilterInvocationSecurityMetadataSource;

@Autowired
MyAccessDecisionManager myAccessDecisionManager;
```

然后在 filterChain 方法中增加如下配置,将上述对象传递进去,代码如下:

```
//第 11 章/springsecurity4/WebSecurityConfig.java
.withObjectPostProcessor(new ObjectPostProcessor<FilterSecurityInterceptor>() {
    @Override
    public <O extends FilterSecurityInterceptor> O postProcess(O object) {
        object.setSecurityMetadataSource(myFilterInvocationSecurityMetadataSource);
        object.setAccessDecisionManager(myAccessDecisionManager);
        return object;
    }
})
```

删除 filterChain 方法有关手动配置的权限控制,代码如下:

```
.requestMatchers("/menu1/**").hasRole("user")//用户需要有 user 的角色才能访问/menu1/**
.requestMatchers("/menu2/**").hasRole("manager")
.requestMatchers("/menu3/**").hasRole("admin")
```

只保留 anyRequest().authenticated(),即所有页面都要经过登录才能访问。最终 WebSecurityConfig 的完整配置如下:

```
//第 11 章/springsecurity4/WebSecurityConfig.java
@Configuration
public class WebSecurityConfig {

    @Autowired
    ValidCodeFilter validCodeFilter;

    @Bean
    PasswordEncoder passwordEncoder() {
        return new BCryptPasswordEncoder();
    }

    @Autowired
    UserDetailsService userService;

     //静态资源直接放行
    @Bean
    public WebSecurityCustomizer webSecurityCustomizer() {
     //忽略这些静态资源(不拦截)
        return (web) -> web.ignoring().requestMatchers("/js/**", "/css/**","/images/**");
    }

    @Autowired
    MyFilterInvocationSecurityMetadataSource myFilterInvocationSecurityMetadataSource;

    @Autowired
    MyAccessDecisionManager myAccessDecisionManager;

    @Bean
    SecurityFilterChain filterChain(HttpSecurity httpSecurity) throws Exception {
     //先验证验证码
         httpSecurity.addFilterBefore(validCodeFilter, UsernamePasswordAuthenticationFilter.
class);
     //开启登录配置
         httpSecurity.authorizeHttpRequests()
                .requestMatchers("/","/index","/validcode").permitAll()
                .withObjectPostProcessor(new ObjectPostProcessor<FilterSecurityInterceptor>() {
                    @Override
                    public <O extends FilterSecurityInterceptor> O postProcess(O object) {
object.setSecurityMetadataSource(myFilterInvocationSecurityMetadataSource);
object.setAccessDecisionManager(myAccessDecisionManager);
                        return object;
                    }
                })
                .anyRequest().authenticated();
      //开启表单验证
          httpSecurity.formLogin()
      //跳转到自定义的登录页面
                .loginPage("/toLogin")
      //自定义表单的用户名的 name,默认为 username
                .usernameParameter("username")
      //自定义表单的密码的 name,默认为 password
                .passwordParameter("password")
```

```
        //表单请求的地址,使用 Security 定义好的/login,并且与自定义表单的 action 一致
                    .loginProcessingUrl("/login")
        //如果登录失败,则跳转到
                    .failureUrl("/toLogin/error")
        //允许访问登录有关的路径
                    .permitAll();

        //开启注销
        //注销后跳转到 index 页面
            httpSecurity.logout().logoutSuccessUrl("/index");
            httpSecurity.csrf().disable();
        //没有权限时跳转页
            httpSecurity.exceptionHandling().accessDeniedPage("/errorRole");
            httpSecurity.rememberMe();
            httpSecurity.userDetailsService(userService);
            return httpSecurity.build();
        }
    }
```

(7) 运行代码进行测试。用 user1 登录,可以访问 menu1 下的所有子功能菜单,通过浏览器访问 http://localhost:8080/menu2/1,结果提示没有权限。

11.5 使用注解实现权限控制

可以通过在控制层的类或方法上面添加@PreAuthorize 注解实现类级别或方法级别的权限控制。

【例 11-1】 使用注解实现角色 user 可以访问 menu1 下的所有页面,角色 manager 可以访问 menu1 和 menu2 下的所有页面,角色 admin 可以访问 menu1～menu3 下的所有页面。

权限"商品管理"可以访问/test1,权限"用户管理"可以访问/test2,所有权限都不能访问/test3,rne 权限都可访问/test4。

(1) 将项目 springsecurity3 复制一份并命名为 springsecuirty5,修改 WebSecurityConfig 配置类,在类上面添加@EnableGlobalMethodSecurity 注解,启用方法权限控制,代码如下:

```
@EnableGlobalMethodSecurity(prePostEnabled = true,securedEnabled = true,jsr250Enabled =
true)
```

删除 filterChain 方法有关手动配置的权限控制,代码如下:

```
//用户需要有 user 的角色才能访问/menu1/**
.requestMatchers("/menu1/**").hasRole("user")
.requestMatchers("/menu2/**").hasRole("manager")
.requestMatchers("/menu3/**").hasRole("admin")
```

只保留 anyRequest().authenticated(),即所有页面都要经过登录才能访问。

(2) 修改控制器 SecurityController,在各种方法中要添加@Secured 或@PreAuthorize

注解，实现方法级别的权限控制，代码如下：

```java
//第 11 章/springsecurity4/SecurityController.java
@Controller
public class SecurityController {
    //首页的访问路径
    @GetMapping("/index")
    public String index(){
        return "index";
    }
    //只要有 3 种角色之一便可以访问
    @Secured({"ROLE_user","ROLE_manager","ROLE_admin"})
    //示例：访问 menu1/1 将返回 menu1/1.html
    @GetMapping("/menu1/{id}")
    public String menu1(@PathVariable("id")int id){
        return "menu1/" + id;
    }

    //只要有两种角色之一便可以访问
    @PreAuthorize("hasAnyRole('manager','admin')")
    //示例：访问 menu1/1 将返回 menu2/1.html
    @GetMapping("/menu2/{id}")
    public String menu2(@PathVariable("id")int id){
        return "menu2/" + id;
    }

    //只有 admin 角色可以访问
    @PreAuthorize("hasRole('admin')")
    //示例：访问 menu1/1 将返回 menu3/1.html
    @GetMapping("/menu3/{id}")
    public String menu3(@PathVariable("id")int id){
        return "menu3/" + id;
    }

    @ResponseBody
    //只要有商品管理权限便可以访问
    @PreAuthorize("hasAuthority('商品管理')")
    @GetMapping("/test1")
    public String test1(){
        return "商品管理 hasAuthority";
    }

    @ResponseBody
    //只要有用户管理权限便可以访问
@PreAuthorize("hasAuthority('用户管理')")
    @GetMapping("/test2")
    public String test2(){
        return "用户管理 hasAuthority";
    }

    @ResponseBody
    //所有角色都不可访问
    @DenyAll
```

```
    @GetMapping("/test3")
    public String test3(){
        return "DenyAll";
    }

    @ResponseBody
    //所有角色都可访问
    @PermitAll
    @GetMapping("/test4")
    public String test4(){
        return "PermitAll";
    }
    //省略其他代码
}
```

(3) 运行代码进行测试，分别用不同用户登录访问上述控制器中的各个 URL。

11.6 JWT 原理

传统的登录方式，服务器端需要记住每个客户端的会话对象 Session，随着登录用户的增多会增加服务器的压力，服务器保存了大量数据，如果业务需要扩展，搭建了集群，还需要将 Session 共享。

有一种登录方式叫作无状态登录，可以解决上述问题。所谓无状态登录就是服务器不需要再保存任何用户信息，而是用户自己携带着信息去访问服务器端，服务器端通过这些信息来识别客户端身份，这种信息称为 token(令牌)。下面介绍的 JWT 正是无状态登录的一种，这种登录认证方式也很适合前后端分离的开发项目。

JWT 是 Json Web Token 的缩写，是基于 RFC 7519 标准定义的一种 JSON 对象，其数据使用数字签名，所以是可信任的和安全的。JWT 可以使用 HMAC 算法对密钥进行加密或者使用 RSA 的公钥-私钥对进行签名。

JSON Web 令牌由三部分组成，由点分隔，它们包括头部、载荷和签名。

1. 头部(Header)

JWT 的头部承载着两部分信息：

(1) 声明类型，这里是 JWT。

(2) 声明加密的算法，通常直接使用 HMAC SHA256。

示例代码如下：

```
{
  'typ': 'JWT',
  'alg': 'HS256'
}
```

2. 载荷(Payload)

这部分用来承载要传递的数据，默认字段如下。

(1) iss：发行者身份标识。

(2) exp：到期时间。

(3) sub：主题。

(4) aud：用户。

(5) nbf：在此之前不可用。

(6) iat：发布时间。

(7) jti：JWT ID，用于标识该JWT。

除以上默认字段外，还可以自定义私有字段，示例代码如下：

```
{
  "sub": "123",
  "name": "tom",
  "admin": true
}
```

3. 签名(Signature)

Signature 部分是对前两部分的签名，防止数据被篡改。

JWT 工作流程如下：

(1) 用户发起登录请求。

(2) 服务器端验证身份，将用户信息和标识等信息打包成 JWT Token 返回客户端。

(3) 用户获得 Token，携带 Token 将请求发送给服务器端。

(4) 服务验证 Token 是否可用，如果可用便根据其业务逻辑返回相应结果。

11.7 JWT 前后端分离认证实战

在使用 JWT 实现前后端分离情况下的登录认证与授权。

(1) 数据准备，在数据库 securitydb 中新增一个 products 商品表，见表 11-1。

表 11-1 products 商品表

id	productname	category	price	storenum
1	电视机	家电	3000	100
2	电冰箱	家电	4000	200

(2) 创建 Spring Boot 项目，添加依赖。项目名称为 jwt1，主要依赖如下：

```
//第 11 章/jwt1/pom.xml
<dependency>
    <groupId>org.springframework.boot</groupId>
    <artifactId>spring-boot-starter-web</artifactId>
</dependency>
<dependency>
    <groupId>org.springframework.boot</groupId>
    <artifactId>spring-boot-starter-security</artifactId>
</dependency>
```

```
<dependency>
    <groupId>mysql</groupId>
    <artifactId>mysql-connector-java</artifactId>
</dependency>
<dependency>
    <groupId>io.jsonwebtoken</groupId>
    <artifactId>jjwt</artifactId>
    <version>0.9.1</version>
</dependency>
<dependency>
    <groupId>javax.xml.bind</groupId>
    <artifactId>jaxb-api</artifactId>
    <version>2.3.1</version>
</dependency>
<dependency>
    <groupId>org.projectlombok</groupId>
    <artifactId>lombok</artifactId>
</dependency>
<dependency>
    <groupId>javax.servlet</groupId>
    <artifactId>servlet-api</artifactId>
    <version>2.5</version>
</dependency>
<dependency>
    <groupId>org.mybatis.spring.boot</groupId>
    <artifactId>mybatis-spring-boot-starter</artifactId>
    <version>2.3.0</version>
</dependency>
```

(3) 配置文件。配置新的端口号、数据源、mybatis 映射文件路径与别名，application.yml 文件中的代码如下：

```
//第 11 章/jwt1/application.yml
server:
  port: 8090

spring:
  datasource:
    username: root
    password: root
    driver-class-name: com.mysql.cj.jdbc.Driver
    url: jdbc:mysql://127.0.0.1:3306/securitydb?serverTimezone=UTC&characterEncoding=
UTF-8

mybatis:
  mapper-locations: classpath:mappers/*.xml
  type-aliases-package: com.sike.entity
```

(4) 创建实体类。用户类 TUser、角色类 Role、菜单类 Menu 与前面项目相同，再添加一个 Product 类和一个 ResponseResult 类，用于封装响应结果。ResponseResult 类的代码如下：

```
//第 11 章/jwt1/ResponseResult.java
@Data
@AllArgsConstructor
@NoArgsConstructor
public class ResponseResult<T> implements Serializable {
    //0 表示未登录；1 表示登录成功；2 表示登录失败；3 表示权限不足
   private Integer code;
    //执行成功还是失败
   private boolean flag;
    //认证
   private String authorization;
    //错误信息
   private String errorMsg;
    //查询出来的数据
   private T data;
}
```

(5) 创建 Dao 层。TUserMapper 接口的代码如下：

```
//第 11 章/jwt1/TUserMapper.java
@Mapper
public interface TUserMapper{
   @Select("select * from user where username = #{username}")
   TUser findByUsername(String username);

   @Select("select * from user")
   List<TUser> findAllUsers();
    //根据用户 id 查找角色 Role 集合,角色中又包含权限
   List<Role> findRolesByUserId(int id);

}
```

映射文件 TUserMapper.xml 的关键代码如下：

```
//第 11 章/jwt1/TUserMapper.xml
<mapper namespace="com.sike.dao.TUserMapper">
    <select id="findRolesByUserId" resultMap="roleMap">
        select role.*,menu.* from role,user_role,menu,role_menu
        where role.rid = user_role.rid and role.rid = role_menu.rid and role_menu.mid = menu.
mid and uid = #{id}
    </select>

    <resultMap id="roleMap" type="Role">
        <id column="rid" property="rid"/>
        <result column="name" property="name"/>
        <result column="nameChinese" property="nameChinese"/>
        <collection property="menus" ofType="Menu">
            <id column="mid" property="mid"/>
            <result column="menuname" property="menuname"/>
            <result column="url" property="url"/>
        </collection>
    </resultMap>
</mapper>
```

接口 ProductMapper，代码如下：

```
//第 11 章/jwt1/ProductMapper.java
@Mapper
public interface ProductMapper{
    //查找所有商品
    @Select("select * from product")
    public List<Product> findAllProducts();
}
```

（6）业务逻辑层。

TUserService.java，代码如下：

```
//第 11 章/jwt1/TUserService.java
@Service
public class TUserService implements UserDetailsService {
    @Autowired
    TUserMapper userMapper;

    @Override
    public UserDetails loadUserByUsername(String username) throws UsernameNotFoundException {
        //从数据库中查询用户
        TUser tuser = userMapper.findByUsername(username);
        if(tuser == null){
            throw new UsernameNotFoundException("账号不存在");
        }
        //从数据库中查询到该用户的所有角色(含权限)
        tuser.setRoles(userMapper.findRolesByUserId(tuser.getUid()));
        Collection<GrantedAuthority> authorities = new ArrayList<>();
        //取出用户的角色,封装到 authorities 中
        for(Role role:tuser.getRoles()){
        //添加角色
            authorities.add(new SimpleGrantedAuthority(role.getName()));
        //如果权限控制到权限菜单级别,则要补充这个
            for(Menu menu:role.getMenus()){
        //添加权限
                authorities.add(new SimpleGrantedAuthority(menu.getMenuname()));
            }
        }
        //下面的密码一般要加密
        return new User(tuser.getUsername(), new BCryptPasswordEncoder().encode(tuser.
getPassword()),authorities);
        //return new User(tuser.getUsername(),tuser.getPassword(),authorities);
    }
        //根据用户 id 号查询用户的所有角色
    public List<Role> findRolesByUserId(int id){
        return userMapper.findRolesByUserId(id);
    }
        //查找所有用户
    public List<TUser> findAllUsers(){
        return userMapper.findAllUsers();
    }
```

```
        //转换成自身业务的 TUser
    public TUser toTUser() {
        User user = (User) SecurityContextHolder.getContext().getAuthentication().
getPrincipal();
        return userMapper.findByUsername(user.getUsername());
    }
}
```

ProductService.java 代码如下：

```
//第 11 章/jwt1/ProductService.java
@Service
public class ProductService {
    @Autowired
    ProductMapper productMapper;
    //查找所有商品
    public List<Product> findAllProducts(){
        return productMapper.findAllProducts();
    }
}
```

（7）创建控制器。控制器 ProductController.java 用于提供所获取的全部商品信息的URL，并通过注解指定哪些角色可以访问，代码如下：

```
//第 11 章/jwt1/ProductController.java
@RestController
public class ProductController {
    @Autowired
    ProductService productService;

    @PreAuthorize("hasAnyRole('user','manager','admin')")
    @GetMapping("/products")
    public ResponseResult findAllProducts(){
        ResponseResult sr = new ResponseResult();
        sr.setCode(200);
sr.setFlag(true);
        sr.setData(productService.findAllProducts());
        return sr;
    }
}
```

控制器 TUserController.java 用于提供所获取的全部用户信息的 URL，并通过注解指定哪些角色可以访问，代码如下：

```
//第 11 章/jwt1/TUserMapper.java
@RestController
public class TUserController {
    private TUserService userService;

    @PreAuthorize("hasAnyRole('manager','admin')")
```

```
    @GetMapping("/users")
    public ResponseResult < TUser > findAllUsers(){
        ResponseResult sr = new ResponseResult();
        sr.setCode(200);
        sr.setFlag(true);
        sr.setData(userService.findAllUsers());
        return sr;
    }
}
```

(8) 创建 JWT 工具类 JwtUtils.java,用于提供生成 Token 的方法,代码如下:

```
//第 11 章/jwt1/JwtUtils.java
public class JwtUtils {
    public static String generateToken(Authentication authentication) {
        String token = Jwts.builder()
                //设置 token 的信息
                //将认证后的 authentication 写入 token
                //authentication 中包含登录用户的用户名、权限等信息
                //claim 用来存储自定义属性
                .claim("authentication", authentication)
                //设置主题,也可以设置为用户名或用户 ID
                .setSubject(authentication.getName())
                //过期时间,这里设置为从当前算起 1h
                .setExpiration(new Date(System.currentTimeMillis() + 3600000))
                //加密方式及密钥
                .signWith(SignatureAlgorithm.HS256, "sike")
                .compact();
        return token;
    }
}
```

(9) 创建登录成功处理器 JwtLoginSuccessHandler.java,用于在登录成功后调用上述工具类,生成 Token 响应给客户端,代码如下:

```
//第 11 章/jwt1/JwtLoginSuccessHandler.java
@Component("jwtLoginSuccessHandler")
public class JwtLoginSuccessHandler extends SavedRequestAwareAuthenticationSuccessHandler {
    //Jackson 提供的 JSON 转换类 ObjectMapper,可以用 Spring 自动注入
    @Autowired
    private ObjectMapper objectMapper;

    @Override
    public void onAuthenticationSuccess(HttpServletRequest httpServletRequest,
                                        HttpServletResponse
httpServletResponse, Authentication authentication) throws
            IOException, ServletException {
        //登录成功后,生成 Token
        String token = JwtUtils.generateToken(authentication);
        httpServletResponse.setContentType("application/json;charset = UTF - 8");
        //将 Token 信息写入 ResponseResult 响应给客户端
```

```
        ResponseResult sr = new ResponseResult();
        sr.setCode(1);
        sr.setAuthorization(token);
        sr.setFlag(true);
      //转换成 JSON
        String s = objectMapper.writeValueAsString(sr);
      //响应给浏览器
        httpServletResponse.getWriter().write(s);
    }
}
```

（10）创建登录失败处理器 JwtLoginFailureHandler。用于处理登录失败的情形，捕捉各种异常，将失败信息响应给客户端，代码如下：

```
//第 11 章/jwt1/JwtLoginFailureHandler.java
@Component("jwtLoginFailureHandler")
public class JwtLoginFailureHandler extends SimpleUrlAuthenticationFailureHandler {
    @Autowired
    private ObjectMapper objectMapper;
    @Override
    public void onAuthenticationFailure (HttpServletRequest request, HttpServletResponse
response, AuthenticationException exception) throws IOException,ServletException {
        //设置返回类型
        response.setContentType("application/json;charset = UTF - 8");
        String errorMsg = "";
        if (exception instanceof UsernameNotFoundException){
            errorMsg = "用户名不存在";
        }else if (exception instanceof LockedException){
            errorMsg = "用户被冻结";
        }else if (exception instanceof BadCredentialsException){
            errorMsg = "用户名或密码错误";
        }else {
            errorMsg = exception.getMessage();
        }
        //将错误信息写入 ResponseResult
        ResponseResult sr = new ResponseResult();
        sr.setCode(2);
        sr.setErrorMsg(errorMsg);
        sr.setFlag(false);
        //返回 JSON
        String s = objectMapper.writeValueAsString(sr);
        response.getWriter().write(s);
    }
}
```

（11）创建未登录或 Token 失效时的处理 RestAuthenticationEntryPoint.java，代码如下：

```
//第 11 章/jwt1/RestAuthenticationEntryPoint.java
@Component
public class RestAuthenticationEntryPoint implements AuthenticationEntryPoint {
```

```
    //Jackson 提供的 JSON 转换类 ObjectMapper,可以用 Spring 自动注入
    @Autowired
    private ObjectMapper objectMapper;

    @Override
    public void commence (HttpServletRequest request, HttpServletResponse response,
AuthenticationException authException) throws IOException, ServletException {
        response.setCharacterEncoding("UTF-8");
        response.setContentType("application/json");
        ResponseResult sr = new ResponseResult();
        sr.setFlag(false);
        sr.setCode(2);
        sr.setErrorMsg("尚未登录,或者登录过期");
    //转换成 JSON
        String s = objectMapper.writeValueAsString(sr);
    //响应给浏览器
        response.getWriter().write(s);
    }
}
```

(12) 创建无权限时的处理器 MyAccessDeniedHandler,代码如下:

```
//第 11 章/jwt1/MyAccessDeniedHandler.java
@Component
public class MyAccessDeniedHandler implements AccessDeniedHandler {
    @Override
    public void handle (HttpServletRequest httpServletRequest, HttpServletResponse
httpServletResponse, AccessDeniedException e) throws IOException, ServletException {
        httpServletResponse.setCharacterEncoding("UTF-8");
        PrintWriter out = httpServletResponse.getWriter();
        ResponseResult sr = new ResponseResult<>();
        sr.setFlag(false);
        sr.setCode(3);
        sr.setErrorMsg("权限不足");
        ObjectMapper mapper = new ObjectMapper();
        String str = mapper.writeValueAsString(sr);
        out.write(str);
        out.close();
    }
}
```

(13) 创建 JWT 过滤器 JwtAuthenticationTokenFilter.java,用于获取客户端发送过来的请求头中的 Token 信息,进行验证,然后提取过期时间等有用信息进行验证,再提供用户名和权限等去验证,验证通过后存入 Security 上下文即可,代码如下:

```
//第 11 章/jwt1/JwtAuthenticationTokenFilter.java
public class JwtAuthenticationTokenFilter extends OncePerRequestFilter {

    private Logger logger = LoggerFactory.getLogger(getClass());
    @Override
```

```
    protected void doFilterInternal(HttpServletRequest request,
                                    HttpServletResponse response,
                                    FilterChain filterChain) throws ServletException, IOException {
        //获取 Token
        String token = request.getHeader("Authorization"); //接收从前端发送过来的请求头
        //如果 Token 不为空,则进行验证,验证是否过期,如果不过期,则取出用户名和权限
        //再将用户名和权限交给 UsernamePasswordAuthenticationToken 重新认证
        //认证成功后存入 SecurityContext 上下文,这时就跟正常登录一样了
        if (token!= null) {
        //解析 token
          Claims claims = Jwts.parser()
                .setSigningKey("sike") //密钥
                .parseClaimsJws(token)
                .getBody();
        //获取过期时间
          Date claimsExpiration = claims.getExpiration();
        //判断是否过期
          Date now = new Date();
          if (now.getTime() > claimsExpiration.getTime()) {
              throw new AuthenticationServiceException("凭证已过期,请重新登录!");
          }
        //从 claims 中获取 authentication,它是一个 LinkedHashMap 类型
            LinkedHashMap authenticationMap = (LinkedHashMap < String, Object >) claims.get
("authentication");
        //从 authentication 中获取用户名(也可以从 claims 的 Subject 属性中取用户名)
            String username = (String)authenticationMap.get("name");

        //获取保存在 token 中的登录认证成功的权限(authentication),并将其转换成 List
< GrantedAuthority >
            ArrayList < LinkedHashMap < String, String >> authenticationList = (ArrayList
< LinkedHashMap < String, String >>) authenticationMap.get("authorities");
        //将 ArrayList < LinkedHashMap < String, String >>转换成字符串数组
          String[] authenticationStr = new String[authenticationList.size()];
            for (int i = 0; i < authenticationList.size(); i++) {
                authenticationStr[i] = authenticationList.get(i).get("authority");
            }
        //将字符串数组权限转换成 List < GrantedAuthority >类型
              List < GrantedAuthority > authorities = AuthorityUtils.createAuthorityList
(authenticationStr);
        //利用 UsernamePasswordAuthenticationToken 生成新的 authentication
            UsernamePasswordAuthenticationToken authentication = new UsernamePasswordAuthe-
nticationToken(username, null, authorities);
        //放入 SecurityContextHolder,表示认证通过
SecurityContextHolder.getContext().setAuthentication(authentication);
        }
        filterChain.doFilter(request, response);
    }
}
```

(14) Security 配置。WebSecurityConfig.java 类是关键,将上述有关代码串联起来,代码如下:

```
//第 11 章/jwt1/WebSecurityConfig.java
@Configuration
@EnableGlobalMethodSecurity(prePostEnabled = true) //启用方法级别的权限认证
public class WebSecurityConfig {
    @Autowired
    private TUserService userDetailsService;
    @Autowired
    private RestAuthenticationEntryPoint restAuthenticationEntryPoint;

    @Bean
    PasswordEncoder passwordEncoder() {
        return new BCryptPasswordEncoder();
        //如果不想加密就返回
        //return NoOpPasswordEncoder.getInstance();
    }

    @Autowired
        //登录处理器成功
    private JwtLoginSuccessHandler jwtLoginSuccessHandler;
    @Autowired
        //登录处理器失败
    private JwtLoginFailureHandler jwtLoginFailureHandler;
    @Autowired
        //权限异常处理器
    private MyAccessDeniedHandler accessDeniedHandler;

    @Bean
    SecurityFilterChain filterChain(HttpSecurity httpSecurity) throws Exception {
        //JWT 过滤器
        JwtAuthenticationTokenFilter jwtAuthenticationTokenFilter = new JwtAuthentication-
TokenFilter();
        //将 JWT 拦截器添加到 UsernamePasswordAuthenticationFilter 之前
        httpSecurity.addFilterBefore(jwtAuthenticationTokenFilter, UsernamePasswordAuthen-
ticationFilter.class);
        httpSecurity.formLogin()
                .loginProcessingUrl("/doLogin")
        //注入登录成功处理器
                .successHandler(jwtLoginSuccessHandler)
        //注入登录失败处理器
                .failureHandler(jwtLoginFailureHandler)
                .permitAll()
                .and()
                .logout().permitAll()
                .and()
                .authorizeHttpRequests()
                .anyRequest().authenticated()
                .and()
                .exceptionHandling().accessDeniedHandler(accessDeniedHandler)
                .and().headers().frameOptions().sameOrigin()
// .and().cors()
                .and().csrf().disable()
        //使用 JWT,关闭默认的 Session 实现会话机制,这样便可不产生 Cookie
```

```
                .sessionManagement().sessionCreationPolicy(SessionCreationPolicy.STATELESS);
        //发现未登录时的处理
    httpSecurity.httpBasic().authenticationEntryPoint(restAuthenticationEntryPoint);
        httpSecurity.userDetailsService(userDetailsService);
        return httpSecurity.build();
    }

        //静态资源直接放行
    @Bean
    public WebSecurityCustomizer webSecurityCustomizer() {
        //忽略这些静态资源(不拦截)
        return (web) -> web.ignoring().requestMatchers("/js/**", "/css/**","/images/**");
    }
}
```

(15) 运行代码进行测试。这个是用于前后端分离的权限系统，前端用 PostMan 进行测试即可。

测试登录失败，用 POST 方式访问 http://localhost:8090/doLogin，提供的参数是 username=user1 及 password=123456，这里密码是错误的，这时的响应如图 11-21 所示。

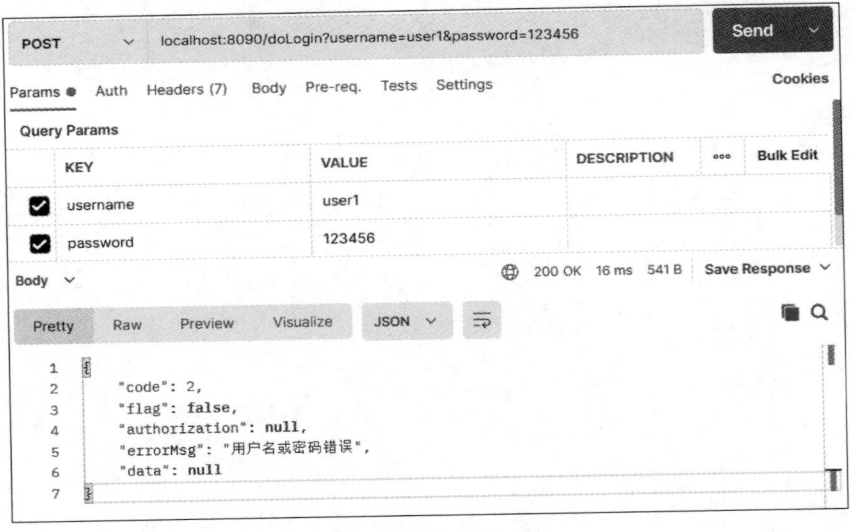

图 11-21　登录失败

测试未登录访问，未登录直接用 GET 方式访问 http://localhost:8090/products，结果响应未登录，如图 11-22 所示。

测试登录成功，用 POST 方式访问 http://localhost:8090/doLogin，提供的参数是 username=user1 及 password=123，响应如图 11-23 所示。注解观察，响应了一串 Token 字符串(键 authorization 对应的值)。

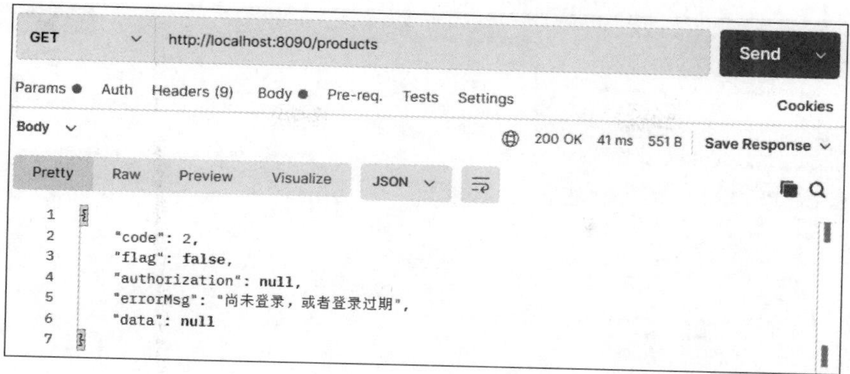

图 11-22　未登录访问

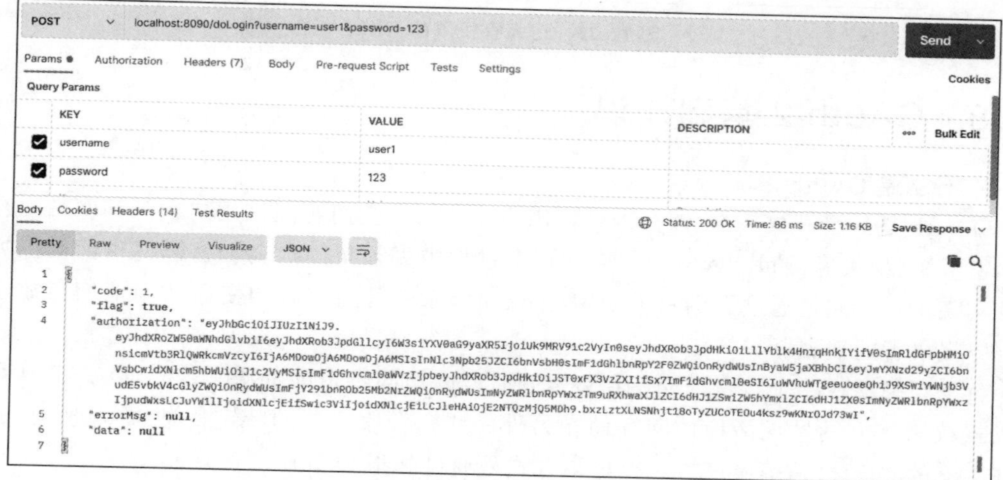

图 11-23　登录成功

测试访问无权限的 URL，用 GET 方式访问 http://localhost:8090/users，并将上述 Token 复制到请求头中，请求头的名称是 Authorization，响应结果提示无权限，如图 11-24 所示。

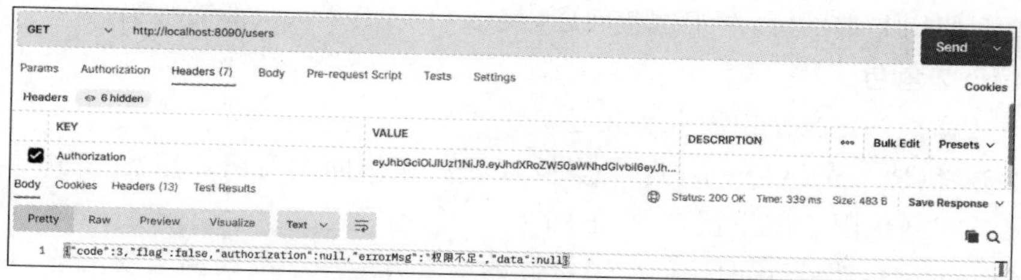

图 11-24　访问无权限的 URL

测试有权限访问的 URL，用 GET 方式访问 http://localhost:8090/products，并将上述 Token 复制到请求头中，请求头的名称是 Authorization，结果有数据响应，如图 11-25 所示。

图 11-25 访问有权限的 URL

11.8 OAuth 2 基础知识

1. 什么是 OAuth 2

OAuth 是一个开放标准，该标准允许用户让第三方应用访问该用户在某一网站上存储的私密资源（如头像、照片、视频等），而在这个过程中无须将用户名和密码提供给第三方应用。实现这一功能是通过提供一个令牌（Token），而不是用户名和密码访问他们存放在特定服务提供者的数据。

每个令牌授权一个特定的网站在特定的时段内访问特定的资源。这样，OAuth 让用户可以授权第三方网站灵活地访问存储在另外一些资源服务器的特定信息，而非所有内容。目前主流的 QQ、微信等第三方授权登录方式是通过基于 OAuth 2 实现的。

OAuth 2 是 OAuth 协议的下一版本，但不向下兼容 OAuth 1.0。OAuth 2 关注客户端开发者的简易性，同时为 Web 应用、桌面应用、移动设备、起居室设备提供专门的认证流程。

传统的 Web 开发登录认证一般基于 Session，但是在前后端分离的架构中继续使用 Session 会有许多不便，因为移动端（Android、iOS、微信小程序等）要么不支持 Cookie（微信小程序），要么使用非常不便，对于这些问题，使用 OAuth 2 认证都能解决。

2. OAuth 2 角色

OAuth 2 标准中定义了以下几种角色。

资源所有者（Resource Owner）：代表授权客户端访问本身资源信息的用户，客户端访问用户账号的权限仅限于用户授权的“范围”。

客户端（Client）：代表意图访问受限资源的第三方应用。在访问实现之前，它必须先经过用户者授权，并且获得的授权凭证将进一步由授权服务器进行验证。

授权服务器（Authorization Server）：授权服务器用来验证用户提供的信息是否正确，并将一个令牌返给第三方应用。

资源服务器(Resource Server)：资源服务器是提供给用户资源(例如头像、照片、视频等)的服务器。

注意：一般来讲，授权服务器和资源服务器可以是同一台服务器。

3. OAuth 2 授权流程

OAuth 2 大致的授权流程图如图 11-26 所示。

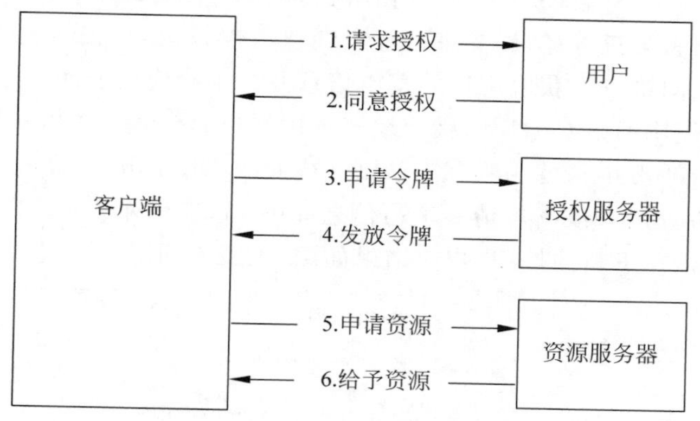

图 11-26　OAuth 2 授权流程图

第 1 步：客户端(第三方应用)向用户请求授权。

第 2 步：用户单击客户端所呈现的服务授权页面上的同意授权按钮后，服务器端将一个授权许可凭证发给客户端。

第 3 步：客户端拿着授权许可凭证去授权服务器申请令牌。

第 4 步：授权服务器验证信息无误后，将令牌发放给客户端。

第 5 步：客户端拿着令牌去资源服务器访问资源。

第 6 步：资源服务器验证令牌无误后给予资源。

4. OAuth 2 授权模式

OAuth 协议的授权模式共分为 4 种，分别说明如下。

授权码模式：授权码模式(Authorizationcode)是功能最完整、流程最严谨的授权模式。它的特点是通过客户端的服务器与授权服务器进行交互，国内常见的第三方平台登录功能基本使用这种模式。

简化模式：简化模式不需要客户端服务器参与，直接在浏览器中向授权服务器申请令牌，一般若网站是纯静态页面，则可以采用这种方式。

密码模式：密码模式是用户把用户名和密码直接告诉客户端，客户端使用这些信息向授权服务器申请令牌。这需要用户对客户端高度信任，例如客户端应用和服务提供商是同一家公司。

客户端模式：客户端模式是指客户端使用自己的名义而不是用户的名义向服务提供者申请授权。严格来讲，客户端模式并不能算作 OAuth 协议要解决的问题的一种解决方案，但是，对于开发者而言，在一些前后端分离应用或者为移动端提供的认证授权服务器上使用这种模式还是非常方便的。

11.9 OAuth 2 第三方 GitHub 登录实战

本节即将开发的一个应用(在 OAuth 2 中称为客户端)需要获得访问用户的基本信息，除了自行设置注册登录外，假设该用户同时在流行的第三方(如 GitHub、QQ、微信等)有账号，还可以引导用户去第三方登录，登录后客户端获得授权码，再去第三方认证服务器申请 Token，再凭 Token 向第三方获取用户的基本信息并为本身应用所用。

这里的第三方使用的是 GitHub，授权模式采用授权码模式。关键步骤如下：

(1) 首先到 GitHub 申请使用第三方认证。先登录 GitHub，然后进入 https://github.com/settings/applications/new 申请。填写信息如图 11-27 所示。

填写完毕后单击左下角的按钮，响应结果如图 11-28 所示。

Register a new OAuth application

Application name *

ghlogintest

Something users will recognize and trust.

Homepage URL *

http://localhost:8080/

The full URL to your application homepage.

Application description

Application description is optional

This is displayed to all users of your application.

Authorization callback URL *

http://localhost:8080/

Your application's callback URL. Read our OAuth documentation for more information.

☐ Enable Device Flow

Allow this OAuth App to authorize users via the Device Flow.

Read the Device Flow documentation for more information.

Register application　Cancel

图 11-27　GitHub 申请第三方认证

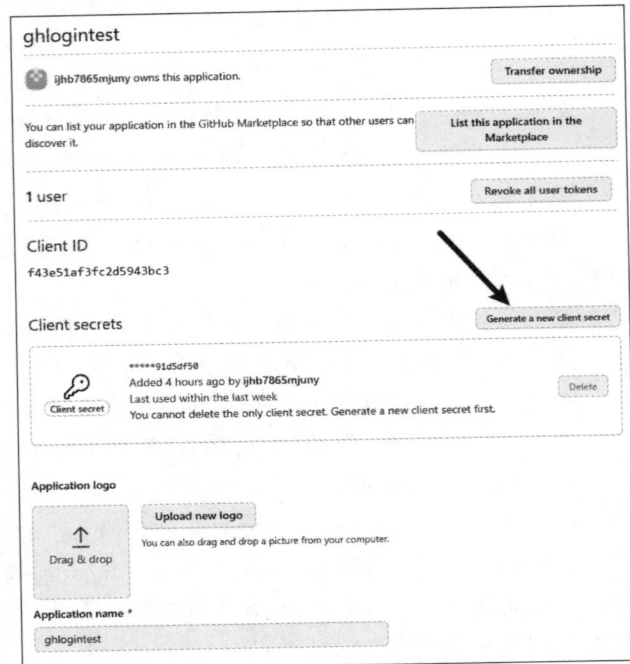

图 11-28　申请结果

可以看到自动生成了 Client ID，然后在获取 Client secrets 时还需要单击图中箭头所示的按钮，这样就会出现信息。这两样信息后面会用到。

(2) 创建项目，命名为 oauth2GitHub，导入的依赖如下：

```
//第 11 章/oauth2GitHub/pom.xml
<dependency>
    <groupId>org.springframework.boot</groupId>
    <artifactId>spring-boot-starter-oauth2-client</artifactId>
```

```
</dependency>
<dependency>
    <groupId>org.springframework.boot</groupId>
    <artifactId>spring-boot-starter-security</artifactId>
</dependency>
<dependency>
    <groupId>org.springframework.boot</groupId>
    <artifactId>spring-boot-starter-web</artifactId>
</dependency>
```

（3）创建控制器，用于设置首页的访问 URL 和登录后的主页的 URL。

```
//第 11 章/oauth2GitHub/MainController.java
@Controller
public class MainController {

    @GetMapping("/")
     //Spring Boot 会自动在方法的参数中注入代表用户的 Authentication 对象
    public String index() {
       return "index.html";
    }

    @GetMapping("/main")
     //Spring Boot 会自动在方法的参数中注入代表用户的 Authentication 对象
    public void main(OAuth2AuthenticationToken token, HttpServletResponse response) throws
IOException {
        System.out.println(String.valueOf(token));
       //输出用户信息
        response.setContentType("text/html;charset=utf-8");
        response.getWriter().write("<h1>登录用户主页</h1>");
        response.getWriter().write(String.valueOf("欢迎你,GitHut 用户: " + token.getPrincipal().
getAttributes().get("login")));
    }
}
```

其中 main()方法代表登录后的主页，获取用户的信息并显示到页面上。

（4）创建首页 index.html，代码如下：

```
//第 11 章/oauth2GitHub/index.html
<!DOCTYPE html>
<html lang="en">
<head>
    <meta charset="UTF-8">
    <title>Title</title>
</head>
<body>
<h1>第三方登录示例</h1>
<div>
    <a href="/main">GitHub 登录</a>
    <a href="/qqLogin">QQ 登录</a>
</div>
</body>
</html>
```

提供超链接供用户与第三方登录认证。

(5) 配置类。创建配置类 ProjectConfig，设置安全配置，以允许应用程序使用 GitHub 登录，比较特别的地方是此处调用了另一个名为 oauth2Login()的方法，表示使用 OAuth2 的登录方式，并且配置登录成功后的处理方法：跳转到主页，代码如下：

```
//第 11 章/oauth2GitHub/ProjectConfig.java
@Configuration
public class ProjectConfig {
    @Bean
    SecurityFilterChain filterChain(HttpSecurity httpSecurity) throws Exception {
        httpSecurity.authorizeHttpRequests().requestMatchers("/").permitAll();
        //设置身份验证方法
        httpSecurity.oauth2Login().successHandler(new AuthenticationSuccessHandler() {
            @Override
            public void onAuthenticationSuccess(HttpServletRequest request, HttpServletResponse
response, Authentication authentication) throws IOException, ServletException {
                response.sendRedirect("/main");
            }
        });
        //指定需要进行身份验证的用户，以便发出请求
        httpSecurity.authorizeHttpRequests()
                .anyRequest().authenticated();
        return httpSecurity.build();
    }
}
```

(6) 在配置类中构建 ClientRegistration 对象实现 OAuth 2 客户端和授权服务器之间的链接，这需要用到 SpringSecurity 提供的 ClientRegistration 接口，表示 OAuth 2 架构中的客户端与认证服务器之间的详细配置，其中包括客户端 ID 和密钥、用于身份验证的授权类型、重定向 URI、作用域。

这项工作也在上述配置类中进行，在配置类 ProjectConfig 中创建一个 ClientRegistration 实例，代码如下：

```
//第 11 章/oauth2GitHub/ProjectConfig.java
private ClientRegistration clientRegistration() {
    ClientRegistration cr = ClientRegistration.withRegistrationId("GitHub")
            //使用在 GitHub 中申请的 Client ID
        .clientId("f43e51af3fc2d5943bc3")
            //使用在 GitHub 中申请的 Client secrets
        .clientSecret("778188d6db6d11a17fcdc54869cb5a5491d5df50")
        .scope(new String[]{"read:user"})
        .authorizationUri("https://github.com/login/oauth/authorize")
        .tokenUri("https://github.com/login/oauth/access_token")
        .userInfoUri("https://api.github.com/user")
        .userNameAttributeName("id")
        .clientName("GitHub")
        .authorizationGrantType(AuthorizationGrantType.AUTHORIZATION_CODE)
        .redirectUriTemplate("{baseUrl}/{action}/oauth2/code/{registrationId}")
        .build();
```

```
    return cr;
}
```

其中，

① 授权 URI：客户端将用户重定向到其进行身份验证的 URI。

② 令牌 URI：客户端为获取访问令牌和刷新令牌而调用的 URI。

③ 用户信息 URI：客户端在获得访问令牌后可以调用的 URI，以获得关于用户的更多详细信息。

Spring Security 框架定义了一个名为 CommonOAuth2Provider 的类。这个类部分定义了可以 用于身份验证的最常见提供程序的 ClientRegistration 实例，其中包括 Google、GitHub、Facebook、Okta，如果使用这些提供程序之一，则可以定义 ClientRegistration，代码如下：

```
//第 11 章/oauth2GitHub/ProjectConfig.java
  //要设置相应的 URI,请选择 GitHub 提供程序
ClientRegistration cr =  CommonOAuth2Provider.GITHUB
       .getBuilder("GitHub")
          .clientId("客户端注册 ID")
          .clientSecret("客户端凭据")
          .build();
```

这样更为清晰，并且不必手动查找和设置授权服务器的 URL，所以这里最终采用下面的代码，取代上述 clientRegistration()方法：

```
//第 11 章/oauth2GitHub/ProjectConfig.java
private ClientRegistration clientRegistration() {
   return CommonOAuth2Provider.GITHUB.getBuilder("GitHub")
         .clientId("f43e51af3fc2d5943bc3")
         .clientSecret("778188d6db6d11a17fcdc54869cb5a5491d5df50")
         .build();
}
```

(7) 使用 ClientRegistrationRepository 注册 ClientRegistration 实例，同样在 projectconfig 配置类中实现，代码如下：

```
//第 11 章/oauth2GitHub/ProjectConfig.java
//将 ClientRegistrationRepository 类型的 Bean 添加到 Spring 上下文,该 Bean 包含对
//ClientRegistration 的引用
@Bean
public ClientRegistrationRepository clientRepository() {
   var c = clientRegistration();
   return new InMemoryClientRegistrationRepository(c);
}
```

projectconfig 配置类的完整代码如下：

```
//第 11 章/oauth2GitHub/ProjectConfig.java
@Configuration
```

```
public class ProjectConfig {
    @Bean
    SecurityFilterChain filterChain(HttpSecurity httpSecurity) throws Exception {
        httpSecurity.authorizeRequests().antMatchers("/").permitAll();
         //设置身份验证方法
        httpSecurity.oauth2Login().successHandler(new AuthenticationSuccessHandler() {
            @Override
              public void onAuthenticationSuccess (HttpServletRequest request, HttpServletResponse
response, Authentication authentication) throws IOException, ServletException {
                response.sendRedirect("/main");
            }
        });
         //指定需要进行身份验证的用户,以便发出请求
        httpSecurity.authorizeRequests()
                .anyRequest().authenticated();
        return httpSecurity.build();
    }

 //private ClientRegistration clientRegistration() {
 //ClientRegistration cr = ClientRegistration.withRegistrationId("GitHub")
 // .clientId("f43e51af3fc2d5943bc3")//使用 GitHub 中申请的 Client ID
 // .clientSecret("778188d6db6d11a17fcdc54869cb5a5491d5df50")//使用 GitHub 中申请的
 // Client secrets
 // .scope(new String[]{"read:user"})
 // .authorizationUri("https://github.com/login/oauth/authorize")
 // .tokenUri("https://github.com/login/oauth/access_token")
 // .userInfoUri("https://api.github.com/user")
 // .userNameAttributeName("id")
 // .clientName("GitHub")
 // .authorizationGrantType(AuthorizationGrantType.AUTHORIZATION_CODE)
 // .redirectUriTemplate("{baseUrl}/{action}/oauth2/code/{registrationId}")
 // .build();
 //return cr;
 //}


    private ClientRegistration clientRegistration() {
        return CommonOAuth2Provider.GITHUB.getBuilder("GitHub")
                .clientId("f43e51af3fc2d5943bc3")
                .clientSecret("778188d6db6d11a17fcdc54869cb5a5491d5df50")
                .build();
    }

        //将 ClientRegistrationRepository 类型的 Bean 添加到 Spring 上下文,该 Bean 包含对
 ClientRegistration 的引用
    @Bean
    public ClientRegistrationRepository clientRepository() {
        var c = clientRegistration();
        return new InMemoryClientRegistrationRepository(c);
    }
}
```

（8）application.properties 的配置。在该文件中添加下述配置以防止认证的死循环：

```
spring.main.allow-circular-references=true
```

(9) 运行代码进行测试。访问 http://localhost:8080,结果如图 11-29 所示。

单击 GitHub 登录,会弹出 GitHub 的登录界面,如图 11-30 所示。

图 11-29　首页

填写用户名和密码,单击 Sign in 按钮,此时会弹出是否授权对话框,如图 11-31 所示。

图 11-30　转到 GitHub 登录界面

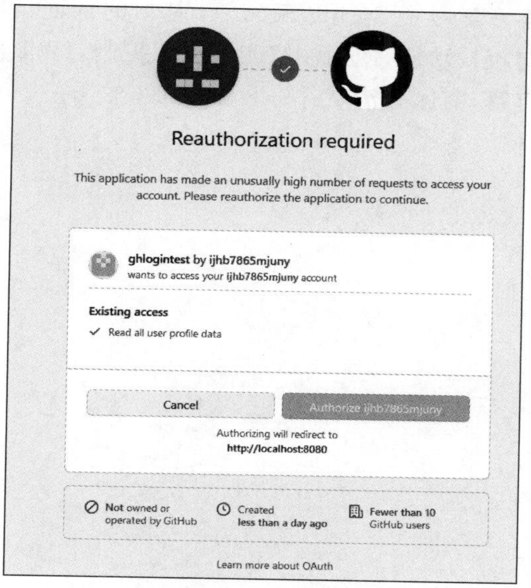

图 11-31　用户授权

单击绿色按钮,结果如图 11-32 所示,显然 GitHub 用户的信息已经被本应用获取了。

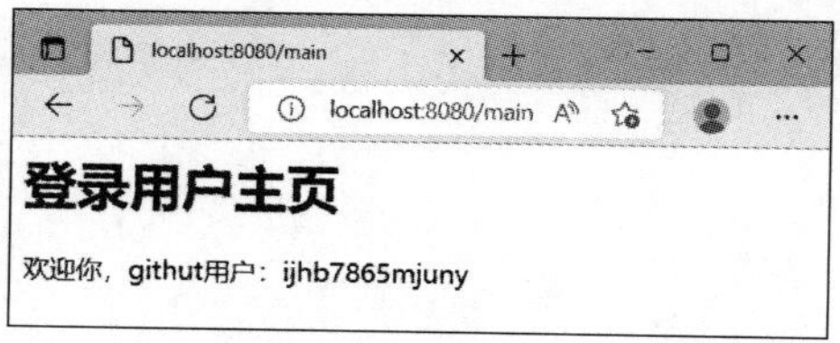

图 11-32　获取第三方登录用户信息

测试时也有可能出现如图 11-33 所示的情况,这时单击页面下面的 GitHub 链接,结果相同。

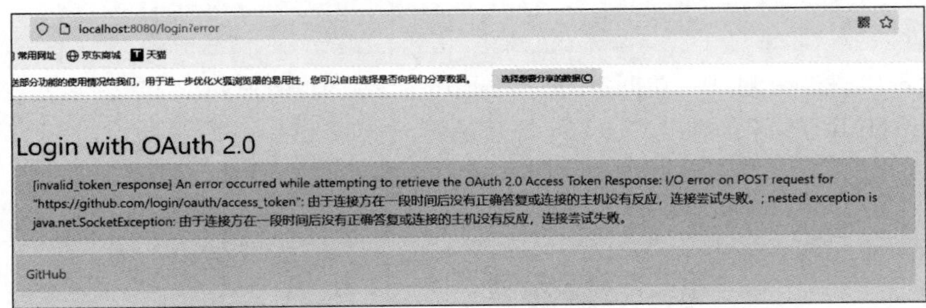

图 11-33 异常情况

本章小结

本章学习了 Spring Security 基本的认证功能、授权功能，以及使用 MyBatis 实现动态认证与授权功能，使用注解实现权限控制，JWT 前后端分离认证实战，OAuth 2 实战。内容比较丰富，需区分清楚并一步步掌握。

第三部分
Spring Boot 与消息队列和搜索引擎

第 12 章

Spring Boot 整合 RabbitMQ

消息中间件是基于队列与消息传递的技术，是在网络中为系统提供可靠的消息传递的软件系统，RabbitMQ 是常用的消息中间件。本章学习 RabbitMQ 的基本原理、下载并安装启动、交换机的类型和路由规则。本章将介绍 Spring Boot 整合 RabbitMQ 的步骤，涵盖常用的 3 种交换模式的整合，最后提供一个商品秒杀流量削峰实战案例。

12.1 RabbitMQ 入门

12.1.1 RabbitMQ 简介

RabbitMQ 整体上是一个生产者与消费者模型，主要负责接收、存储和转发消息。可以把消息传递的过程想象成发货人将一个快件送到快递站，快递公司暂时存储后发货并最终将快件通过快递员送到收件人的手上，RabbitMQ 就好比由快件、快递站和快递员组成的一个系统，该系统的两端还维系着发货人和收件人，同样 RabbitMQ 对应有消息的生产者和消费者。RabbitMQ 技术模型如图 12-1 所示。

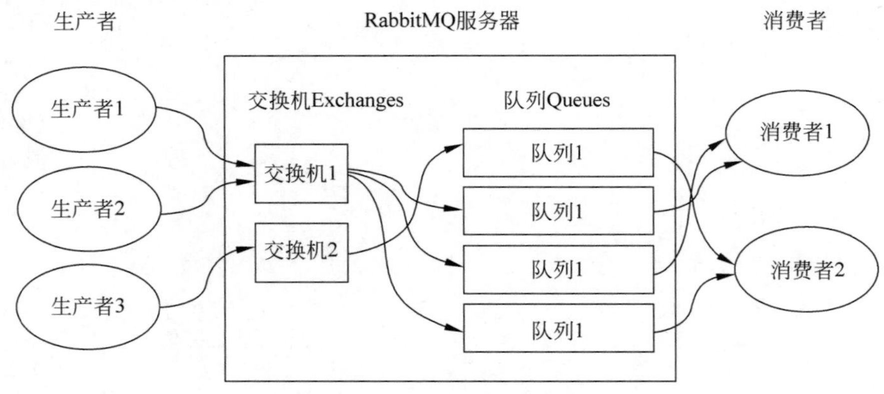

图 12-1　RabbitMQ 技术模型

专业术语介绍如下。

(1) 生产者(Producer)：创建消息，然后发布到 RabbitMQ 中。

(2) 队列(Queue)：RabbitMQ 的内部对象，用于存储生产者发布的消息。RabbitMQ

就像一个仓库，一个仓库里面可以有很多队列，每个队列是服务器之间消息通信的载体，如图 12-2 所示。

(3) 消费者：接收消息的一方，消费者连接到 RabbitMQ 服务器，并订阅到队列上。

多个消费者可以订阅同一个队列，这时队列中的消息会被平均分摊（轮询）给多个消费者进行处理，而不是每个消费者都收到所有的消息并处理，如图 12-3 所示。

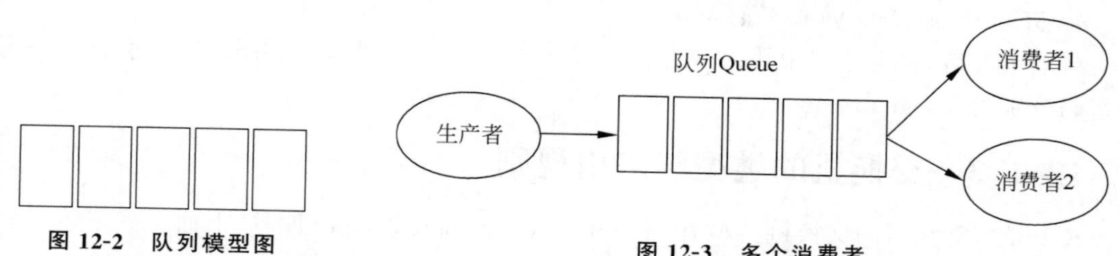

图 12-2 队列模型图

图 12-3 多个消费者

(4) 交换机：在生产者和消息队列之间的交换机，功能类似于网络交换机，交换机接收到生产者发送过来的消息后，可以根据不同的关键字，将信息发送到不同的消息队列。

生产者并不直接将消息发送到队列，而是先将消息发送到 Exchange(交换机，通常也可以用大写的 X 来表示)，然后交换机再将消息路由到一个或者多个队列中。如果路由不到，则或许会返给生产者，或许直接丢弃。这里可以将 RabbitMQ 中的交换机看作一个简单的实体，如图 12-4 所示。

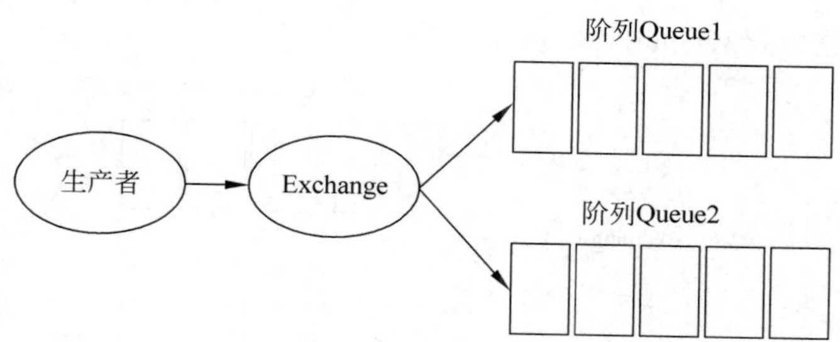

图 12-4 交换机示意图

RabbitMQ 的基本流程：生产者将一条消息发送给交换机→交换机根据关键字匹配到对应的队列→将消息存入队列→消费者从队列中取出消息使用。

12.1.2 RabbitMQ 的下载并安装启动

1. 安装 Erlang

RabbitMQ 是使用 Erlang 语言开发的，需要安装 Erlang 语言才能运行。Erlang 的下载网址为 https://www.erlang.org/downloads，下载后双击安装包，一直单击“下一步”按钮，直到安装完成就可以了。

2. 安装 RabbitMQ

RabbitMQ 的官网为 https://www.rabbitmq.com/download.html，进入页面后单击右侧菜单列表中的 Install：Windows 选项，在下载页面找到 Direct Downloads 下载项并选

择相应版本下载，安装 RabbitMQ 时，双击安装包后一直单击“下一步”按钮就可以了，安装完成后 RabbitMQ 会在系统开始菜单中添加服务快捷键。

3. 启动 RabbitMQ 服务

打开 RabbitMQ 的安装目录下的 sbin 子目录，然后双击 rabbitmq-server. bat 即可启动 RabbitMQ 服务。

4. 开启 RabbitMQ Web 管理界面

启动服务后，在浏览器中输入 http://127.0.0.1:15672 进入 Web 管理界面，默认账号和密码分别为 guest 和 guest。

12.1.3 交换机的类型与路由规则

RabbitMQ 常用的交换机类型有 fanout、direct、topic、headers 四种，下面一一阐述。

1. fanout

扇形交换机，所有发送到该交换机的消息将路由到所有与该交换机绑定的队列中。

2. direct

direct 类型的交换机会把消息路由到 BindingKey 和 RoutingKey 完全匹配的队列中。

以图 12-5 为例，交换机的类型为 direct，队列 Queue1 与交换机绑定时设置的绑定键 BindingKey 为 success，队列 Queue2 与交换机绑定时设置的绑定键 BindingKey 则有 3 个，分别是 primary、success 和 info，如果发送一条消息，并在发送消息时将路由键设置为 success，则消息会路由到 Queue1 和 Queue2。

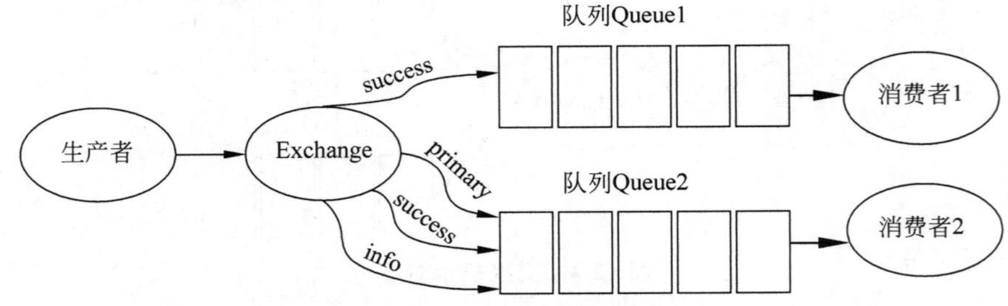

图 12-5 direct 类型的交换机

如果在发送消息时将路由键设置为 primary 或者 info，则消息只会路由到 Queue2。如果设置的路由键是其他的，例如是 hello，则消息不会路由到这两个队列中。

3. topic

前面讲到 direct 类型的交换机路由规则是完全匹配 BindingKey 和 RoutingKey，但是这种严格的匹配方式在很多情况下不能满足实际业务的需求。topic 类型的交换机在匹配规则上进行了扩展，可以进行模糊匹配，它与 direct 类型的交换机类似，也是将消息路由到与 BindingKey 和 RoutingKey 相匹配的队列中，但这里的匹配规则有些不同，约定如下：

(1) RoutingKey 为一个点号“. ”分隔的字符串(被点号“. ”分隔开的每段独立的字符串称为一个单词)，如 com. info. primary、java. util. map、com. sike. primary。

（2）BindingKey 和 RoutingKey 一样也是由点号“.”分隔的字符串。

（3）BindingKey 中可以存在两种特殊字符串“*”和“#”，用于进行模糊匹配，其中“*”用于匹配一个单词，“#”用于匹配任意多个单词(可以是 0 个)。

以图 12-6 中的配置为例说明如下：

（1）路由键为 com.info.primary 的消息会同时路由到 Queue1 和 Queue2。

（2）路由键为 www.sike.primary 的消息只会路由到 Queue2 中。

（3）路由键为 com.goods.demo 的消息只会路由到 Queue2 中。

（4）路由键为 java.info.demo 的消息只会路由到 Queue1 中。

（5）路由键为 java.util.map 的消息将会被丢弃或者返给生产者，因为它没有匹配任何路由键。

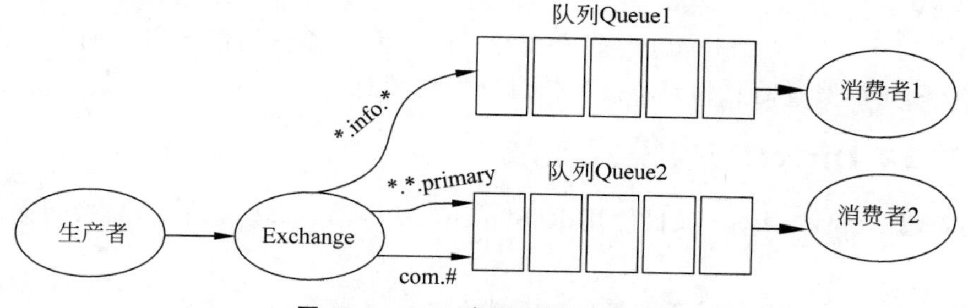

图 12-6 topic 类型交换机的配置

4. headers

headers 类型的交换机不依赖于路由键的匹配规则来路由消息，而是根据发送的消息内容中的 headers 属性进行匹配。在绑定队列和交换机时指定一组键-值对，当将消息发送到交换机时，RabbitMQ 会获取该消息的 headers(也是一个键-值对的形式)，对比其中的键-值对是否完全匹配队列和交换器绑定时指定的键-值对，如果完全匹配，则消息会被路由到该队列，否则不会被路由到该队列。headers 类型的交换机性能很差，而且也不实用，基本上不会看到它的存在。

12.2 Spring Boot 整合 RabbitMQ

12.2.1 整合原理

Spring Boot 提供了对 RabbitMQ 的自动配置，只需导入 spring-boot-starter-amqp 依赖。该整合包提供了操作 AMQP 协议的 AmqpTemplate 接口，可以进行发送和接收消息，通常使用该接口的实现类 RabbitTemplate 进行发送和接收消息。

消息的发送：使用 AmqpTemplate 接口提供的 send 方法，但这种方法比较烦琐，还有一个 convertAndSend 方法更加实用，具体看后面的案例。

消息的接收：可以使用 AmqpTemplate 接口提供的 receive 方法，这种方法如果没有获取消息就立即返回 null，不会一直监听，但一般使用下述异步消息接收。

异步消息的接收：要想监听异步获取消息就要用到监听消息队列的@RabbitListener注解和处理具体消费消息的@RabbitHandler注解。这样接收者就会一直监听某个队列，一旦发现该队列有消息进来，就立即读取，示例代码如下：

```
//第 12 章/MiaoshaConsumer/DirectReceiver.java
@Service
@RabbitListener(queues = "MyDirectQueue1")
//监听的队列名称 MyDirectQueue
public class DirectReceiver {
    @RabbitHandler
    public void process(Map ReceiveMessage) {
        System.out.println("消费者 DirectReceiver 收到消息:" + ReceiveMessage);
    }
}
```

Spring Boot 开发 RabbitMQ 的基本流程：创建生产者→创建队列→创建交换机并绑定路由键→创建消费者监听和异步接收消息→发送消息。

12.2.2 Direct 交换模式实战

【例 12-1】 Spring Boot 项目使用 RabbitMQ 发送消息，接收消息，交换机采用 Direct 模式。

思路：创建一个项目作为生产者，另外创建一个项目作为消费者。在生产者项目中创建一个配置类，在该类中创建队列，创建交换机，将队列与交换机进行绑定，绑定时指定路由键。在生产者项目中再创建一个 Controller，在 Controller 中编写发送消息的程序，发送消息时指定交换机及路由键。消费者项目创建一个类，用于监听队列。同时启动两个项目，访问控制器发送消息，观察控制台消息的消费情况，观察 RabbitMQ 图形界面的情况。

首先创建生产者项目：

(1) 创建项目 RabbitMqProducer1，在 pom.xml 文件中导入如下关键依赖，代码如下：

```
//第 12 章/RabbitMqProducer1/pom.xml
<dependency>
    <groupId>org.springframework.boot</groupId>
    <artifactId>spring-boot-starter-amqp</artifactId>
</dependency>
<dependency>
    <groupId>org.springframework.boot</groupId>
    <artifactId>spring-boot-starter-web</artifactId>
</dependency>
```

其他相对非关键依赖见配套源码。

(2) 配置 application.properties，这也是默认配置，也可以不配置，代码如下：

```
spring.rabbitmq.host = 127.0.0.1
spring.rabbitmq.port = 5672
spring.rabbitmq.username = guest
spring.rabbitmq.password = guest
```

(3) 创建配置类 DirectConfig,创建队列 MyDirectQueue1,创建一个 DirectExchange 类型的交换机,然后使该队列绑定此交换机,再创建一个队列 MyDirectQueue2,但不绑定交换机,代码如下:

```
//第 12 章/RabbitMqProducer1/DirectConfig.java
@Configuration
public class DirectConfig {

    //队列 起名: MyDirectQueue
    @Bean
    public Queue MyDirectQueue1() {
     //创建一个队列,第 1 个参数是队列名称,第 2 个参数表示是否持久化队列
     //持久化队列会被存储在磁盘上,当消息代理重启时仍然存在,如果是 false,则暂存队列,当前
//连接有效
        return new Queue("MyDirectQueue1",true);
    }

    //队列 起名: MyDirectQueue2
    @Bean
    public Queue MyDirectQueue2() {
        //创建一个队列,第 1 个参数是队列名称,第 2 个参数表示是否持久化队列
        //持久化队列会被存储在磁盘上,当消息代理重启时仍然存在,如果是 false,则暂存队列,当
//前连接有效
          return new Queue("MyDirectQueue2",true);
    }

    //Direct 交换机 起名: MyDirectExchange
    @Bean
    DirectExchange MyDirectExchange() {
       return new DirectExchange("MyDirectExchange",true,false);
    //第 3 个参数 autoDelete 表示是否自动删除,当没有生产者或者消费者使用此队列时该队列会
//自动删除
    }

    //绑定 将队列和交换机绑定,并设置路由键: MyDirectRouting
    @Bean
    Binding bindingDirect() {
         return  BindingBuilder. bind ( MyDirectQueue1 ( )). to ( MyDirectExchange ( )). with
("MyDirectRouting");
    }
}
```

(4) 创建控制器 SendMsgController,在控制器中创建消息,发送消息时需要指定路由键,这样只有绑定了该路由键的队列能收到消息,代码如下:

```
//第 12 章/RabbitMqProducer1/SendMsgController.java
@RestController
public class SendMsgController {

   @Autowired
   RabbitTemplate rabbitTemplate;
```

```
    //使用 RabbitTemplate,这提供了接收/发送等方法

    @GetMapping("/sendDirectMsg")
    public String sendDirectMsg() {
     //将消息封装为 Map
       String messageId = String.valueOf(UUID.randomUUID());
       String messageData = "This is My Direct Message!";
       String createTime = LocalDateTime.now().format(DateTimeFormatter.ofPattern("yyyy-
MM-dd HH:mm:ss"));
       Map<String,Object> map = new HashMap<>();
       map.put("messageId",messageId);
       map.put("messageData",messageData);
       map.put("createTime",createTime);
     //将消息绑定路由键：MyDirectRouting 发送到交换机 MyDirectExchange
       rabbitTemplate.convertAndSend("MyDirectExchange", "MyDirectRouting", map);
       return "消息发送成功";
    }
}
```

至此消息的生产者创建完毕，下面来创建消息的消费者：

(1) 创建 RabbitMqConsumer1 项目，导入的依赖同上。

(2) application.properties 同样可以配置也可以不配置 RabbitMQ，但项目的 tomcat 端口需要修改一下，代码如下：

```
server.port = 8081
```

(3) 将生产者项目的 DirectConfig 复制过来，同样用于创建队列等。

(4) 创建业务类 DirectReceiver1，用于监听并接收来自队列 MyDirectQueue1 的消息，代码如下：

```
//第 12 章/RabbitMqConsumer1/DirectReceiver1.java
@Service
@RabbitListener(queues = "MyDirectQueue1")
//监听的队列名称 MyDirectQueue1
public class DirectReceiver1 {
    @RabbitHandler
    public void process(Map ReceiveMessage) {
        System.out.println("消费者 DirectReceiver1 收到消息:" + ReceiveMessage);
    }
}
```

(5) 将 DirectReceiver1 复制一份并改名为 DirectReceiver2，用于监听并接收来自队列 MyDirectQueue2 的消息，代码如下：

```
//第 12 章/RabbitMqConsumer1/DirectReceiver2.java
@Service
@RabbitListener(queues = "MyDirectQueue2")
  //监听的队列名称 MyDirectQueue2
public class DirectReceiver2 {
```

```
    @RabbitHandler
    public void process(Map ReceiveMessage) {
        System.out.println("消费者 DirectReceiver2 收到消息:" + ReceiveMessage);
    }
}
```

(6) 运行代码进行测试,启动两个项目,通过浏览器访问 localhost:8080/sendDirectMsg 并发送消息。观察控制台,结果如下:

```
消费者 DirectReceiver1 收到消息:{createTime = 2022 - 06 - 10 20:18:52, messageId = 0b6896c0 -
0b9f - 44ee - b680 - f78f64dcd98f, messageData = This is My Direct Message!}
```

本案例有两个消息接收者(消费者),从上面的结果可见,只有一个接收者(DirectReceiver1)收到消息了,这是因为这个消息接收者监听的是队列 MyDirectQueue1 的消息,另一个接收者(DirectReceiver2)监听的是队列 MyDirectQueue2,队列 MyDirectQueue1 绑定了路由键 MyDirectRouting,而队列 MyDirectQueue2 并没有绑定,当消息到达交换机时,交换机根据路由键只有队列 MyDirectQueue1 才匹配,就只把消息发送给了队列 MyDirectQueue1,并没有发送给队列 MyDirectQueue2,所以就只有 DirectReceiver1 能监听和接收到消息。

多个消息接收者绑定同一个队列时会以轮询策略发送信息,而不是广播。

(1) 在消费者项目中添加两个消息接收者类 DirectReceiverA、DirectReceiverB,这两者都绑定队列 MyDirectQueue1,这样加上 DirectReceiver1 类,一共有 3 个接收者绑定了同一个队列。DirectReceiverA 类,关键代码如下:

```
//第 12 章/RabbitMqConsumer1/DirectReceiverA.java
@Service
@RabbitListener(queues = "MyDirectQueue1")
  //监听的队列名称 MyDirectQueue1
public class DirectReceiverA {

    @RabbitHandler
    public void process(Map ReceiveMessage) {
        System.out.println("消费者 DirectReceiverA 收到消息 : " + ReceiveMessage);
    }
}
```

DirectReceiverB 类与此类似。

(2) 运行代码进行测试。通过浏览器访问 http://localhost:8080/sendDirectMsg,可以看到消费者项目只有一个接收者收到信息,再次刷新浏览器,另一个也收到信息,再次刷新浏览器,第 3 个也收到信息,多次刷新发现这 3 个消费者是轮流接收同一个队列的消息的。

12.2.3 Fandout 交换模式实战

继续上一个生产者项目:

(1) 创建配置类 FanoutConfig,创建多个队列,创建 FanoutExchange 类型的交换机,多个队列绑定同一个交换机，再创建一个队列不绑定交换机，代码如下：

```
//第 12 章/RabbitMqProducer1/FanoutConfig.java
@Configuration
public class FanoutConfig {

    //创建 3 个队列: fanout.First、fanout.Second 和 fanout.Third
    //将 3 个队列都绑定在交换机 fanoutExchange 上
    //因为是扇形交换机,路由键无须配置,即使配置也不起作用
   @Bean
   public Queue queueFirst() {
      return new Queue("fanout.First");
   }

   @Bean
   public Queue queueSecond() {
      return new Queue("fanout.Second");
   }

   @Bean
   public Queue queueThird() {
      return new Queue("fanout.Third");
   }

   @Bean
   FanoutExchange fanoutExchange() {
      return new FanoutExchange("fanoutExchange");
   }

   @Bean
   Binding bindingExchangeFirst() {
      return BindingBuilder.bind(queueFirst()).to(fanoutExchange());
   }

   @Bean
   Binding bindingExchangeSecond() {
      return BindingBuilder.bind(queueSecond()).to(fanoutExchange());
   }

   @Bean
   Binding bindingExchangeThird() {
      return BindingBuilder.bind(queueThird()).to(fanoutExchange());
   }
 //再创建一个队列,不绑定交换机
   @Bean
   public Queue queueFourth() {
      return new Queue("fanout.Fourth");
   }
}
```

（2）在控制器中添加发送信息的方法。注意发送时无须指定路由键，只需指定交换机，代码如下：

```
//第 12 章/RabbitMqProducer1/SendMsgController.java
@GetMapping("/sendFanoutMsg")
public String sendFanoutMsg() {
    String messageId = String.valueOf(UUID.randomUUID());
    String messageData = "This is My Fanout Message ";
    String createTime = LocalDateTime.now().format(DateTimeFormatter.ofPattern("yyyy-MM-
dd HH:mm:ss"));
    Map<String, Object> map = new HashMap<>();
    map.put("messageId", messageId);
    map.put("messageData", messageData);
    map.put("createTime", createTime);
    rabbitTemplate.convertAndSend("fanoutExchange", null, map);
    return "消息发送成功!";
}
```

接下来完善消费者项目：

（1）将生产者项目的 FanoutConfig 复制过来放到消费者项目中。

（2）分别创建 FanoutReceiverFirst、FanoutReceiverSecond、FanoutReceiverThird、FanoutReceiverFourth，用来监听上述 4 个队列，其中 FanoutReceiverFirst 代码如下，其他代码与此类似。

```
//第 12 章/RabbitMqConsumer1/FanoutReceiverFirst.java
@Service
@RabbitListener(queues = "fanout.First")
public class FanoutReceiverFirst {

    @RabbitHandler
    public void process(Map MyMessage) {
        System.out.println("消费者 FanoutReceiverFirst 收到消息 : " + MyMessage);
    }
}
```

（3）运行代码进行测试。同时启动两个项目，消费者项目控制台输出的三条消息如下：

```
消费者 FanoutReceiverFirst 收到消息 : {createTime = 2022-06-10 20:36:10, messageId =
69333eff-e110-4e4a-b871-98cf41bc3fef, messageData = This is My Fanout Message }
消费者 FanoutReceiverSecond 收到消息 : {createTime = 2022-06-10 20:36:10, messageId =
69333eff-e110-4e4a-b871-98cf41bc3fef, messageData = This is My Fanout Message }
消费者 FanoutReceiverThird 收到消息:{createTime = 2022-06-10 20:36:10, messageId =
69333eff-e110-4e4a-b871-98cf41bc3fef, messageData = This is My Fanout Message }
```

说明直接绑定了交换机的 3 个队列都收到了消息，另外一个没绑定交换机的队列没收到消息。

12.2.4 Topic 交换模式实战

继续上一个生产者项目：

（1）创建配置类 TopicConfig，在类中创建两个队列和一个 TopicExchange 类型交换机，其中一个队列绑定交换机时指定具体的绑定键，另外一个绑定时使用通配符，代码如下：

```
//第 12 章/RabbitMqProducer1/TopicConfig.java
@Configuration
public class TopicConfig {

    //创建两个队列
    @Bean
    public Queue firstQueue() {
        return new Queue("topic.First");
    }

    @Bean
    public Queue secondQueue() {
        return new Queue("topic.Second");
    }

    //创建交换机
    @Bean
    TopicExchange exchange() {
        return new TopicExchange("topicExchange");
    }

    //将 firstQueue 和 topicExchange 绑定,绑定的键值为 topic.First
    //只有消息携带的路由键是 topic.First 时才会分发到该队列
    @Bean
    Binding bindingExchangeMessage() {
        return BindingBuilder.bind(firstQueue()).to(exchange()).with("topic.First");
    }

    //将 secondQueue 和 topicExchange 绑定,绑定的键值为通配路由键规则 topic.#
    //只要消息携带的路由键是以 topic.开头的都会分发到该队列
    @Bean
    Binding bindingExchangeMessage2() {
        return BindingBuilder.bind(secondQueue()).to(exchange()).with("topic.#");
    }

}
```

(2) 在控制器中创建两种方法,分别使用不同的路由键发送信息,代码如下:

```
//第 12 章/RabbitMqProducer1/SendMsgController.java
@GetMapping("/sendTopicMsg1")
public String sendTopicMessage1() {
    String messageId = String.valueOf(UUID.randomUUID());
    String messageData = "My First Topic Message";
    String createTime = LocalDateTime.now().format(DateTimeFormatter.ofPattern("yyyy-MM-
dd HH:mm:ss"));
    Map<String, Object> manMap = new HashMap<>();
    manMap.put("messageId", messageId);
    manMap.put("messageData", messageData);
    manMap.put("createTime", createTime);
    rabbitTemplate.convertAndSend("topicExchange", "topic.First", manMap);
```

```
        return "消息发送成功!";
    }

    @GetMapping("/sendTopicMsg2")
    public String sendTopicMessage2() {
        String messageId = String.valueOf(UUID.randomUUID());
        String messageData = "My Second Topic Message";
        String createTime = LocalDateTime.now().format(DateTimeFormatter.ofPattern("yyyy-MM-
dd HH:mm:ss"));
        Map<String, Object> womanMap = new HashMap<>();
        womanMap.put("messageId", messageId);
        womanMap.put("messageData", messageData);
        womanMap.put("createTime", createTime);
        rabbitTemplate.convertAndSend("topicExchange", "topic.Second", womanMap);
        return "消息发送成功!";
    }
```

接下来完善消费者项目：

(1) 将生产者项目中的配置类 TopicConfig 复制过来。

(2) 创建类 TopicFirstReceiver 监听队列 topic.First，代码如下：

```
//第 12 章/RabbitMqConsumer1/TopicFirstReceiver.java
@Service
@RabbitListener(queues = "topic.First")
public class TopicFirstReceiver {

    @RabbitHandler
    public void process(Map MyMessage) {
        System.out.println("消费者 TopicFirstReceiver 收到消息 : " + MyMessage);
    }
}
```

(3) 创建消息接收者类 TopicSecondReceiver 监听队列 topic.Second，代码如下：

```
//第 12 章/RabbitMqConsumer1/TopicSecondReceiver.java
@Service
@RabbitListener(queues = "topic.Second")
public class TopicSecondReceiver {

    @RabbitHandler
    public void process(Map MyMessage) {
        System.out.println("消费者 TopicSecondReceiver 收到消息 : " + MyMessage);
    }
}
```

(4) 运行代码进行测试。同时启动两个项目，通过浏览器访问 http://localhost:8080/sendTopicMsg1，消费者项目控制台显示的结果如下：

```
消费者 TopicFirstReceiver 收到消息 : {createTime=2022-06-10 20:54:01, messageId=
42fb073a-f6aa-4c60-bd7c-dc13834eba03, messageData=My First Topic Message}
```

```
消费者 TopicSecondReceiver 收到消息 : {createTime = 2022 - 06 - 10 20:54:01, messageId = 42fb073a - f6aa - 4c60 - bd7c - dc13834eba03, messageData = My First Topic Message}
```

说明两个队列都收到了消息。

通过浏览器访问 http://localhost:8080/sendTopicMsg2,消费者项目控制台显示的结果如下:

```
消费者 TopicSecondReceiver 收到消息 : {createTime = 2022 - 06 - 10 20:54:43, messageId = 0fe22751 - 7d4b - 41c3 - 9b48 - c713f0c792f0, messageData = My Second Topic Message}
```

说明只有第 2 个队列收到了消息,这是因为第 2 个队列绑定时的通配符与发送消息的路由键匹配。

12.2.5 消息发送确认

由于网络可能出现故障,不能保证发送的消息都能够到达对方或由它成功地处理。那么 RabbitMQ 是怎么知道消息到底有没有被消费者消费,生产者是怎么知道自己发送的消息是不是真的已经发送到 RabbitMQ 中了呢?

消息确认是保证消息传递可靠性的重要步骤,消息确认又包括消息发送确认和消息接收(消费)确认。消息发送确认,是指生产者投递消息后,如果 Broker 收到消息,则会给生产者一个应答。生产者接收应答,用来确定这条消息是否正常地被发送到 Broker,这种方式也是消息的可靠性投递的核心保障。

消息发送确认又分为生产者到交换机的确认和交换机到队列的确认。

1. 生产者到交换机的确认

通过实现 ConfirmCallback 回调接口,当消息发送到 Broker 后触发回调,此时需确认消息是否到达 Broker 服务器,也就是只确认是否正确到达 Exchange 中。

(1) 首先需要在上述生产者的 application.properties 配置文件中添加下面的配置,表示开启发布者确认,代码如下:

```
#确认消息已发送到交换机(Exchange)
spring.rabbitmq.publisher-confirm-type=correlated
```

(2) 在生产者项目中创建 ConfirmConfig 配置类,实现 ConfirmCallback 接口(回调函数),代码如下:

```
//第 12 章/RabbitMqProducer1/ConfirmConfig.java
@Configuration
public class ConfirmConfig {

    @Bean
    public RabbitTemplate createRabbitTemplate(ConnectionFactory connectionFactory){
        RabbitTemplate rabbitTemplate = new RabbitTemplate();
        rabbitTemplate.setConnectionFactory(connectionFactory);
          //设置开启 Mandatory,这样才能触发回调函数,无论消息推送结果怎样都强制调用回调函数
```

```
        rabbitTemplate.setMandatory(true);
        rabbitTemplate.setConfirmCallback(new RabbitTemplate.ConfirmCallback() {
            @Override
            public void confirm(CorrelationData correlationData, boolean ack, String cause) {
                System.out.println("ConfirmCallback 相关数据: " + correlationData);
                System.out.println("ConfirmCallback 确认情况: " + ack);
                System.out.println("ConfirmCallback 原因: " + cause);
            }
        });
        return rabbitTemplate;
    }
}
```

回调函数 ConfirmCallback 的 Confirm 方法的 ack 参数表示发送结果，如果发送成功，则返回值为 true，否则返回值为 false。

（3）把消息推送到一个没有创建且没有配置过的名为 exchange_null 的交换机上，这属于上述第 1 种情况。在 SendMsgController 控制器中添加方法，代码如下：

```
//第 12 章/RabbitMqProducer1/SendMsgController.java
    //①消息被推送到服务器，但是在服务器中找不到交换机
    //结论：①这种情况触发的是 ConfirmCallback 回调函数
    @GetMapping("/msgAck1")
    public String msgAck1() {
        String messageId = String.valueOf(UUID.randomUUID());
        String messageData = "this is exchange_null message ";
        String createTime = LocalDateTime.now().format(DateTimeFormatter.ofPattern("yyyy-MM-
dd HH:mm:ss"));
        Map<String, Object> map = new HashMap<>();
        map.put("messageId", messageId);
        map.put("messageData", messageData);
        map.put("createTime", createTime);
        rabbitTemplate.convertAndSend("'exchange_null", "MyDirectRouting", map);
        return "消息发送成功!";
    }
```

（4）运行代码进行测试，通过浏览器访问 http://localhost:8080/msgAck1，结果如下：

```
ConfirmCallback 相关数据: null
ConfirmCallback 确认情况: false
ConfirmCallback 原因: channel error; protocol method: #method<channel.close>(reply-code
=404, reply-text=NOT_FOUND - no exchange 'exchange_null' in vhost '/', class-id=60,
method-id=40)
```

其中 ack 的值为 false，表明消息没有发送成功，找不到交换机。

（5）测试正确发送消息的情况。通过浏览器访问 http://localhost:8080/sendDirectMsg，控制台显示的结果如下：

```
ConfirmCallback 相关数据: null
ConfirmCallback 确认情况: true
ConfirmCallback 原因: null
```

其中 ack 的值为 true，说明消息已经正确地到达交换机。

2．交换机到队列的确认

通过实现 ReturnCallback 回调接口，启动消息失败返回，此接口是在交换机路由不到队列时触发回调，一般在代码写错或忘记绑定时才会触发。

(1) 首先在生产者的 application.properties 文件中添加代码，表示启动消息失败返回，例如路由不到队列时触发回调，代码如下：

```
#确认消息已发送到队列(Queue)
spring.rabbitmq.publisher-returns=true
```

(2) 在生产者项目 ConfirmConfig 的配置类的 createRabbitTemplate 方法中添加下列代码，创建 ReturnCallback 回调函数，代码如下：

```
//第 12 章/RabbitMqProducer1/ConfirmConfig.java
        rabbitTemplate.setReturnCallback(new RabbitTemplate.ReturnCallback() {
            @Override
             public void returnedMessage(Message message, int replyCode, String replyText,
String exchange, String routingKey) {
                System.out.println("ReturnCallback 消息: " + message);
                System.out.println("ReturnCallback 回应码: " + replyCode);
                System.out.println("ReturnCallback 回应信息: " + replyText);
                System.out.println("ReturnCallback 交换机: " + exchange);
                System.out.println("ReturnCallback 路由键: " + routingKey);
            }
        });
```

(3) 测试路由不到的情形。首先在 DirectConfig 中创建一个名为 AloneDirectExchange 的交换机，但不给它绑定队列，代码如下：

```
@Bean
DirectExchange AloneDirectExchange() {
   return new DirectExchange("AloneDirectExchange");
}
```

(4) 然后在 SendMsgController 控制器中添加方法，把消息推送到名为 AloneDirectExchange 的交换机上，代码如下：

```
//第 12 章/RabbitMqProducer1/SendMsgController.java
//②消息被推送到服务器，也找到交换机了，但找不到队列
//结论: ②这种情况触发的是 ConfirmCallback 和 RetrunCallback 两个回调函数
@GetMapping("/msgAck2")
public String msgAck2() {
   String messageId = String.valueOf(UUID.randomUUID());
   String messageData = "this is AloneDirectExchange message ";
   String createTime = LocalDateTime.now().format(DateTimeFormatter.ofPattern("yyyy-MM-
dd HH:mm:ss"));
   Map<String, Object> map = new HashMap<>();
   map.put("messageId", messageId);
   map.put("messageData", messageData);
```

```
    map.put("createTime", createTime);
    rabbitTemplate.convertAndSend("AloneDirectExchange", "MyDirectRouting", map);
    return "消息发送成功!";
}
```

(5) 运行代码进行测试，通过浏览器访问 http://localhost:8080/msgAck2，结果发现 ConfirmCallback 和 RetrunCallback 回调函数都执行了，结果如下：

```
ConfirmCallback 相关数据: null
ConfirmCallback 确认情况: true
ConfirmCallback 原因: null

ReturnCallback 消息: (Body:'[serialized object]' MessageProperties [headers = {}, contentType
= application/x - java - serialized - object, contentLength = 0, receivedDeliveryMode =
PERSISTENT, priority = 0, deliveryTag = 0])
ReturnCallback 回应码: 312
ReturnCallback 回应信息: NO_ROUTE
ReturnCallback 交换机: AloneDirectExchange
ReturnCallback 路由键: MyDirectRouting
```

这表明消息虽然发出后到达交换机，但交换机没有路由，无法将消息推送给队列。

(6) 正常情形下，不会触发 RetrunCallback，只触发 ConfirmCallback 回调函数。在浏览器中访问现有的 http://localhost:8080/ sendDirectMsg，发现只触发 ConfirmCallback 回调函数，表明消息正确被推送了(正常到达交换机且正确路由到队列)。

12.2.6　消息接收确认

消费者消费消息后需要对 RabbitMQ Server 进行消息 ACK 确认，默认情况下如果一个 Message 被消费者正确接收，则会被从 Queue 中移除。消息消费者如何通知 Rabbit 消息消费成功呢？

消息通过 ACK 确认是否被正确接收，每个 Message 都要被确认(acknowledged)，可以手动去 ACK 或自动 ACK，一共有以下 3 种消息确认模式。

(1) AcknowledgeMode.NONE：自动确认。这是默认的消息确认情况。RabbitMQ 成功将消息发出(将消息成功写入 TCP Socket 中)即认为本次投递已经被正确处理，不管消费者端是否成功处理本次投递，所以这种情况如果消费端逻辑抛出异常，也就是消费端没有处理成功这条消息，相当于丢失了消息。一般这种情况在使用 try catch 捕捉异常后打印日志，用于追踪数据，这样找出对应数据再做后续处理。

(2) AcknowledgeMode.AUTO：根据情况确认。它会根据方法的执行情况来决定是否确认还是拒绝(是否重新入 queue)，如果消息成功被消费(成功的意思是在消费的过程中没有抛出异常)，则自动确认。当抛出 AmqpRejectAndDontRequeueException 异常时，消息会被拒绝，并且 requeue=false(不重新入队列)，当抛出 ImmediateAcknowledgeAmqpException 异常时，消息会被拒绝，并且 requeue=true(重新入队列)，注意如果此时只有一个消费者监听该队列，则有发生死循环的风险，多消费端也会造成资源的极大浪费，这个在开发过程中要避免，可以通过 setDefaultRequeueRejected()(默认为 true)进行设置。

(3) AcknowledgeMode.MANUAL：手动确认。消费者收到消息后，手动调用 basicAck()、basicNack()或者 basicReject()进行确认，只有在 RabbitMQ 收到这些消息后，才认为本次投递成功。通常在监听队列的消费者处理业务失败(如发生了异常，不符合要求的数据等场景)时就需要手动处理，例如重新发送或者丢弃，其中 basicNack()用于否定确认、消息没有被正确处理。basicAck()用于肯定确认、消息已经被正确处理。basicReject()用于否定确认，但一次只能拒绝单条消息，消息没有被正确处理，消费者端以上的 3 种方法都表示消息已经被正确投递，但处理情况不同。

basicAck()方法需要传递以下两个参数。

(1) deliveryTag(唯一标识 ID)：当一个消费者向 RabbitMQ 注册后，会建立起一个 Channel，RabbitMQ 会用 basic.deliver()方法向消费者推送消息，这种方法携带了一个 deliveryTag，它代表 RabbitMQ 向该 Channel 投递的这条消息的唯一标识 ID 是一个单调递增的正整数，deliveryTag 的范围仅限于 Channel。

(2) multiple：为了减少网络流量，手动确认是否可以被批处理，当该参数为 true 时，则可以一次性确认 deliveryTag 小于或等于传入值的所有消息。

basicNack()方法需要传递以下 3 个参数。

(1) deliveryTag：唯一标识 ID。

(2) multiple。

(3) requeue：是一个布尔值，如果是 true，则重回队列；如果是 false，则丢弃。在 nack 方法中必须设置为 false，否则重发没有意义。

basicReject()方法需要传递以下两个参数。

(1) deliveryTag：唯一标识 ID。

(2) requeue：在 reject 方法里必须设置 true。

channel.basicReject(deliveryTag, true)：拒绝消费当前消息，如果第 2 个参数传入 true，则表示将数据重新丢回队列里，那么下次还会消费此消息。如果设置为 false，就表示告诉服务器，已经知道这条消息数据了，因为一些原因拒绝它，而且服务器把这条消息丢掉就行了。下次不想再消费这条消息了。建议不要重发，重发后基本还是失败，因为出现问题一般是由异常导致的，如果出现异常，则最好是丢弃这条消息，然后在 catch 里做补偿操作。

【例 12-2】 手动确认消息。

生产者项目：

(1) 在生产者项目的 DirectConfig 中添加代码，创建 Queue 和交换机并绑定，代码如下：

```
//第 12 章/RabbitMqProducer1/DirectConfig.java
@Bean
public Queue ConfirmQueue() {
    return new Queue("ConfirmQueue",true);
}
```

```
//Direct 交换机 起名: ConfirmExchange
@Bean
DirectExchange ConfirmExchange() {
    return new DirectExchange("ConfirmExchange",true,false);
}

@Bean
Binding bindingConfirm() {
    return BindingBuilder.bind(ConfirmQueue()).to(ConfirmExchange()).with("ConfirmRouting");
}
```

（2）在控制器中添加发送消息的方法，代码如下：

```
//第 12 章/RabbitMqProducer1/SendMsgController.java
@GetMapping("/sendConfirmMsg")
public String sendConfirmMsg() {
    String messageId = String.valueOf(UUID.randomUUID());
    String messageData = "This is My Confirm Message!";
    String createTime = LocalDateTime.now().format(DateTimeFormatter.ofPattern("yyyy-MM-
dd HH:mm:ss"));
    Map<String,Object> map = new HashMap<>();
    map.put("messageId",messageId);
    map.put("messageData",messageData);
    map.put("createTime",createTime);
    rabbitTemplate.convertAndSend("ConfirmExchange", "ConfirmRouting", map);
    return "消息发送成功";
}
```

消费者项目如下：

（1）在消费者项目的 application.properties 中配置，启动手动确认。

```
spring.rabbitmq.listener.direct.acknowledge-mode=MANUAL
```

或者创建一个配置类，代码如下，效果相同。

```
//第 12 章/RabbitMqConsumer1/ConfirmConfig.java
@Configuration
public class ConfirmConfig {
    @Autowired
    private CachingConnectionFactory connectionFactory;

    @Bean
    public RabbitListenerContainerFactory<?> rabbitListenerContainerFactory(){
        SimpleRabbitListenerContainerFactory factory = new
SimpleRabbitListenerContainerFactory();
        factory.setConnectionFactory(connectionFactory);
         //factory.setMessageConverter(new Jackson2JsonMessageConverter());
        factory.setAcknowledgeMode(AcknowledgeMode.MANUAL);
          //开启手动 ack
```

```
        return factory;
    }
}
```

(2) 在 DirectConfig 配置类中创建一个用于监听的 Queue,代码如下:

```
@Bean
public Queue ConfirmQueue() {
    return new Queue("ConfirmQueue",true);
}
```

(3) 创建 ConfirmReceiver 监听并确认消息,代码如下:

```
//第 12 章/RabbitMqConsumer1/ConfirmReceiver.java
@Service
@RabbitListener(queues = "ConfirmQueue")
public class ConfirmReceiver {
    @RabbitHandler
    public void process(Map ReceiveMessage,Message message,Channel channel) throws IOException
{
        try {
            System.out.println("消费消息:" + ReceiveMessage);
    //int a = 1 / 0;
channel.basicAck(message.getMessageProperties().getDeliveryTag(), true);
            System.out.println("消费消息确认" +
message.getMessageProperties().getConsumerQueue() + ",接收到了回调方法");
        } catch (Exception e) {
      //重新回到队列
channel.basicNack(message.getMessageProperties().getDeliveryTag(), false, true);
            System.out.println("尝试重发:" + message.getMessageProperties().getConsumerQueue());
    //requeue = true 重回队列,false 表示丢弃
channel.basicReject(message.getMessageProperties().getDeliveryTag(), true);
//TODO 该消息已经导致异常,重发无意义,应自己实现补偿机制
        }
    }
}
```

这段代码在没有发生异常时可正常消费消息,使用 basicAck 进行手动确认消息,通知服务器消息已经被正确处理,服务器收到确认消息后将正常删除队列中的消息。如果把 int a=1/0 取消注释,则会发生异常,将执行 catch 后面的代码,其中 basicNack 方法将通知服务器消息未能正常处理,服务器将重新发送消息,但显然如果这段程序重新发送消息,则结果仍然是异常,再次重发,程序将不断地重发,死循环。basicReject 方法也一样。解决办法是将 basicNack 的第 3 个参数或 basicReject 的第 2 个参数由 true 改为 false,这样就不再重发了。

(4) 运行代码进行测试,通过浏览器访问 http://localhost:8080/sendConfirmMsg,观察消费者项目的控制台,按上述要求进行测试或修改代码。

12.3　商品秒杀流量削峰实战

说明：有一件特惠商品限时秒杀，该商品的编号是101，一共只有100件，但有100 000多个用户瞬时抢单，按正常流程，数据库无法实时处理那么多数据，为了应对这个流量高峰，采用RabbitMQ进行流量削峰，首先将瞬时请求数据发送到RabbitMQ缓存，然后RabbitMQ再根据顺序（不紧不慢地）将订单数据一个一个地取出来，再连接数据库进行处理。

首先创建项目MiaoshaProduce作为消息生产者，供用户下单。下单时不直接操作数据库，而是将数据发送到RabbitMQ，具体步骤如下。

（1）向项目添加关键依赖，代码如下：

```
//第12章/MiaoshaProduce/pom.xml
<dependency>
    <groupId>org.springframework.boot</groupId>
    <artifactId>spring-boot-starter-amqp</artifactId>
</dependency>
<dependency>
    <groupId>org.springframework.boot</groupId>
    <artifactId>spring-boot-starter-web</artifactId>
</dependency>
```

（2）配置文件application.properties，内容参照前面项目即可。

（3）创建队列与交换机并绑定，代码如下：

```
//第12章/MiaoshaProduce/DirectConfig.java
@Configuration
public class DirectConfig {
    //队列 起名：MiaoshaQueue
    @Bean
    public Queue MyDirectQueue() {
     //创建一个队列,第1个参数是队列名称,第2个参数表示是否持久化队列
     //持久化队列会被存储在磁盘上,当消息代理重启时仍然存在,如果是false,则表示暂存队列,
//当前连接有效
        return new Queue("MiaoshaQueue",true);
    }

    //Direct 交换机 起名：MiaoshaExchange
    @Bean
    DirectExchange MyDirectExchange() {
        return new DirectExchange("MiaoshaExchange",true,false);
     //第3个参数 autoDelete 表示是否自动删除,当没有生产者或者消费者使用此队列时,该队列
//会被自动删除
    }

    //绑定 将队列和交换机绑定,并设置用于路由键：MiaoshaRouting
    @Bean
    Binding bindingDirect() {
```

```
        return BindingBuilder.bind(MyDirectQueue()).to(MyDirectExchange()).with
("MiaoshaRouting");
    }
}
```

（4）创建控制器发送消息，为了方便测试，这里一共发送 200 条消息，每条消息用一个线程来发送，模拟 200 个用户抢单，代码如下：

```
//第 12 章/MiaoshaProduce/SendMsgController.java
@RestController
public class SendMsgController {

    @Autowired
    RabbitTemplate rabbitTemplate;
     //使用 RabbitTemplate,这提供了接收/发送等方法

    @GetMapping("/sendMsg")
    public String sendDirectMsg() {
     //创建 200 个线程,每个线程模拟 1 个用户抢单
        for(int i = 1;i <= 200;i++) {
            final int userId = i;
            new Thread(new Runnable() {
                @Override
                public void run() {
     //将消息封装为 Map
                    String messageId = String.valueOf(UUID.randomUUID());
                    String messageData = userId + "";
                    String createTime = LocalDateTime.now().format(DateTimeFormatter.ofPattern
("yyyy-MM-dd HH:mm:ss"));
                    Map<String, Object> map = new HashMap<>();
                    map.put("messageId", messageId);
                    map.put("messageData", messageData);
                    map.put("createTime", createTime);
     //将消息绑定路由键:MyDirectRouting,然后发送到交换机 MyDirectExchange
                    rabbitTemplate.convertAndSend("MiaoshaExchange", "MiaoshaRouting", map);
                }
            }).start();
        }
        return "消息发送成功";
    }
}
```

接下来创建消费者项目 MiaoshaConsumer，用于从 RabbitMQ 收取消息进行数据库操作处理。这里使用 mybatis-plus 技术操作数据库。

（1）数据库准备：创建 MySQL 数据库 miaosha，创建表 product，用于保存商品信息，这里只有一条 productNo 为 101 的商品信息，初始数量为 100，如图 12-7 所示。创建表 productrecord，用于记录抢到单的用户编号，表结构如图 12-8 所示。

id	productNo	total
1	101	100

图 12-7　**product** 表数据

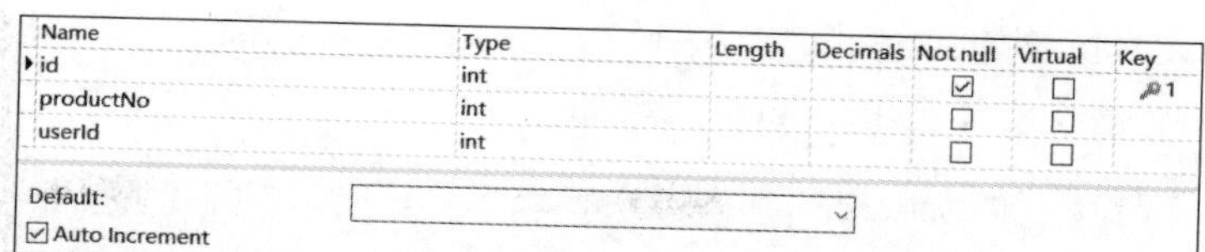

Name	Type	Length	Decimals	Not null	Virtual	Key
id	int			☑	☐	1
productNo	int			☐	☐	
userId	int			☐	☐	

Default:

☑ Auto Increment

图 12-8　**productrecord** 表结构

（2）添加关键依赖，代码如下：

```
//第 12 章/MiaoshaConsumer/pom.xml
<dependency>
    <groupId>org.springframework.boot</groupId>
    <artifactId>spring-boot-starter-amqp</artifactId>
</dependency>
<dependency>
    <groupId>org.springframework.boot</groupId>
    <artifactId>spring-boot-starter-web</artifactId>
</dependency>
<dependency>
    <groupId>mysql</groupId>
    <artifactId>mysql-connector-java</artifactId>
</dependency>
<dependency>
    <groupId>com.baomidou</groupId>
    <artifactId>mybatis-plus-boot-starter</artifactId>
    <version>3.5.1</version>
</dependency>
<dependency>
    <groupId>org.projectlombok</groupId>
    <artifactId>lombok</artifactId>
    <optional>true</optional>
</dependency>
```

（3）新建配置文件 application.yml，代码如下：

```
//第 12 章/MiaoshaConsumer/application.yml
  spring:
  datasource:
    driver-class-name: com.mysql.cj.jdbc.Driver
    url: jdbc:mysql://localhost:3306/miaosha?useUnicode=true&characterEncoding=utf-8&useSSL=true&serverTimezone=UTC
    username: root
    password: root

  rabbitmq:
    host: 127.0.0.1
    port: 5672
    username: guest
    password: guest
server:
  port: 8081
```

（4）创建实体类。

创建实体类 Product，代码如下：

```
//第 12 章/MiaoshaConsumer/Product.java
@Data
@AllArgsConstructor
@NoArgsConstructor
@TableName("product")
public class Product {
    @TableId(value = "id",type = IdType.AUTO)
    private int id;
    @TableField("productNo")
    private String productNo;
    private int total;
}
```

注意这里的 productNo 属性上面要添加上述注解，否则编译时对应的列会当成 product_no 进行查询。下述实体类 Productrecord 中的 productNo 和 userId 属性与此同理。

创建实体类 Productrecord，代码如下：

```
//第 12 章/MiaoshaConsumer/ProductRecord.java
@Data
@AllArgsConstructor
@NoArgsConstructor
@TableName("productrecord")
public class ProductRecord {
    @TableId(value = "id",type = IdType.AUTO)
    private int id;
    @TableField("productNo")
    private String productNo;
    @TableField("userId")
    private int userId;

    public ProductRecord(String productNo, int userId) {
        this.productNo = productNo;
        this.userId = userId;
    }
}
```

（5）创建接口 ProductMapper，在接口中创建方法 findByProductNo，表示根据产品编号获得 Product 对象，代码如下：

```
@Mapper
public interface ProductMapper extends BaseMapper<Product> {
    @Select("select * from product where productNo = #{productNo}")
    public Product findByProductNo(String productNo);
}
```

（6）创建接口 ProductRecordMapper，代码如下：

```
@Mapper
public interface ProductRecordMapper extends BaseMapper<ProductRecord> {
}
```

（7）创建队列并与交换机拼绑定，内容同生产者项目。

（8）创建业务类 DirectReceiver，用于监听队列并处理，这里的处理具体是接收到消息后，先读取产品信息，再取出消息中的用户编号，然后判断产品还有没有库存，如果没有就抢单失败，如果还有就操作数据库，使库存减 1，并且将抢到单的用户编号存入 productrecord 表，代码如下：

```
//第 12 章/MiaoshaConsumer/DirectReceiver.java
@Component
@RabbitListener(queues = "MiaoshaQueue")
  //监听的队列名称 MyDirectQueue
public class DirectReceiver {

   private static final Logger LOGGER = LoggerFactory.getLogger(DirectReceiver.class);

   @Autowired
   ProductMapper productMapper;

   @Autowired
   ProductRecordMapper productRecordMapper;

   @RabbitHandler(isDefault = true)
   public void process(Map ReceiveMessage) {
        System.out.println("消费者 DirectReceiver 收到消息:" + ReceiveMessage.get
("messageData"));
      Integer userId = Integer.valueOf(ReceiveMessage.get("messageData").toString());
  //获取消息中的关键数据,即用户编号
      Product product = productMapper.findByProductNo("101");
  //获得产品信息
      if (product != null && product.getTotal() > 0) {
  //判断库存
  //更新库存表,库存量减少 1。如果返回 1,则说明更新成功; 如果返回 0,则说明库存已经为 0
         product.setTotal(product.getTotal() - 1);
         int i = productMapper.updateById(product);
         if(i>0){
  //插入记录
            productRecordMapper.insert(new ProductRecord("101", userId));
  //发送短信
            LOGGER.info("用户{}抢单成功", userId);
         }else {
            LOGGER.error("用户{}抢单失败", userId);
         }
      } else {
         LOGGER.error("用户{}抢单失败", userId);
      }
   }
}
```

（9）运行代码进行测试。

运行两个项目，通过浏览器访问 localhost:8080/sendMsg，结果如图 12-9 所示。

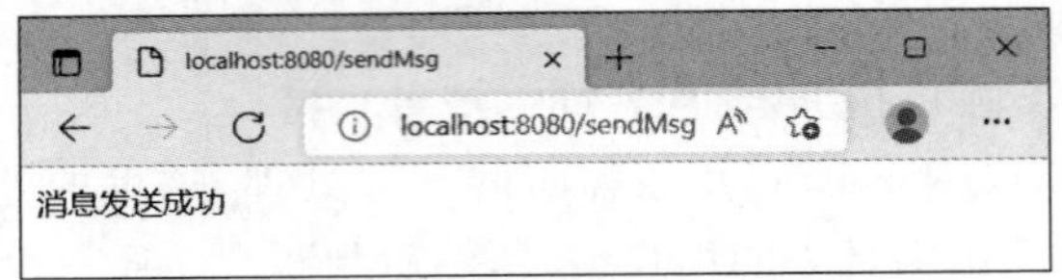

图 12-9　发送消息

观察消费者项目的浏览器，部分结果如图 12-10 所示。

```
Run: RabbitMqConsumer1Application
Console  Actuator
2022-06-11T15:11:22.707+08:00  INFO 18872 --- [ntContainer#0-1] com.sike.service.DirectReceiver         : 用户40抢单成功
消费者DirectReceiver收到消息:96
2022-06-11T15:11:22.723+08:00  INFO 18872 --- [ntContainer#0-1] com.sike.service.DirectReceiver         : 用户96抢单成功
消费者DirectReceiver收到消息:149
2022-06-11T15:11:22.740+08:00  INFO 18872 --- [ntContainer#0-1] com.sike.service.DirectReceiver         : 用户149抢单成功
消费者DirectReceiver收到消息:188
2022-06-11T15:11:22.756+08:00  INFO 18872 --- [ntContainer#0-1] com.sike.service.DirectReceiver         : 用户188抢单成功
消费者DirectReceiver收到消息:114
2022-06-11T15:11:22.773+08:00  INFO 18872 --- [ntContainer#0-1] com.sike.service.DirectReceiver         : 用户114抢单成功
消费者DirectReceiver收到消息:63
2022-06-11T15:11:22.789+08:00  INFO 18872 --- [ntContainer#0-1] com.sike.service.DirectReceiver         : 用户63抢单成功
消费者DirectReceiver收到消息:179
2022-06-11T15:11:22.806+08:00  INFO 18872 --- [ntContainer#0-1] com.sike.service.DirectReceiver         : 用户179抢单成功
消费者DirectReceiver收到消息:154
2022-06-11T15:11:22.821+08:00  INFO 18872 --- [ntContainer#0-1] com.sike.service.DirectReceiver         : 用户154抢单成功
消费者DirectReceiver收到消息:135
2022-06-11T15:11:22.823+08:00 ERROR 18872 --- [ntContainer#0-1] com.sike.service.DirectReceiver         : 用户135抢单失败
消费者DirectReceiver收到消息:181
2022-06-11T15:11:22.825+08:00 ERROR 18872 --- [ntContainer#0-1] com.sike.service.DirectReceiver         : 用户181抢单失败
消费者DirectReceiver收到消息:24
2022-06-11T15:11:22.826+08:00 ERROR 18872 --- [ntContainer#0-1] com.sike.service.DirectReceiver         : 用户24抢单失败
消费者DirectReceiver收到消息:98
2022-06-11T15:11:22.827+08:00 ERROR 18872 --- [ntContainer#0-1] com.sike.service.DirectReceiver         : 用户98抢单失败
```

图 12-10　控制台输出

显示有些用户抢单成功，有的失败。

再观察数据库，表 product 中商品的数量已经清零了，即被抢购完毕。再观察数据库 productrecord 表，抢到单的 100 个用户的用户编号都存进来了。

本章小结

本章学习了 RabbitMQ 基础知识，如何使用 Spring Boot 整合各种交换模式，以及商品秒杀流量削峰实战。

第 13 章

Spring Boot 整合 RocketMQ

RocketMQ 是一个统一消息引擎、轻量级数据处理平台，它是阿里巴巴公司开发的分布式消息中间件，并在 2017 年成为 Apache 的开源项目。本章介绍 RocketMQ 入门知识、RocketMQ 的安装、Spring Boot 整合 RocketMQ 的基本步骤和 Web 项目中整合 RocketMQ 的完整过程。

13.1 RocketMQ 入门

13.1.1 RocketMQ 简介

大型系统可以用 RocketMQ 来做异步解耦和削峰填谷，后面章节简称 MQ。举个例子，一个电商系统如图 13-1 所示，可以把系统解耦为多个子系统，其中包括订单系统和库存系统，当库存充足时，用户下单后订单系统就可以快速响应，向用户返回下单结果信息，用户不需要关心后台系统是如何修改数据库的。订单系统只需发送一条消息到 RocketMQ 就可以了，后续操作就由库存系统实现。如果没有采用消息中间件，则用户下单后需要等系统修改完数据库中的数据才能获取下单结果，这样用户等待时间过长，体验效果差，在用户下单高峰期（如双 11 时期）容易造成系统崩溃。

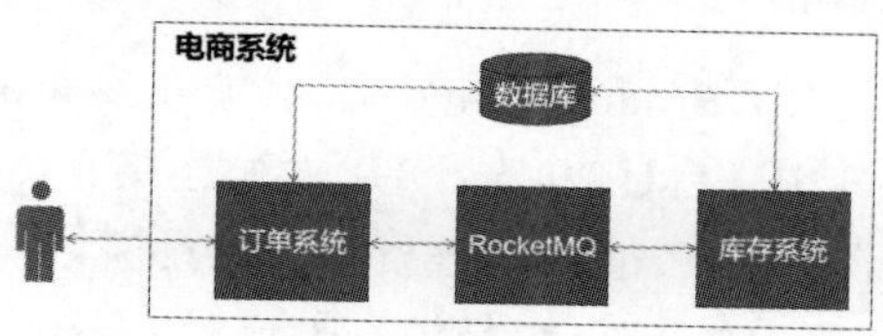

图 13-1 电商系统

13.1.2 RocketMQ 架构

RocketMQ 架构如图 13-2 所示，它由 4 部分组成，具体如下。

（1）NameServer（名字服务）：它是路由注册中心，与 Dubbo 中的 ZooKeeper 的功能类似，每个 Broker 都必须向 NameServer 注册自己的路由信息，因此 Producer 和 Consumer 都可以通过 NameServer 获取 Broker 的路由信息，从而可以将消息发送到 Broker 和从 Broker 接收消息。NameServer 支持以集群的方式进行部署，当其中一个 NameServer 出现问题时，其他 NameServer 仍可以提供路由信息，使系统正常运行。

（2）Broker Server（代理服务器）：Broker 主要负责消息的存储和发送。Producer（生产者）从 NameServer 获取 Broker 的路由信息后，把产生的消息发送到 Broker，Broker 收到消息后会存储起来，并为 Consumer（消费者）的拉取请求做准备。Broker 支持以集群的方式进行部署，Broker 角色分为 ASYNC_MASTER（异步主机）、SYNC_MASTER（同步主机）及 SLAVE（从机）。如果只是测试，则可以选择仅 ASYNC_MASTER 或仅 SYNC_MASTER，即只有主机没有从机。如果追求消息的可靠性且要求比较严格，则可以使用 SYNC_MASTER 加 SLAVE 的部署方式。如果追求消息的可靠性且要求不高，则可以使用 ASYNC_MASTER 加 SLAVE，投递消息的速度会更快。在图 13-2 中采用的是 Master 加 Slave 的方式，Master 存储的消息可以同步或异步到 Slave 上，当 Master 出现问题（如出现宕机）时，消费者仍可以从 Slave 拉取消息，但 Slave 无法自动成为 Master，如果 Broker 没有采用集群的方式进行部署，则生产者无法继续发送消息（注本书写作时用到的 RocketMQ 的版本是 4.9.2）。简单来讲“同步”则可靠性更高，相比之下“异步”则速度更快。

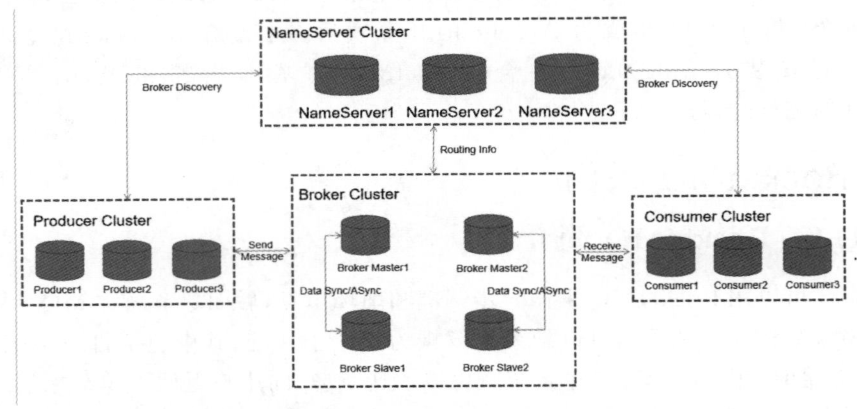

图 13-2　RocketMQ 架构

（3）Producer（生产者）：消息发布的角色，可以集成到项目中，和 NameServer 集群中的其中一台（随机选择）建立长连接。RocketMQ 中的负载均衡模块选择相应的 Broker 集群队列给 Producer 进行消息的投递，如在图 13-2 中，如果 Broker Master1 正处于忙碌的状态，则 Producer 会把消息投递到 Master2。

（4）Consumer（消费者）：消息消费的角色，可以和生产者集成到同一个项目中，也可以集成到另外一个项目中，和 NameServer 集群中的其中一台（随机选择）建立长连接。Consumer 可以从 Broker Master 上订阅消息，也可以从 Broker Slave 上订阅消息，当 Master 出现宕机等问题时，则从 Slave 获取消息。Consumer 有两种消费类型，分别是拉取式消费（Pull Consumer）和推动式消费（Push Consumer）。拉取式消费的主动权在用户应用上，应用可以每隔一段时间调用 Consumer 的拉取消息方法 Broker 获取消息，适合对实时性要求不高的应用。推动式消费，则用户应用和 Broker 建立长连接，Broker 只要收到消息后就会主动将消息推送到用户应用上，该模式适用对实时性要求比较高的场景，但消耗资源比较多。

生产者、消费者和 Broker 的关系如图 13-3 所示，此处 Producer 采用同步发送消息到

Broker,Consumer 采用推动式消费。Producer 和 Consumer 的各自一个实例拥有着多个线程资源,即在客户端创建多个实例,实际上是共用一个内部实例。一个 Broker 上默认有 8 个消息队列,Producer 会从 NameServer 获取需要发送的 Topic 是在哪些 Broker 上,消息最终会进入某个消息队列里面。Consumer 也会从 NameServer 获取订阅的 Topic 是在哪些 Broker 上。

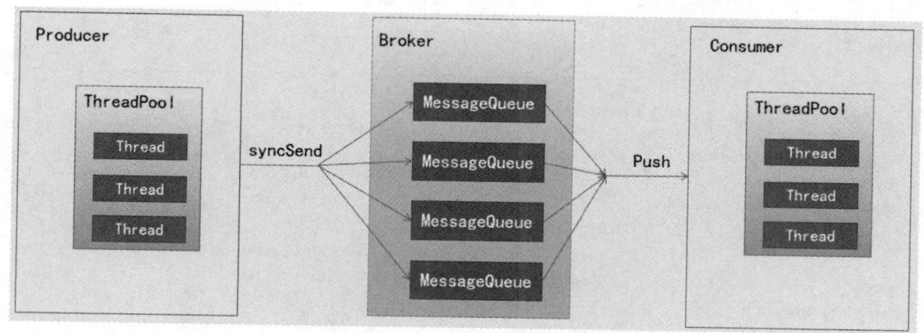

图 13-3 生产者、消费者和 Broker 之间的关系

13.2 安装 RocketMQ

安装 RocketMQ 的系统必须具备以下条件:

(1) 64 位操作系统,推荐使用 Linux/UNIX/Mac,测试可以使用 Windows 10,后面会介绍在 Windows 10 上如何安装及使用 RocketMQ。

(2) 必须 64 位的 JDK 1.8+(包括 1.8),Maven 版本必须 3.2 以上。

(3) 有 4GB 以上的磁盘空间。

(4) 在 Windows 10 下打开命令行窗口,可以通过如图 13-4 所示的命令查看 JDK 及 Maven 版本。

```
C:\Users\admin>java -version
java version "1.8.0_111"
Java(TM) SE Runtime Environment (build 1.8.0_111-b14)
Java HotSpot(TM) 64-Bit Server VM (build 25.111-b14, mixed mode)

C:\Users\admin>mvn -v
Apache Maven 3.8.2 (ea98e05a04480131370aa0c110b8c54cf726c06f)
Maven home: D:\apache-maven-3.8.2-bin\apache-maven-3.8.2
Java version: 1.8.0_111, vendor: Oracle Corporation, runtime: F:\Program Files\Java\jdk1.8.0_111\jre
Default locale: zh_CN, platform encoding: GBK
OS name: "windows 10", version: "10.0", arch: "amd64", family: "windows"
```

图 13-4 查看 Java 和 Maven 的版本

13.2.1 Windows 10 下安装步骤

(1) 下载压缩包,官网网址为 https://rocketmq.apache.org/,建议下载已经编译好的版本,即 zip 压缩包。4.9.2 版本的下载网址为 https://archive.apache.org/dist/rocketmq/4.9.2/rocketmq-all-4.9.2-bin-release.zip。

(2) 直接解压,为了方便管理可把目录名称改为 rocketmq,如图 13-5 所示。

图 13-5 rocketmq 目录

（3）添加环境变量，新建 NAMESRVADDR，变量值填 localhost：9876；接着新建 ROCKETMQ_HOME，变量的值填入 bin 文件所在的路径，例如 D:\rocketmq。新建成功后，编辑 Path，然后单击“新建”按钮，添加“%ROCKETMQ_HOME%\bin”，最后一步一步确定即可，如图 13-6 所示。

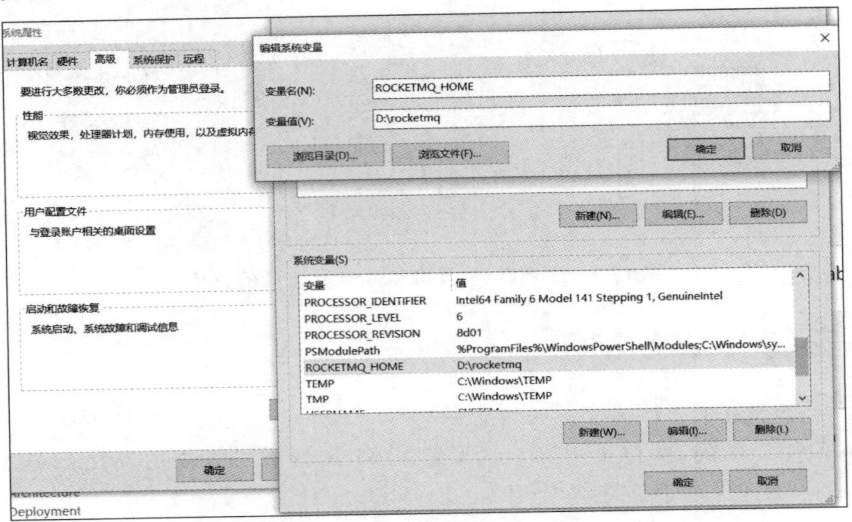

图 13-6 设置环境变量步骤

（4）MQ 占用的系统资源比较多，如果系统内存过小，则可以修改配置文件。具体如下：

首先在 MQ 的 bin 目录下（如 E:\sofeware\rocketmq\bin）打开 runserver. sh 文件，修改配置，代码如下：

```
JAVA_OPT = " ${JAVA_OPT} - server - Xms1g - Xmx1g - Xmn1g - XX:MetaspaceSize = 128m - XX:
MaxMetaspaceSize = 320m"
JAVA_OPT = " ${JAVA_OPT} - server - Xms1g - Xmx1g - XX: MetaspaceSize = 128m - XX:
MaxMetaspaceSize = 320m"
```

runserver. sh 配置文件如图 13-7 所示。

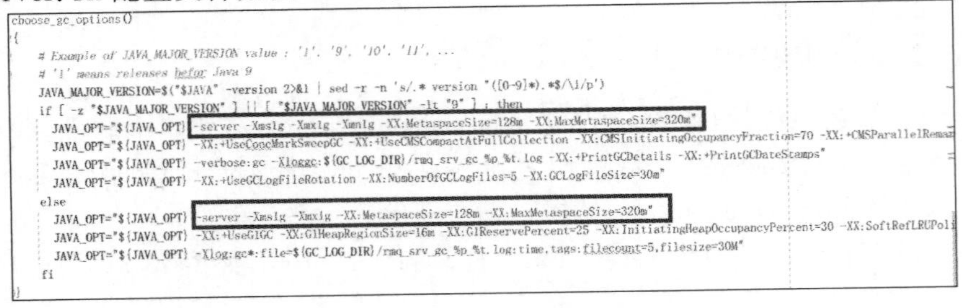

图 13-7 修改 runserver. sh 配置文件

然后在 MQ 的 bin 目录下打开 runbroker. sh 文件，修改配置，代码如下：

```
JAVA_OPT = " ${JAVA_OPT} -server -Xms1g -Xmx1g"
```

runbroker. sh 配置文件如图 13-8 所示。

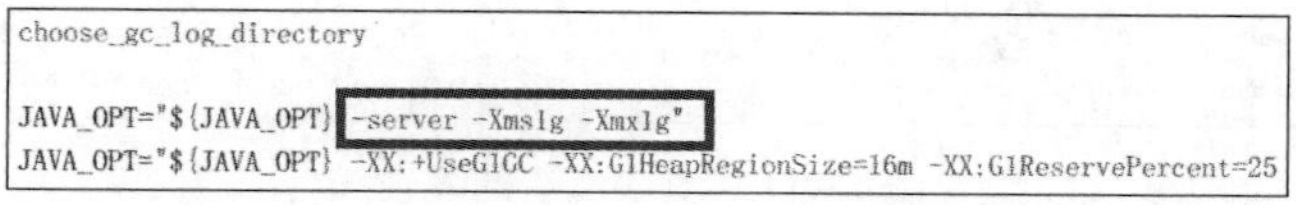

```
choose_gc_log_directory

JAVA_OPT="${JAVA_OPT} -server -Xms1g -Xmx1g"
JAVA_OPT="${JAVA_OPT} -XX:+UseG1GC -XX:G1HeapRegionSize=16m -XX:G1ReservePercent=25
```

图 13-8　修改 runbroker. sh 配置文件

(5) 打开 cmd 窗口，通过 cd 命令进入软件所在的 bin 目录下，输入命令 mqnamesrv. cmd，启动 nameserver，关闭窗口就会关闭它。启动结果如图 13-9 所示。如果启动出错，则可以检查 JDK 的安装路径是否带有空格，建议把空格去掉。

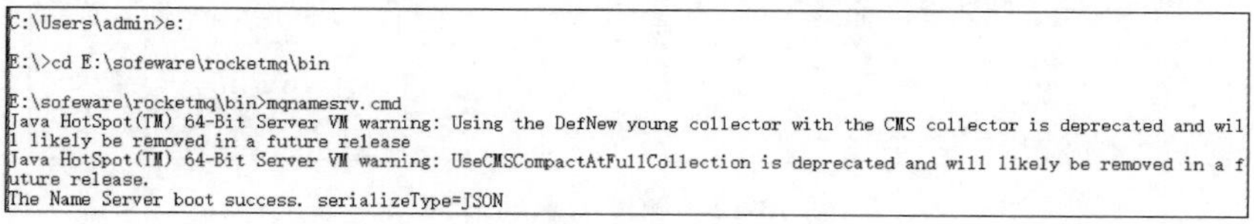

```
C:\Users\admin>e:

E:\>cd E:\sofeware\rocketmq\bin

E:\sofeware\rocketmq\bin>mqnamesrv.cmd
Java HotSpot(TM) 64-Bit Server VM warning: Using the DefNew young collector with the CMS collector is deprecated and wil
l likely be removed in a future release
Java HotSpot(TM) 64-Bit Server VM warning: UseCMSCompactAtFullCollection is deprecated and will likely be removed in a f
uture release.
The Name Server boot success. serializeType=JSON
```

图 13-9　启动结果

(6) 打开新的 cmd 窗口，输入以下命令，启动 Broker，"-n"后的参数是 nameserver 的地址，每条消息都必须有主题（topic），autoCreateTopicEnable＝true 表示允许 Broker 自动创建消息的主题（topic），如 MyTopic，如图 13-10 所示。关闭 cmd 窗口就会关闭 Broker。如果发送消息失败，则提示 No route info of this topic，此时需要手动去创建消息的 topic，具体可以看下面的第 2 条命令，命令如下：

```
mqbroker.cmd -n localhost:9876 autoCreateTopicEnable = true
//以下命令用于手动创建 topic, -b 参数后的是 Broker 的地址, -n 后是 nameserver 的地址, -t 后
//是消息的主题
mqadmin.cmd updateTopic -b localhost:10911 -n localhost:9876 -t mytopic
```

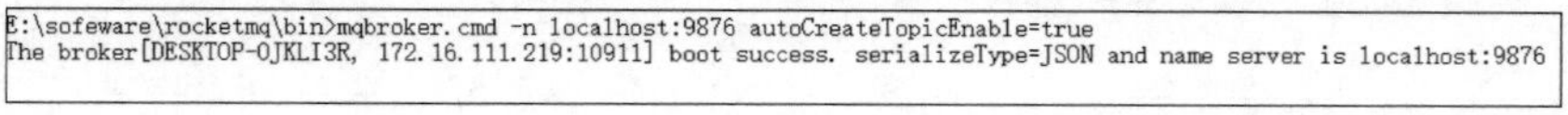

```
E:\sofeware\rocketmq\bin>mqbroker.cmd -n localhost:9876 autoCreateTopicEnable=true
The broker[DESKTOP-OJKLI3R, 172.16.111.219:10911] boot success. serializeType=JSON and name server is localhost:9876
```

图 13-10　启动 Broker 成功

(7) 新打开 cmd 窗口，使用 tools. cmd 命令测试消息的发送，以测试 MQ 是否安装成功，结果如图 13-11 所示。测试命令如下：

```
tools.cmd org.apache.rocketmq.example.quickstart.Producer
```

(8) 新打开 cmd 窗口，使用 tools. cmd 命令测试消费消息功能，结果如图 13-12 所示。测试命令如下：

```
tools.cmd org.apache.rocketmq.example.quickstart.Consumer
```

```
E:\sofeware\rocketmq\bin>tools.cmd  org.apache.rocketmq.example.quickstart.Producer
RocketMQLog:WARN No appenders could be found for logger (io.netty.util.internal.InternalThreadLocalMap).
RocketMQLog:WARN Please initialize the logger system properly.
SendResult [sendStatus=SEND_OK, msgId=7F00000125841F32E57536EEB0D60000, offsetMsgId=AC106FDB00002A9F0000000000000000, me
ssageQueue=MessageQueue [topic=TopicTest, brokerName=DESKTOP-OJKLI3R, queueId=3], queueOffset=0]
SendResult [sendStatus=SEND_OK, msgId=7F00000125841F32E57536EEB11D0001, offsetMsgId=AC106FDB00002A9F00000000000000BE, me
ssageQueue=MessageQueue [topic=TopicTest, brokerName=DESKTOP-OJKLI3R, queueId=0], queueOffset=0]
SendResult [sendStatus=SEND_OK, msgId=7F00000125841F32E57536EEB1370002, offsetMsgId=AC106FDB00002A9F000000000000017C, me
ssageQueue=MessageQueue [topic=TopicTest, brokerName=DESKTOP-OJKLI3R, queueId=1], queueOffset=0]
SendResult [sendStatus=SEND_OK, msgId=7F00000125841F32E57536EEB13C0003, offsetMsgId=AC106FDB00002A9F000000000000023A, me
ssageQueue=MessageQueue [topic=TopicTest, brokerName=DESKTOP-OJKLI3R, queueId=2], queueOffset=0]
SendResult [sendStatus=SEND_OK, msgId=7F00000125841F32E57536EEB1410004, offsetMsgId=AC106FDB00002A9F00000000000002F8, me
ssageQueue=MessageQueue [topic=TopicTest, brokerName=DESKTOP-OJKLI3R, queueId=3], queueOffset=1]
SendResult [sendStatus=SEND_OK, msgId=7F00000125841F32E57536EEB1490005, offsetMsgId=AC106FDB00002A9F00000000000003B6, me
ssageQueue=MessageQueue [topic=TopicTest, brokerName=DESKTOP-OJKLI3R, queueId=0], queueOffset=1]
SendResult [sendStatus=SEND_OK, msgId=7F00000125841F32E57536EEB14E0006, offsetMsgId=AC106FDB00002A9F0000000000000474, me
ssageQueue=MessageQueue [topic=TopicTest, brokerName=DESKTOP-OJKLI3R, queueId=1], queueOffset=1]
```

图 13-11　测试消息的发送

```
E:\sofeware\rocketmq\bin>tools.cmd  org.apache.rocketmq.example.quickstart.Consumer
Consumer Started.
ConsumeMessageThread_6 Receive New Messages: [MessageExt [brokerName=DESKTOP-OJKLI3R, queueId=1, storeSize=191, queueOff
set=5, sysFlag=0, bornTimestamp=1665475212726, bornHost=/172.16.111.219:56160, storeTimestamp=1665475212729, storeHost=/
172.16.111.219:10911, msgId=AC106FDB00002A9F0000000000001060, commitLogOffset=4192, bodyCRC=1319374073, reconsumeTimes=0
, preparedTransactionOffset=0, toString()=Message{topic='TopicTest', flag=0, properties={MIN_OFFSET=0, MAX_OFFSET=250, C
ONSUME_START_TIME=1665475314142, UNIQ_KEY=7F00000125841F32E57536EEB1B60016, CLUSTER=DefaultCluster, TAGS=TagA}, body=[72
, 101, 108, 108, 111, 32, 82, 111, 99, 107, 101, 116, 77, 81, 32, 50, 50], transactionId='null'}]]
ConsumeMessageThread_16 Receive New Messages: [MessageExt [brokerName=DESKTOP-OJKLI3R, queueId=1, storeSize=191, queueOf
fset=15, sysFlag=0, bornTimestamp=1665475212938, bornHost=/172.16.111.219:56160, storeTimestamp=1665475212940, storeHost
=/172.16.111.219:10911, msgId=AC106FDB00002A9F0000000000002E38, commitLogOffset=11832, bodyCRC=717801981, reconsumeTimes
=0, preparedTransactionOffset=0, toString()=Message{topic='TopicTest', flag=0, properties={MIN_OFFSET=0, MAX_OFFSET=250,
 CONSUME_START_TIME=1665475314144, UNIQ_KEY=7F00000125841F32E57536EEB28A003E, CLUSTER=DefaultCluster, TAGS=TagA}, body=[
72, 101, 108, 108, 111, 32, 82, 111, 99, 107, 101, 116, 77, 81, 32, 54, 50], transactionId='null'}]]
ConsumeMessageThread_17 Receive New Messages: [MessageExt [brokerName=DESKTOP-OJKLI3R, queueId=1, storeSize=191, queueOf
fset=16, sysFlag=0, bornTimestamp=1665475212959, bornHost=/172.16.111.219:56160, storeTimestamp=1665475212961, storeHost
=/172.16.111.219:10911, msgId=AC106FDB00002A9F0000000000003134, commitLogOffset=12596, bodyCRC=765791716, reconsumeTimes
=0, preparedTransactionOffset=0, toString()=Message{topic='TopicTest', flag=0, properties={MIN_OFFSET=0, MAX_OFFSET=250,
 CONSUME_START_TIME=1665475314144, UNIQ_KEY=7F00000125841F32E57536EEB29F0042, CLUSTER=DefaultCluster, TAGS=TagA}, body=[
72, 101, 108, 108, 111, 32, 82, 111, 99, 107, 101, 116, 77, 81, 32, 54, 54], transactionId='null'}]]
```

图 13-12　测试消息的消费

测试时应注意以下两点。

(1) 启动顺序：先启动 nameserver，后启动 Broker。

(2) 关闭顺序：先关闭 Broker，后关闭 nameserver，Windows 系统下直接关闭命令行窗口。

13.2.2　安装 RocketMQ 的控制台

安装 RocketMQ 的控制台(rocketmq-console，读者可以从本书配套资源获取)。

(1) 修改 java/main/resources/application.properties 文件，结果如图 13-13 所示。修改配置的代码如下：

```
rocketmq.config.namesrvAddr =  ip:9876 # 如 127.0.0.1:9876
```

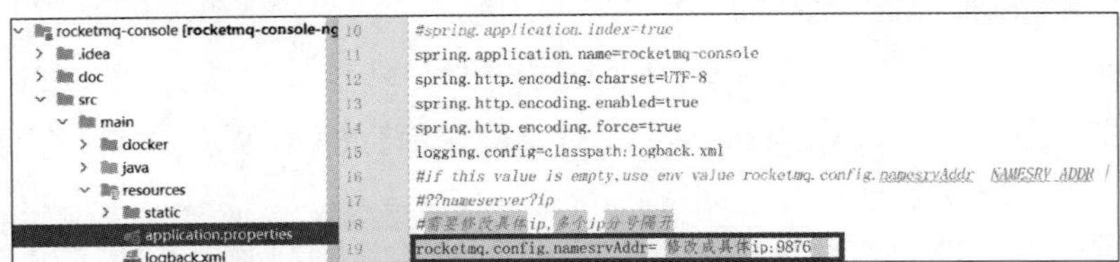

图 13-13　修改 application.properties 文件

(2) 在 IDEA 中执行 clean 操作，并打成 JAR 包。操作步骤如图 13-14 所示。

(3) 在 Windows10 的 cmd 窗口进入 JAR 包的目录，执行 java -jar rocketmq-console-ng-1.0.1.jar 命令，这样就可以运行控制台了，当不需要使用时可关闭命令行窗口。执行步骤如图 13-15 所示。

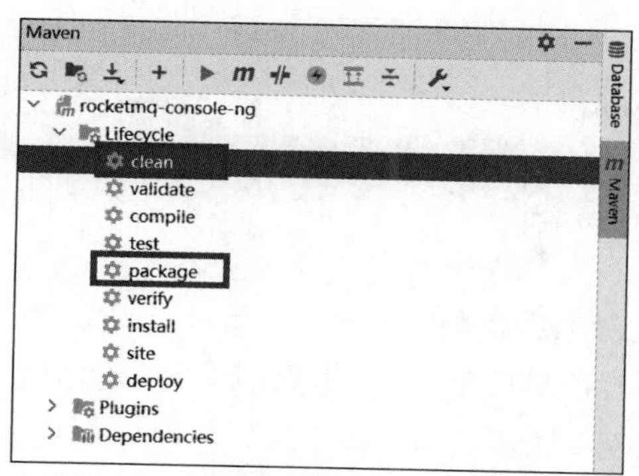

图 13-14　打包

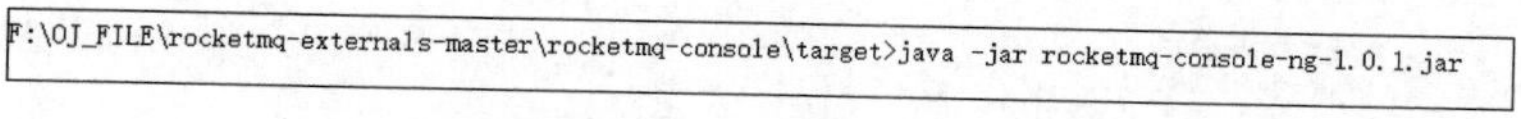

```
F:\OJ_FILE\rocketmq-externals-master\rocketmq-console\target>java -jar rocketmq-console-ng-1.0.1.jar
```

图 13-15　执行 JAR 包运行控制台

（4）在浏览器地址栏输入 http://localhost:8888 就可以访问 MQ 控制台了。

13.3　Spring Boot 整合 RocketMQ 简介

13.3.1　理论知识

Producer 调用 send()方法发送消息后会返回 SendResult，send()方法只要不抛异常就代表消息发送成功。发送成功时 SendResult 类的 SendStatus 字段包含以下 4 种状态：

（1）SEND_OK 代表消息发送成功，但这并不代表它是可靠的，即它也可能会丢失消息，如果要确保不丢失消息，则应该同时启动从主机，即 Master 和 Slave，同时采用同步刷盘(SYNC_FLUSH)把消息存到磁盘上。若消息发送失败，如只是发送消息超时，则不会重发，否则 send 方法支持内部重发，但最多重试两次；如果当前采用同步模式发送，则会尝试发送到其他的 Broker；如果采用异步模式发送，则只会继续发送到同一个 Broker。重试发送消息的最大耗时可以通过 sendMsgTimeout 方法设置，默认为 10s。

（2）FLUSH_DISK_TIMEOUT 代表消息发送成功，Broker 把消息写入磁盘超时了，此时消息已经写入了 Broker 的内存，只有在服务器宕机时消息才会消失。

（3）FLUSH_SLAVE_TIMEOUT 代表消息发送成功，但是 Master 机同步消息到 Slave 机超时了，此时消息已经写入 Master 的内存，只有在服务器宕机时消息才会消失。

（4）SLAVE_NOT_AVAILABLE 代表消息发送成功，但 Slave 机不可用。如果 Broker 采用 SYNC_MASTER 的角色，但没有配置 Slave 机，则会返回此状态。

13.3.2　简单整合

先用一个简单的项目来演示如何使用 producer 和 consumer 代码，所有配置直接写在类里面，注意需要先启动 NameServer 和 Broker 才可以测试下面的代码。

(1) 新建一个 Spring Boot 项目,项目名为 demo,在 pop. xml 文件中添加以下依赖:

```
<dependency>
    <groupId>org.apache.rocketmq</groupId>
    <artifactId>rocketmq-client</artifactId>
    <version>4.9.2</version>
</dependency>
```

(2) 创建消费者类,此处将消息的 topic 定义为 MyTopic,读者可以自行定义,在回调函数中打印消费线程的名称和消息的内容,如果返回 CONSUME_SUCCESS,则代表消息被成功消费。

```
//第 13 章/demo/Consumer.java
public class Consumer {
    public static void main(String[] args) throws InterruptedException, MQClientException {
        //用指定的消费者组名实例化消费者
        DefaultMQPushConsumer consumer = new DefaultMQPushConsumer("ConsumerGroup");
        //设置 nameserver 地址
        consumer.setNamesrvAddr("localhost:9876");
        //订阅 topic
        consumer.subscribe("MyTopic", "*");
        //注册回调函数
        consumer.registerMessageListener(new MessageListenerConcurrently() {
            @Override
            public ConsumeConcurrentlyStatus consumeMessage(List<MessageExt> msgs,
ConsumeConcurrentlyContext context) {
                System.out.printf("%s Receive New Messages: %s %n", Thread.currentThread().
getName(), msgs);
                return ConsumeConcurrentlyStatus.CONSUME_SUCCESS;
            }
        });
        //启动消费实例
        consumer.start();
        System.out.printf("Consumer Started.%n");
    }
}
```

(3) 运行消费者的 main 方法,直接单击类左边的 Run 按钮,如图 13-16 所示。

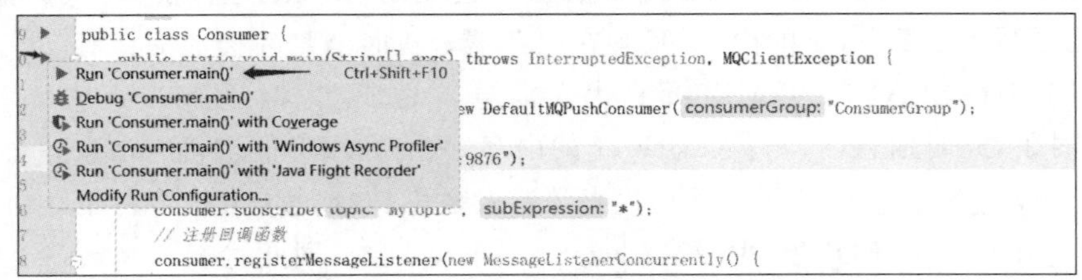

图 13-16 运行程序

(4) 创建生产者类,以同步的方式发送 10 条消息,需要注意的是此处 topic 需要和消费者定义的相同,主题都是 MyTopic。

```java
//第 13 章/demo/ProducerBySync.java
public class ProducerBySync {
    //以同步的方式发送消息
    public static void main(String[] args) {
     //使用生产者组的名称实例化
      DefaultMQProducer producer = new
              DefaultMQProducer("GroupProducer");
     //设置 NameServer 地址
      producer.setNamesrvAddr("localhost:9876");
      try {
         producer.start();
     //模拟发送 10 条消息
         for (int i = 0; i < 10; i++) {
     //创建消息实例,指定主题、标记和消息正文,标记可以用 null 代替
              Message msg = new Message("MyTopic" ,
                     null ,
                     ("RocketMQ msg" + i).getBytes(RemotingHelper.DEFAULT_CHARSET)
              );
     //发送消息
              SendResult sendResult = producer.send(msg);
              System.out.printf("%s%n", sendResult);
          }
       } catch (MQClientException | UnsupportedEncodingException | MQBrokerException |
RemotingException|InterruptedException e) {
          e.printStackTrace();
      }
    //关闭生产者实例,生产环境不应该关闭它
      producer.shutdown();
   }
}
```

(5) 运行生产者类,可以选择类左边的 Run 按钮,也可以选择右上角的类,选中对应的类 ProducerBySync,然后单击右边的按钮就可以运行了。

(6) 运行后可以看到生产者的控制台会显示已经发送的消息,发送状态 SEND_OK 代表消息发送成功,topic 为 MyTopic,如图 13-17 所示。

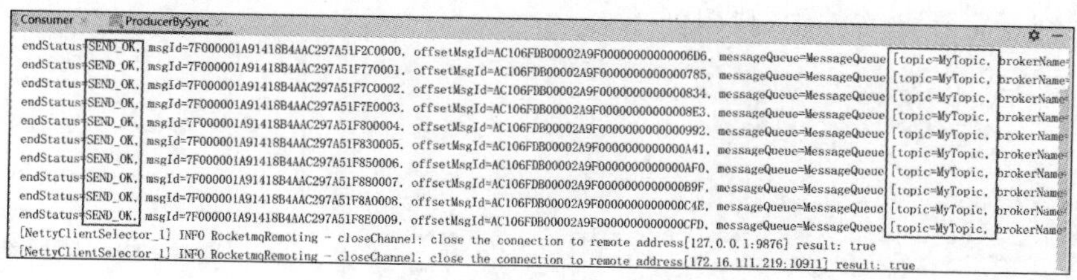

图 13-17 消息发送成功

(7) 查看消费者终端,也可以观察到它消费了 10 条消息,如图 13-18 所示。

13.3.3 Web 项目整合 RocketMQ

本节通过两个 Web 项目演示如何使用 MQ,内容分为两部分,第一部分举例介绍

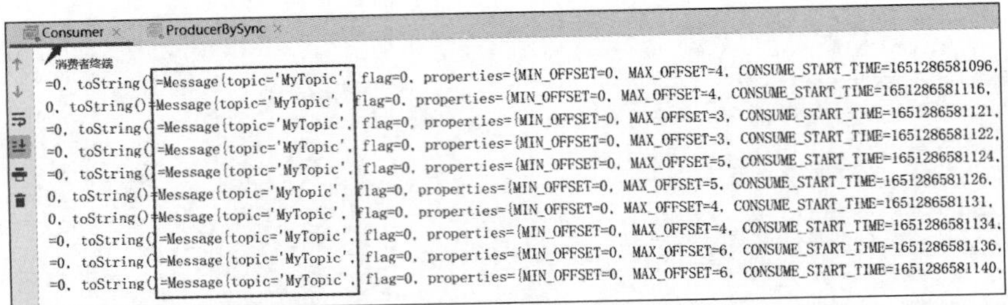

图 13-18　消息者消费消息

Producer 以同步和异步的方式发送消息，第二部分则在第一部分的代码基础上介绍如何发送顺序消息。读者在测试后面的代码时必须先启动 NameServer 和 Broker。

1. 第一部分

ProducerProject 用于集成 producer，简单模拟购物流程。ConsumerPro 用于集成 consumer，模拟收到消息后修改数据库中的数据。两个项目都是通过 Spring 配置 RocketMQ 的配置信息。具体实现步骤如下：

（1）新建一个项目 ProducerProject（Spring Boot 项目），集成生产者，在 pom. xml 文件中添加依赖，代码如下：

```
<dependency>
    <groupId>org.apache.rocketmq</groupId>
    <artifactId>rocketmq-client</artifactId>
    <version>4.9.2</version>
</dependency>
```

项目结构如图 13-19 所示。

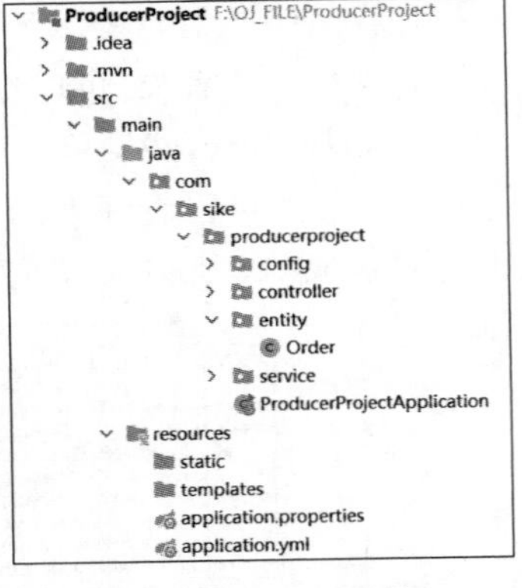

图 13-19　项目结构

（2）由于 Spring Boot 启动项目的默认端口是 8080，此处需要演示两个项目，所以需要修改端口，在 resources 目录下的 application. properties 文件中添加 server. port＝8081。

（3）在 resources 目录下新建 application. yml 文件，把 MQ 的常用配置写在此文件中，代码如下：

```
//第 13 章/ProducerProject/application.yml
mq:
  rocket:
    namesrvaddr: localhost:9876
    body:
      group: Producer_Group
      topic: MyTopic
```

（4）创建 config 包，并创建 RocketMQConfig 类，通过@Value 注解赋值，使用 ${}获取写在 application. yml 文件中的配置信息，如 ${mq. rocket. namesrvaddr}，代码如下：

```
//第 13 章/ProducerProject/RocketMQConfig.java
@Configuration
```

```
public class RocketMQConfig {
    @Value("${mq.rocket.namesrvaddr}")
    private String nameServerAddress;
    @Value("${mq.rocket.body.group}")
    private String groupName;
    @Bean
    public DefaultMQProducer producer() throws MQClientException {
        DefaultMQProducer producer = new DefaultMQProducer(groupName);
        producer.setNamesrvAddr(nameServerAddress);
        producer.start();
        return producer;
    }
}
```

（5）创建 service 包，并创建接口 RocketService 和其实现类 RocketServiceImpl，用于在业务中调用 producer 发送消息，第 1 个接口 syncSend 表示 Producer 以同步的方式发送消息，参数 topic 是消息的主题，tag 是消息的标签，message 是消息的字节数组。第 2 个接口 asyncSend 表示 Producer 以异步的方式发送消息，参数 sendCallback 是发送消息的回调接口。

```
//第 13 章/ProducerProject/RocketService.java
public interface RocketService {
SendResult syncSend(String topic, String tag, Byte[] message);
void asyncSend(String topic, String tag, Byte[] message, SendCallback sendCallback) throws
Exception;
}
```

实现类 RocketServiceImpl，Spring Boot 会自动调用构造函数，以便传入 producer。在此类中封装消息，并发送消息，代码如下：

```
//第 13 章/ProducerProject/RocketServiceImpl.java
@Service
  public class RocketServiceImpl implements RocketService{
    private final DefaultMQProducer producer;
    public RocketServiceImpl(DefaultMQProducer producer){
        this.producer = producer;
    }
    @Override
    public SendResult syncSend(String topic, String tag, Byte[] message) {
        try {
            Message msg = new Message(topic, tag, message);
            return producer.send(msg);
        } catch (MQClientException | RemotingException | MQBrokerException
| InterruptedException e) {
            e.printStackTrace();
        }
        return null;
    }

    @Override
```

```
    public void asyncSend(String topic, String tag, Byte[] message,
SendCallback sendCallback) throws ExcException{
        Message msg = new Message(topic, tag, message);
        producer.send(msg,sendCallback);
    }
}
```

(6) 创建 controller 包,并创建 OrderController 类,模拟浏览器用 GET 请求购买商品。方法 shopping 传入的参数是商品的 id,在方法内它会以同步的方式发送消息,并把发送结果返给前端。在方法 asyncShopping 内会以异步的方式发送消息,并在回调函数中打印相应的发送结果,需要注意的是测试异步发送消息时,若想调用 Producer 的 shutdown()方法关闭 Producer 实例,则需要确保发送消息后已经成功地执行了回调函数才可以这样做,否则会出现异常。

```
//第 13 章/ProducerProject/OrderController.java
  @RestController
  @RequestMapping("/order")
  public class OrderController {
    @Autowired
    private RocketService rocketService;
    @Value("${mq.rocket.body.topic}")
    private String topic;
    @GetMapping("/buy/{goodsId}")
    public String shopping(@PathVariable("goodsId") Integer goodsId){
        SendResult sendResult = null;
        try {
            sendResult = rocketService.syncSend(topic,null,("goods = " + goodsId goodsId ).
getBytes(RemotingHelper.DEFAULT_CHARSET));
        } catch (UnsupportedEncodingException e) {
            e.printStackTrace();
        }
        if(sendResult!= null){
            System.out.printf("%s%n",sendResult);
            return sendResult.toString();
        }else {
            return "发送消息失败";
        }
    }
    @GetMapping("/asyncBuy/{goodsId}")
    public void asyncShopping(@PathVariable("goodsId") Integer goodsId){
        try {
            Byte[] data = ("goods = " + goodsId).getBytes(RemotingHelper.DEFAULT_CHARSET);
            //异步发送消息
            rocketService.asyncSend(topic, null, data,
                    new SendCallback() {
                        @Override
                        public void onSuccess(SendResult sendResult) {
                            System.out.printf("异步发送消息,内容是: %s%n",sendResult);
                        }
                        @Override
```

```
                    public void onException(Throwable throwable) {
                        throwable.printStackTrace();
                    }
                });
        }catch (Exception e){
            e.printStackTrace();
        }}
}
```

(7) 新建项目 ConsumerPro,集成消费者,在 pom.xml 文件中添加依赖,代码如下:

```
<dependency>
    <groupId>org.apache.rocketmq</groupId>
    <artifactId>rocketmq-client</artifactId>
    <version>4.9.2</version>
</dependency>
```

(8) 在 resources 目录下的 application.properties 文件中添加: server.port=8082。

(9) 在 resources 目录下新建 application.yml 文件,把 MQ 的常用配置写在此文件中,代码如下:

```
mq:
  rocket:
    namesrvaddr: localhost:9876
    body:
      group: Consumer_Group
      topic: MyTopic
```

(10) 创建 config 包,并创建 RocketMQConfig 类,代码如下:

```
//第 13 章/ConsumerPro/RocketMQConfig.java
@Configuration
public class RocketMQConfig {
    @Value("${mq.rocket.namesrvaddr}")
    private String nameServerAddress;
    @Value("${mq.rocket.body.group}")
    private String groupName;
    @Value("${mq.rocket.body.topic}")
    private String topic;
    @Autowired
    ConsumerService consumerService;
    @Bean
    public DefaultMQPushConsumer consumer() throws MQClientException {
        //用指定的消费者组名实例化消费者
        DefaultMQPushConsumer consumer = new
DefaultMQPushConsumer(groupName);
        //设置 nameserver 地址
        consumer.setNamesrvAddr(nameServerAddress);
        //订阅 topic
        consumer.subscribe(topic, "*");
        //注册回调函数
```

```
        consumer.registerMessageListener(new MessageListenerConcurrently()
        {
            @Override
            public ConsumeConcurrentlyStatus
consumeMessage(List<MessageExt> msgs,
ConsumeConcurrentlyContext context) {
        //调用具体的业务方法
                consumerService.consume(msgs);
                return ConsumeConcurrentlyStatus.CONSUME_SUCCESS;
            }
        });
        //启动消费实例
        consumer.start();
        System.out.printf("Consumer Started.%n");
        return consumer;
    }
}
```

(11) 创建 service 包,并创建 ConsumerService 接口和它的实现类 ConsumerServiceImpl,代码如下:

```
public interface ConsumerService {
    public void consume(List<MessageExt> msgs);
}
```

ConsumerServiceImpl 用于消费消息,实现具体的业务,此处模拟更新数据库,输出消息的内容,并输出当前的消费的线程名称,代码如下:

```
//第 13 章/ConsumerPro/ConsumerServiceImpl.java
@Service
public class ConsumerServiceImpl implements ConsumerService{
    @Override
    public void consume(List<MessageExt> msgs) {
        MessageExt msg = msgs.get(0);
        Byte[] body = msg.getBody();
        System.out.printf("%s Receive New Messages: %s %n", Thread.currentThread().getName
(), msgs);
        System.out.printf("\n修改数据库中的数据: %s",new String(body));
    }
}
```

(12) 分别启动 ConsumerPro、ProducerProject 项目,并启动 MQ 的控制台。

(13) 在浏览器上输入 http://localhost:8081/order/buy/1,模拟购买商品,商品 id 是 1,浏览器会显示发送结果,sendStatus=SEND_OK 代表发送成功,结果如图 13-20 所示。

SendResult [sendStatus=SEND_OK, msgId=7F0000017C6C18B4AAC299833D9C0007, offsetMsgId=AC106FDB00002A9F000000000001C5C, messageQueue=MessageQueue [topic=MyTopic, brokerName=DESKTOP-OJKLI3R, queueId=2], queueOffset=11]

图 13-20 浏览器显示发送结果

(14) 查看 ConsumerPro 项目的控制台,可以打印出商品的 id 为 1,代表消息被消费了,结果如图 13-21 所示。

```
ConsumeMessageThread_1 Receive New Messages: [MessageExt [brokerName=DESKTOP-OJKLI3R, queueId=2, storeSize=169, queueOffset=11, sysFlag=0, bornTimestamp
修改数据库: goods=1
```

图 13-21 控制台显示结果

(15) 在浏览器上输入 http://localhost:8081/order/asyncBuy/2,可以测试异步发送消息,读者可在控制台查看相应的内容。

(16) 读者也可以在 MQ 控制台的消费者选项查看消费详情,结果如图 13-22 所示。

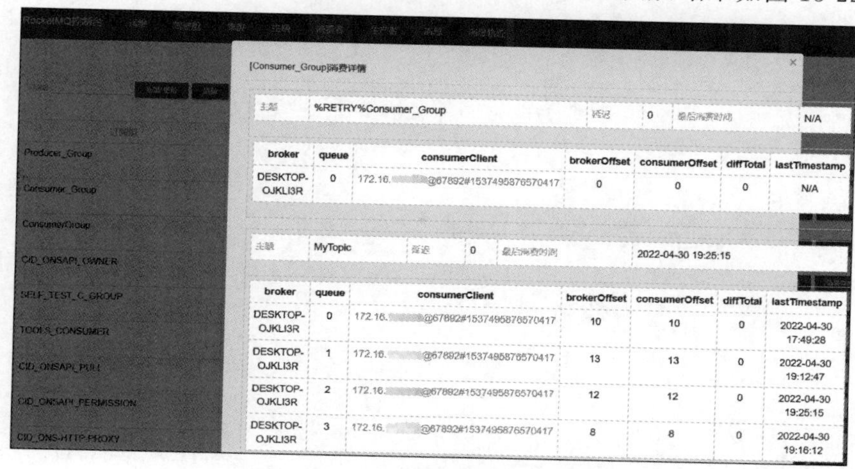

图 13-22 MQ 控制台查看消费详情

2. 第二部分

若项目中需要按照消息发送的顺序来消费消息,则可以通过控制将消息依次发送到同一个 queue,当消费时只从这个 queue 上依次拉取消息,以这种方法来保证按顺序消费消息。如果只有一个 queue,即消息的发送和消费都在此 queue 上,则称为全局有序。如果有多个 queue,也可以实现消息有序消费,此时的消息有序称为分区有序,即相对每个 queue,消息都是有序的。下面在第一部分代码的基础上用分区有序的方式实现同一个订单的有序消费,即同一个订单的创建、付款、完成这 3 个操作必须按序进行,具体实现步骤如下,其中步骤(1)~(5)是在项目 ProducerProject 上实现的,步骤 6 是在 ConsumerPro 项目上实现的。

(1) 创建 entity 包,并创建 Order 类,添加两个属性,orderId 是订单 id,其作用是可以确保订单的 3 个操作都属于同一个订单,这样就可以根据订单 id 选择 queue。属性 orderState 是订单的状态,分别是创建、付款、完成,代码如下:

```
private int orderId;               //订单 id
private String orderState;         //订单状态
```

(2) 在 Order 类里面添加获取订单列表的静态方法,在此方法里模拟创建订单、付款、完成这 3 个操作,并添加系统的时间,如果订单数量为 5,则总共可以模拟发送 15 条消息,代码如下:

```
//第 13 章/ProducerProject/Order.java
public static List<Order> getOrderList(){
    SimpleDateFormat dateFormat = new SimpleDateFormat("yyyy-MM-dd HH:mm:ss");
    Date date = null;
    List<Order> orderList = new ArrayList<>();
    Order order = null;
    //订单数量
    int orderNum = 5;
    //模拟下单
    for(int i = 0;i < orderNum;i++){
        order = new Order();
        order.setOrderId(i);
        order.setOrderState("创建订单,时间: " + dateFormat.format(new Date()));
        orderList.add(order);
    }
    //模拟付款
    for(int i = 0;i < orderNum;i++){
        order = new Order();
        order.setOrderId(i);
        order.setOrderState("付款,时间: " + dateFormat.format(new Date()));
        orderList.add(order);
    }
    for(int i = 0;i < orderNum;i++){
        order = new Order();
        order.setOrderId(i);
        order.setOrderState("订单完成,时间: " + dateFormat.format(new Date()));
        orderList.add(order);
    }
    return orderList;
}
```

（3）在 RocketService 接口中添加 chooseQueueToSend()方法，此方法的前 3 个参数为之前的方法，最后一个参数是订单的 id，从而可以控制同一个订单的创建、付款、完成这 3 个操作可以被有序地发送到 queue，代码如下：

```
SendResult chooseQueueToSend(String topic, String tag, Byte[] message, Integer orderId) throws
Exception;
```

（4）在 RocketServiceImpl 类里实现第 1 步添加的方法，producer 的第 2 个参数用于创建一个匿名内部类，其中的 object 参数就是外面传的 orderId，用 orderId 对消息队列的大小进行取余操作，这样同一个订单的操作都可以被发送到同一个 queue，代码如下：

```
//第 13 章/ProducerProject/RocketServiceImpl.java
 @Override
public SendResult chooseQueueToSend(String topic, String tag, Byte[] message, Integer orderId)
throws Exception {
    Message msg = new Message(topic, tag, message);
    return producer.send(msg, new MessageQueueSelector() {
        @Override
        public MessageQueue select(List<MessageQueue> list, Message message, Object object) {
```

```
                Integer orderId = (Integer)object;
                //把同一订单 id 的消息发送到同一个队列里
                int queueIndex = orderId % list.size();
                return list.get(queueIndex);
            }
        }, orderId);
    }
```

(5) 在 OrderController 中添加 sequenceConsume()方法，在此方法内循环调用 rocketService 方法发送消息，并把消息发送到哪个 queue 的 id 也打印出来。此方法的返回值是消息发送结果的列表，这样浏览器会显示发送消息的结果。

```
//第 13 章/ProducerProject/OrderController.java
@GetMapping("/consume")
 public List<String> sequenceConsume(){
    List<String> sendResultList = new ArrayList<>();
    //模拟生成订单
    List<Order> orderList = Order.getOrderList();
    SendResult sendResult = null;
    for(Order order:orderList){
        try {
            sendResult = rorocketService.chooseQueueToSend(topic,"myTag",order.toString().
getBytes(),order.getOrderId());
        } catch (Exception e) {
            e.printStackTrace();
        }
        if(sendResult!= null){
            System.out.printf("队列 id 是 %d ,订单信息是: %s%n", sendResult.getMessageQueue().
getQueueId(),order.toString());
            sendResultList.add("队列 id 是" + sendResult.getMessageQueue().getQueueId() + ",
订单信息是: " + oorder.toString());
        }
    }
    return sendResultList;
 }
```

(6) 在 ConsumerServiceImpl 类里打印消息的消费线程、队列 id 及消息的内容，这样方便在控制台观察。

```
System.out.printf("消费消息的线程: %s ,队列 id: %s, 消息: %s %n",Thread.currentThread
().getName(),
      msg.getQueueId(),new String(body));
```

(7) 按先后顺序启动 NameServer、Broker、ConsumerPro、ProducerProject，全部项目启动完成后，在浏览器地址栏输入 http://localhost:8081/order/consume 就可以测试了，结果如图 13-23 所示。这是浏览器显示的发送消息的结果，可以观察到 orderId=0 的 3 个订单操作都是发送到同一个 queue 上，其他订单的操作也是一样。

(8) 在 ConsumerPro 的控制台上也可以查看消费者消息的顺序，其结果如图 13-24 所示，尽管消费的线程不一样，但是同一个订单的创建、付款、完成这 3 个操作的消息都是从同一个 queue 获取的。尽管从浏览器上看到消息 10 比消息 11 发送得要早,但消费线程 12 消费的 orderId=1 的消息比线程 13 消费的 orderId=0 的消息要早,说明分区有序是相对有序消费的,不同 queue 之间是不影响的。需要注意的是读者测试时不一定会出现和本书一样的消费顺序情况。

```
▼ 0:  "队列id是0,订单信息是: Order{orderId=0, orderState='创建订单,时间: 2022-05-14 16:24:46'}"
▼ 1:  "队列id是1,订单信息是: Order{orderId=1, orderState='创建订单,时间: 2022-05-14 16:24:46'}"
▼ 2:  "队列id是2,订单信息是: Order{orderId=2, orderState='创建订单,时间: 2022-05-14 16:24:46'}"
▼ 3:  "队列id是3,订单信息是: Order{orderId=3, orderState='创建订单,时间: 2022-05-14 16:24:46'}"
▼ 4:  "队列id是0,订单信息是: Order{orderId=4, orderState='创建订单,时间: 2022-05-14 16:24:46'}"
▼ 5:  "队列id是0,订单信息是: Order{orderId=0, orderState='付款,时间: 2022-05-14 16:24:46'}"
▼ 6:  "队列id是1,订单信息是: Order{orderId=1, orderState='付款,时间: 2022-05-14 16:24:46'}"
▼ 7:  "队列id是2,订单信息是: Order{orderId=2, orderState='付款,时间: 2022-05-14 16:24:46'}"
▼ 8:  "队列id是3,订单信息是: Order{orderId=3, orderState='付款,时间: 2022-05-14 16:24:46'}"
▼ 9:  "队列id是0,订单信息是: Order{orderId=4, orderState='付款,时间: 2022-05-14 16:24:46'}"
▼ 10: "队列id是0,订单信息是: Order{orderId=0, orderState='订单完成,时间: 2022-05-14 16:24:46'}"
▼ 11: "队列id是1,订单信息是: Order{orderId=1, orderState='订单完成,时间: 2022-05-14 16:24:46'}"
```

图 13-23　发送消息结果

```
消费消息的线程: ConsumeMessageThread_2 ,队列id:0, 消息: Order{orderId=0, orderState='创建订单,时间: 2022-05-14 16:24:46'}
消费消息的线程: ConsumeMessageThread_3 ,队列id:1, 消息: Order{orderId=1, orderState='创建订单,时间: 2022-05-14 16:24:46'}
消费消息的线程: ConsumeMessageThread_4 ,队列id:2, 消息: Order{orderId=2, orderState='创建订单,时间: 2022-05-14 16:24:46'}
消费消息的线程: ConsumeMessageThread_5 ,队列id:3, 消息: Order{orderId=3, orderState='创建订单,时间: 2022-05-14 16:24:46'}
消费消息的线程: ConsumeMessageThread_6 ,队列id:0, 消息: Order{orderId=4, orderState='创建订单,时间: 2022-05-14 16:24:46'}
消费消息的线程: ConsumeMessageThread_7 ,队列id:0, 消息: Order{orderId=0, orderState='付款,时间: 2022-05-14 16:24:46'}
消费消息的线程: ConsumeMessageThread_8 ,队列id:1, 消息: Order{orderId=1, orderState='付款,时间: 2022-05-14 16:24:46'}
消费消息的线程: ConsumeMessageThread_9 ,队列id:2, 消息: Order{orderId=2, orderState='付款,时间: 2022-05-14 16:24:46'}
消费消息的线程: ConsumeMessageThread_10 ,队列id:3, 消息: Order{orderId=3, orderState='付款,时间: 2022-05-14 16:24:46'}
消费消息的线程: ConsumeMessageThread_11 ,队列id:0, 消息: Order{orderId=4, orderState='付款,时间: 2022-05-14 16:24:46'}
消费消息的线程: ConsumeMessageThread_12 ,队列id:1, 消息: Order{orderId=1, orderState='订单完成,时间: 2022-05-14 16:24:46'}
消费消息的线程: ConsumeMessageThread_13 ,队列id:0, 消息: Order{orderId=0, orderState='订单完成,时间: 2022-05-14 16:24:46'}
```

图 13-24　消费消息结果

本章小结

本章学习了 RocketMQ 的基本知识,Spring Boot 整合 RocketMQ 的基本步骤,以及 Web 项目整合 RocketMQ 的详细过程与应用。

第 14 章

Spring Boot 整合 Kafka

Kafka 是一个分布式系统，也是常用的消息中间件，由通过高性能网络协议(Transmission Control Protocol，TCP)进行通信的服务器和客户端组成。Kafka 可以部署在本地和云环境中的裸机硬件、虚拟机和容器上。相对 RabbitMQ 和 RocketMQ，Kafka 功能更全面，部署和使用也相对更复杂。本章介绍 Kafka 入门知识、Kafka 的下载与安装、Spring Boot 整合 Kafka 基本步骤和 Web 项目中整合 Kafka 的完整过程。

14.1 Kafka 入门

14.1.1 Kafka 简介

Kafka 是一个分布式事件流平台，允许跨多台机器读取、写入、存储和处理事件，在本书中将事件称为消息。它与 RocketMQ 有相似的功能，都可以作为消息中间件，用于存储和转发消息。Kafka 的基础架构图如图 14-1 所示。主题类似于文件系统中的文件夹，消息就是该文件夹中的文件。

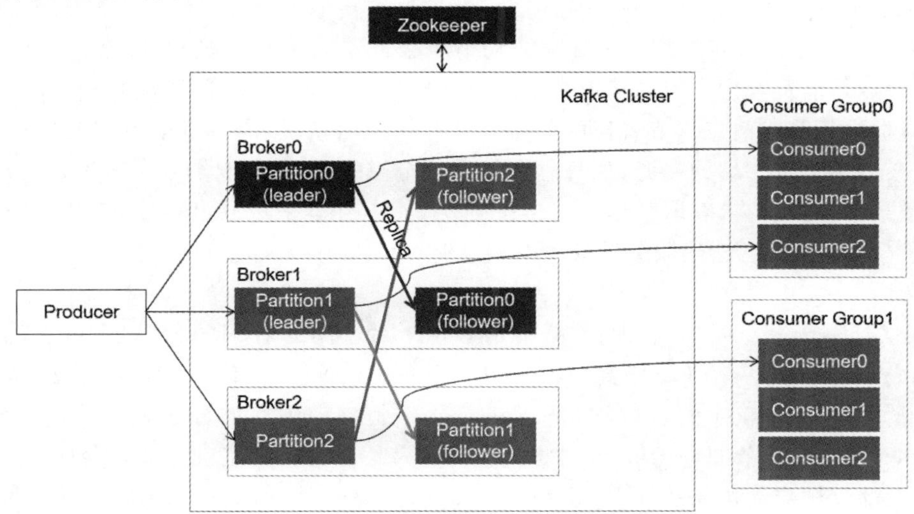

图 14-1 Kafka 的基础架构图

专业术语介绍如下。

(1) Broker：一台 Kafka 服务器都可以看成一个 Broker。

(2) Partition(分区)：每个分区是一个有序的队列，用于存储消息，可以把分区简单地理解为在 Windows 系统中磁盘的 C 盘和 D 盘。在 Kafka 中，Topic(主题)是一个存储消息的逻辑概念，可认为是一条消息的集合，主题类似于文件系统中的文件夹，消息就是该文件夹中的文件，在物理上是使用分区存储消息的。不同主题的消息是分开存储的，每个主题的消息可以存储到多个分区。一个 Topic 可以有多个分区，一个分区对应着多个副本，副本可以分为 leader 和 follower，消息的存储和转发都在 leader 上，follower 用于备份消息，leader 和 follower 一般位于不同的 Broker 上，这样才可以更好地保证数据不丢失，试想一下，如果它们都在同一个 Broker 上，当 Broker 服务器出现问题时，它们都无法工作了，数据也可能丢失。一个 leader 可以有多个 follower，当 leader 出现问题后，ZooKeeper 会从 follower 中选取其中的一个作为 leader，如图 14-1 所示，在 Partition0 分区中有两个副本，其中一个作为 leader，另外一个作为 follower，Replica 就是把 leader 中的数据备份到 follower。

(3) Producer(生产者)：消息的生产者，连接 Broker，把消息发送到某个分区，如图 14-1 所示，它把消息发送到 Partition0、Partition1 和 Partition2 上。

(4) Consumer(消费者)：每个消费者都属于某一 Consumer Group(消费者组)。同一个消费者组的消费者只能有一个消费者消费某个分区的消息，不同消费者组中的消费者可以消费同一个分区的消息，如图 14-1 所示，如果 Group0 中的 Consumer0 消费了 Partition0 中的消息，则其他两个消费者就不可以消费此分区中的消息了，但 Group1 中的其中一个消费者可以消费此分区的消息。获取消息的方式有两种，分别是 push 和 pull。push 方式是服务器端主动将消息推送给消费者，推送的速率由服务器端确定，所以及时性高，但其缺点是很难适应具有不同消费速率的消费者，当消费者的消费过慢时就会导致消息积压，甚至会导致消费者服务崩溃。此外服务器端还需要维护每次传输的状态，防止消息推送失败进行重试。pull 方式是消费者根据消费速率主动请求服务器端获取数据，如每隔 500ms 获取一次，但其缺点是消费者也不容易选取合适的时间获取数据，当服务器端没有消息时，会导致消费者一直重新获取消息。或者当服务器端只有几条消息时，消费者端也需要发送请求获取数据，会占用消费者端的资源，如日志采集系统希望一次拉取 10 000 条数据，但服务器端只有几条数据，此次请求获取数据就显得没必要了。Kafka 采用 pull 方式，它让消费者设置一个时长(timeout)参数，当服务器端没有消息时，会让消费者等待这个时长，若再没有数据就结束会话。

(5) ZooKeeper：可以作为配置中心，生产者、消费者、Broker、Topic 都需要在 ZooKeeper 注册，它存储 topic 信息、分区信息、副本信息等。它可以根据各节点的状态实现生产者、消费者和 Broker 的负载均衡。ZooKeeper 是一个独立的分布式系统，Kafka 管理 ZooKeeper 是比较复杂的，Kafka 也因此经常被认为是质量级的基础设施，因此当项目规模不大时，大部分用户会优先选择 RabbitMQ、RocketMQ 这些中间件。未来 Kafka 将会弃用 ZooKeeper，由自身实现相关的功能。

14.1.2 Kafka 下载并安装启动

1. Windows 10 系统安装 Kafka

本书使用的 Kafka 版本是 3.2.0，该版本已经包含 ZooKeeper，因此不需要单独安装 ZooKeeper。官网的下载网址为 https://kafka.apache.org/downloads，下载的压缩包是 Scala 2.13-kafka_2.13-3.2.0.tgz（asc，sha512）。把下载好的压缩包保存到 D 盘，读者可根据实际情况选择保存的路径，然后直接使用 Zip 等压缩工具解压就可以了，无须其他安装包，最终解压路径为 D:\kafka_2.13-3.2.0。

2. 修改配置文件

（1）打开 config 文件夹下的 zookeeper.properties 文件，修改 dataDir 参数，这是快照存放的路径，其他配置不需要修改，如图 14-2 所示。

```
# the directory where the snapshot is stored.
dataDir=D:/kafka_2.13-3.2.0/zookeeper
# the port at which the clients will connect
clientPort=2181
# disable the per-ip limit on the number of connections since this is a non-production config
maxClientCnxns=0
```

图 14-2　配置信息

（2）打开 config 文件夹下的 server.properties 文件，修改 log.dirs 参数，这是存放 log 文件的路径，此 log 功能与平时的日志文件不一样，它还包含消费消息的偏移地址等信息，其他配置信息采用默认的即可，如图 14-3 所示。如果采用的是集群部署方式，则需要 broker.id 参数，它是 Broker 的 id，每个 Broker 的 id 都必须是唯一正整数，不能是字符串。参数 num.partitions 是每个主题的默认分区数，更多的分区允许更大的并行性，但这也会导致代理中的文件更多。

```
# A comma separated list of directories under which to store log files
log.dirs=D:/kafka_2.13-3.2.0/logs
```

图 14-3　server 配置

3. 启动 ZooKeeper

（1）在 Kafka 文件夹路径上输入 cmd，然后按 Enter 键就可以打开 cmd 窗口并定位到此文件夹路径上，如图 14-4 所示。

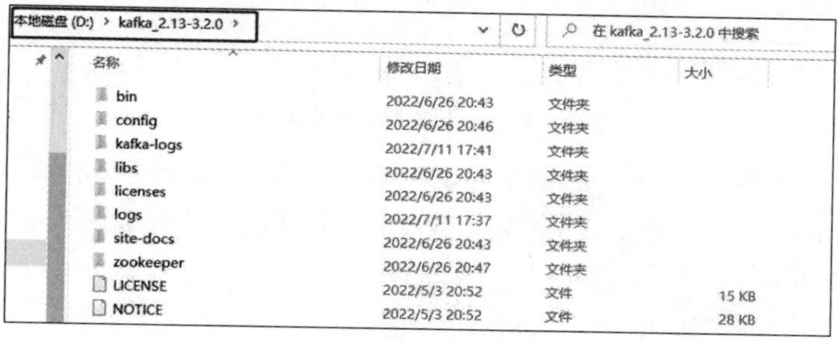

本地磁盘 (D:) › kafka_2.13-3.2.0 ›　　在 kafka_2.13-3.2.0 中搜索

名称	修改日期	类型	大小
bin	2022/6/26 20:43	文件夹	
config	2022/6/26 20:46	文件夹	
kafka-logs	2022/7/11 17:41	文件夹	
libs	2022/6/26 20:43	文件夹	
licenses	2022/6/26 20:43	文件夹	
logs	2022/7/11 17:37	文件夹	
site-docs	2022/6/26 20:43	文件夹	
zookeeper	2022/6/26 20:47	文件夹	
LICENSE	2022/5/3 20:52	文件	15 KB
NOTICE	2022/5/3 20:52	文件	28 KB

图 14-4　文件路径

(2) 在 cmd 窗口上输入命令，其结果如图 14-5 所示，命令如下：

```
.\bin\Windows\zookeeper-server-start.bat .\config\zookeeper.properties
```

```
C:\Users\14067>d:

D:\>cd D:\kafka_2.13-3.2.0\bin

D:\kafka_2.13-3.2.0\bin>cd ..

D:\kafka_2.13-3.2.0>.\bin\windows\zookeeper-server-start.bat  .\config\zookeeper.properties
[2022-10-11 22:24:49,096] INFO Reading configuration from: .\config\zookeeper.properties (org.apache.zookeeper.server.quorum.QuorumPeerConfig)
[2022-10-11 22:24:49,106] INFO clientPortAddress is 0.0.0.0:2181 (org.apache.zookeeper.server.quorum.QuorumPeerConfig)
[2022-10-11 22:24:49,106] INFO secureClientPort is not set (org.apache.zookeeper.server.quorum.QuorumPeerConfig)
[2022-10-11 22:24:49,106] INFO observerMasterPort is not set (org.apache.zookeeper.server.quorum.QuorumPeerConfig)
[2022-10-11 22:24:49,106] INFO metricsProvider.className is org.apache.zookeeper.metrics.impl.DefaultMetricsProvider (org.apache.zookeeper.server.quorum.QuorumPeerConfig)
```

图 14-5 启动 ZooKeeper

4. 启动 Kafka-Server

(1) 使用步骤 3 中的方式打开另一个 cmd 窗口。

(2) 在 cmd 窗口上输入命令，其结果如图 14-6 所示，命令如下：

```
.\bin\Windows\kafka-server-start.bat .\config\server.properties
```

```
D:\kafka_2.13-3.2.0>.\bin\windows\kafka-server-start.bat .\config\server.properties
[2022-10-11 22:28:06,302] INFO Registered kafka:type=kafka.Log4jController MBean (kafka.utils.Log4jControllerRegistration$)
[2022-10-11 22:28:06,576] INFO Setting -D jdk.tls.rejectClientInitiatedRenegotiation=true to disable client-initiated TLS renegotiation (org.apache.zookeeper.common.X509Util)
[2022-10-11 22:28:06,660] INFO starting (kafka.server.KafkaServer)
[2022-10-11 22:28:06,661] INFO Connecting to zookeeper on localhost:2181 (kafka.server.KafkaServer)
[2022-10-11 22:28:06,673] INFO [ZooKeeperClient Kafka server] Initializing a new session to localhost:2181. (kafka.zookeeper.ZooKeeperClient)
```

图 14-6 启动 Kafka-Server

5. 启动 Kafka-topics

(1) 若已经创建过 topic，则不需要重新执行这步。

(2) 使用步骤 3 中的方式打开另一个 cmd 窗口。

(3) 在 cmd 窗口上输入以下命令，创建 topic，名称由读者自行决定，此处使用 MyTopic，创建一个分区，并且只有一个副本，由于只有一个副本，所以该副本就是 leader。参数--partitions 代表分区数量，参数--replication-factor 代表副本数量，命令执行如图 14-7 所示，启动命令如下：

```
.\bin\Windows\kafka-topics.bat --create --Bootstrap-server localhost:9092 --replication-factor 1 --partitions 1 --topic MyTopic
```

```
D:\kafka_2.13-3.2.0>.\bin\windows\kafka-topics.bat --create --bootstrap-server localhost:9092 --replication-factor 1 --partitions 1 --topic MyTopic
```

图 14-7 启动 Kafka-topics

其中分区数可以多于 Broker 的数量，副本数量包括 leader 的数量，即 leader 的数量加上 follower 的数量就是副本的数量，其数量至少为 1，而且不能超过 Broker 的数量，否则会报错，错误信息如下：

副本数量为 0 的报错如图 14-8 所示。

副本数量超过 Broker 的数量报错如图 14-9 所示。

```
D:\kafka_2.13-3.2.0>.\bin\windows\kafka-topics.bat --create --bootstrap-server localhost:9092 --replication-factor 0 --p
artitions 1 --topic MyTopic
Error while executing topic command : The replication factor must be between 1 and 32767 inclusive
[2022-10-11 22:31:28,563] ERROR java.lang.IllegalArgumentException: The replication factor must be between 1 and 32767 i
nclusive
        at kafka.admin.TopicCommand$TopicService.createTopic(TopicCommand.scala:224)
        at kafka.admin.TopicCommand$TopicService.createTopic(TopicCommand.scala:219)
        at kafka.admin.TopicCommand$.main(TopicCommand.scala:55)
        at kafka.admin.TopicCommand.main(TopicCommand.scala)
 (kafka.admin.TopicCommand$)
```

图 14-8 错误 1

```
D:\kafka_2.13-3.2.0>.\bin\windows\kafka-topics.bat --create --bootstrap-server localhost:9092 --replication-factor 3 --p
artitions 1 --topic MyTopic4
Error while executing topic command : Replication factor: 3 larger than available brokers: 1.
[2022-10-11 22:40:52,223] ERROR org.apache.kafka.common.errors.InvalidReplicationFactorException: Replication factor: 3
larger than available brokers: 1.
 (kafka.admin.TopicCommand$)
```

图 14-9 错误 2

下面是创建 3 个分区和 1 个副本（主题为 MyTopic3）的命令，执行命令如图 14-10 所示，命令如下：

```
.\bin\Windows\kafka-topics.bat --create --Bootstrap-server localhost:9092 --
replication-factor 1 --partitions 3 --topic MyTopic3
```

```
D:\kafka_2.13-3.2.0>.\bin\windows\kafka-topics.bat --create --bootstrap-server  localhost:9092 --replication-factor 1 --
partitions 3 --topic MyTopic3
```

图 14-10 创建 MyTopic3

（4）可以通过以下命令查看 Topic 分区信息，命令如下：

```
.\bin\Windows\kafka-topics.bat --describe --topic MyTopic --Bootstrap-server
localhost:9092
```

其结果如图 14-11 所示，其中第 1 行是所有 partitions 的总结，参数 PartitionCount 是分区总数，ReplicationFactor 是副本总数。第 2 行是每个 partition 信息，参数 Partition 是其编号；Leader 代表分区的 leader 在哪个 Broker 上，0 代表 Leader 在 broker.id=0 上；Replicas 列出所有的副本在哪些 Broker 上，一个 leader 可以有多个不同的 follower，0 代表此副本在 broker.id=0 这个 Broker 上，因为我们的 Windows 10 系统上只有一个 Broker，所以副本数最大只能为 1。参数 Isr(In-Sync Replicas)代表能够和 leader 保持同步的副本集合，只要在这个集合中的副本都是已经和 leader 保持同步的，但需要注意的是集合由 leader 和 follower 构成，即它包括 leader。如果 follower 出现问题或者网络不好等原因导致超时没有和 leader 同步，则会被移出 Isr 集合，此时间默认为 30s，可以在 server.properties 文件中的 replica.lag.time.max.ms 设置，Kafka 3.2 版本把此默认值由之前的 10s 修改成 30s。集合上的数字是 leader 和 follower 所在 Broker 的 id，由于本机没有 follower，所以此处 0 代表 leader 在 broker.id=0 这个 Broker 上。假设 Replicas 的值为 0、1、2，但 lsr 的值为 0、1、2，leader 为 0，则表示 brokerId 是 1 和 2 的 follower 已经和 leader 同步了。

```
D:\kafka_2.13-3.2.0>.\bin\windows\kafka-topics.bat --describe --topic MyTopic --bootstrap-server localhost:9092
Topic: MyTopic  TopicId: xTWqsCLPQvqjl0p9cIl7og PartitionCount: 1       ReplicationFactor: 1    Configs: segment.bytes=1
073741824
        Topic: MyTopic  Partition: 0    Leader: 0       Replicas: 0     Isr: 0
```

图 14-11 MyTopic 分区信息

(5) 可以通过命令查看 MyTopic3 的分区信息,命令如下:

```
.\bin\Windows\kafka-topics.bat --describe --topic MyTopic3 --Bootstrap-server
localhost:9092
```

结果如图 14-12 所示,它有 3 个分区,编号分别是 0、1、2,每个分区的 leader 所在 Broker 的 id 是 0,Isr 的列表也只有 0。

```
D:\kafka_2.13-3.2.0>.\bin\windows\kafka-topics.bat --describe --topic MyTopic3 --bootstrap-server localhost:9092
Topic: MyTopic3 TopicId: KlqPqcNeR9ej3WVnhq2yKg PartitionCount: 3       ReplicationFactor: 1    Configs: segment.bytes=1
073741824
        Topic: MyTopic3 Partition: 0    Leader: 0       Replicas: 0     Isr: 0
        Topic: MyTopic3 Partition: 1    Leader: 0       Replicas: 0     Isr: 0
        Topic: MyTopic3 Partition: 2    Leader: 0       Replicas: 0     Isr: 0
```

图 14-12　MyTopic3 分区信息

(6) 可以通过以下命令查看所有的 Topic,结果如图 14-13 所示,命令如下:

```
.\bin\Windows\kafka-topics.bat --list --Bootstrap-server localhost:9092
```

```
D:\kafka_2.13-3.2.0>.\bin\windows\kafka-topics.bat  --list --bootstrap-server localhost:9092
MyTopic
MyTopic3
__consumer_offsets
```

图 14-13　Topic 信息

6. 使用终端启动消费者

此步骤不是必需的,只用于测试 Kafka 是否正常运行。具体步骤如下:

(1) 打开另一个 cmd 窗口。

(2) 在 cmd 窗口上输入命令,消费消息,命令如下:

```
.\bin\Windows\kafka-console-consumer.bat --Bootstrap-server localhost:9092 --
topic MyTopic
```

若生产者已经发送消息了,消费者还没收到消息,则可以按一下 Enter 键,Hello kafka 是由生产者发送的消息,其结果如图 14-14 所示。

```
D:\kafka_2.13-3.2.0>.\bin\windows\kafka-console-consumer.bat --bootstrap-server localhost:9092 --topic MyTopic
Hello kafka
```

图 14-14　消费信息

7. 使用终端启动生产者

此步骤不是必需的,只用于测试 Kafka 是否正常运行。具体步骤如下:

(1) 打开另一个 cmd 窗口。

(2) 在 cmd 窗口上输入命令,命令如下:

```
.\bin\Windows\kafka-console-producer.bat --broker-list localhost:9092 --topic MyTopic
```

(3) 在光标处发送消息,其结果如图 14-15 所示。

```
D:\kafka_2.13-3.2.0>.\bin\windows\kafka-console-producer.bat --broker-list localhost:9092 --topic MyTopic
>Hello kafka
>_
```

图 14-15　发送信息

8. 关闭终端

若测试完毕,则在关闭各终端时,Kafka-Server 必须早于 ZooKeeper 关闭,步骤如下:

(1) 关闭生产者、消费者窗口。

(2) 关闭 Kafka-topics 窗口。

(3) 关闭 Kafka-Server。

(4) 关闭 ZooKeeper。

14.2 Spring Boot 项目整合 Kafka

本节会介绍一个简单的项目和一个模拟收集用户日志的 Web 项目整合 Kafka 的流程。

14.2.1 简单整合

本节直接使用 Maven 项目介绍如何使用 Kafka,具体步骤如下。

(1) 新建一个 Maven 项目,命名为 KafkaSamples,在 pom.xml 文件中添加以下依赖,代码如下:

```
//第 14 章/KafkaSamples/pom.xml
<dependency>
    <groupId>org.apache.kafka</groupId>
    <artifactId>kafka-clients</artifactId>
    <version>3.2.0</version>
</dependency>
<dependency>
    <groupId>org.slf4j</groupId>
    <artifactId>slf4j-nop</artifactId>
    <version>1.7.2</version>
</dependency>
```

(2) 创建消费者类 MyConsumer,代码如下:

```
//第 14 章/KafkaSamples/MyConsumer.java
public class MyConsumer {
    public static void main(String[] args) {
        Properties props = new Properties();
         //设置 Kafka 地址
        props.put("Bootstrap.servers", "localhost:9092");
        //设置消费者组 id
        props.put("group.id", "MyGroup");
        props.put("enable.auto.commit", "true");
        props.put("auto.commit.interval.ms", "1000");
        //键反序列化
        props.put("key.deserializer",
"org.apache.kafka.common.serialization.StringDeserializer");
        //值反序列化
        props.put("value.deserializer",
"org.apache.kafka.common.serialization.ByteArrayDeserializer");
        KafkaConsumer<String, Byte[]> consumer = new KafkaConsumer<>(props);
```

```
        String topic = "MyTopic";
        String topic3 = "MyTopic3";
        consumer.subscribe(Arrays.asList(topic,topic3));
        while (true){
            consume(consumer);
        }
    }
    public static void consume(KafkaConsumer<String, Byte[]> consumer) {
        while (true){
            ConsumerRecords<String,Byte[]> myMsgs =
consumer.poll(Duration.ofMillis(100));
            for (ConsumerRecord<String, Byte[]> msg : myMsgs) {
                System.out.printf("currentThreadName = %s, partitions = %d, offset = %
d, key " +
                                "= %s, value = %s, topic = %s%n",
Thread.currentThread().getName(),msg.partition(),msg.offset(), msg.key(), new SString(msg.
value(), StandardCharsets.UTF_8), msg.topic());
            }
        }}}
```

Properties类是用于封装各种配置的类，其中Bootstrap. servers用于设置Kafka的地址，若有多个地址，则使用英文的逗号分隔开；group. id用于设置消费者组的id，即使只有一个消费者也需要设置此id；enable. auto. commit用于设置是否自动提交offset（偏置值），默认值为true，代表自动提交，此时它和auto. commit. interval. ms配合使用的默认值为5000，单位是毫秒，表示每隔5s自动提交offset值。传入props参数，用于创建消费者KafkaConsumer，并订阅两个Topic，分别是MyTopic和MyTopic3。KafkaConsumer使用方法poll(Duration timeout)设置超时时间，此处设置为100ms。最后在for循环里打印拉取到的消息，其结果如图14-16所示，可以设置其他消费者组。

```
MyConsumer ×    MyProducer ×
D:\ProgramFiles\Java\jdk1.8.0_121\bin\java.exe ...
currentThreadName = main, partitions = 1, offset = 0, key = producer2, value = hello kafka2, topic = MyTopic3
currentThreadName = main, partitions = 1, offset = 1, key = producer4, value = hello kafka4, topic = MyTopic3
currentThreadName = main, partitions = 1, offset = 2, key = producer5, value = hello kafka5, topic = MyTopic3
currentThreadName = main, partitions = 1, offset = 3, key = producer8, value = hello kafka8, topic = MyTopic3
currentThreadName = main, partitions = 0, offset = 0, key = producer6, value = hello kafka6, topic = MyTopic3
currentThreadName = main, partitions = 0, offset = 1, key = producer7, value = hello kafka7, topic = MyTopic3
currentThreadName = main, partitions = 2, offset = 0, key = producer0, value = hello kafka0, topic = MyTopic3
currentThreadName = main, partitions = 2, offset = 1, key = producer1, value = hello kafka1, topic = MyTopic3
currentThreadName = main, partitions = 2, offset = 2, key = producer3, value = hello kafka3, topic = MyTopic3
currentThreadName = main, partitions = 2, offset = 3, key = producer9, value = hello kafka9, topic = MyTopic3
```

图 14-16 消费信息

（3）创建生产者类MyProducer，代码如下：

```
//第 14 章/KafkaSamples/MyProducer.java
public class MyProducer {
    public static void main(String[] args) {
        Properties props = new Properties();
        props.put("Bootstrap.servers", "localhost:9092");  //设置 Kafka 的地址
        props.put("acks", "all");
```

```
        //配置为大于 0 的值,客户端会在消息发送失败时重新发送
        props.put("retries", 0);
        //键序列化
        props.put("key.serializer", "org.apache.kafka.common.serialization.StringSerializer");
        //值序列化
        props.put("value.serializer", "org.apache.kafka.common.serialization.ByteArraySerializer");
        KafkaProducer<String, Byte[]> producer = new KafkaProducer<>(props);
        //此 Topic 已经创建了,并且有 3 个分区
String topic = "MyTopic3";
        Byte[] value;
       //不指定分区
        for(int i = 0;i < 10;i++){
            value = "你好".getBytes(StandardCharsets.UTF_8);
            producer.send(new ProducerRecord<String, Byte[]>(topic, "producer" + i, value));
        }
        //不指定分区
        for(int i = 0;i < 10;i++){
            value = ("hello kafka" + i).getBytes(StandardCharsets.UTF_8);
            producer.send(new ProducerRecord<String, Byte[]>(topic, "producer" + i,value ));
        }
       //设置回调函数
        for(int i = 11;i < 20;i++){
            value = ("hello kafka" + i).getBytes(StandardCharsets.UTF_8);
            producer.send(new ProducerRecord<String, Byte[]>(topic, "producer" + i, value),
                new Callback() {
              @Override
              public void onCompletion(RecordMetadata recordMetadata, Exception e) {
                 System.out.printf("topic = %s, partition = %d,offset = %d%n",
recordMetadata.topic(),recordMetadata.partition(),recordMetadata.offset());
              }
            });
        }
        //设置分区,此处分区为 2,需要读者根据实际情况选择分区
        for(int i = 21;i < 25;i++){
            value = ("hello kafka" + i).getBytes(StandardCharsets.UTF_8);
            ProducerRecord<String,Byte[]> record =
                   new ProducerRecord<String,Byte[]>(topic,2,"producer" + i, value);
            producer.send(record);
        }
        //如果发送消息后不再需要生产者,则可以把它关闭
        producer.close();
    }}
```

其中acks是消息的确认机制，有3个值可以设置，具体如下：

默认值为0，表示生产者发送消息后不等待Broker的ack，这样发送消息的效率最高，但消息也最容易丢失。

值为1时表示当分区中的leader把消息写入磁盘后就马上返回ack，此时leader不会等待所有的follower同步好数据后才返回ack，当然也有可能有个别follower已经和leader

同步好数据并将 ack 返给 leader。值为 1 时也有可能会发生数据丢失的情况，如 leader 还没有和任何一个 follower 同步好数据就宕机了。

值为 all 或 −1 表示 leader 和 Isr 中的所有 follower 都把数据写入磁盘后才将 ack 返给生产者，此时 leader 收到了 Isr 中的 follower 的 ack，需要注意的是 follower 并不是全部的 follower，因为有些 follower 可能因宕机等原因被移出 Isr，此时 leader 当然不会将数据同步到有问题的 follower 上。值为 all 也有可能出现两种情况，第 1 种情况是数据重复，当消息发送到 leader，leader 和 follower 完成了数据同步但还没收到 follower 的 ack 时，leader 出现宕机了，此时 Kafka 会从所有的 follower 中选择一个作为 leader，由于生产者没有收到 ack，而之前的消息却又已经同步到 follower 中了，生产者重新将消息发送到新的 leader（之前是 follower），这样就会造成数据重复了。第 2 种情况就是数据丢失，像当前 Windows 10 系统上只有一个 Broker 时，副本数就是 1，Isr 中就只有一个值，leader 也没有 follower，此时如果 Broker 出现问题就可能会丢失数据了。

retries 表示发送消息失败后的重传次数，默认值为 0，如果值大于 0，则重传消息。使用 pros 创建 KafkaProducer（生产者），此处使用方法 send(ProducerRecord < K, V > record) 来发送消息，send 方法是以异步方式发送消息的，如果需要回调，则可以调用 send (ProducerRecord < K,V > record, Callback callback)，此回调方法会在收到 ack 后被调用。ProducerRecord < K, V >是对消息封装的类，可以指定消息发送到某个分区，此时使用它的构造函数 ProducerRecord(String topic, Integer partition, K key, V value)。如果没有指定分区，由于参数设置了 key，则会根据 key 的哈希值对 Topic 的分区数进行取余操作，得到的结果作为它的分区。

（4）启动生产者，当生产者设置了回调函数后，在收到 ack 后打印的信息如图 14-17 所示。

```
MyConsumer ×    MyProducer ×
D:\ProgramFiles\Java\jdk1.8.0_121\bin\java.exe ...
topic=MyTopic3, partition=2,offset=15
topic=MyTopic3, partition=1,offset=17
topic=MyTopic3, partition=2,offset=16
topic=MyTopic3, partition=1,offset=18
topic=MyTopic3, partition=1,offset=19
topic=MyTopic3, partition=1,offset=20
topic=MyTopic3, partition=1,offset=21
topic=MyTopic3, partition=0,offset=7
topic=MyTopic3, partition=2,offset=17
```

图 14-17 启动生成者

（5）启动消费者，如图 14-18 所示，此框是在 MyProducer 代码中指定了消息的分区结果图，可以看到有 4 条消息被发送到分区 2 上，和代码设置的一样。由于消息被消费后，broker 并没有马上把消息删除，读者在测试后可以修改 MyConsumer 类中的 group. id 值，然后再次启动消费者类可以看到消息会被再次消费，此时是另外一个消费者组进行消费。

```
MyConsumer ×    MyProducer ×
currentThreadName = main, partitions = 2, offset = 12, key = producer1, value = hello kafka1, topic = MyTopic3
currentThreadName = main, partitions = 2, offset = 13, key = producer3, value = hello kafka3, topic = MyTopic3
currentThreadName = main, partitions = 2, offset = 14, key = producer9, value = hello kafka9, topic = MyTopic3
currentThreadName = main, partitions = 2, offset = 15, key = producer11, value = hello kafka11, topic = MyTopic3
currentThreadName = main, partitions = 2, offset = 16, key = producer12, value = hello kafka12, topic = MyTopic3
currentThreadName = main, partitions = 2, offset = 17, key = producer17, value = hello kafka17, topic = MyTopic3
currentThreadName = main, partitions = 2, offset = 18, key = producer21, value = hello kafka21, topic = MyTopic3
currentThreadName = main, partitions = 2, offset = 19, key = producer22, value = hello kafka22, topic = MyTopic3
currentThreadName = main, partitions = 2, offset = 20, key = producer23, value = hello kafka23, topic = MyTopic3
currentThreadName = main, partitions = 2, offset = 21, key = producer24, value = hello kafka24, topic = MyTopic3
```

图 14-18 启动消费者

（6）创建消费者组类 MyConsumerGroup，此类的大部分功能和 MyConsumer 一样，只是在同一个消费者组里增加几个消费者线程。启动此类，并重新启动生产者类发送消息，可以得到如图 14-19 所示的结果，从结果可以看出某个分区只能被同一个消费者组的其中一个消费者线程消费，如分区 0 的消息只被 thread0 消费。代码中创建了 5 个消费者线程，只有 3 个消费线程工作，说明在同一消费者组里即使创建再多的线程也是无法提高消费效率的。当线程数是 1 时就变回与前面的 MyConsumer 一样了，全部分区都由该线程消费，代码如下：

```
//第 14 章/KafkaSamples/MyConsumerGroup.java
public class MyConsumerGroup {
    private Properties props;
    public void initProperties(){
        props = new Properties();
          //设置 Kafka 地址
        props.put("Bootstrap.servers", "localhost:9092");
          //设置消费者组 id
        props.put("group.id", "MyGroup3");
        props.put("enable.auto.commit", "true");
        props.put("auto.commit.interval.ms", "1000");
          //键反序列化
        props.put("key.deserializer", "org.apache.kafka.common.serialization.StringDeserializer");
          //值反序列化
        props.put("value.deserializer", "org.apache.kafka.common.serialization.ByteArrayDe-
serializer");
    }
    public Properties getProps() {
        return props;
    }

    public static void main(String[] args) {
        MyConsumerGroup myConsumerGroup = new MyConsumerGroup();
        myConsumerGroup.initProperties();
          //启动 5 个线程拉取消息,但分区数是 3,实际只有 3 个线程会消费信息
        for(int i = 0;i < 5;i++){
            Consumer consumer = new Consumer("thread" + i,myConsumerGroup.getProps());
            consumer.start();
        }
    }}
        //定义一个继承 Thread 的类
class Consumer extends Thread{
    Properties properties;
    KafkaConsumer < String, Byte[ ]> consumer;
        //传入线程名和 Properties
    Consumer(String name,Properties properties){
        this.properties = properties;
        consumer = new KafkaConsumer <>(properties);
        String topic = "MyTopic";
        String topic3 = "MyTopic3";
        consumer.subscribe(Arrays.asList(topic,topic3));
        setName(name);
```

```
    }
    @Override
    public void run() {
        try {
        //消费消息
            consume(consumer);
        }catch (Exception e){
            e.printStackTrace();
        }finally {
            consumer.close();
        }}
    public void consume(KafkaConsumer<String, Byte[]> consumer) {
        while (true){
            ConsumerRecords<String,Byte[]> myMsgs = consumer.poll(Duration.ofMillis(100));
            for (ConsumerRecord<String, Byte[]> msg : myMsgs) {
                System.out.printf("currentThreadName = %s, partitions = %d, offset = %d, key " +
                                "= %s, value = %s, topic = %s%n",
Thread.currentThread().getName(),msg.partition(),msg.offset(), msg.key(), new SString(msg.
value(), StandardCharsets.UTF_8), msg.topic());
 }}}}
```

```
MyConsumerGroup ×    MyProducer ×
D:\ProgramFiles\Java\jdk1.8.0_121\bin\java.exe ...
currentThreadName = thread0, partitions = 0, offset = 3, key = producer6, value = hello kafka6, topic = MyTopic3
currentThreadName = thread1, partitions = 1, offset = 9, key = producer2, value = hello kafka2, topic = MyTopic3
currentThreadName = thread2, partitions = 2, offset = 11, key = producer0, value = hello kafka0, topic = MyTopic3
currentThreadName = thread1, partitions = 1, offset = 10, key = producer4, value = hello kafka4, topic = MyTopic3
currentThreadName = thread1, partitions = 1, offset = 11, key = producer5, value = hello kafka5, topic = MyTopic3
currentThreadName = thread0, partitions = 0, offset = 4, key = producer7, value = hello kafka7, topic = MyTopic3
currentThreadName = thread1, partitions = 1, offset = 12, key = producer8, value = hello kafka8, topic = MyTopic3
currentThreadName = thread2, partitions = 2, offset = 12, key = producer1, value = hello kafka1, topic = MyTopic3
currentThreadName = thread2, partitions = 2, offset = 13, key = producer3, value = hello kafka3, topic = MyTopic3
currentThreadName = thread1, partitions = 1, offset = 13, key = producer13, value = hello kafka13, topic = MyTopic3
currentThreadName = thread0, partitions = 0, offset = 5, key = producer14, value = hello kafka14, topic = MyTopic3
currentThreadName = thread1, partitions = 1, offset = 14, key = producer15, value = hello kafka15, topic = MyTopic3
currentThreadName = thread1, partitions = 1, offset = 15, key = producer16, value = hello kafka16, topic = MyTopic3
currentThreadName = thread2, partitions = 2, offset = 14, key = producer9, value = hello kafka9, topic = MyTopic3
currentThreadName = thread2, partitions = 2, offset = 15, key = producer11, value = hello kafka11, topic = MyTopic3
currentThreadName = thread2, partitions = 2, offset = 16, key = producer12, value = hello kafka12, topic = MyTopic3
currentThreadName = thread2, partitions = 2, offset = 17, key = producer17, value = hello kafka17, topic = MyTopic3
currentThreadName = thread2, partitions = 2, offset = 18, key = producer21, value = hello kafka21, topic = MyTopic3
```

图 14-19 启动消费者

14.2.2 Web 项目整合 Kafka

本节通过一个简单的 Web 项目演示如何向 Kafka 发送消息，消费端还是使用前面的 MyConsumerGroup。

(1) 由于通过 Spring 官网下载相关资源比较慢，建议先安装 Alibaba Cloud Toolkit 插件，如图 14-20 所示。

(2) 单击 IDEA 左上方的 File 按钮创建新的项目，如图 14-21 所示。

(3) 选择 Spring Initializr，然后在右边依次写上项目名 SimpleAdSystem，选择 Maven，选择打包方式是 Jar，其他的配置根据实际环境修改，然后单击 Next 按钮，如图 14-22 所示。

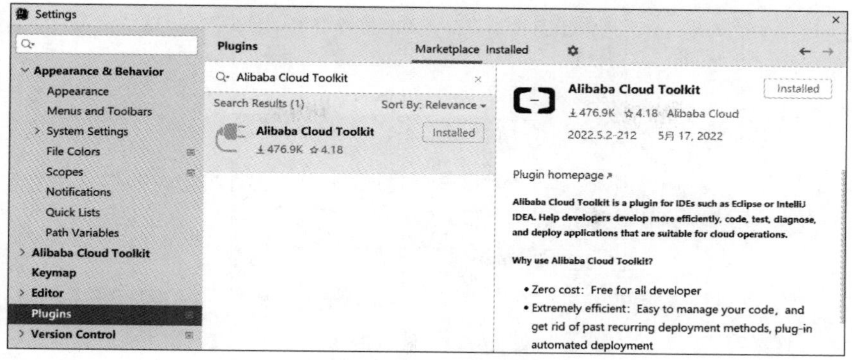

图 14-20 安装插件

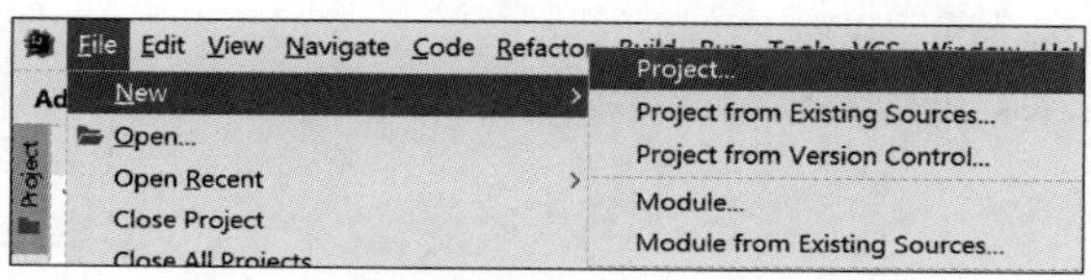

图 14-21 创建项目 1

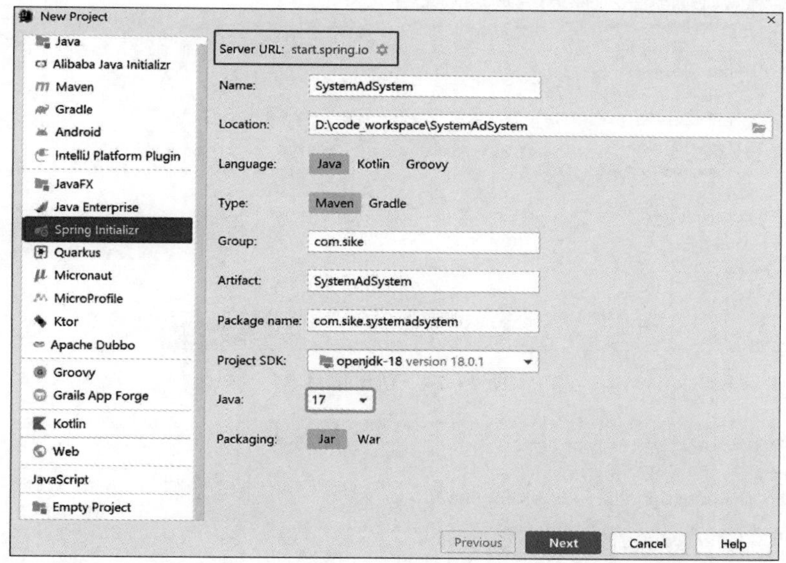

图 14-22 创建项目 2

(4) 若上一步不能成功访问 start.spring.io，则可以修改为 https://start.aliyun.com，如图 14-23 所示。

(5) 选择 Spring Boot 3.0，在下方的 dependencies 选择 Web 中的 Spring Web，然后单击 Finish 按钮就可以创建项目了，如图 14-24 所示。

(6) 在 pom.xml 文件中添加以下依赖，代码如下：

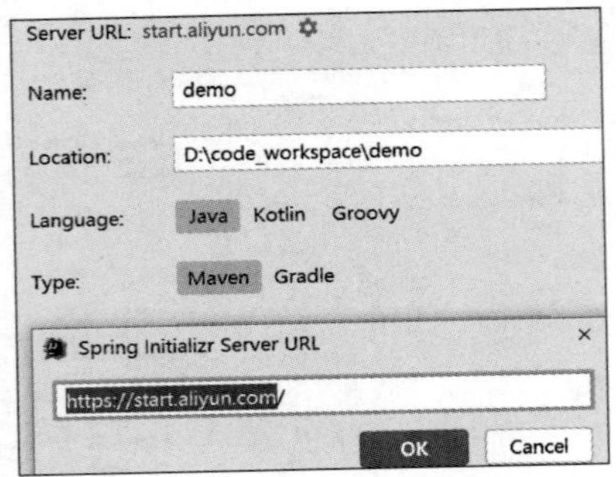

图 14-23 修改路径

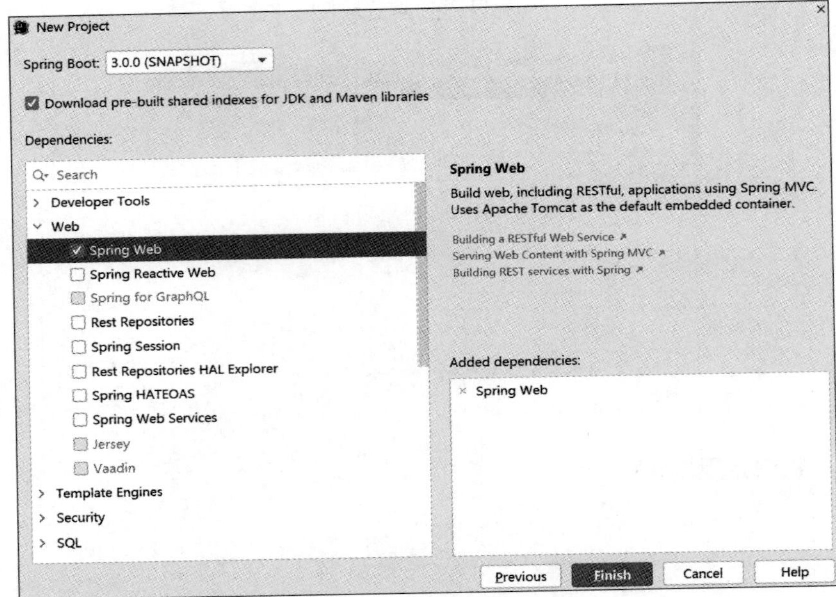

图 14-24 创建项目 3

```
//第 14 章/SimpleAdSystem/pom.xml
<dependency>
    <groupId>org.apache.kafka</groupId>
    <artifactId>kafka-clients</artifactId>
    <version>3.2.0</version>
</dependency>
<dependency>
    <groupId>org.slf4j</groupId>
    <artifactId>slf4j-nop</artifactId>
    <version>1.7.2</version>
</dependency>
```

(7) 在 resources 目录下创建 application.yml 文件，并写上生产者的配置信息，配置如下：

```
//第 14 章/SimpleAdSystem/application.yml
mq:
  kafka:
    Bootstrap:
      servers: localhost:9092
    topic: MyTopic3
```

(8) 在 Application 所在的包下创建 config、controller、service 包，此项目是 SimpleAdSystemApplication，项目的总体结构如图 14-25 所示。

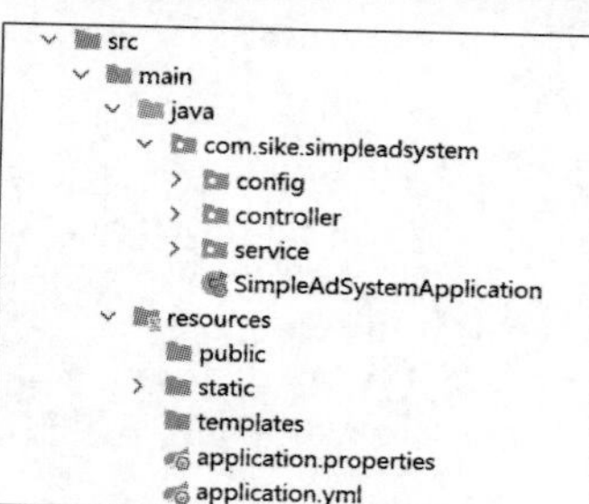

图 14-25　项目结构

(9) 在 config 包下创建 KafkaConfig，在类名上添加@Configuration 的注解，并通过@ Value(" $ {mq. kafka. Bootstrap. servers}")获取配置文件中的值。producer()方法用于创建生产者实例，需要在方法上添加@Bean 注解。Properties getProperties ( ) 方法用于获取配置类，代码如下：

```
//第 14 章/SimpleAdSystem/KafkaConfig.java
@Configuration
public class KafkaConfig {
    @Value("${mq.kafka.Bootstrap.servers}")
    private String BootstrapServers;
    @Bean
    public KafkaProducer<String,Byte[]> producer() {
        KafkaProducer<String, Byte[]> producer = new KafkaProducer<>(getProperties());
        return producer;
    }
    @Bean
    public Properties getProperties(){
        Properties props = new Properties();
        //设置 Kafka 的地址
        props.put("Bootstrap.servers", BootstrapServers);
        props.put("key.serializer", "org.apache.kafka.common.serialization.StringSerializer");
        props.put("value.serializer", "org.apache.kafka.common.serialization.ByteArraySe-
rializer");
        return props;
    }}
```

(10) 在 service 包下创建 KafkaService 接口，并创建 KafkaServiceImpl 类实现该接口。在此类定义生产者，并提供相应的构造方法，这样 Spring Boot 就会寻找已经在 KafkaConfig 类中创建的生产者的 Bean 并自动赋值给当前类的中生产者。send(ProducerRecord record)方法会调用生产者的 send()方法。sendWithCallBack(ProducerRecord record, Callback callback)方法多了一个回调方法，代码如下：

```
//第 14 章/SimpleAdSystem/KafkaService.java
public interface KafkaService {
```

```
    void send(ProducerRecord < String,Byte[ ]> record);
    void sendWithCallBack(ProducerRecord < String,Byte[ ]> record, Callback callback);
}
@Service
 public class KafkaServiceImpl implements KafkaService{
    private final KafkaProducer < String,Byte[ ]> producer;
    public KafkaServiceImpl(KafkaProducer < String,Byte[ ]> producer){
        this.producer = producer;
    }
    @Override
    public void send(ProducerRecord record) {
        producer.send(record);
    }
    @Override
    public void sendWithCallBack(ProducerRecord record, Callback callback) {producer.send
(record,callback);}}
```

（11）在 controller 包下创建 AdController 类，在类上添加@RestController 注解，它的作用就相当于 Controller 加 ResponseBody。KafkaService 采用自动注入的方式，当请求路径包含/ad/click 时，则会调用 sendLog()将消息发送到 Kafka。如果请求路径包含/ad/clickWithCallBack，则调用 sendLogWithCallBack()发送消息，并在回调中打印发送的结果，代码如下：

```
//第 14 章/SimpleAdSystem/AdController.java
@RestController
    @RequestMapping("/ad")
    public class AdController {
      @Autowired
      private KafkaService kafkaService;
      @Value(" ${mq.kafka.topic}")
      private String topic;
      @GetMapping("/click")
      public String sendLog(){
          Byte[ ] val = "单击豪车".getBytes(StandardCharsets.UTF_8);
          kafkaService.send(new ProducerRecord < String,Byte[ ]>(topic,"ad",val));
          return "用户想要豪车";
      }
      @GetMapping("/clickWithCallBack")
      public String sendLogWithCallBack(){
          List < String > res = new ArrayList <>();
          Byte[ ] data = "单击豪车(有回调)".getBytes(StandardCharsets.UTF_8);
          kafkaService.sendWithCallBack(new ProducerRecord < String,Byte[ ]>(topic,"ad",data),
              new Callback() {
                  @Override
                  public void onCompletion(RecordMetadata recordMetadata, Exception e) {
                      if(recordMetadata!= null){
                          System.out.printf("topic = %s, partition = %d,offset = %d%n",
rrecordMetadata.topic(),recordMetadata.partition(),recordMetadata.offset());
                      }}});
        return "用户单击豪车";}}
```

(12) 在 resources/static 目录下创建 index. html 文件，在 index. html 文件中简单地提供两个按钮模拟用户单击操作，代码如下：

```
//第 14 章/SimpleAdSystem/index.html
<!DOCTYPE html>
  <html lang="en">
 <head><meta charset="UTF-8"><title>Title</title></head>
 <body><h2>单击就送豪车</h2>
 <form action="/ad/click"><input type="submit" value="单击"></form><br/>
 <form action="/ad/clickWithCallBack"><input type="submit" value="单击(有回调)">
</form>
 </body></html>
```

(13) 启动当前项目和启动之前的 MyConsumerGroup 类，并在浏览器上输入 http://localhost:8080/index. html，可以看到如图 14-26 所示的结果。单击两个按钮会发送消息，消费者收到的消息如图 14-27 所示。

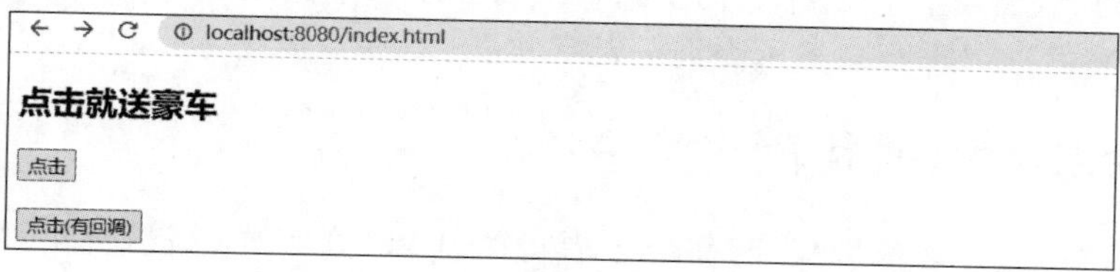

图 14-26　结果 1

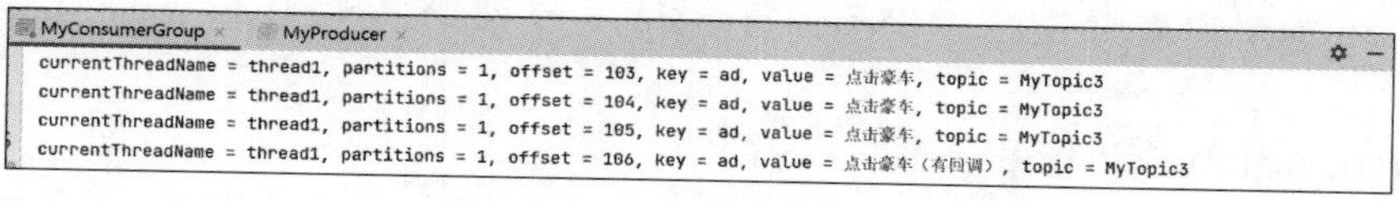

```
MyConsumerGroup    MyProducer
currentThreadName = thread1, partitions = 1, offset = 103, key = ad, value = 点击豪车, topic = MyTopic3
currentThreadName = thread1, partitions = 1, offset = 104, key = ad, value = 点击豪车, topic = MyTopic3
currentThreadName = thread1, partitions = 1, offset = 105, key = ad, value = 点击豪车, topic = MyTopic3
currentThreadName = thread1, partitions = 1, offset = 106, key = ad, value = 点击豪车（有回调）, topic = MyTopic3
```

图 14-27　结果 2

本章小结

本章学习了 Kafka 的基本知识，Spring Boot 整合 Kafka 的基本步骤，以及 Web 项目整合 Kafka 的详细过程与应用。

第 15 章

Elasticsearch 搜索引擎

本章首先介绍 Elasticsearch 的基本知识、Elasticsearch 8.x 新特性、Elasticsearch 的下载与安装、Elasticsearch 的常用操作，然后介绍使用 Java API Client 操作 Elasticsearch 和 Spring Boot 如何整合 Elasticsearch 的步骤。最后介绍两个实战案例，分别是搜索引擎自动补全查询实战和搜索引擎高亮显示查询关键字实战。

15.1 Elasticsearch 简介

Elasticsearch (ES)是一个基于 Lucene 构建的开源、分布式、高扩展、高实时 RESTful 接口全文搜索引擎，它能很方便地使大量数据具有搜索、分析和探索的能力。当数据被存储到 Elasticsearch 集群中时，Elasticsearch 利用分词的特性对数据创建索引(倒排索引)。

1. Elasticsearch 应用场景

大型分布式日志分析系统、大型电商商品搜索系统、网盘搜索引擎等，主要用于大数据收集。

2. Elasticsearch 关键概念

(1) 索引(Index)：包含一堆有相似结构的文档数据，例如可以有一个客户索引、商品分类索引、订单索引，并且索引有一个名称。一个 index 包含很多 document，一个 index 就代表了一类类似的或者相同的 document。例如建立一个商品索引，里面可能就存放了所有的商品数据。

(2) 类型/映射(Type/Mapping)：它是共享同一索引中一组公共字段的文档集合。例如，索引包含社交网络应用程序的数据，然后可以有特定类型的用户数据、另一种类型的消息数据和另一种类型的评论数据。

(3) 文档(Document)：它是以 JSON 格式定义的特定方式的字段集合。每个文档都属于一种类型，并驻留在一个索引中。每个文档都有一个唯一的标识符，称为 UID。

3. Elasticsearch 与数据库类比

关系型数据库与 Elasticsearch 的概念类比见表 15-1。

表 15-1 关系型数据库与 Elasticsearch 的概念类比

关系型数据库	Elasticsearch	关系型数据库	Elasticsearch
数据库(database)	索引(index)	索引	反向索引
表(table)	类型(type)(已弃用)	SQL	查询 DSL
行(row)	文档(document)	SELECT * FROM TABLE	GET http://...
列(column)	字段(field)	UPDATE TABLE SET	PUT http://...
表结构(schema)	映射(mapping)	DELETE	DELETE http://...

4. Elasticsearch 存储结构

Elasticsearch 是文件存储,Elasticsearch 是面向文档型数据库,一条数据在这里就是一个文档,用 JSON 作为文档序列化的格式,例如下面这条数据:

```
{
        "name" :      "John",
        "sex" :       "Male",
        "age" :       25,
        "birthDate": "1990/05/01",
        "about" : "I love to go rock climbing",
        "interests": [ "sports", "music" ]
}
```

用 MySQL 这样的数据库存储就会容易想到建立一张 User 表,有相关的字段等,在 Elasticsearch 里这就是一个文档,当然这个文档会属于一个 User 的类型,各种各样的类型存在于一个索引中。

15.2 Elasticsearch 8.x 新特性

目前 Elasticsearch 已经升级到 8.x 版,这个版本的新特性如下:

(1) Rest API 相比较 7.x 而言做了比较大的改动(例如彻底删除_type),为了降低用户的升级成本,8.x 会暂时兼容 7.x 的请求。

(2) 默认开启安全配置(三层安全),并极大地简化了开启安全模式需要的工作量,可以这么说:7.x 开启安全模式需要 10 步复杂的步骤,例如 CA、证书签发、yml 添加多个配置等,8.x 只需一步。

(3) 存储空间优化:更新了倒排索引,对倒排文件使用新的编码集,对于 keyword、match_only_text、text 类型字段有效,有 3.5%的空间优化提升,对于新建索引和 segment 自动生效。

(4) 优化 geo_point,geo_shape 类型的索引(写入)效率有 15%的提升。

(5) 新特性:支持上传 PyTorch 模型,在 ingest 时使用。例如在写入电影评论时,如果想要知道这个评论的感情正负得分,可以使用对应的 AI 感情模型对评论进行运算,将结果一并保存在 ES 中。

(6) 技术预览版 KNN API(K 邻近算法)发布,跟推荐系统、自然语言排名相关。之前的 KNN 是精确搜索，在大数据集合的情况会比较慢，新的 KNN 提供近似 KNN 搜索，以提高速度。

(7) 对 ES 内置索引的保护加强了：Elastic 用户默认只能读，如果需要写权限，则需有 allow_restrict_access 权限。

15.3 Elasticsearch 的下载与安装

首先需要安装 Java 17 才能运行 Elasticsearch，并且要正确配置环境变量 JAVA_HOME。

下载网址为 https://www.elastic.co/cn/downloads/，如图 15-1 所示。

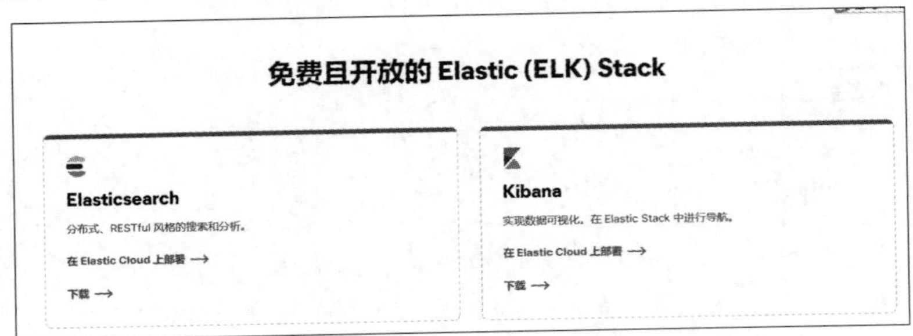

图 15-1 下载页面

Kibana 是 Elasticsearch 可视化操作工具，也要下载，并且版本要与 Elasticsearch 一致。下载后解压，进入 Elasticsearch 根目录下的 config 子目录，打开 elasticsearch.yml 文本，修改或添加如下配置，代码如下：

```
//第 15 章/Elasticsearch/elasticsearch.yml
http.cors.enabled: true
http.cors.allow-origin: "*"
http.cors.allow-headers: Authorization
xpack.security.enabled: false
xpack.security.enrollment.enabled: false
xpack.security.http.ssl:
    enabled: false
xpack.security.transport.ssl:
    enabled: false
```

以上配置的作用之一是关闭安全设置，否则可能启动不了。

此外观察以下配置是否正确，如果不正确也要修改一下，代码如下：

```
http.host: 127.0.0.1
http.port: 9200
```

修改 bin/JVM.options 文件，默认占用 4GB 内存，修改为 1GB，代码如下：

```
-Xms1g
-Xmx1g
```

然后进入 bin 目录，双击 elasticsearch.bat 文件即可启动。Kibana 解压后，打开 bin 目录，双击 kibana.bat 文件启动。两个都正确启动后，通过浏览器访问 http://localhost:5601，结果如图 15-2 所示。

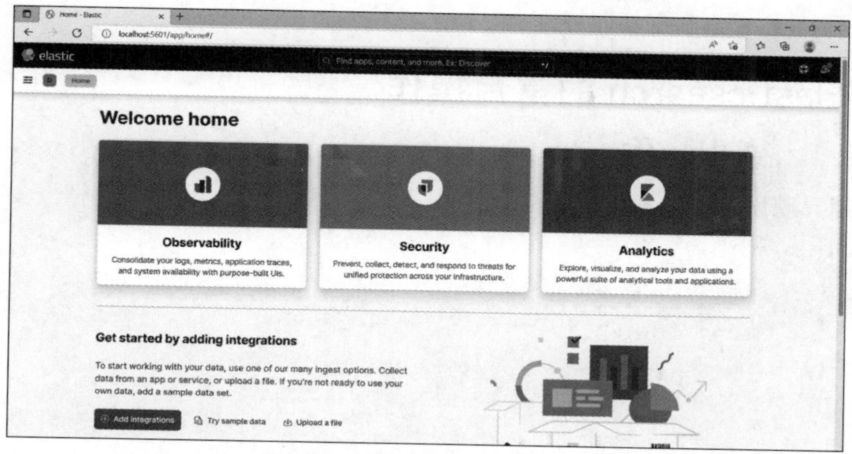

图 15-2 Kibana 首页

单击左上角的按钮，结果如图 15-3 所示。

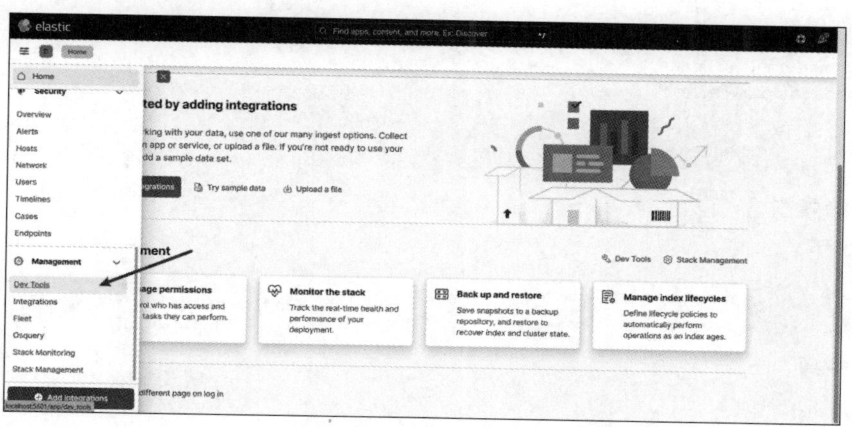

图 15-3 Kibana 菜单

选择图 15-3 中箭头所指的菜单，结果如图 15-4 所示。

图 15-4 可视化操作界面

这个就是 Elasticsearch 的可视化操作界面，在左侧输入命令，在右侧显示执行结果。

此外需要下载与安装 IK 分词器，这样中文才能被正确地进行分词，下载网址为 https://github.com/medcl/elasticsearch-analysis-ik，注意 IK 分词器插件的版本要和 Elasticsearch 的版本一致，下载完后，将安装包解压到 Elasticsearch 所在文件夹中的 plugins 目录中，然后重新启动即可。

15.4 Elasticsearch 的常用操作

15.4.1 索引操作

1. 创建无映射结构的索引

语法如下：

```
put /索引名称
```

【例 15-1】

代码如下：

```
put /student
```

结果如下：

```
{
  "acknowledged" : true,
  "shards_acknowledged" : true,
  "index" : "student"
}
```

2. 删除索引

语法如下：

```
delete /索引名称
```

【例 15-2】

代码如下：

```
delete /student
```

结果如下：

```
{
  "acknowledged" : true
}
```

3. 创建有映射结构的索引

【例 15-3】

代码如下：

```
put /student
{
  "mappings": {
    "properties": {
      "name": {
        "type": "text"
      },
      "gender": {
        "type": "keyword"
      },
      "age": {
        "type": "integer"
      },
      "city": {
        "type": "text"
      },
      "university":{
        "type": "completion"
      }
    }
  }
}
```

其中类型为 text 的索引支持分词,类型为 keyword 的索引不支持,类型为 completion 的索引有自动补全效果。

4. 查询所有索引

语法如下:

```
get /_cat/indices
```

5. 查询指定索引

语法如下:

```
get /索引名称
```

【例 15-4】

代码如下:

```
get /student
```

15.4.2 文档基本操作

索引建立后就可以向索引添加文档了。

1. 添加文档不指定文档 id

语法如下:

```
post /索引名称/_doc
{
```

```
    (JSON 格式的数据)
}
```

【例 15-5】

代码如下：

```
post /student/_doc
{
  "name":"张三",
  "gender":"男",
  "age":20,
  "city":"北京",
  "university":"北京大学"
}
```

结果如下：

```
{
  "_index" : "student",
  "_id" : "qNGJb4EBLTn5QhVcNWw7",
  "_version" : 1,
  "result" : "created",
  "_shards" : {
    "total" : 2,
    "successful" : 1,
    "failed" : 0
  },
  "_seq_no" : 9,
  "_primary_term" : 3
}
```

其中_id 后面的值就是系统随机生成的文档编号。

2. 添加文档指定文档 id 编号

语法如下：

```
post /索引名称/_doc/文档 id 编号
{
    (JSON 格式的数据)
}
```

【例 15-6】

代码如下：

```
post /student/_doc/1
{
  "name":"李白",
  "gender":"男",
  "age":21,
  "city":"长安",
  "university":"北京理工大学"
}
```

结果如下：

```
{
  "_index" : "student",
  "_id" : "1",
  "_version" : 1,
  "result" : "updated",
  "_shards" : {
    "total" : 2,
    "successful" : 1,
    "failed" : 0
  },
  "_seq_no" : 12,
  "_primary_term" : 3
}
```

显然_id 编号不再是默认的随机编号，而是刚刚指定的编号。

为了后面查询的需要，下面再添加 3 个文档，代码如下：

```
post /student/_doc/2
{
  "name":"李清照",
  "gender":"女",
  "age":19,
  "city":"杭州",
  "university":"北京师范大学"
}

post /student/_doc/3
{
  "name":"李四",
  "gender":"男",
  "age":25,
  "city":"北京",
  "university":"清华大学"
}

post /student/_doc/4
{
  "name":"李寻欢",
  "gender":"男",
  "age":23,
  "city":"杭州",
  "university":"清华大学"
}
```

3. 查询某个索引下的所有文档

语法如下：

```
get /索引名称/_search
```

【例 15-7】

代码如下：

```
get /student/_search
```

4. 查询指定编号的文档

语法如下：

```
get /索引名称/_doc/文档 id 编号
```

【例 15-8】

代码如下：

```
get /student/_doc/1
```

结果如下：

```
{
  "_index" : "student",
  "_id" : "1",
  "_version" : 1,
  "_seq_no" : 12,
  "_primary_term" : 3,
  "found" : true,
  "_source" : {
    "name" : "李白",
    "gender" : "男",
    "age" : 21,
    "city" : "长安",
    "university" : "北京理工大学"
  }
}
```

5. 修改指定编号的文档（全量修改）

语法如下：

```
put /索引名称/_doc/文档 id 编号
{
    (完整的 JSON 格式的数据,包含修改和没修改的所有数据)
}
```

【例 15-9】 将李白的年龄修改为 22。

代码如下：

```
put /student/_doc/1
{
  "name":"李白",
  "gender":"男",
  "age":22,
  "city":"长安",
```

```
  "university":"北京理工大学"
}
```

结果如下：

```
{
  "_index" : "student",
  "_id" : "1",
  "_version" : 2,
  "result" : "updated",
  "_shards" : {
    "total" : 2,
    "successful" : 1,
    "failed" : 0
  },
  "_seq_no" : 4,
  "_primary_term" : 1
}
```

观察结果，可发现有个 updated 字样，表示修改成功。

6. 修改指定编号的文档(局部修改)

语法如下：

```
post /索引名称/_update/文档 id 编号
```

【例 15-10】 将李白的年龄修改为 24。

代码如下：

```
post /student/_update/1
{
  "doc":{
      "age":24
  }
}
```

7. 删除指定编号文档

语法如下：

```
delete /索引名称/_doc/文档 id 编号
```

【例 15-11】

代码如下：

```
delete /student/_doc/1
```

结果如下：

```
{
  "_index" : "student",
  "_id" : "1",
```

```
  "_version" : 3,
  "result" : "deleted",
  "_shards" : {
    "total" : 2,
    "successful" : 1,
    "failed" : 0
  },
  "_seq_no" : 14,
  "_primary_term" : 3
}
```

这样 id 编号为 1 的文档就被删除了，为了后面方便查找，重新把这个文档添加上去，即重新执行 post/student/_doc/1 相关语句一次，恢复数据。

15.4.3 文档查询

1. 条件查询

语法如下：

```
get /索引名称/_search
{
  "query":{
  "match": {
    "FIELD": "TEXT"
  }
  }
}
```

其中"FIELD"："TEXT"表示用于条件查询的字段及值。

【例 15-12】 查询所有男学生信息。

代码如下：

```
//get /student/_search
{
  "query":{
    "match": {
      "gender":"男"
    }
  }
}
```

2. 查询某个索引的所有文档

语法如下：

```
get /索引名称/_search
{
    "query": {
    "match_all": {}
    }
}
```

【例 15-13】

代码如下：

```
get /student/_search
{
  "query": {
    "match_all": {}
  }
}
```

3. 分页查询

语法如下：

```
"from": 起始索引
"size": 每页条数
```

【例 15-14】 查询所有学生信息，显示第 1 页，每页显示 2 条。

代码如下：

```
get /student/_search
{
  "query": {
    "match_all": {}
  },
  "from": 0,
  "size":2
}
```

起始索引是这样算的：(页码-1)×每页显示条数，上述案例如果要查询第 2 页，则起始索引应该是 2。

4. 多条件查询

如果多个条件要同时满足，则用关键字 must。

【例 15-15】 查询年龄为 23 岁的男生信息。

代码如下：

```
get /student/_search
{
  "query": {
    "bool":{
      "must": [
        {
          "match": {
            "gender":"男"
          }
        },
        {
          "match": {
            "age":23
          }
```

```
      }
    ]
  }
 }
}
```

如果多个条件之间是或者的关系，则用关键字 should。

【例 15-16】 查询年龄为 23 岁的学生或者女生信息。

代码如下：

```
get /student/_search
{
  "query": {
    "bool":{
      "should": [
        {
          "match": {
            "gender":"女"
          }
        },
        {
          "match": {
            "age":23
          }
        }
      ]
    }
  }
}
```

5. 范围查询使用关键字 range

【例 15-17】 查询年龄在 23～25 的学生信息。

代码如下：

```
get /student/_search
{
  "query": {
    "bool": {
      "filter": [
        {
          "range": {
            "age":{
              "gte": 23,
              "lte": 25
            }
          }
        }
      ]
    }
  }
}
```

6. 全文检索与完全匹配

对于类型为 text 的属性，存储数据时系统会进行倒排索引，所以查询出来的数据就会进行全文检索，使用 match 关键字查询时会对所查找的关键词进行分词，然后按分词匹配查找。

【例 15-18】 查询姓名为李三的学生信息。

代码如下：

```
get /student/_search
{
  "query": {
    "match": {
      "name": "李三"
    }
  }
}
```

结果发现，凡跟李字或三字有关的都被查出来了，有张三，有李白，有李清照，有李四，这是因为针对李三进行了分词，分为李、三、李三，系统中存储的每条数据的 name 属性也同样进行了分词，这样有关的数据就都被查出来了。这就是全文检索。

如果要完全匹配查询，则将上述关键字 match 修改为 match_phrase 即可。

【例 15-19】 查询姓名为李白的学生信息。

代码如下：

```
get /student/_search
{
  "query": {
    "match_phrase": {
      "name": "李白"
    }
  }
}
```

这样就只有一条数据匹配，如果将 match_phrase 改回 match，则除了李白匹配外，其他所有姓李的都能被查询出来。

此外 term 查询也是完全匹配，适用于非 text 类型，假设有一个字段的值是 good morning，则用 term 查询关键字 good 是查询不到的，只有关键字是完整的 good morning 时才能被查询到。

7. 模糊查询

【例 15-20】 查询姓名中包含李字的员工。

代码如下：

```
get /student/_search
{
  "query": {
```

```
      "fuzzy": {
        "name": "李"
      }
    }
  }
```

此外还可以用 prefix 进行查询，表示前缀，也可用 wildcard 进行查询，表示使用通配符查询。

【例 15-21】

代码如下：

```
get /student/_search
{
  "query": {
    "prefix": {
      "name": "李"
    }
  }
}

get /student/_search
{
  "query": {
    "wildcard": {
      "name": "*白"
    }
  }
}
```

8. 排序

使用关键字 sort 对查询结果进行排序。

【例 15-22】 查询李三，并按年龄降序排序。

代码如下：

```
get /student/_search
{
  "query": {
    "match": {
      "name": "李三"
    }
  },
  "sort": [
    {
      "age": {
        "order": "desc"
      }
    }
  ]
}
```

9. 高亮显示查询

百度时查询出来的结果中关键字会高亮显示或者颜色特别突出，Elasticsearch 也可以实现这个功能，原理是查询的关键字的前面和后面都添加特殊效果的 HTML 标签，如 <font color="red">关键字</font>，这样查询结果中的关键字就会红色显示。

【例 15-23】 查询姓名为李白的学生信息，查询结果高亮显示。

代码如下：

```
get /student/_search
{
  "query": {
    "match": {
      "name": "李白"
    }
  },
  "highlight": {
    "fields": {
      "name": {}
    }
  }
}
```

查询结果可以看到关键字都用<em></em>包围了起来，如果显示到网页上就会有高亮的效果，如果要实现其他高亮效果，例如变红色，则要添加 pre_tags 和 post_tags 属性。

【例 15-24】 查询李白，关键字红色显示。

代码如下：

```
get /student/_search
{
  "query": {
    "match": {
      "name": "李白"
    }
  },
  "highlight": {
    "fields": {
      "name": {}
    },
    "pre_tags": "<font color = 'red'>",
    "post_tags": "</font>"
  }
}
```

10. 聚合查询

使用关键字 aggs。

【例 15-25】 按姓名查询，查询姓名是李白的学生信息，并且按性别进行聚合。

代码如下：

```
get /student/_search
{
  "query": {
    "match": {
      "name": "李白"
    }
  },
  "aggs": {
    "city_group": {
      "terms": {
        "field": "gender"
      }
    }
  }

}
```

其中 city_group 是自定义的聚合名称,部分结果如下:

```
  "aggregations" : {
    "city_group" : {
      "doc_count_error_upper_bound" : 0,
      "sum_other_doc_count" : 0,
      "buckets" : [
        {
          "key" : "男",
          "doc_count" : 3
        },
        {
          "key" : "女",
          "doc_count" : 1
        }
      ]
    }
  }
```

可见对不同性别的数量都进行了统计。

15.5 使用 Java API Client 操作 Elasticsearch

15.5.1 基本步骤

从官方文档中可以发现当前流行的 Java High Level REST Client API 在 7.15.0 版后被标记为过时,官网推荐使用 Java API Client for Elasticsearch API 进行操作。

(1) 创建项目。创建 Spring Boot 项目 elasticsearch1,导入以下依赖:

```
//第 15 章/elasticsearch1/pom.xml
<dependency>
    <groupId>co.elastic.clients</groupId>
    <artifactId>elasticsearch-java</artifactId>
```

```
        <version>8.2.2</version>
    </dependency>
    <dependency>
        <groupId>com.fasterxml.jackson.core</groupId>
        <artifactId>jackson-databind</artifactId>
        <version>2.13.2</version>
    </dependency>
    <dependency>
        <groupId>org.glassfish</groupId>
        <artifactId>jakarta.json</artifactId>
        <version>2.0.1</version>
    </dependency>
    <dependency>
        <groupId>org.springframework.boot</groupId>
        <artifactId>spring-boot-starter-thymeleaf</artifactId>
    </dependency>
    <dependency>
        <groupId>org.springframework.boot</groupId>
        <artifactId>spring-boot-starter-web</artifactId>
    </dependency>
    <dependency>
        <groupId>org.projectlombok</groupId>
        <artifactId>lombok</artifactId>
        <optional>true</optional>
    </dependency>
```

（2）配置文件 application.properties，代码如下：

```
es.port = 9200
es.hostname = localhost
```

（3）创建配置类 ElasticSearchConfig，代码如下：

```
//第 15 章/elasticsearch1/ElasticSearchConfig.java
@Configuration
public class ElasticSearchConfig {

    @Value("${es.hostname}")
    private String hostname;

    @Value("${es.port}")
    private int port;

    //注入 IOC 容器
    @Bean
    public ElasticsearchClient elasticsearchClient() {
        RestClient client = RestClient.builder(new HttpHost(hostname, port, "http")).build();
        ElasticsearchTransport transport = new RestClientTransport(client, new JacksonJsonpMapper());
        return new ElasticsearchClient(transport);
    }
}
```

（4）创建实体类，Student.java 文件的代码如下：

```
//第 15 章/elasticsearch1/Student.java
@Data
@AllArgsConstructor
@NoArgsConstructor
public class Student {

    private String name;
    private String gender;
    private Integer age;
    private String city;
    private String university;
}
```

Emp.java 文件的代码如下：

```
//第 15 章/elasticsearch1/Emp.java
@Data
@AllArgsConstructor
@NoArgsConstructor
public class Emp {
    private String empno;
    private String ename;
    private String gender;
    private Integer age;
    private String job;
    private Integer salary;
    private String department;
}
```

（5）在测试类中进行有关操作。测试类中首先要注入 ElasticsearchClient 对象，代码如下：

```
@Autowired
ElasticsearchClient client;
```

然后在各个测试方法中就可使用它进行各种操作了，主要是操作索引和文档。

15.5.2 索引操作

使用 ElasticsearchClient 对象的有关方法，可以进行创建索引、判断某个索引是否存在、查看某个索引信息、查看所有索引信息、删除某个索引等操作，具体的代码在测试类中，代码如下：

```
//第 15 章/elasticsearch1/Elasticsearch1ApplicationTests.java
@Test
void createIndex() throws IOException {
    //创建索引
    //写法比 RestHighLevelClient 更加简洁
   CreateIndexResponse indexResponse = client.indices().create(c -> c.index("emp"));
```

```
    System.out.println(indexResponse);
    System.out.println(indexResponse.acknowledged());
}

@Test
void existsIndex() throws IOException {
    //判断索引是否存在
    BooleanResponse booleanResponse = client.indices().exists(e -> e.index("emp"));
    System.out.println(booleanResponse.value());
}

    //查看某个索引信息
@Test
void findIndex() throws IOException {
    GetIndexResponse getIndexResponse = client.indices().get(getIndex
         -> getIndex.index("emp"));
    System.out.println(getIndexResponse.result());
}

    //查看所有索引信息
@Test
void findIndexes() throws IOException {
    IndicesResponse indicesResponse = client.cat().indices();
    System.out.println(indicesResponse.valueBody());
}

    //删除某个索引
@Test
void deleteIndex() throws IOException {
    DeleteIndexResponse deleteIndexResponse = client.indices().delete(d -> d.index("
emp"));
    System.out.println(deleteIndexResponse.acknowledged());
}
```

15.5.3　文档基本操作

1. 添加文档

【例 15-26】

代码如下：

```
//第 15 章/elasticsearch1/Elasticsearch1ApplicationTests.java
@Test
  //添加文档
void addDocument() throws IOException {
   Emp emp = new Emp("1", "李白", "男", 20, "经理", 10000, "销售部");
   IndexResponse indexResponse = client.index(i -> i
         .index("emp")
 //索引名称
            .id(emp.getEmpno())
 //设置 id
            .document(emp));
```

```
    //存入 Emp 对象并作为文档,此时会自动转换为 JSON 格式
    System.out.println(indexResponse);
}
```

2. 批量添加文档

【例 15-27】

代码如下：

```
//第 15 章/elasticsearch1/Elasticsearch1ApplicationTests.java
@Test
public void bulkTest() throws IOException {
    List<Emp> empList = new ArrayList<>();
    empList.add(new Emp("2", "杜甫", "男", 25, "销售", 10000, "销售部"));
    empList.add(new Emp("3", "李清照", "女", 20, "经理", 20000, "宣传部"));
    empList.add(new Emp("4", "苏东坡", "男", 25, "销售", 20000, "销售部"));
    empList.add(new Emp("5", "王维", "男", 20, "策划", 10000, "宣传部"));
    List<BulkOperation> bulkOperationArrayList = new ArrayList<>();
     //遍历添加到 bulk 中
    for (Emp emp : empList) {
        bulkOperationArrayList.add(BulkOperation.of(o -> o.index(i -> i.document(emp).id
(emp.getEmpno()))));
    }
    BulkResponse bulkResponse = client.bulk(b -> b.index("emp")
            .operations(bulkOperationArrayList));
    System.out.println(bulkResponse);
}
```

这个代码还隐含了一项重要作用,即可以将数据库的数据查出来后转换为 Elasticsearch 存储。

3. 查询指定编号的文档

【例 15-28】

代码如下：

```
//第 15 章/elasticsearch1/Elasticsearch1ApplicationTests.java
@Test
public void getDocumentTest() throws IOException {
    GetResponse<Emp> getResponse = client.get(g -> g
                    .index("emp")
     //索引名称
                    .id("1")
     //文档 id 编号
            , Emp.class
    );
    System.out.println(getResponse.source());
}
```

4. 判断某个编号的文档是否存在

【例 15-29】

代码如下：

```java
//第 15 章/elasticsearch1/Elasticsearch1ApplicationTests.java
@Test
public void existDocumentTest() throws IOException {
   BooleanResponse indexResponse = client.exists(e -> e.index("emp").id("1"));
   System.out.println(indexResponse.value());
}
```

5. 更新指定编号的文档

【例 15-30】

代码如下：

```java
//第 15 章/elasticsearch1/Elasticsearch1ApplicationTests.java
@Test
public void updateDocumentTest() throws IOException {
    //修改后的 Emp 对象
   Emp emp = new Emp("1", "李白", "男", 20, "经理", 20000, "销售部");
   UpdateResponse<Emp> updateResponse = client.update(u -> u
                 .index("emp")
                 .id("1")
                 .doc(emp)
    //此处传入修改后的 Emp 对象
           , Emp.class);
}
```

6. 删除文档

【例 15-31】

代码如下：

```java
//第 15 章/elasticsearch1/Elasticsearch1ApplicationTests.java
@Test
public void deleteDocumentTest() throws IOException {
   DeleteResponse deleteResponse = client.delete(d -> d
           .index("emp")
           .id("1")
   );
   System.out.println(deleteResponse.id());
}
```

15.5.4 文档查询

1. 查询某个索引的全部文档数据

【例 15-32】 查询索引 emp 的全部文档数据。

代码如下：

```java
//第 15 章/elasticsearch1/Elasticsearch1ApplicationTests.java
@Test
public void searchAll() throws IOException {
   List<Emp> list = new ArrayList<>();
    //备用,可以供其他类调用
```

```
    Query queryAll = Query.of(q -> q.matchAll(m -> m));
    SearchRequest searchRequest = new SearchRequest.Builder().index("emp").query(queryAll).
build();
    SearchResponse<Emp> search = client.search(searchRequest, Emp.class);
    for (Hit<Emp> hit : search.hits().hits()) {
     //获取查询结果
       System.out.println(hit.source());
       list.add(hit.source());
    }
}
```

2. 查询某个索引的总文档条数

【例 15-33】 查询索引 emp 的总文档条数。

代码如下：

```
//第 15 章/elasticsearch1/Elasticsearch1ApplicationTests.java
@Test
public void searchCount() throws IOException {
    CountRequest countRequest = CountRequest.of(s -> s.index("emp"));
    CountResponse countResponse = client.count(countRequest);
    System.out.println("总文档条数：" + countResponse.count());
}
```

3. 条件查询

【例 15-34】 查询姓名为“李白”的员工，有分词效果。

代码如下：

```
//第 15 章/elasticsearch1/Elasticsearch1ApplicationTests.java
@Test
public void searchMatch() throws IOException {
    List<Emp> list = new ArrayList<>();
     //备用,可以供其他类调用
    Query queryByName = Query.of(q -> q.match(m -> m.field("ename").query("李白")));
    SearchRequest searchRequest = new SearchRequest.Builder().index("emp").query(queryByName).
build();
    SearchResponse<Emp> search = client.search(searchRequest, Emp.class);
    for (Hit<Emp> hit : search.hits().hits()) {
     //获取查询结果
       System.out.println(hit.source());
       list.add(hit.source());
    }
}
```

这里用到了 match 查询。

4. 完全匹配查询

【例 15-35】 查询姓名为“李白”的员工，无分词效果。

代码如下：

```java
//第 15 章/elasticsearch1/Elasticsearch1ApplicationTests.java
@Test
public void searchMatchPhrase() throws IOException {
    List<Emp> list = new ArrayList<>();
     //备用,可以供其他类调用
    Query queryByName = Query.of(q -> q.matchPhrase(m -> m.field("ename").query("李白")));
    SearchRequest searchRequest = new SearchRequest.Builder().index("emp").query(queryByName).
build();
    SearchResponse<Emp> search = client.search(searchRequest, Emp.class);
    for (Hit<Emp> hit : search.hits().hits()) {
        System.out.println(hit.source());
        list.add(hit.source());
    }
}
```

这里用到了 matchPhrase 查询。

5. 多条件查询(and)

多个条件同时都要满足(逻辑关系为 and)。

【例 15-36】 查询姓名为"李白"的男员工。

代码如下:

```java
//第 15 章/elasticsearch1/Elasticsearch1ApplicationTests.java
@Test
public void searchBoolMust() throws IOException {
    List<Emp> list = new ArrayList<>();
     //备用,可以供其他类调用
    Query queryByEname = Query.of((q -> q.match(m -> m.field("ename").query("李白"))));
    Query queryByGender = Query.of((q -> q.match(m -> m.field("gender").query("男"))));
    Query bool = Query.of(q -> q.bool(b -> b.must(queryByEname).must(queryByGender)));
    SearchRequest searchRequest = new SearchRequest.Builder().index("emp").query(bool).
build();
    SearchResponse<Emp> search = client.search(searchRequest, Emp.class);
    for (Hit<Emp> hit : search.hits().hits()) {
        System.out.println(hit.source());
        list.add(hit.source());
    }
}
```

这里用到了 must。

6. 多条件查询(or)

多个条件满足任意一个均可(逻辑关系为 or)。

【例 15-37】 查询姓名"李白"的女员工。

代码如下:

```java
//第 15 章/elasticsearch1/Elasticsearch1ApplicationTests.java
@Test
public void searchBoolShould() throws IOException {
    List<Emp> list = new ArrayList<>();
     //备用,可以供其他类调用
```

```
    Query QueryByEname = Query.of((q -> q.match(m -> m.field("ename").query("李白"))));
    Query QueryByGender = Query.of((q -> q.match(m -> m.field("gender").query("女"))));
    Query bool = Query.of(q -> q.bool(b -> b.should(QueryByEname).should(QueryByGender)));
    SearchRequest searchRequest = new SearchRequest.Builder().index("emp").query(bool).build();
    SearchResponse<Emp> search = client.search(searchRequest, Emp.class);
    for (Hit<Emp> hit : search.hits().hits()) {
        System.out.println(hit.source());
        list.add(hit.source());
    }
}
```

这里用到了 should。

7. 模糊查询

【例 15-38】 查询姓名中包含“李”的员工。

代码如下：

```
//第 15 章/elasticsearch1/Elasticsearch1ApplicationTests.java
    @Test
    public void searchFuzzy() throws IOException {
        List<Emp> list = new ArrayList<>();
      //备用,可以供其他类调用
        Query queryByNameFuzzy = Query.of(q -> q.wildcard(m -> m.field("ename").value("*李*")));
      //包含李字
      //Query queryByNameFuzzy = Query.of(q -> q.prefix(m ->
      //m.field("ename").value("李")));
      //以李字为前缀(开头)
      //Query queryByNameFuzzy = Query.of(q -> q.fuzzy(m ->
      //m.field("ename").value("李")));
      //包含李字
      //Query queryByNameFuzzy = Query.of(q -> q.fuzzy(m ->
      //m.field("ename").value("李").fuzziness("2")));
      //如果相差不超过两个字符也算
         SearchRequest searchRequest = new SearchRequest.Builder().index("emp").query
(queryByNameFuzzy).build();
        SearchResponse<Emp> search = client.search(searchRequest, Emp.class);
        for (Hit<Emp> hit : search.hits().hits()) {
            System.out.println(hit.source());
            list.add(hit.source());
        }
    }
```

注意模糊查询有多种方法,不同方法的区别见代码中的注释。

8. 按指定字段排序

【例 15-39】 按年龄降序排序。

代码如下：

```
//第 15 章/elasticsearch1/Elasticsearch1ApplicationTests.java

@Test
public void searchAllSort() throws IOException {
```

```
    List<Emp> list = new ArrayList<>();
    //备用,可以供其他类调用
    Query queryAll = Query.of(q -> q.matchAll(m -> m));
    SortOptions sortByAgeDesc = SortOptions.of(o -> o.field(f -> f.field("age").order
(SortOrder.Desc)));
    //按年龄降序,升序就用 Asc
    SearchRequest searchRequest = new SearchRequest.Builder().index("emp").query(queryAll).
sort(sortByAgeDesc).build();
    SearchResponse<Emp> search = client.search(searchRequest, Emp.class);
    for (Hit<Emp> hit : search.hits().hits()) {
        System.out.println(hit.source());
        list.add(hit.source());
    }
}
```

9. 分页查询

【例 15-40】 查询第 1 页,每页显示 3 条。

代码如下:

```
//第 15 章/elasticsearch1/Elasticsearch1ApplicationTests.java

@Test
void searchPage() throws IOException {
    int pageNum = 1;
    //页码
    int pageSize = 3;
    //每页显示条数
    List<Emp> list = new ArrayList<>();
    //备用,可以供其他类调用
    Query queryAll = Query.of(q -> q.matchAll(m -> m));
    SearchRequest searchRequest = new
SearchRequest.Builder().index("emp").query(queryAll)
            .from((pageNum - 1) * pageSize)
            .size(pageSize)
            .build();
    SearchResponse<Emp> search = client.search(searchRequest, Emp.class);
    for (Hit<Emp> hit : search.hits().hits()) {
        System.out.println(hit.source());
        list.add(hit.source());
    }
}
```

10. 聚合查询

【例 15-41】 查询男员工的平均年龄。

代码如下:

```
//第 15 章/elasticsearch1/Elasticsearch1ApplicationTests.java
@Test
void searchAggr() throws IOException {
    List<Emp> list = new ArrayList<>();
```

```
    //备用,可以供其他类调用
    Query queryByGender = Query.of(q -> q.match(m -> m.field("gender").query("男")));
    SearchRequest searchRequest = new SearchRequest.Builder()
            .index("emp")
            .query(queryByGender)
            .aggregations("avg_age", a -> a.avg(t -> t.field("age")))
            .build();
    SearchResponse<Emp> search = client.search(searchRequest, Emp.class);
    System.out.println("男员工的平均年龄: " +
search.aggregations().get("avg_age").avg().value());
}
```

其中,avg 表示平均值,此外 max 表示最大值,min 表示最小值,sum 表示求和。

15.6 搜索引擎自动补全查询实战

要求:实现类似百度搜索的自动补全的效果,即输入一两个字,有关的完整词条就会显示出来供用户选择。这里输入学校名称前面的几个字,所有以这些字开头的学校都会以列表形式出现在搜索框下面。注意:在 Elasticsearch 中自动补全查询要求字段的类型必须是 completion。

在前面项目 elasticsearch1 的基本上,继续如下步骤:

(1) 创建前端页面 auto.html。模拟百度搜索框,将 AJAX 请求发送到后台,处理回调数据,代码如下:

```
//第 15 章/elasticsearch1/auto.html
<!DOCTYPE html>
<html lang="en">
<head>
    <meta charset="UTF-8">
    <title>Title</title>
    <style>
        * {
            margin: 0;
            padding: 0;
        }

        #input1 {
            width: 400px;
            height: 24px;
            margin-left: 100px;
        }

        div {
            width: 404px;
            height: 300px;
            margin-left: 100px;
            background: #eeeeee;
        }
```

```
        #content {
            display: none;
        }

    </style>
</head>
<body>
<br/>
<br/>
<form action = "" method = "post">
    <input id = "input1" onkeyup = "autocompletion(this)" name = "keyword" autocomplete =
"false"> <input type = "submit" value = "搜索">
    <div id = "content"></div>
</form>
<script src = "http://ajax.aspnetcdn.com/ajax/jQuery/jquery-2.1.1.min.js"></script>
<script>
    var content = document.getElementById('content')
    function autocompletion(obj) {
        var prefix = obj.value;
        $.getJSON("http://localhost:8080/autocomplete?prefix = " + prefix.trim(), {},
            function (data) {
                $("#content").html("");
                for (var i = 0; i < data.length; i++) {
                    var pTag = document.createElement('p')
                    pTag.innerText = data[i].university;
                    content.appendChild(pTag)
                }
                $("#content").show();
        });
    }
    $("#input1").blur(function () {
        $("#content").hide();
    });
</script>
</body>
</html>
```

(2) 创建控制器 StudentController,代码如下:

```
//第 15 章/elasticsearch1/StudentController.java
@Controller
public class StudentController {
    @Autowired
    ElasticsearchClient client;


    @GetMapping("/auto")
    //路由到添加新书页面
    public String addStudent(){
        return "auto";
    }
```

```
    @GetMapping("/autocomplete")
    //自动补全查询
    @ResponseBody
    public String autoComplete(String prefix) throws IOException {
        List<Student> list = new ArrayList<>();
        Suggester suggester = Suggester.of(s -> s.suggesters("university_suggest", p -> p.
prefix(prefix).
                completion(c -> c.field("university").size(3).skipDuplicates(true))));
        //university_suggest 是自定义的自动补全查询的名称,university 是查询字段,必
        //须是 completion 类型
        SearchRequest searchRequest = new SearchRequest.Builder().index("student").suggest
(suggester).build();
        SearchResponse<Student> search = client.search(searchRequest, Student.class);
        int size = search.suggest().get("university_suggest").get(0).completion().options().
size();
        //查询出来的结果条数
        for(int i = 0;i < size;i++) {
        //处理查询结果,封装为泛型集合
            Student student = search.suggest().get("university_suggest").get(0).completion().
options().get(i).source();
            list.add(student);
        }
        ObjectMapper objectMapper = new ObjectMapper();
        return objectMapper.writeValueAsString(list);
    }
}
```

(3) 运行代码进行测试。通过浏览器访问 http://localhost:8080/auto,在搜索框输入"北京",结果如图 15-5 所示。

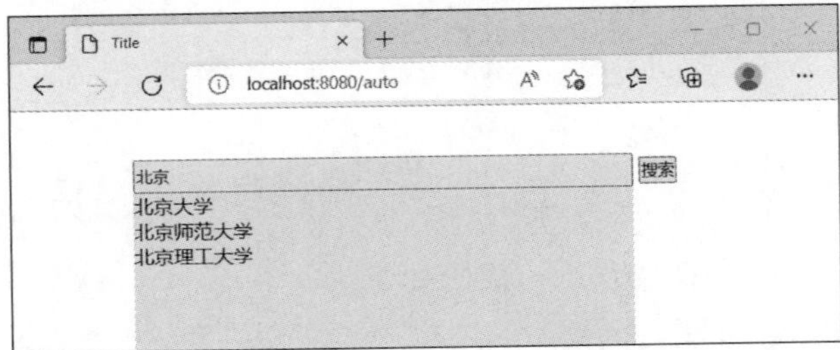

图 15-5 自动补全搜索

15.7 搜索引擎高亮显示查询关键字实战

在前面项目 elasticsearch1 的基础上,继续进行以下步骤:

(1) 创建前端搜索页面 searchHighLight.html,关键代码如下:

```
<form action="/searchHighLight" method="post">
    按姓名查询:<input type="text" name="keyword" autocomplete="false"/>
```

```
    < input type = "submit" value = "查询"/>
</form >
```

(2) 创建前端显示结果页面 students. html,关键代码如下:

```
//第 15 章/elasticsearch1/students. html
< table border = "1" align = "center">
    < tr >
        < td >学生姓名</td >
        < td >学生性别</td >
        < td >学生年龄</td >
        < td >所在城市</td >
        < td >就读大学</td >
    </tr >
< tr th:each = "student: $ {students}">
        < td th:utext = " $ {student. name}"></td >
        < td th:text = " $ {student. gender}"></td >
        < td th:text = " $ {student. age}"></td >
        < td th:text = " $ {student. city}"></td >
        < td th:text = " $ {student. university}"></td >
</tr >
</table >
```

(3) 在控制器中添加方法,代码如下:

```
//第 15 章/elasticsearch1/StudentController. java
@GetMapping("/searchHighLight")
  //转到视图
public String searchHighLight(){
   return "searchHighLight";
}
@PostMapping("/searchHighLight")
  //根据关键字查询并高亮显示
public ModelAndView search(String keyword) throws IOException {
    System. out. println("keyword:" + keyword);
    List < Student > list  =  new ArrayList <>();
    Query queryByName  =  Query. of(q  -> q. match(m  -> m. field("name"). query(keyword)));
    String[ ] fields  =  {"name"};
  //指定哪些字段要高亮
    Highlight highlightBuilder  =  Highlight. of(h  -> {
  //设置高亮字段的效果,前后缀 HTML 标签
                for (String field : fields) {
                    h. fields(
                            field
                            ,
                            h1  -> h1. preTags("< b >< font
color = 'red'>"). postTags("</font ></b >"));
                }
                return h;
            }
    );
    SearchRequest searchRequest  =  new SearchRequest. Builder()
```

```
                .index("student")
                .query(queryByName)
                .highlight(highlightBuilder)
    //添加高亮效果
                .build();
        SearchResponse<Student> search = client.search(searchRequest, Student.class);
        for (Hit<Student> hit : search.hits().hits()) {
            Student student = hit.source();
            String name = hit.highlight().get("name").get(0);
            student.setName(name);
    //将原始字段 name 替换为高亮显示效果后的字段
            list.add(student);
        }
        ModelAndView mv = new ModelAndView();
        mv.addObject("students",list);
        mv.setViewName("students");
        return mv;
    }
```

(4) 运行代码进行测试。通过浏览器访问 http://localhost:8080/searchHightLight，在搜索框中输入李三，如图所示 15-6，单击“查询”按钮，结果如图 15-7 所示，可见有关的关键字都变成红色了并且加粗了，达到了高亮的效果。

图 15-6 查询界面

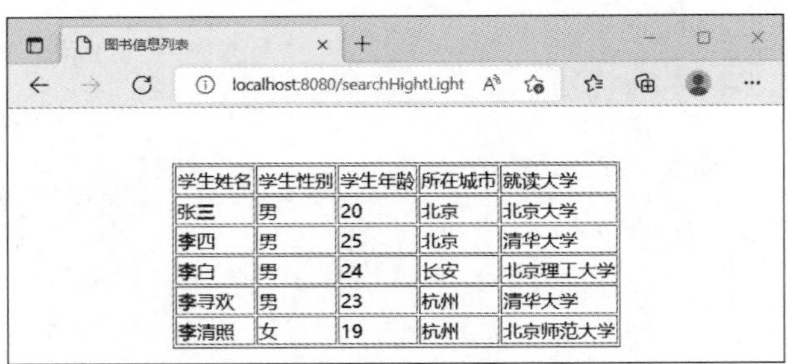

学生姓名	学生性别	学生年龄	所在城市	就读大学
张三	男	20	北京	北京大学
李四	男	25	北京	清华大学
李白	男	24	长安	北京理工大学
李寻欢	男	23	杭州	清华大学
李清照	女	19	杭州	北京师范大学

图 15-7 查询结果高亮显示

本章小结

本章学习了 Elasticsearch 的概念，下载与安装，常用操作，使用 Java API Client 操作 Elasticsearch，搜索引擎自动补全查询实战，高亮显示查询结果实战。

第四部分
Spring Boot 企业级应用

第 16 章 Spring Boot 整合 WebSocket

WebSocket 是 HTML5 提出的一个协议规范，解决了客户端与服务器端实时通信的问题。在 WebSocket API 中，浏览器和服务器只需完成一次握手，两者之间就可以直接创建持久性的连接，并进行双向数据传输。本章介绍 WebSocket 的基本概念，讨论 STOMP 子协议，并提供 Spring Boot 整合 WebSocket 实现群聊和一对一单聊两个实战案例。

16.1 WebSocket 简介

16.1.1 WebSocket 协议

本质上基于 TCP，先通过 HTTP/HTTPS 发起一条特殊的 HTTP 请求进行握手后创建一个用于交换数据的 TCP 连接。只需要做一个握手的动作，就可以创建持久性的连接，双方可以在任意时刻相互推送信息，进行双向数据传输。

传统的 HTTP 是单向通信协议，请求只能由客户端发起，而 WebSocket 是双向通信协议，可以由服务器端发起也可以由客户端发起。

16.1.2 STOMP 子协议

STOMP 是 WebSocket 的一个子协议，中文的意思为面向消息的简单文本协议。

WebSocket 定义了两种传输信息类型：文本信息和二进制信息。WebSocket 的定义虽然确定了信息类型，但没有规定传输体，所以需要用一种简单的文本传输类型来规定传输内容，作为通信中的文本传输协议，STOMP 子协议因此产生。

STOMP 是基于帧的协议，客户端和服务器端使用 STOMP 帧流通信，STOMP 同样有客户端和服务器端的概念，服务器端被认为是可以接收和发送消息的一组目的地，而客户端则是用户代理，可以进行两种操作：发送消息(SEND)、发送订阅(SUBSCRIBE)。

(1) 作为生产者，通过 SEND 框架将消息发送给服务器的某个服务。

(2) 作为消费者，通过 SUBSCRIBE 制定一个目标服务，通过 MESSAGE 框架，从服务器接收消息。

STOMP 协议使 WebSocket 的开发变得简单，本书不再讲述传统的 WebSocket 开发，直接使用 Spring Boot 整合 WebSocket 与 STOMP 协议进行开发。

使用 STOMP 协议有两个重点：

(1) 服务器端向客户端发送信息，使用 SimpMessagingTemplate 对象的 convertAndSend 方法，语法为 convertAndSend(发送到客户端的目标 URL，消息)。区分群发与单发的办法是客户端目标 URL 的前缀，如果前缀是/topic，则表示群发，如果前缀是/queue，则代表点对点单发。这需要先进行配置，具体配置方法见下面的案例。客户端目标 URL 是客户端在连接服务器端时指定的。

(2) 客户端向服务器端发送消息，使用 stompClient 的 send 方法，客户端需要导入 sockjs.min.js 和 stomp.min.js 才能使用 stompClient 对象。语法为 send(服务器端目标 URL，{}，消息内容 JSON 格式的字符串)，服务器端的目标 URL 在服务器端的控制器中用 MessageMapping 注解指定。客户端发送给服务器端的消息通常并不是到达服务器端就完事，一般要经过加工或不经加工就转发(群发或单发)给其他客户端。客户端不能直接给其他客户端发消息。

16.2 在线群聊聊天室实战

【例 16-1】 使用 Spring Boot 整合 WebSocket＋STOMP 实现一个简易在线群聊聊天室。

(1) 创建项目 websocket1，导入依赖，pom.xml 文件的主要依赖如下：

```
//第 16 章/websocket1/pom.xml
<dependency>
    <groupId>org.springframework.boot</groupId>
    <artifactId>spring-boot-starter-thymeleaf</artifactId>
</dependency>
<dependency>
    <groupId>org.springframework.boot</groupId>
    <artifactId>spring-boot-starter-web</artifactId>
</dependency>
<dependency>
    <groupId>org.springframework.boot</groupId>
    <artifactId>spring-boot-starter-websocket</artifactId>
</dependency>
<dependency>
    <groupId>org.projectlombok</groupId>
    <artifactId>lombok</artifactId>
    <optional>true</optional>
</dependency>
<dependency>
    <groupId>org.springframework.boot</groupId>
    <artifactId>spring-boot-starter-test</artifactId>
    <scope>test</scope>
</dependency>
<dependency>
    <groupId>org.webjars</groupId>
    <artifactId>webjars-locator-core</artifactId>
</dependency>
```

```
<dependency>
    <groupId>org.webjars</groupId>
    <artifactId>sockjs-client</artifactId>
    <version>1.1.2</version>
</dependency>
<dependency>
    <groupId>org.webjars</groupId>
    <artifactId>stomp-websocket</artifactId>
    <version>2.3.3</version>
</dependency>
<dependency>
    <groupId>org.webjars</groupId>
    <artifactId>jquery</artifactId>
    <version>3.3.1</version>
</dependency>
```

这里除了 WebSocket 有关依赖外，还导入了 sockjs、stomp-websocket 等前端框架。

(2) 创建实体类 Message，封装消息，代码如下：

```
//第 16 章/websocket1/Message.java
@Data
@AllArgsConstructor
@NoArgsConstructor
public class Message {
    private String name;
    private String content;
}
```

(3) 创建配置类 WebSocketConfig，代码如下：

```
//第 16 章/websocket1/WebSocketConfig.java
@Configuration
@EnableWebSocketMessageBroker
public class WebSocketConfig implements WebSocketMessageBrokerConfigurer {
    @Override
    public void configureMessageBroker(MessageBrokerRegistry registry){

        //配置消息代理
        //前缀为/topic 的消息将转发给消息代理再广播给当前连接的客户端
          registry.enableSimpleBroker("/topic");
        //凡是客户端发送消息的路径的前缀为/app 的都交给控制器中@MessageMapping 注解的方法
//进行处理
          registry.setApplicationDestinationPrefixes("/app");
    }
    @Override
     //创建 WebSocket 端点，供客户端连接用，该端点的完整 URL 将是
     //http://localhost:8080/webSocket
    public void registerStompEndpoints(StompEndpointRegistry registry){
        registry.addEndpoint("/webSocket").withSockJS();
    }
}
```

这里首先创建了一个 WebSocket 端点，供客户端连接用，然后配置了消息代理，具体含义见代码中的注释。

(4) 创建控制器 MessageController，代码如下：

```
//第 16 章/websocket1/MessageController.java
@Controller
public class MessageController {
  //发送广播消息的第 1 种方法
  //凡是客户端请求路径的前缀为/app 的都交给控制器中@MessageMapping 注解的方法进行处理
  //如客户端请求/app/sendAll,则交由此方法进行处理
  //将处理结果发送到 url:/topic/receiveAll,所有订阅了此 url 的客户端将收到此信息
  //@MessageMapping("/sendAll ")
  //@SendTo("/topic/receiveAll ")
  //public Message say(Message message){
  //return message;
  //}
  //发送广播消息的第 2 种用法
   @Autowired
   private SimpMessagingTemplate messagingTemplate;
   @MessageMapping("/sendAll")
  //客户端发送消息的路径如果是/app/sendAll,则交由此方法进行处理
   public void sendAll(Message message) {
  //接收到客户端发送过来的消息
  //发送消息的目标地址为/topic/receiveAll,所有订阅了/topic/receiveAll 的客户端将收
  //收到此消息(广播)
  //以/topic 为前缀的消息代表广播
      messagingTemplate.convertAndSend("/topic/receiveAll", message);
   }
}
```

这种方法的作用是接收某个客户端发送过来的目标 URL 为/app/sendAll 的消息，然后发送到目标 URL：/topic/receiveAll，由于/topic 前缀代表广播，所以实际上将发送给所有订阅了/topic/receiveAll 的客户端。注意，客户端要接收消息，首先要进行订阅，订阅时机是一旦连接成功时，订阅时必须指定一个 URL(如/topic/receiveAll)。

发送广播消息还有另外一种方法，见上述代码的注释处。

(5) 在 static 下创建前端 chatAll.html 页面，代码如下：

```
//第 16 章/websocket1/chatAll.html
<!DOCTYPE html>
<html lang="en">
<head>
    <meta charset="UTF-8">
    <title>群聊</title>
    <script src="/webjars/jquery/jquery.min.js"></script>
    <script src="/webjars/sockjs-client/sockjs.min.js"></script>
    <script src="/webjars/stomp-websocket/stomp.min.js"></script>
    <script type="text/javascript">
        var stompClient = null;
      //切换各个组件的显示与隐藏
```

```
    function show(flag) {
        $ ("#connect").prop("disabled", flag);
        $ ("#disconnect").prop("disabled", !flag);
        if (flag == true) {
            $ ("#chatRoom").show();
//显示聊天室
            $ ("#user").text( $ ("#name").val());
//显示用户名
        }else {
            $ ("#chatRoom").hide();          //隐藏聊天室
        }
    }
//连接到 WebSocket 服务器
    function connectWebSocket() {
        if (! $ ("#name").val()) {
            alert("请输入用户名!")
            return;
        }
        var url = "http://localhost:8080/webSocket";
        var socket = new SockJS(url);
        stompClient = Stomp.over(socket);
        stompClient.connect({}, function (frame) {
//连接成功的回调函数
            show(true);
//本次连接的订阅消息,订阅服务器端发送目标 URL 为/topic/receiveAll 的消息
            stompClient.subscribe('/topic/receiveAll', function (data) {
//data 代表接收服务器端发送过来的消息
                showMsg(JSON.parse(data.body));
//展示接收的消息
            });
        });
    }
    function showMsg(message) {
//展示消息
        $ ("#chating").append("<div>" + message.name + ":" + message.content + "</div>");
    }
    function closeWebSocket() {
//关闭连接
        if (stompClient !== null) {
            stompClient.disconnect();
        }
        show(false);
    }
    function sendMsg() {
//客户端发送消息
        stompClient.send("/app/sendAll",{},
//注意该路径必须以/app 为前缀

//发送内容是 JSON 格式的字符串
            JSON.stringify({'name': $ ("#name").val(),'content': $ ("#content").val()}));
        $ ("#content").val("");
    }
    $ (function () {
```

```
            $( "#connect" ).click(function() { connectWebSocket(); });
            $( "#disconnect" ).click(function() { closeWebSocket(); });
            $( "#send" ).click(function() { sendMsg(); });
        });
    </script>
</head>
<body>
<div>
    <label for="name">用户名: </label>
    <input type="text" id="name" placeholder="用户名">
    <button id="connect" type="button">进入聊天室</button>
    <button id="disconnect" type="button" disabled="disabled">退出聊天室</button>
</div>
<br/>
<div id="chatRoom" style="display: none;">
    <div id="chating" style="border:1px solid #ccc;width:400px;height:400px;">
    </div>
    <br/>
    <div>
        <label for="name"><span id="user"></span>说: </label>
        <input type="text" id="content" placeholder="请输入聊天内容">
        <button id="send" type="button">发送</button>
    </div>
</div>
</body>
</html>
```

这里需要注意业务流程，单击“进入聊天室”按钮时，创建 stompClient 与 WebSocket 服务器端建立连接，连接成功后通过一个回调函数绑定一个订阅消息的 URL，这个可以代表当前客户端的 URL，此后若服务器有消息发送到此 URL，则客户端将能接收到，然后通过另一个回调函数实现展示接收的消息。

当一个用户发送消息时，通过 stompClient 的 send 方法指定接收消息的 URL 和消息内容，这时控制器对应的 URL 的方法就能接收到消息。观察控制器的方法，可以发现控制器接收到消息后，只是简单地将消息广播出去，目标 URL 是/topic/receiveAll，这样所有绑定了此 URL 的客户端都能收到此条消息，所以只要有一个用户发送消息，所有用户都能收到。

(6) 运行代码进行测试。

通过浏览器访问 http://localhost:8080/chatAll.html，结果如图 16-1 所示。

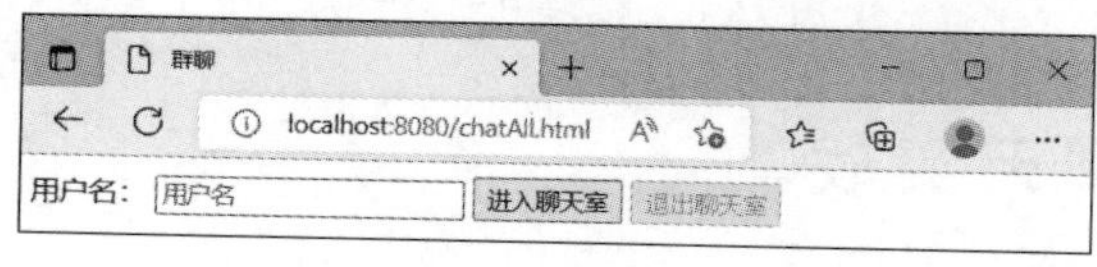

图 16-1　初始界面

输入用户名“李白”，单击“进入聊天室”按钮，结果如图 16-2 所示。

再打开一个窗口，访问 http://localhost:8080/chatAll.html，输入用户名李白，单击

"进入聊天室"按钮,然后张飞和李白都可以发言,结果如图 16-3 和图 16-4 所示。

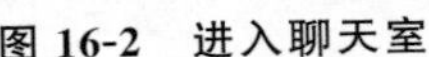
图 16-2 进入聊天室

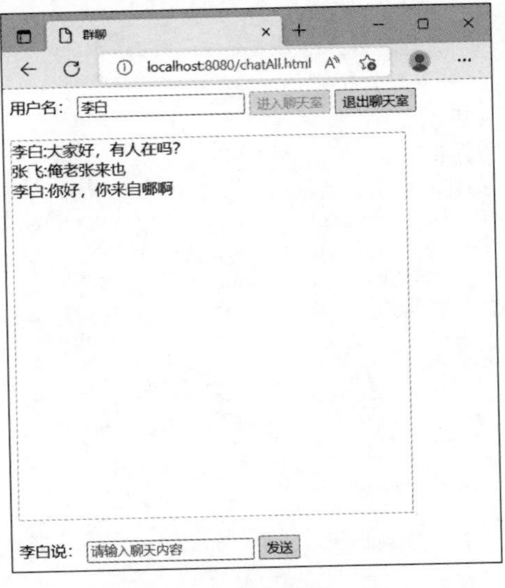

图 16-3 聊天中的一方

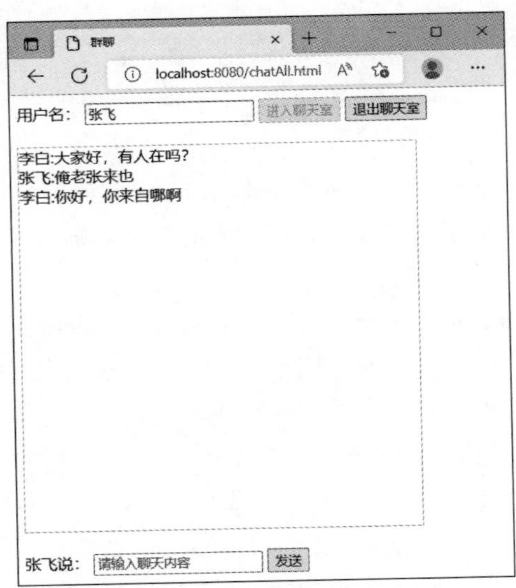

图 16-4 聊天中的另一方

16.3 一对一聊天实战

【例 16-2】 有一个在线用户列表可以看到当前有哪些用户在线,并可以单击选择其中一个用户进行聊天,一旦有新用户上线或用户下线,在线用户列表都将自动更新。SimpMessagingTemplate 模板用于发送消息,可以群发,也可以指定目标用户单发,指定目标用户单发即能实现一对一单聊的功能。为了区分不同用户,这里用了 Security 进行认证。

(1) 创建项目 websocket2,除了跟上一个项目一样的依赖外,再导入 Security 依赖。

(2) 创建 Security 的配置类 SecurityConfig,添加两个内存用户,设置需要登录验证,代码如下:

```java
//第 16 章/websocket2/SecurityConfig.java
@Configuration
public class SecurityConfig extends WebSecurityConfigurerAdapter {
    @Bean
    PasswordEncoder passwordEncoder(){
        return new BCryptPasswordEncoder();
    }

    @Override
    protected void configure(AuthenticationManagerBuilder auth) throws Exception{
        auth.inMemoryAuthentication()
                .withUser("user1")
                .password(passwordEncoder().encode("123"))
                .roles("admin")
                .and()
                .withUser("user2")
                .password(passwordEncoder().encode("123"))
                .roles("user");
    }
    @Override
    protected void configure(HttpSecurity http) throws Exception{
        http.authorizeRequests()
                .anyRequest().authenticated()
                .and()
                .formLogin().permitAll();
                //会话管理配置,设置一个用户只能建立一个会话
        http.sessionManagement()
                //设置会话失效时重定向路径,默认为 loginPage()
                //.invalidSessionUrl("/login")
                //配置使用自定义的会话失效处理策略
                //.invalidSessionStrategy(invalidSessionStrategy)
                //设置单用户的最大并发会话数量,-1 表示不受限制
                .maximumSessions(1)
                //设置为 true,表示某用户达到最大会话并发数后,新会话请求会被拒绝登录
                //.maxSessionsPreventsLogin(true)
                //设置所要使用的 sessionRegistry,默认为 SessionRegistryImpl 实现类
                .sessionRegistry(sessionRegistry());
    }

    @Bean //此项配置后面用于获取所有登录用户
    public SessionRegistry sessionRegistry() {
        return new SessionRegistryImpl();
    }
}
```

（3）创建实体类 Message，代码如下：

```
//第 16 章/websocket2/Message.java
@Data
@AllArgsConstructor
@NoArgsConstructor
public class Message {
    private String to;
    private String from;
    private String content;
}
```

（4）创建配置类 WebSocketConfig，添加"/topic"和"/queue"路径，这样既能广播又能点对点单发，此外配置一个监听器，用来监听连接是否断开，代码如下：

```
//第 16 章/websocket2/WebSocketConfig.java
@Configuration
@EnableWebSocketMessageBroker
public class WebSocketConfig implements WebSocketMessageBrokerConfigurer {
    @Override
    public void configureMessageBroker(MessageBrokerRegistry registry){
     //配置消息代理
     //前缀为/topic 的消息将转发给消息代理再广播给当前连接的客户端
     //前缀为/queue 代表点对点消息
       registry.enableSimpleBroker("/topic","/queue");
     //凡是客户端发送消息的路径的前缀为/app 的都交给控制器中@MessageMapping 注解的
     //方法进行处理
       registry.setApplicationDestinationPrefixes("/app");
    }
    @Override
     //创建 WebSocket 端点，供客户端连接用，该端点的完整 URL 将是
     //http://localhost:8080/webSocket
    public void registerStompEndpoints(StompEndpointRegistry registry){
        registry.addEndpoint("/webSocket").withSockJS();
    }
    @Bean
     //断开连接监听器
    public STOMPDisconnectEventListener STOMPDisconnectEventListener(){
        return new STOMPDisconnectEventListener();
    }
}
```

（5）创建 MessageController，注入 SimpMessagingTemplate，使用它针对目标用户发送信息，以及针对所有用户广播登录用户信息。下面为功能说明：一旦有用户登录，就需要广而告之，让所有客户端都获取最新所有在线用户并更新列表，服务器端的实现代码如下：

```
//第 16 章/websocket2/MessageController.java
@Autowired
private SimpMessagingTemplate messagingTemplate;
@Autowired
SessionRegistry sessionRegistry;
```

```
  //广播消息
@MessageMapping("/sendAll")
  //客户端发送消息的路径如果是/app/sendAll,则交由此方法进行处理
public void sendAll(String message) throws JsonProcessingException {
  //接收到客户端发送过来的消息
   List < Object > list = sessionRegistry.getAllPrincipals();
  //获取所有登录用户对象集合
   List < String > users = new ArrayList <>();      //只需登录用户名称字符串集合
   for (Object o : list) {
      User u = (User) o;
      users.add(u.getUsername());
   }
  //发送消息目标地址为/topic/receive,所有订阅了/topic/receiveAll 的客户端将收到
  //此消息(广播)
   //以/topic 为前缀的信息代表广播
  //将所有登录用户的信息广播给全体客户端
   messagingTemplate.convertAndSend("/topic/receiveAll",users);
}
```

每个用户登录后需要获取用户名,服务器端的实现代码如下:

```
//获取当前用户
@GetMapping("/getCurrentUser")
@ResponseBody
public String getCurrentUser(Principal principal){
   return principal.getName();
}
```

一个客户端想将信息发送到另一个客户端,服务器端的服务代码如下:

```
//第 16 章/websocket2/MessageController.java
  //点对点发送消息
@MessageMapping("/sendTo")
public void sendTo (Principal principal, Message message){
   message.setFrom(principal.getName());
   messagingTemplate.convertAndSendToUser(message.getTo(),"/queue/receiveOne",message);
  //如果需要,则可同时发一份消息给自己
  //messagingTemplate.convertAndSendToUser(message.getFrom(),"/queue/rece
  //iveOne",message);
}
```

由以上代码一起组成 MessageController.java 控制器文件。

(6) 连接断开监听器。如果有连接断开,监听器将可以监听到,并向所有客户端广播最新的用户列表,客户端接收到消息后用回调函数更新用户列表。监听器的代码如下:

```
//第 16 章/websocket2/StompDisconnectEventListener.java
//监听用户连接断开
public class StompDisconnectEventListener implements ApplicationListener < SessionDisconn-
ectEvent > {

   @Autowired
```

```
    private SimpMessagingTemplate messagingTemplate;

    @Autowired
    SessionRegistry sessionRegistry;

  //监听用户断开连接,一旦监听到有用户断开连接,就获取最新用户名单并广播给所有客户端
  //以便客户端更新用户列表
    @Override
    public void onApplicationEvent(SessionDisconnectEvent event) {
        StompHeaderAccessor sha = StompHeaderAccessor.wrap(event.getMessage());
        Principal principal = sha.getUser();
        List<Object> list = sessionRegistry.getAllPrincipals();
  //获取所有登录用户对象集合
        List<String> users = new ArrayList<>();
  //只需登录用户名称字符串集合
        for (Object o : list) {
            User u = (User) o;
            if(u.getUsername().equals(principal.getName())){
  //排除刚刚下线的用户
                continue;
            }
            users.add(u.getUsername());
        }
  //发送消息的目标地址为/topic/receive,所有订阅了/topic/receiveAll 的客户端将收到
  //此消息(广播)
  //以/topic 为前缀的代表广播
  //将所有登录用户的信息广播给全体客户端
        messagingTemplate.convertAndSend("/topic/receiveAll",users);
    }
}
```

(7) 在 static 下创建 chatOne.html,代码如下:

```
//第 16 章/websocket2/chatOne.html
<!DOCTYPE html>
<html lang = "en"
      xmlns:th = "http://www.thymeleaf.org">
<head>
    <meta charset = "UTF-8">
    <title>单聊</title>
    <style>
        #chats{
            width:400px;height:300px;border: 1px solid #ccc;float: left;
        }
        #online{
            width:150px;height: 300px; border: 1px solid #ccc; background-color: #ccc;
float:left;margin-left:20px;
        }
    </style>
    <script src = "/webjars/jquery/jquery.min.js"></script>
    <script src = "/webjars/sockjs-client/sockjs.min.js"></script>
```

```
    <script src="/webjars/stomp-websocket/stomp.min.js"></script>
    <script type="text/javascript">
        var stompClient = null;
        function connectWebSocket() {
          //连接 WebSocket
            var url = "http://localhost:8080/webSocket"
            var socket = new SockJS(url);
            stompClient = Stomp.over(socket);
            stompClient.connect({}, function (frame) {

          //订阅单个用户发送过来的信息,必须以/user/queue 作前缀
                stompClient.subscribe('/user/queue/receiveOne', function (msg) {
                    showMsg(JSON.parse(msg.body));
          //展示信息
                });

          //同时订阅群发消息
                stompClient.subscribe('/topic/receiveAll', function (data) {
          //data 代表接收服务器端发送过来的消息
                    updateUsers(data);
          //更新用户列表
                });

          //同时将一条消息发送给服务器,服务器将广播此条消息,让人知道他上线了
                stompClient.send("/app/sendAll",{}, "我来啦");
            });
        }
        function showMsg(message) {
          //展示信息
            $("#chats").append("<div>" + message.from + ":" + message.content + "</div>");
        }
        function updateUsers(data){
        //更新用户列表
            var users = JSON.parse(data.body);
        //转换为 JSON 对象
            var html = "";
            for(var i = 0;i < users.length;i++){
                html += "<div onclick = 'setTo(this)'>" + users[i] + "</div>";
            }
            $("#users").html(html);
        }
        function sendMsg() {
        //发送信息
            stompClient.send("/app/sendTo", {},
JSON.stringify({'content': $("#content").val(),'to': $("#to").val()}));
        }
        function setTo(obj){
        //设置发送目标,当单击列表中的用户名时触发
            $("#to").val(obj.innerText);
        }
```

```
        function checkData(){
        //检查发送的数据等是否正确
            if( $ ("#content").val() == ""){
                alert("聊天内容不能为空");
                return;
            }
            if( $ ("#to").val() == ""){
                alert("发送目标不能为空");
                return;
            }

        //发送目标必须是列表中的用户
            var listUser = $ ("#users").text();
        //列表中有的用户
            var toUser = $ ("#to").val();         //发送目标
            if(listUser.indexOf(toUser) == -1){
        //列表中是否包含发送目标
                alert("发送目标必须是列表中的用户");
                return;
            }
        }
        function setCurrentUser(){
        //从后台获取当前用户信息
            $ .ajax({
                url:"getCurrentUser",
                success:function (data){
                    $ ("#currentUser").text(data);
        //将用户名显示到标签上
                }
            })
        }
        function closeWebSocket() {
        //关闭连接
            if (stompClient !== null) {
                stompClient.disconnect();
        //当前用户连接关闭后,后台会监听到并更新最新的用户列表,然后广播给其他用户
            }
window.location.href = "/logout";
        }
        $ (function () {

        //连接 WebSocket
            connectWebSocket();

        //绑定发送按钮的单击事件
            $ ("#send").click(function() {checkData(); sendMsg(); $ ("#content").val("");});
模拟,
        //设置好当前用户信息
            setCurrentUser();
```

```
        });
    </script>
</head>
<body>
    <div>
        用户【<span id="currentUser"></span>】说:
        <input type="text" id="content" placeholder="请输入聊天内容">
        发送给:
        <input type="text" id="to" placeholder="目标用户">
        <button id="send" type="button">发送</button>
          <input type = "button" id = "disconnect" value = "退出聊天" onclick =
"closeWebSocket()"/>
    </div>
    <br/>
    <div id="chats">
    </div>
    <div id="online">
        当前在线用户:
        <div id="users">
        </div>
    </div>
</body>
</html>
```

基本思路是当页面加载时连接 WebSocket,连接成功后执行的操作：①订阅一个点对点消息；②订阅一个群发消息,用于接收广播并更新用户列表；③群发一条消息告诉大家他上线了。

其中群发消息发送到服务器后,服务器的操作是获取最新的所有登录用户的数据,然后群发给所有客户端,客户端再更新用户列表,后面只要有用户上线就会更新数据。

发送消息的流程是先获取用户输入的信息,以及目标用户,封装后发送给服务器,服务器再转发给目标用户。

断开连接的流程是：先调用 stompClient 的 disconnect 方法,连接会中断,然后服务器的监听器会监听到有连接断开,这样便会查找最新的用户列表,再广播给所有客户端,从而使客户端及时更新用户列表。

(8) 运行代码进行测试。通过浏览器访问 http://localhost:8080/chatOne.html,此时会弹出登录界面,输入用户名 user1 和密码 123,进入聊天界面,如图 16-5 所示(注：图中的 user2 是后来登录才有的)。

再用 Firefox 浏览器访问 http://localhost:8080/singlechat.html,同样会弹出登录界面,输入用户名 user2 和密码 123 后 user1 就可以单独给 user2 发送信息了,user2 也可以给 user1 单独发信息,如图 16-6 所示。

测试时,留意一个用户上线或下线对其他用户的影响。

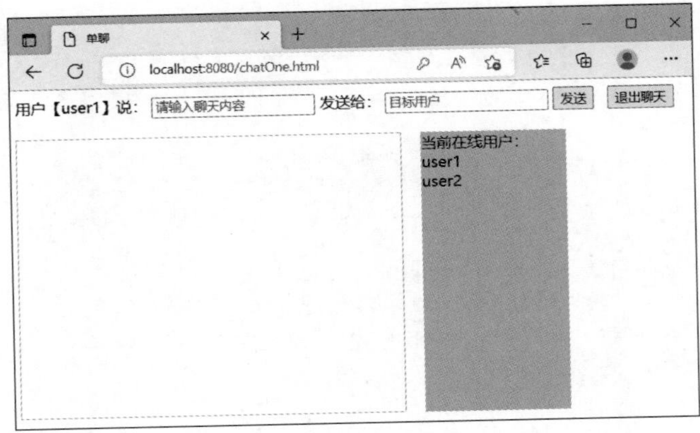

图 16-5　一对一聊天中的一方(1)

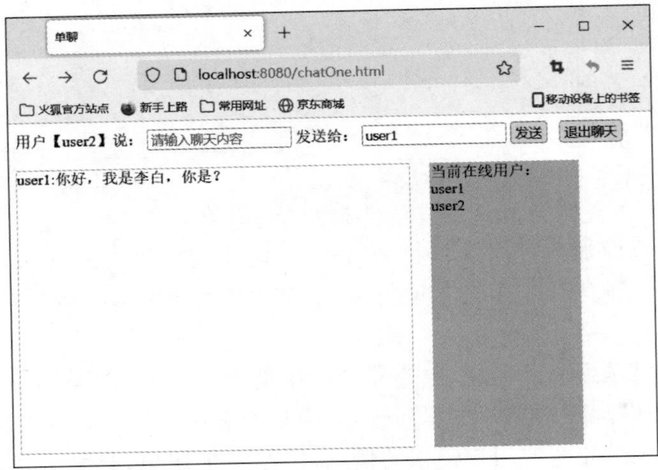

图 16-6　一对一聊天中的一方(2)

本章小结

本章学习了 WebSocket 基本知识，如何使用 Spring Boot 整合 WebSocket 实现在线群聊，以及如何实现一对一单聊。

第 17 章

定时任务与批处理

本章介绍通过 Spring Boot 实现定时任务及批处理 Spring Batch 技术。17.1 节介绍使用@Schedule 注解实现定时任务的方法并详细介绍 cron 表达式精确设计时间的方法、多线程处理定时任务、使用 Quartz 实现定时任务。17.2 节介绍如何使用轻量级的批处理框架 Spring Batch。

17.1 定时任务

对于简单的定时任务可以使用@Schedule 注解快速实现，对于复杂一点的定时任务则可以用 Quartz 实现。

17.1.1 使用@Schedule 实现定时任务

（1）创建 Spring Boot 项目 schedule1，添加 spring-boot-starter-web 依赖。

（2）在启动类上添加@EnableScheduling 注解以便开启定时任务。

（3）创建定时任务类 ScheduleService，将类中各方法通过@Schedule 注解设置为定时任务，代码如下：

```
//第 17 章/schedule1/ScheduleService
@Service
public class ScheduleService {
    private static final Logger logger = LoggerFactory.getLogger(ScheduleService.class);
    //上一次开始执行时间点之后 5s 再执行
    @Scheduled(fixedRate = 5000)
    public void scheduled1() {
        logger.info("******scheduled1 使用 fixedRate 执行定时任务");
    }
    //第 1 次延迟 1s 后执行,之后按 fixedRate 的规则每隔 5s 执行一次
    @Scheduled(initialDelay = 1000,fixedRate = 5000)
    public void scheduled2() {
        logger.info("******scheduled2 使用 initialDelay 和 fixedRate 执行定时任务");
    }
    //上一次执行完毕时间点之后 10s 再执行
    @Scheduled(fixedDelay = 10000)
    public void scheduled3() {
```

```
        logger.info("****** scheduled3 使用 fixedDelay 执行定时任务");
    }
    //每隔 20s 执行一次,从 0s 算起
    @Scheduled(cron = "0/20 * * * * ?")
        private void scheduled4(){
        logger.info("****** scheduled4 使用 cron 执行定时任务");
    }
}
```

fixedRate 执行任务是按开始时间计算的,有可能上一个任务还没执行下一个任务就开始了。fixedDelay 则是从上一个任务的结束时间算起。cron 表达式的用法后面会详细讲解。

(4) 运行代码进行测试。结果控制和输出如图 17-1 所示。

```
2022-10-31T11:24:10.200+08:00  INFO 324 --- [pool-1-thread-1] com.sike.service.ScheduleService    : ******scheduled2使用initialDelay和fixedRate
2022-10-31T11:24:14.202+08:00  INFO 324 --- [pool-1-thread-2] com.sike.service.ScheduleService    : ******scheduled1使用fixedRate执行定时任务
2022-10-31T11:24:14.202+08:00  INFO 324 --- [pool-1-thread-5] com.sike.service.ScheduleService    : ******scheduled3使用fixedDelay执行定时任务
2022-10-31T11:24:15.202+08:00  INFO 324 --- [pool-1-thread-6] com.sike.service.ScheduleService    : ******scheduled2使用initialDelay和fixedRate
2022-10-31T11:24:19.201+08:00  INFO 324 --- [pool-1-thread-3] com.sike.service.ScheduleService    : ******scheduled1使用fixedRate执行定时任务
2022-10-31T11:24:20.000+08:00  INFO 324 --- [pool-1-thread-7] com.sike.service.ScheduleService    : ******scheduled4使用cron执行定时任务
2022-10-31T11:24:20.201+08:00  INFO 324 --- [pool-1-thread-4] com.sike.service.ScheduleService    : ******scheduled2使用initialDelay和fixedRate
2022-10-31T11:24:24.201+08:00  INFO 324 --- [pool-1-thread-8] com.sike.service.ScheduleService    : ******scheduled1使用fixedRate执行定时任务
2022-10-31T11:24:24.204+08:00  INFO 324 --- [pool-1-thread-1] com.sike.service.ScheduleService    : ******scheduled3使用fixedDelay执行定时任务
2022-10-31T11:24:25.201+08:00  INFO 324 --- [pool-1-thread-9] com.sike.service.ScheduleService    : ******scheduled2使用initialDelay和fixedRate
2022-10-31T11:24:29.201+08:00  INFO 324 --- [pool-1-thread-5] com.sike.service.ScheduleService    : ******scheduled1使用fixedRate执行定时任务
2022-10-31T11:24:30.201+08:00  INFO 324 --- [pool-1-thread-2] com.sike.service.ScheduleService    : ******scheduled2使用initialDelay和fixedRate
2022-10-31T11:24:34.202+08:00  INFO 324 --- [ool-1-thread-10] com.sike.service.ScheduleService    : ******scheduled1使用fixedRate执行定时任务
2022-10-31T11:24:34.206+08:00  INFO 324 --- [pool-1-thread-6] com.sike.service.ScheduleService    : ******scheduled3使用fixedDelay执行定时任务
2022-10-31T11:24:35.201+08:00  INFO 324 --- [pool-1-thread-3] com.sike.service.ScheduleService    : ******scheduled2使用initialDelay和fixedRate
2022-10-31T11:24:39.202+08:00  INFO 324 --- [pool-1-thread-7] com.sike.service.ScheduleService    : ******scheduled1使用fixedRate执行定时任务
2022-10-31T11:24:40.000+08:00  INFO 324 --- [pool-1-thread-4] com.sike.service.ScheduleService    : ******scheduled4使用cron执行定时任务
2022-10-31T11:24:40.202+08:00  INFO 324 --- [pool-1-thread-8] com.sike.service.ScheduleService    : ******scheduled2使用initialDelay和fixedRate
2022-10-31T11:24:44.202+08:00  INFO 324 --- [pool-1-thread-1] com.sike.service.ScheduleService    : ******scheduled1使用fixedRate执行定时任务
2022-10-31T11:24:44.207+08:00  INFO 324 --- [pool-1-thread-9] com.sike.service.ScheduleService    : ******scheduled3使用fixedDelay执行定时任务
2022-10-31T11:24:45.202+08:00  INFO 324 --- [pool-1-thread-5] com.sike.service.ScheduleService    : ******scheduled2使用initialDelay和fixedRate
```

图 17-1 结果控制和输出

可见各个任务都按规定的规则定时完成了。

17.1.2 cron 表达式

上述案例的最后一个任务使用的是 cron 表达式,用到设置任务执行的时间规则。cron 表达式是一个字符串,其语法为[秒][分][小时][日][月][周][年],其中[年]为非必填项,因此 cron 表达式通常由 6 或 7 部分内容组成,内容的取值为数字或者一些 cron 表达式约定的特殊字符,这些特殊字符称为"通配符",每个通配符分别代指一种值。cron 表达式各项的取值范围见表 17-1。

表 17-1 cron 表达式各项的取值范围

顺　序	取 值 范 围	特殊字符串范围
秒	0-59	, - * /
分	0-59	, - * /
时	0-23	, - * /
日	1-31	, - * /
月	1-12 / JAN-DEC	, - * ? /L W
周	1-7 / SUN-SAT	, - * ? /L #
年(可省略)	1970-2099	, - * /

cron 表达式中通配符的解释及作用见表 17-2。

表 17-2　cron 表达式中通配符的解释及作用

通　配　符	代 表 的 值	解　　释
*	所有值	如分字段为 *，代表每分钟都触发
?	不指定值	如周字段为?，代表任意周几均可
-	范围区间	如时字段被设置为 1-3，代表 1、2 和 3 点时都触发
,	多个值	如时字段被设置为 1,3,5，代表 1、3 和 5 点都会触发
/	递增值	如分字段被设置为 0/20，代表每隔 20min 触发一次，从 0 分开始
L	最后值	如日字段被设置为 L，代表本月最后一天触发一次
W	最近工作日	如日字段被设置为 1W，代表离每月 1 日最近的那个工作日触发一次
#	序号	如周字段被设置为 3#2，代表每月的第 2 个周三触发一次

通配符详细说明如下。

*：表示匹配该域的任意值，例如在秒 *，就表示每秒都会触发事件。

?：只能用在每月第几天和星期两个域。表示不指定值，当两个子表达式中的一个被指定了值以后，为了避免冲突，需要将另一个子表达式的值设为"?"。

-：表示范围，例如在分域使用 1-20，表示从 1min 到 20min 每分钟触发一次。

/：表示起始时间开始触发，然后每隔固定时间触发一次，例如在分域使用 5/25，则意味着 5 分、30 分和 55 分分别触发一次。

,：表示列出枚举值。例如在分域使用 5,20，则意味着在 5 分和 20 分时触发一次。

L：表示最后，只能出现在星期和每月第几天域，如果在星期域使用 1L，则意味着在最后的一个星期日触发。

W：表示有效工作日(周一到周五)，只能出现在每月第几日域，系统将在离指定日期的最近的有效工作日触发事件。注意一点，W 的最近寻找不会跨过月份。

LW：这两个字符可以连用，表示在某个月最后一个工作日，即最后一个星期五。

#：用于确定每个月第几个星期几。例如 1#3，表示每月的第 3 个星期日。

示例：

每 5s 执行一次：0/5?。

每 5min 执行一次：0 0/5 * ?。

每小时的 1 分、15 分、45 分各执行一次：0 1,15,45 * ?。

每天 23 点 59 分 59 秒执行一次：59 59 23 ?。

每月 15 号凌晨 3 点执行一次：0 0 3 15 * ?。

每月最后一天 12 点执行一次：0 0 12 L * ?。

每天 3 点执行：0 0 3 * * ?。

每天 3 点 5 分执行：0 5 3 * * ?。

每天 3 点 5 分执行，与上面的作用相同：0 5 3 ? * *。

每天 3 点的 5 分、15 分、25 分、35 分、45 分、55 分这几个时间点执行：0 5/10 3 * * ?。

每周星期天的 3 点 10 分执行，1 表示星期天：0 10 3 ? * 1。

每个月的第 3 个星期天执行，# 号只能出现在星期的位置：0 10 3 ? * 1#3。

表示每小时 0 分 0s 执行一次：0 0 * * * *。

表示每 10s 执行一次：*/10 * * * * *。

表示每天 8、9 和 10 点各执行一次：0 0 8-10 * * *。

表示每天 8 点到 10 点，每半小时执行一次：0 0/30 8-10 * * *。

表示每周一至周五，9 点到 17 点的 0 分 0 秒执行：0 0 9-17 * * MON-FRI。

表示每年圣诞节(12 月 25 日)0 时 0 分 0 秒执行：0 0 0 25 12 ?。

这些规则不太好记，有个好的办法就是自动生成，见网址 https://cron.qqe2.com/，界面如图 17-2 所示，在界面中可自动生成 cron 表达式。

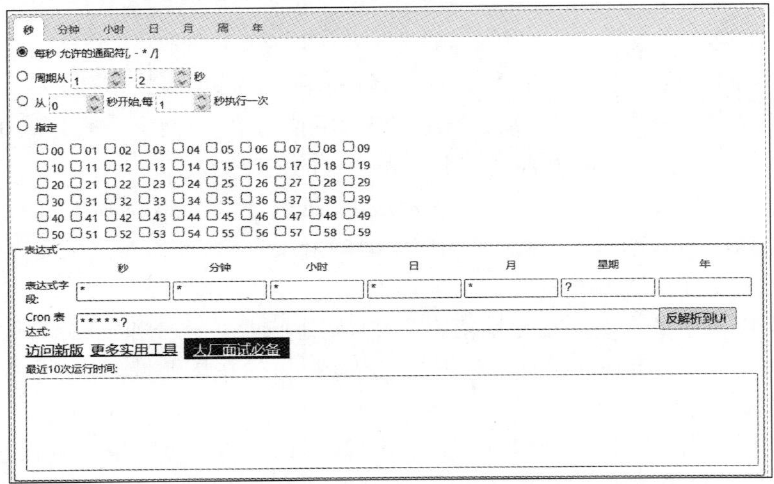

图 17-2 自动生成 cron 表达式

17.1.3 多线程处理定时任务

看到控制台输出的结果，所有的定时任务都是通过一个线程来处理的，但当定时任务增多时，如果一个任务卡死，则会导致其他任务也无法执行，所以在任务多的情况下可以考虑使用多线程。需要做的仅仅是实现 SchedulingConfigurer 接口，重写 configureTasks 方法就行了，代码如下：

```
//第 17 章/schedule1/ScheduleConfig
@Configuration
  //所有的定时任务都放在一个线程池中，定时任务启动时使用不同的线程
public class ScheduleConfig implements SchedulingConfigurer {
   @Override
   public void configureTasks(ScheduledTaskRegistrar taskRegistrar) {
  //设定一个长度为 10 的定时任务线程池
```

```
        taskRegistrar.setScheduler(Executors.newScheduledThreadPool(10));
    }
}
```

通过控制台输出的结果可以看出每个定时任务都是通过不同的线程来处理了。

17.1.4 使用 Quartz 实现定时任务

Spring Boot 集成了 Quartz,可以实现比较复杂的定时任务,同样支持 cron 表达式。基本流程如下:

(1) 创建作为任务的原始类。

(2) 将原始类封装为 JobDetail。

(3) 创建触发器,绑定 JobDetail,并规定时间规则。

(4) 开启一个或多个触发器。

下面创建实际项目进行实践。

(1) 创建项目 quartz1,添加 spring-boot-starter-quartz 依赖。

(2) 创建一个普通类 QuartzJob1,类中方法将作为"任务",代码如下:

```
//第 17 章/quartz1/QuartzJob1
@Service
public class QuartzJob1 {
    public void doJob(){
        SimpleDateFormat sdf = new SimpleDateFormat("yyyy - MM - dd HH:mm:ss");
        System.out.println("QuartzJob1 ---- " + sdf.format(new Date()));
    }
}
```

(3) 创建一个类,继承 QuartzJobBean,类中重写的方法同样作为"任务",代码如下:

```
//第 17 章/quartz1/QuartzJob2
public class QuartzJob2 extends QuartzJobBean {
    @Override
    protected void executeInternal ( JobExecutionContext jobExecutionContext ) throws
JobExecutionException {
        //获取从绑定当前任务的 JobDetail 中传递过来的参数
        String orderNo = jobExecutionContext.getJobDetail().getJobDataMap().get("orderNo").
toString();
        SimpleDateFormat sdf = new SimpleDateFormat("yyyy - MM - dd HH:mm:ss");
        System.out.println("QuartzJob2 ---- orderNo:" + orderNo + sdf.format(new Date()));
    }
}
```

注意此处的 jobExecutionContext 参数,在 JobDetail 绑定该 Job 之后,可以将参数传过来,通过该参数可以在 Job 中获取传过来的参数。

(4) 创建配置类 QuartzConfig,分别将上述任务类封装成 JobDetail,并分别创建触发器,最后触发这两个触发器,代码如下:

```
//第 17 章/quartz1/QuartzConfig
@Configuration
public class QuartzConfig {
    @Bean
        //将普通类 QuartzJob1 封装成一个 JobDetail
    MethodInvokingJobDetailFactoryBean jobDetail1(){
        MethodInvokingJobDetailFactoryBean jobDetail = new MethodInvokingJobDetailFactoryBean();
    //指定实例
        jobDetail.setTargetBeanName("quartzJob1");
    //指定方法
        jobDetail.setTargetMethod("doJob");
        return jobDetail;
    }
    @Bean
        //将继承 QuartzJobBean 类的 QuartzJob2 封装成一个 JobDetail
    JobDetailFactoryBean jobDetail2(){
        JobDetailFactoryBean jobDetail = new JobDetailFactoryBean();
        //指定要封装的类
        jobDetail.setJobClass(QuartzJob2.class);
        JobDataMap map = new JobDataMap();
        //传递参数
        map.put("orderNo","1001");
        jobDetail.setJobDataMap(map);
        jobDetail.setDurability(true);
        return jobDetail;
    }
    @Bean
        //为任务 jobDetail1 创建触发规则
    SimpleTriggerFactoryBean trigger1(){
        SimpleTriggerFactoryBean trigger = new SimpleTriggerFactoryBean();
        trigger.setJobDetail(jobDetail1().getObject());
        //重复 5 次
        trigger.setRepeatCount(5);
        //第 1 次延迟 2s 才执行
        trigger.setStartDelay(2000);
        //每次间隔 5s 执行
        trigger.setRepeatInterval(5000);
        return trigger;
    }
    @Bean
        //为任务 jobDetail2 创建触发规则,可使用 CRON 规则
    CronTriggerFactoryBean trigger2(){
        CronTriggerFactoryBean trigger = new CronTriggerFactoryBean();
        trigger.setJobDetail(jobDetail2().getObject());
        //每分钟的第 0 秒、第 20 秒和第 40 秒执行一次
        trigger.setCronExpression("0/20 * * * * ?");
        return trigger;
    }
    @Bean
        //启动上面创建的两个触发器
    SchedulerFactoryBean schedulerFactoryBean(){
        SchedulerFactoryBean mySchedule = new SchedulerFactoryBean();
        SimpleTrigger trigger_1 = trigger1().getObject();
```

```
        CronTrigger trigger_2 = trigger2().getObject();
        //计划同时装配多个触发器
        mySchedule.setTriggers(trigger_1,trigger_2);
        return mySchedule;
    }
}
```

(5) 运行代码进行测试,控制台的输出结果如图 17-3 所示。

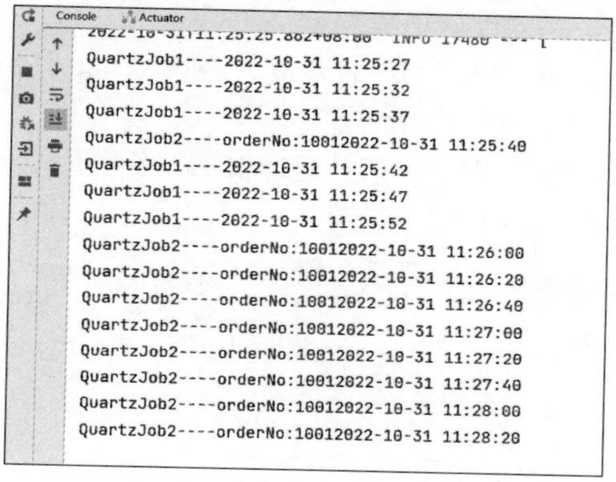

```
QuartzJob1----2022-10-31 11:25:27
QuartzJob1----2022-10-31 11:25:32
QuartzJob1----2022-10-31 11:25:37
QuartzJob2----orderNo:10012022-10-31 11:25:40
QuartzJob1----2022-10-31 11:25:42
QuartzJob1----2022-10-31 11:25:47
QuartzJob1----2022-10-31 11:25:52
QuartzJob2----orderNo:10012022-10-31 11:26:00
QuartzJob2----orderNo:10012022-10-31 11:26:20
QuartzJob2----orderNo:10012022-10-31 11:26:40
QuartzJob2----orderNo:10012022-10-31 11:27:00
QuartzJob2----orderNo:10012022-10-31 11:27:20
QuartzJob2----orderNo:10012022-10-31 11:27:40
QuartzJob2----orderNo:10012022-10-31 11:28:00
QuartzJob2----orderNo:10012022-10-31 11:28:20
```

图 17-3 Quartz 执行结果

17.2 批处理 Spring Batch

Spring Batch 是一个轻量级的批处理框架,主要用来读取大量数据,然后进行一定处理后输出成指定的形式。Spring Batch 还提供记录/跟踪、事务管理、作业处理统计、作业重启及资源管理等功能。

Spring Batch 提供了 ItemReader、ItemProcessor 和 ItemWriter 来完成数据的读取、处理及写出操作,并且可以将批处理的执行状态持久化到数据库中。

Spring Batch 主要由以下几部分组成,见表 17-3。

表 17-3 Spring Batch 的组成

名称	用途
JobRepository	用来注册 Job 的容器
JobLauncher	用来启动 Job 的接口
Job	要实际执行的任务,包含一个或多个 Step
Step	Step 步骤包含 ItemReader、ItemProcessor 和 ItemWriter
ItemReader	用来读取数据的接口
ItemProcessor	用来处理数据的接口
ItemWriter	用来输出数据的接口

以上 Spring Batch 的主要组成部分只需注册成 Spring 的 Bean。若想开启对批处理的支持,则需要在配置类上使用@EnableBatchProcessing。

(1) Spring Batch 提供了一些常用的 ItemReader(数据的读取逻辑)。

JDBCPagingItemReader：用来读取数据库中的数据。

StaxEventItemReader：用来读取 XML 数据。

FlatFileItemReader：用来加载普通文件(本样例使用该 ItemReader)。

(2) Spring Batch 提供了一些常用的 ItemWriter(数据的写出逻辑)。

FlatFileItemWriter：表示将数据写出为一个普通文件。

StaxEventItemWriter：表示将数据写出为 XML。

还有针对不同数据库提供的写出操作支持类，如 MongoItemWriter、JpaItemWriter、Neo4jItemWriter 及 HibernateItemWriter 等。

本案例使用的 JDBCBatchItemWriter 则是通过 JDBC 将数据写出到一个关系型数据库中。

Spring Batch 的工作流程如图 17-4 所示。

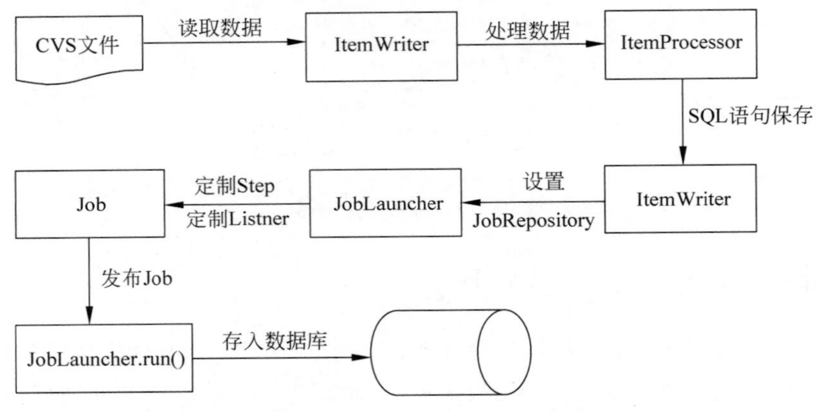

图 17-4 Spring Batch 的工作流程

下面通过一个简单的数据复制样例演示在 Spring Boot 中如何使用 Spring Batch。假设现在有一个 data.csv 文件，文件中保存了 4 条成绩数据，需要通过批处理框架读取文件中的内容，然后将之插入数据表中。

为了方便演示，本次样例只实现了 ItemReader(数据的读取)和 ItemWriter(数据的写出)，中间的 ItemProcessor(数据的处理)不实现，即数据读取后不做任何处理，直接入库。

(1) 创建数据库 springbatch，创建表 scores，如图 17-5 所示。

Name	Type	Length	Decimals	Not null	Virtual	Key
id	int			☑	☐	1
coursename	varchar	50		☐	☐	
score	int			☐	☐	

图 17-5 创建表 scores

(2) 创建项目 batch1，添加依赖，代码如下：

```
//第 17 章/batch1/pom.xml
<dependency>
```

```
        <groupId>org.springframework.boot</groupId>
        <artifactId>spring-boot-starter-batch</artifactId>
        <version>2.6.7</version>
    </dependency>
    <dependency>
        <groupId>org.springframework.boot</groupId>
        <artifactId>spring-boot-starter-web</artifactId>
    </dependency>
    <dependency>
        <groupId>com.alibaba</groupId>
        <artifactId>druid</artifactId>
        <version>1.2.8</version>
    </dependency>
    <dependency>
        <groupId>org.springframework.boot</groupId>
        <artifactId>spring-boot-starter-JDBC</artifactId>
    </dependency>
    <dependency>
        <groupId>mysql</groupId>
        <artifactId>mysql-connector-java</artifactId>
        <scope>runtime</scope>
    </dependency>
    <dependency>
        <groupId>org.projectlombok</groupId>
        <artifactId>lombok</artifactId>
        <optional>true</optional>
    </dependency>
```

(3) 配置 application.properties，代码如下：

```
//第 17 章/batch1/application
spring.datasource.type=com.alibaba.druid.pool.DruidDataSource
spring.datasource.url=jdbc:mysql://localhost:3306/springbatch
spring.datasource.username = root
spring.datasource.password = root
spring.datasource.driver-class-name=com.mysql.cj.jdbc.Driver
#项目启动时创建数据表的 SQL 脚本
spring.sql.init.schema-locations = classpath:/org/springframework/batch/core/schema-
mysql.sql
#项目启动时执行建表 SQL
spring.batch.jdbc.initialize-schema=always
spring.batch.job.enabled=false
```

(4) 启动类添加@EnableBatchProcessing 注解，开启 Spring Batch。

(5) 在 Resources 下创建原始数据文件 data.csv，内容如下：

```
id coursename score
1 语文 78
2 数学 91
3 英语 82
4 物理 80
```

（6）创建实体类 Scores，代码如下：

```
//第 17 章/batch1/Scores
@Data
public class Scores {
    private int id;
    private String coursename;
    private int score;
}
```

（7）创建配置类 CsvBatchJobConfig，代码如下：

```
//第 17 章/batch1/CsvBatchJobConfig
@Configuration
public class CsvBatchJobConfig {
    //注入 JobBuilderFactory，用来构建 Job
    @Autowired
    JobBuilderFactory jobBuilderFactory;
    //注入 StepBuilderFactory，用来构建 Step
    @Autowired
    StepBuilderFactory stepBuilderFactory;
    //注入 DataSource，用来支持持久化操作，这里的持久化方案是 Spring - JDBC
    @Autowired
    DataSource dataSource;
    //配置一个 ItemReader，即数据的读取逻辑
    @Bean
    @StepScope
    FlatFileItemReader<Scores> itemReader() {
    //FlatFileItemReader 是一个加载普通文件的 ItemReader
        FlatFileItemReader<Scores> reader = new FlatFileItemReader<>();
    //由于 data.csv 文件的第 1 行是标题，因此通过 setLinesToSkip 方法设置跳过一行
        reader.setLinesToSkip(1);
    //用 setResource 方法配置 data.csv 文件的位置
        reader.setResource(new ClassPathResource("data.csv"));
    //通过 setLineMapper 方法设置每行的数据信息
        reader.setLineMapper(new DefaultLineMapper<Scores>(){{
            setLineTokenizer(new DelimitedLineTokenizer(){{
    //setNames 方法配置了 data.csv 文件，一共有 3 列，分别是 id、coursename 及 score
                setNames("id","coursename","score");
    //配置列与列之间的间隔符(这里是空格)
                setDelimiter(" ");
            }});
            setFieldSetMapper(new BeanWrapperFieldSetMapper(){{
                setTargetType(Scores.class);
            }});
        }});
        return reader;
    }
    //配置 ItemWriter，即数据的写出逻辑
    @Bean
    JDBCBatchItemWriter JDBCBatchItemWriter() {
    //使用的 JDBCBatchItemWriter 则是通过 JDBC 将数据写出到一个关系型数据库中
        JDBCBatchItemWriter writer = new JDBCBatchItemWriter();
```

```
    //配置使用的数据源
        writer.setDataSource(dataSource);
    //配置数据插入 SQL,注意占位符的写法是":属性名"
        writer.setSql("insert into scores(id,coursename,score) " +
                "values(:id,:coursename,:score)");
    //最后通过 BeanPropertyItemSqlParameterSourceProvider 实例将实体类的属性和 SQL 中的占位
//符一一映射
        writer.setItemSqlParameterSourceProvider(
                new BeanPropertyItemSqlParameterSourceProvider<>());
        return writer;
    }
  @Bean
    //配置一个 Step
    Step csvStep() {
    //Step 通过 stepBuilderFactory 进行配置
    //通过 get 获取一个 StepBuilder,参数是 Step 的 name
       return stepBuilderFactory.get("csvStep")
    //方法的参数 2,表示每读取到两条数据就执行一次 write 操作
               .<Scores, Scores>chunk(2)
    //配置 reader
               .reader(itemReader())
    //配置 writer
               .writer(JDBCBatchItemWriter())
               .build();
    }
    @Bean
    //配置一个 Job
    Job csvJob() {
    //通过 jobBuilderFactory 构建一个 Job,GET 方法的参数为 Job 的 name
       return jobBuilderFactory.get("csvJob")
    //配置该 Job 的 Step
               .start(csvStep())
               .build();
    }
}
```

(8) 创建控制器 BatchController,代码如下:

```
//第 17 章/batch1/BatchController
@RestController
public class BatchController {
   //JobLauncher 由框架提供
   @Autowired
   JobLauncher jobLauncher;
   //Job 为刚刚配置的
   @Autowired
   Job job;
   @GetMapping("/batch")
   public void batch() {
      try {
         JobParameters jobParameters = new JobParametersBuilder()
                 .toJobParameters();
```

```
            //通过调用 JobLauncher 中的 run 方法启动一个批处理
                jobLauncher.run(job, jobParameters);
            } catch (Exception e) {
                e.printStackTrace();
            }
        }
    }
```

(9) 运行代码进行测试。通过浏览器访问 localhost:8080/batch,批处理执行完成后查看数据库,表 scores 获取了 data.csv 中的数据。

本章小结

本章学习了使用@Scheduled 注解实现定时任务,cron 表达式,使用 Quartz 实现定时任务,以及批处理 Spring Batch 技术。

第 18 章

Java Mail 邮件发送

在系统需求分析中，有一个常见的需求是接收和发送邮件，如在用户注册、用户修改密码、用户找回密码等功能中使用邮件与用户沟通重要信息。本章介绍在 Spring Boot 中使用 JavaMailSender 对象来发送简单邮件、发送带附件的邮件、发送模板邮件的方法。

18.1 发送简单邮件

（1）首先需要对拥有的邮箱申请开启 POP3/SMTP 服务，获取授权码，如图 18-1 所示。

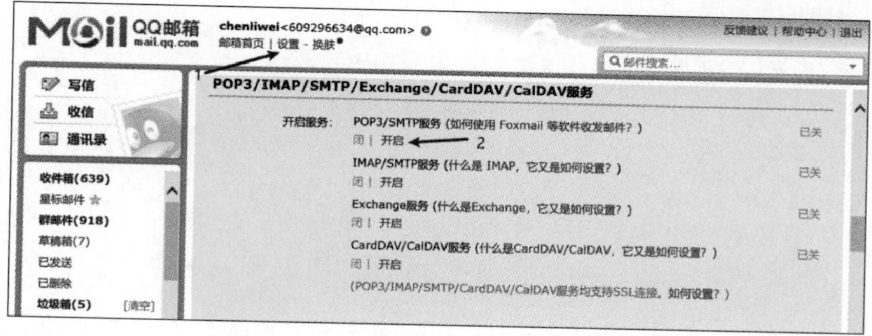

图 18-1　开启 POP3/SMTP 服务

（2）新建 Spring Boot 项目 mail1，引入 spring-boot-starter-mail 等依赖，代码如下：

```
//第 18 章/mail1/pom.xml
<dependency>
    <groupId>org.springframework.boot</groupId>
    <artifactId>spring-boot-starter-mail</artifactId>
</dependency>
<dependency>
    <groupId>org.springframework.boot</groupId>
    <artifactId>spring-boot-starter-thymeleaf</artifactId>
</dependency>
<dependency>
    <groupId>org.springframework.boot</groupId>

    <artifactId>spring-boot-starter-web</artifactId>
```

```
</dependency>
<dependency>
    <groupId>org.projectlombok</groupId>
    <artifactId>lombok</artifactId>
    <optional>true</optional>
</dependency>
```

(3) 在 application.properties 中配置邮件基本信息，代码如下：

```
//第 18 章/mail1/application.properties
spring.mail.host = smtp.163.com
spring.mail.port = 587
spring.mail.username = chenlw808@163.com
spring.mail.password = 第(1)步申请到的授权码
spring.mail.default-encoding = utf-8
spring.mail.properties.mail.smtp.socketFactory.class = javax.net.ssl.SSLSocketFactory
spring.mail.properties.mail.Debug = true
```

(4) 创建实体类 Mail，用于封装邮件信息，包括收件人、发件人、抄送人、标题、邮件内容、附件等多种属性，代码如下：

```
//第 18 章/mail1/Mail
@Data
@AllArgsConstructor
public class Mail {
    private String from;
    private String to;
    private String cc;
    private String subject;
    private String content;
    private File file;
}
```

(5) 创建 MailService 类，调用 JavaMailSender 实例发送简单邮件，代码如下：

```
//第 18 章/mail1/MailService
@Service
public class MailService {
    @Autowired
    private JavaMailSender javaMailSender;
    //发送简单邮件
    public void sendSimpleMailMessage(Mail mail){
        System.out.println(mail);
    //封装 simpleMailMessage 对象
        SimpleMailMessage simpleMailMessage = new SimpleMailMessage();
        simpleMailMessage.setFrom(mail.getFrom());
        simpleMailMessage.setTo(mail.getTo());
        simpleMailMessage.setCc(mail.getCc());
        simpleMailMessage.setSubject(mail.getSubject());
        simpleMailMessage.setText(mail.getContent());
    //发送
```

```
        javaMailSender.send(simpleMailMessage);
    }
}
```

（6）创建控制器 MailController，获取邮件信息，调用 MailService 发送邮件，代码如下：

```
//第 18 章/mail1/MailController
@Controller
public class MailController {
    @Autowired
    MailService mailService;
    @ResponseBody
    @PostMapping("/sendSimpleMail")
    public String sendSimpleMail(Mail mail){
        mailService.sendSimpleMailMessage(mail);
        return "简单邮件发送成功!";
    }
}
```

（7）创建 simpleMail.html 撰写邮件界面，代码如下：

```
//第 18 章/mail1/simpleMail.html
<body>
<form action = "sendSimpleMail" method = "post">
     发送者邮箱：<input type = "text" name = "from"/><br/>
     收件人邮箱：<input type = "text" name = "to"/><br/>
     抄送人邮箱：<input type = "text" name = "cc"/><br/>
     邮件的主题：<input type = "text" name = "subject"/><br/><br/>
     邮件的内容：<textarea rows = "10" cols = "40" name = "content"></textarea><br/>
     <input type = "submit" value = "发送">
</form>
</body>
```

（8）运行代码进行测试。通过浏览器访问 http://localhost:8080/simpleMail.html，在出现的发送邮件界面中填写各项信息，如图 18-2 所示。

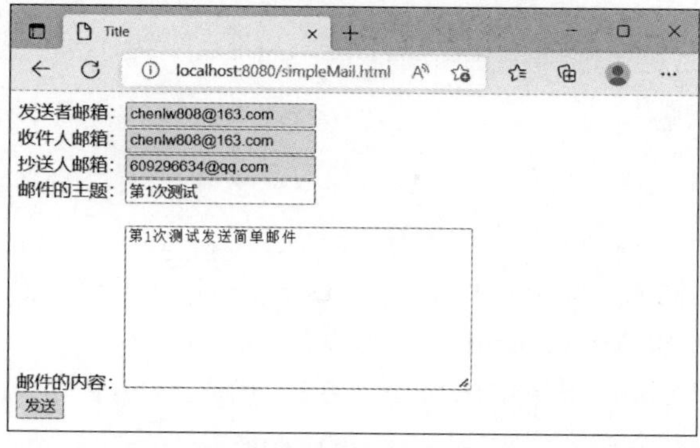

图 18-2 写邮件

单击“发送”按钮，结果后如图 18-3 所示。

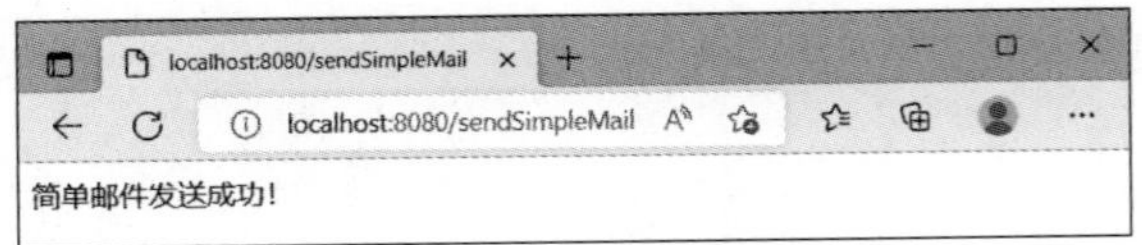

图 18-3　邮件发送成功

检查收件箱,收到邮件后如图 18-4 所示。

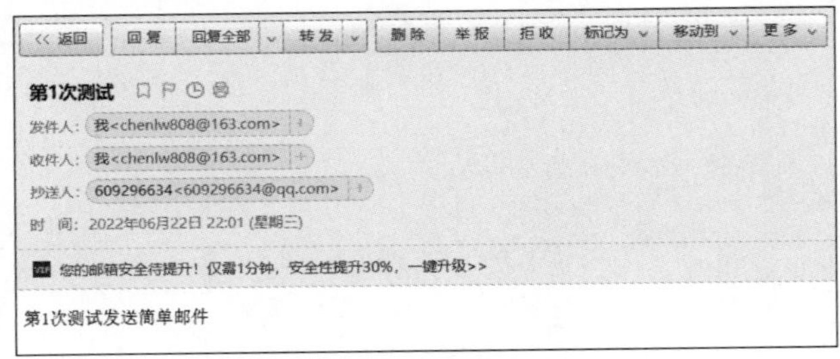

图 18-4　查收邮件

18.2　发送带附件的邮件

(1) 在 MailService 中添加如下方法,代码如下:

```
//第 18 章/mail1/sendMailWithFile
//发送带附件的邮件
public void sendMailWithFile(Mail mail){
   try {
      MimeMessage mimeMessage = javaMailSender.createMimeMessage();
      MimeMessageHelper mimeMessageHelper = new MimeMessageHelper(mimeMessage, true);
      mimeMessageHelper.setFrom(mail.getFrom());
      mimeMessageHelper.setTo(mail.getTo());
      mimeMessageHelper.setCc(mail.getCc());
      mimeMessageHelper.setSubject(mail.getSubject());
      mimeMessageHelper.setText(mail.getContent());
      //添加附件
mimeMessageHelper.addAttachment(mail.getFile().getName(),mail.getFile());
      javaMailSender.send(mimeMessage);
   }catch (MessagingException e){
      e.printStackTrace();
   }
}
```

与发送普通邮件不同的是需要使用 MimeMessageHelper 类而不是 SimpleMailMessage 封装邮件信息,该类有个 addAttachment 方法可以设置附件。

(2) 在控制器 MailController 中添加如下方法,代码如下:

```
//第 18 章/mail1/sendMailWithFile
@ResponseBody
@PostMapping("/sendMailWithFile")
```

```
public String sendMailWithFile ( Mail mail, MultipartFile uploadfile, HttpServletRequest
request) throws IOException {
    //存储上传文件的目标文件夹(服务器上的,每个人的路径都不同,按个人实际情况设置)
    String path = "C:\\Spring Bootbook\\mail1\\target\\classes\\static\\upload";
    //获取上传的文件名称
    String filename = uploadfile.getOriginalFilename();
    //构造上传目标 File
    File file = new File(path, filename);
    //上传文件
    uploadfile.transferTo(file);
    //将上传文件设置到要发送的邮件的附件
    mail.setFile(file);
    mailService.sendMailWithFile(mail);
    return "带附件邮件发送成功!";
}
```

关键点是要发送的附件应先上传到服务器中,参数 uploadfile 用来接收上传文件。

(3) 创建 fileMail.html 视图,代码如下:

```
//第 18 章/mail1/fileMail
<body>
<form action = "sendMailWithFile" enctype = "multipart/form - data" method = "post">
    发送者邮箱: <input type = "text" name = "from"/><br/>
    收件人邮箱: <input type = "text" name = "to"/><br/>
    抄送人邮箱: <input type = "text" name = "cc"/><br/>
    邮件的主题: <input type = "text" name = "subject"/><br/><br/>
    邮件的内容: <textarea rows = "10" cols = "40" name = "content"></textarea><br/>
    邮件的附件: <input type = "file" name = "uploadfile"/><br/>
    <input type = "submit" value = "发送">
</form>
</body>
```

注意:表单<form>标签必须加上 enctype="multipart/form-data"属性。

(4) 运行代码进行测试,通过浏览器访问 http://localhost:8080/fileMail.html,输入邮件信息,选择附件,如图 18-5 所示。

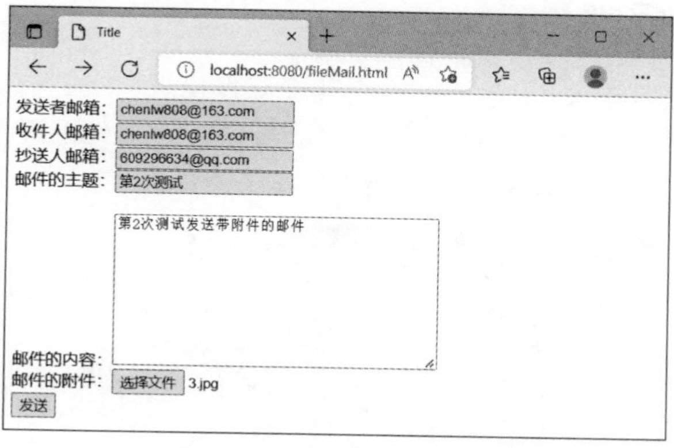

图 18-5 带附件的邮件

单击“发送”按钮，结果如图 18-6 所示。

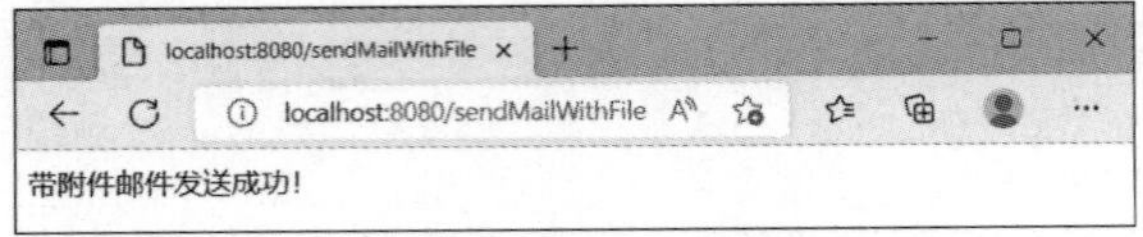

图 18-6　邮件发送成功

检查收件箱，收到邮件后如图 18-7 所示。

图 18-7　查收带附件邮件

18.3 发送模板邮件

可以在 HTML 文件中使用 thymeleaf 创建好邮件模板，从前端获取真实数据后，数据与模板合并成完整邮件再发送。需要注入 TemplateEngine 实例进行合并模板与数据。

(1) 在 MailService 中添加的代码如下：

```
//第 18 章/mail1/MailService
@Autowired
TemplateEngine templateEngine;
//发送模板邮件
public void sendTempateMail(Mail mail, String username, String orderNo, String amount, String
mobile){
    try {
        MimeMessage mimeMessage = javaMailSender.createMimeMessage();
```

```
        MimeMessageHelper mimeMessageHelper = new MimeMessageHelper(mimeMessage, true);
        mimeMessageHelper.setFrom(mail.getFrom());
        mimeMessageHelper.setTo(mail.getTo());
        mimeMessageHelper.setCc(mail.getCc());
        mimeMessageHelper.setSubject(mail.getSubject());
        Context context = new Context();
        context.setVariable("username",username);
        context.setVariable("orderNo",orderNo);
        context.setVariable("amount",amount);
        context.setVariable("mobile",mobile);
//合并模板与数据
        String content = templateEngine.process("templateMail.html",context);
        mimeMessageHelper.setText(content,true);
        javaMailSender.send(mimeMessage);
    }catch (MessagingException e){
        e.printStackTrace();
    }
}
```

（2）在控制器 MailController 中添加如下方法，代码如下：

```
//第 18 章/mail1/MailController
@ResponseBody
@PostMapping("/sendTemplateMail")
public String sendTemplateMail(Mail mail,String username,String orderNo,String amount,String
mobile){
    mailService.sendTempateMail(mail,username,orderNo,amount,mobile);
    return "模板邮件发送成功!";
}
```

（3）在 resource/template 目录下创建前端邮件模板 templateMail.html，代码如下：

```
//第 18 章/mail1/templateMail
<!DOCTYPE html>
<html lang = "en" xmlns:th = "http://www.thymeleaf.org">
<head>
    <meta charset = "UTF-8">
    <title>邮件模板</title>
</head>
<body>
尊敬的<span th:text = "${username}"></span>用户!<br/>
感谢你购买本公司产品,你的订单号是:<span th:text = "${orderNo}"></span><br/>
金额:<span th:text = "${amount}"></span><br/>
收货人手机:<span th:text = "${mobile}"></span><br/>
</body>
</html>
```

（4）在 resource/static 目录下创建发送邮件界面 sendTemplateMail.html，代码如下：

```
//第 18 章/mail1/sendTemplateMail
<body>
<form action = "sendTemplateMail" method = "post">
```

```
    发送者邮箱：<input type="text" name="from"/><br/>
    收件人邮箱：<input type="text" name="to"/><br/>
    抄送人邮箱：<input type="text" name="cc"/><br/>
    邮件的主题：<input type="text" name="subject"/><br/><br/>
    邮件模板：<br/>
    用户名：<input type="text" name="username"/><br/>
    订单号：<input type="text" name="orderNo"/><br/>
    总金额：<input type="text" name="amount"/><br/>
    手机号：<input type="text" name="mobile"/><br/>
    <input type="submit" value="发送">
  </form>
  </body>
```

（5）运行代码进行测试。通过浏览器访问 http://localhost:8080/sendTemplateMail.html，录入数据，如图 18-8 所示。

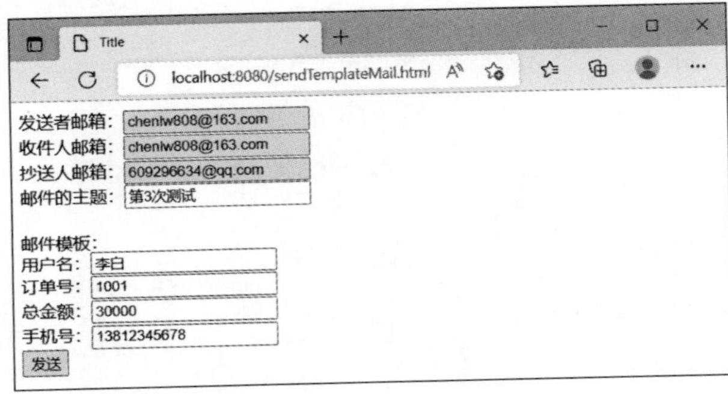

图 18-8　模板邮件

发送成功后收件箱的结果如图 18-9 所示。

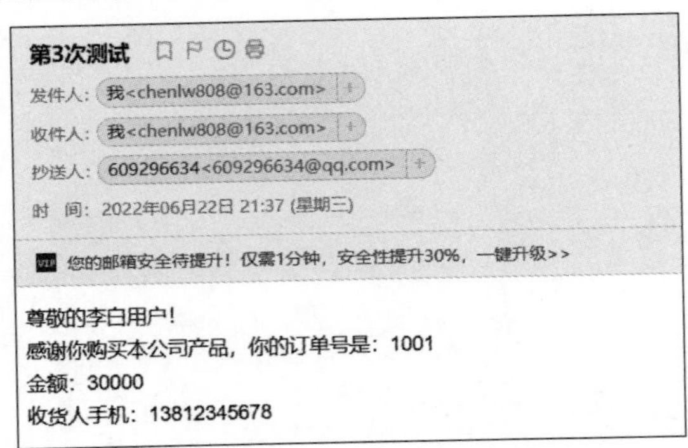

图 18-9　查收模板邮件

本章小结

本章学习了使用 JavaMailSender 对象来发送邮件，可以发送简单邮件，也可以发送带附件的邮件，以及 HTML 邮件。

第 19 章

Spring Boot 日志与监控

日志模块是系统的必要部分,可以记录系统运行的各类信息。Actuator 可以对系统进行监控,观察其运行状态,记录各资源的使用状况。本章首先介绍日志的基本操作、创建日志对象、控制日志输出格式和文件记录日志的步骤,然后介绍 Spring Boot Actuator 监控程序的运行内容,涵盖了 Actuator 端点的分类与测试、自定义端点、自定义 HealthIndicator、Spring Boot Admin 和 JMX 等内容。

19.1 日志

日志框架由抽象层和实现层组合而成,开发者只需调用抽象层的接口。常见的抽象层有 slf4j(Simple Logging Facade for Java)、jboss-logging、jcl(Jakarta Commons Logging)。常见的实现层有 logback、log4j、log4j2、jul。Spring Boot 项目集成了 slf4j 和 logback,开发者不需要添加额外的依赖就可以使用了,复制第 14 章的 SimpleAdSystem 项目代码,并命名为 SimpleAdSystem2,右击项目的 pom. xml 文件,然后选择 Diagrams→Show Dependencies,这样就可以查看项目的全部依赖了,操作步骤如图 19-1 所示。

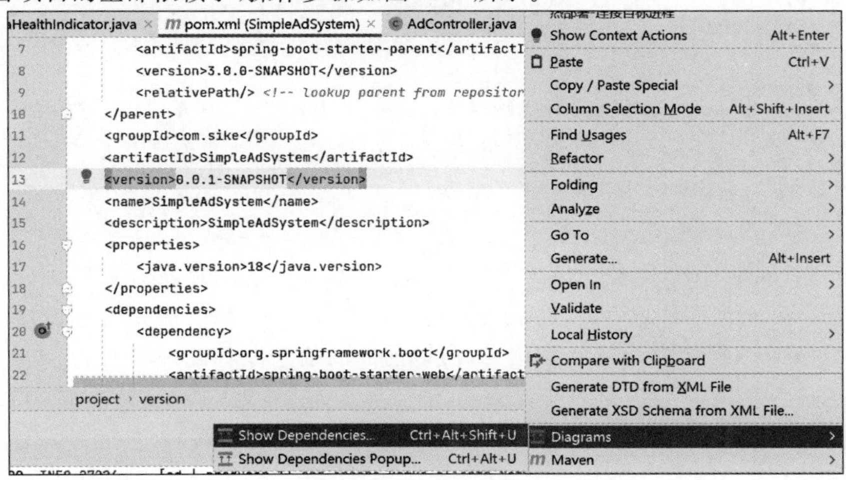

图 19-1 查看依赖

经过上述操作后，把 SimpleAdSystem 文件放大就可以查看项目的具体依赖，如图 19-2 所示。

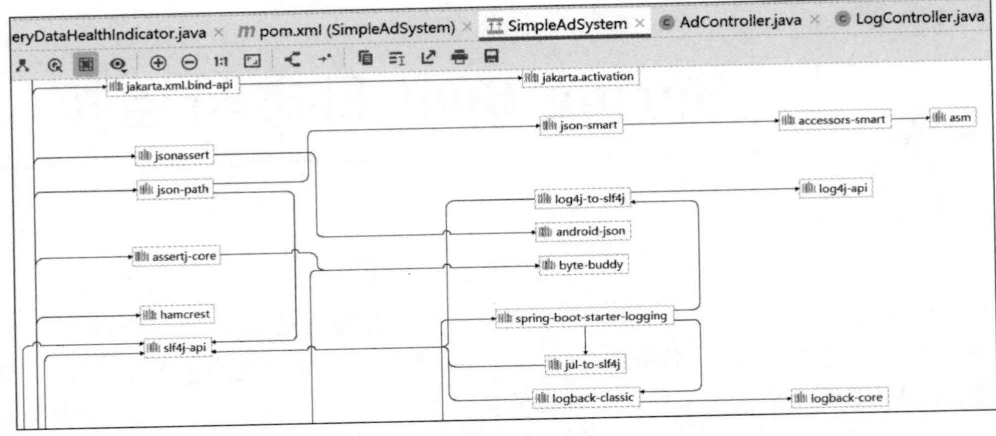

图 19-2 项目依赖

19.1.1 日志基本操作

本节主要介绍日志的基本操作，具体操作如下。

(1) 在 controller 包下创建 LogController 类，代码如下：

```
//第 19 章/SimpleAdSystem2/LogController.java
import org.slf4j.Logger;
import org.slf4j.LoggerFactory;
@RestController
  @RequestMapping("/logs")
  public class LogController {
    Logger logger = LoggerFactory.getLogger(getClass());
    @GetMapping("/printLog")
    public void printLog(){
      logger.trace("这是 trace 级别的日志");
      logger.debug("这是 debug 级别的日志");
      logger.info("这是 info 级别的日志");
      logger.warn("这是 warn 级别的日志");
      logger.error("这是 error 级别的日志");
  }}
```

(2) 在浏览器地址栏输入 http://localhost:8080/logs/printLog，结果如图 19-3 所示。在控制台只打印 info 后面的信息，这是因为日志是有级别的，其级别顺序是 trace < debug < info < warn < error，默认为 info 级别信息，所以前面的信息没有被打印出来。

```
2022-07-11T17:27:01.456+08:00  INFO 27224 --- [nio-8080-exec-7] c.s.s.controller.LogController   : 这是info级别的日志
2022-07-11T17:27:01.456+08:00  WARN 27224 --- [nio-8080-exec-7] c.s.s.controller.LogController   : 这是warn级别的日志
2022-07-11T17:27:01.456+08:00 ERROR 27224 --- [nio-8080-exec-7] c.s.s.controller.LogController   : 这是error级别的日志
```

图 19-3 日志信息

(3) 在 pom.xml 文件中修改日志级别，配置如下：

```
logging:
  level:
    root: trace
```

(4) 重启项目后，重新在浏览器地址栏输入上面的地址，结果如图 19-4 所示。在控制台可以看到 trace 级别的信息，但这样输出的信息会很多，可以改回默认的级别。

```
2022-07-11T17:39:43.325+08:00 TRACE 10448 --- [nio-8080-exec-1] c.s.s.controller.LogController          : 这是trace级别的日志
2022-07-11T17:39:43.325+08:00 DEBUG 10448 --- [nio-8080-exec-1] c.s.s.controller.LogController          : 这是debug级别的日志
2022-07-11T17:39:43.325+08:00  INFO 10448 --- [nio-8080-exec-1] c.s.s.controller.LogController          : 这是info级别的日志
2022-07-11T17:39:43.325+08:00  WARN 10448 --- [nio-8080-exec-1] c.s.s.controller.LogController          : 这是warn级别的日志
2022-07-11T17:39:43.325+08:00 ERROR 10448 --- [nio-8080-exec-1] c.s.s.controller.LogController          : 这是error级别的日志
```

图 19-4　日志级别信息

19.1.2　创建日志对象

19.1.1 节创建的日志对象需要在类中通过日志工厂获取对象，本节通过 lombok 和 slf4j 注解创建日志对象，具体操作如下。

(1) 在 pom.xml 文件中添加依赖，配置如下：

```
<dependency>
    <groupId>org.projectlombok</groupId>
    <artifactId>lombok</artifactId>
</dependency>
```

(2) 在 controller 包下创建 AnotherLog 类，并添加@Slf4j 注解，代码如下：

```
//第 19 章/SimpleAdSystem2/AnotherLog.java
@RestController
@RequestMapping("/another")
@Slf4j
  public class AnotherLog {
     @GetMapping("/log")
     public void testAnother(){
        log.warn("lombok 加 Slf4j 注解创建日志对象");
    }}
```

(3) 重启项目，在浏览器地址栏输入 http://localhost:8080/another/log，结果如图 19-5 所示。

```
2022-07-11T18:05:48.897+08:00  WARN 21824 --- [nio-8080-exec-1] c.s.s.controller.AnotherLog          : lombok加Slf4j注解创建日志对象
```

图 19-5　日志对象

19.1.3　控制日志输出格式

Spring Boot 日志输出格式是可以修改的，各个参数的含义见表 19-1。

表 19-1　输出格式参数表

参　　数	含　　义	参　　数	含　　义
%d{yyyy-MM-dd HH:mm:ss.SSS}	日志输出时间	%level	日志级别
%thread	输出日志的线程名	%logger	输出日志的类
%msg	具体信息	%n	换行
%clr	控制日志颜色	—	—

修改日志输出格式的步骤如下：

(1) 在 application.yml 文件中添加配置，其中 logging.pattern.console 用于设置控制台的日志格式，%5level 是日志级别，长度是 6 位且右对齐。logging.pattern.file 用于设置日志文件格式，%-6level 中的负号用于控制日志级别左对齐。配置如下：

```
//第 19 章/SimpleAdSystem2/application.yml
logging:
  level:
    root: info   #若已经在上文添加日志级别,则在此处不需要再添加
  pattern:
    console: "时间: %d{yyyy-MM-dd HH:mm:ss.SSS} --- 级别: %clr(%6level) --- 线程名:
[%thread] --- 类: %clr(%logger) : %msg%n"
    file: "%d{yyyy-MM-dd HH:mm:ss.SSS} === %clr(%-6level) === [%thread] === %clr
(%logger) : %msg%n"
```

(2) 重启项目，这样控制台就可以按设置的格式输出日志，结果如图 19-6 所示。

```
时间: 2022-07-11 20:28:45.236 ---级别:   WARN---线程名: [kafka-producer-network-thread | producer-1]---类: org.apache.kafka.clients.NetworkClient :
时间: 2022-07-11 20:28:46.153 ---级别:   INFO---线程名: [kafka-producer-network-thread | producer-1]---类: org.apache.kafka.clients.NetworkClient :
时间: 2022-07-11 20:28:46.153 ---级别:   WARN---线程名: [kafka-producer-network-thread | producer-1]---类: org.apache.kafka.clients.NetworkClient :
时间: 2022-07-11 20:28:46.153 ---级别:   WARN---线程名: [kafka-producer-network-thread | producer-1]---类: org.apache.kafka.clients.NetworkClient :
```

图 19-6　日志格式

19.1.4　文件记录日志

日志除了可以在控制台输出之外，还可以记录到文件中，它涉及两个配置，logging.file.path 用于设置日志文件的路径；logging.file.name 用于设置日志文件名，也可以指定日志路径，两者的关系见表 19-2。

表 19-2　日志文件配置表

logging.file.path	logging.file.name
不设置	① 若只设置文件名，则日志文件保存在项目路径下 ② 若设置路径名和文件名，则在指定路径存储对应的日志文件 ③ 若只设置路径名，则不会生成日志文件
设置	① 若不设置，则在 file.path 设置的路径下生成 spring.log 文件 ② 若设置文件名，则将日志文件保存在项目路径下，file.path 的设置不起作用 ③ 若设置路径名和文件名，则在 file.name 指定的路径下保存相应的日志文件，file.path 的设置不起作用

下面举一个例子，同时把两个设置都加上，具体如下。

(1) 在 pom.xml 文件中的 logging 下添加配置，file 和前面的 level、pattern 是同一级别的，这里设置了 file.path 和 file.name，但日志文件 a.log 最终保存在项目里。配置如下：

```
file:
  path: "d:/e"
  name: "a.log"
```

(2) 定位到项目所在路径，打开项目，可以看到项目生成的 a.log 文件，结果如图 19-7 所示。

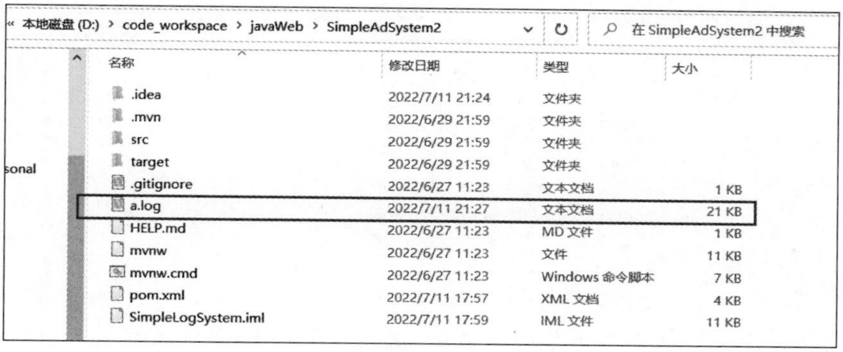

« 本地磁盘 (D:) › code_workspace › javaWeb › SimpleAdSystem2　在 SimpleAdSystem2 中搜索

名称	修改日期	类型	大小
.idea	2022/7/11 21:24	文件夹	
.mvn	2022/6/29 21:59	文件夹	
src	2022/6/29 21:59	文件夹	
target	2022/6/29 21:59	文件夹	
.gitignore	2022/6/27 11:23	文本文档	1 KB
a.log	2022/7/11 21:27	文本文档	21 KB
HELP.md	2022/6/27 11:23	MD 文件	1 KB
mvnw	2022/6/27 11:23	文件	11 KB
mvnw.cmd	2022/6/27 11:23	Windows 命令脚本	7 KB
pom.xml	2022/7/11 17:57	XML 文档	4 KB
SimpleLogSystem.iml	2022/7/11 17:59	IML 文件	11 KB

图 19-7　日志文件

19.2 Spring Boot Actuator

在使用 Spring Boot 开发好的系统上线后，希望可以对系统进行监控，观察其运行状态，以及各资源使用状况，如内存和硬盘的使用状况，因此 Spring Boot Actuator 应运而生，它可以帮助我们监控系统的数据。它功能强大，使用简单，在需要监控的系统上添加依赖就可以使用了。下面具体介绍它的功能。

19.2.1 Actuator 端点的分类与测试

Actuator 对项目各种监控信息的封装的类都称为 Endpoint（端点），常用的端点有 health、beans、metrics、mapping 等。

1. 端点的开启与暴露

(1) 在 pom.xml 文件中添加依赖，以 SimpleAdSystem2 项目为例，代码如下：

```
<dependency>
    <groupId>org.springframework.boot</groupId>
    <artifactId>spring-boot-starter-actuator</artifactId>
</dependency>
```

(2) 在 resources/application.yml 文件中添加配置，在新建的项目中默认没有此文件，因此需要先创建。配置如下：

```
#Actuator 的配置以 management 开头
management:
  endpoints:
   #默认值为 true,当为 true 时 JMX 可以访问
   enabled - by - default: false
   web:
    base - path: "/actuator"
    exposure:
   #暴露所有的端点供 Web 访问
      include: " * "
   #暴露某个端点
  endpoint:
   health:
     enabled: true
     show - details: always
   metrics:
     enabled: true
   beans:
     enabled: true
   info:
     enabled: true
```

（3）启动项目后，在浏览器地址栏输入 http://localhost:8080/actuator，这样就可以获取暴露的端点信息，结果如图 19-8 所示。返回的结果是 JSON 格式，读者可以在装有 JSON 插件的浏览器上调试，或者把结果复制到一些开发工具上查看。Actuator 提供了两种访问方式，分别是 JMX(Java Management Extensions，Java 管理扩展)和 Web，默认情况下 JMX 可以访问所有的端点，Web 只能访问部分端点，如 health。提供 Web 访问有利于前端获取这些端点信息并展示出来，后面章节也会介绍 Spring Boot Admin 和 JMX 访问这些端点信息。所有 Actuator 配置必须以 management 开头，每层的缩进代表是上一层的子类，如前三行加起来就是：management. endpoints. enabled-by-default＝false。endpoints 用于控制所有端点，enabled-by-default 的默认值为 true，表示开启所有的端点，出于安全性可以把此值设置为 false，然后通过后面的 endpoint 暴露某个端点。通过 management. endpoints. web. exposure. include： * 可以让 Web 访问所有暴露的端点，这里的 * 需要加英文的双引号，base-path 的值可以设置访问路径，默认值为 actuator，读者可以根据实际项目的需要进行修改，表示访问所有端点都必须在前面添加此路径名，如 http://localhost:8080/actuator/health 可访问应用健康信息，如果想要访问其他端点，则只需把路径中的 health 替换为其他端点名。通过 management. endpoint. health. enable:true 暴露 health 端点，show-details 的值默认为 false，现在把它设置为 true，用于显示具体的信息。其他端点 metrics、beans 和 info 以同样的方式开启访问。

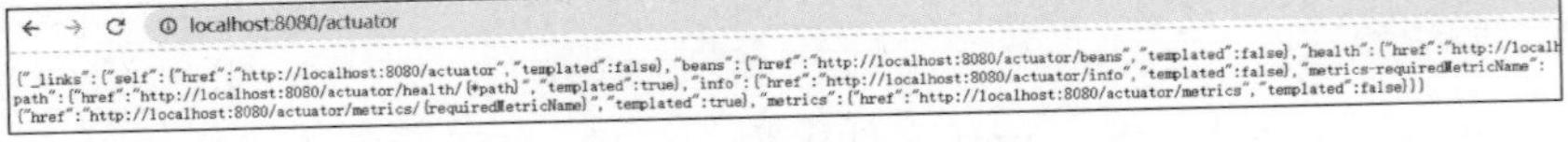

← → C ⓘ localhost:8080/actuator

{"_links":{"self":{"href":"http://localhost:8080/actuator","templated":false},"beans":{"href":"http://localhost:8080/actuator/beans","templated":false},"health":{"href":"http://localh
path":{"href":"http://localhost:8080/actuator/health/{*path}","templated":true},"info":{"href":"http://localhost:8080/actuator/info","templated":false},"metrics-requiredMetricName":
{"href":"http://localhost:8080/actuator/metrics/{requiredMetricName}","templated":true},"metrics":{"href":"http://localhost:8080/actuator/metrics","templated":false}}}

图 19-8 Actuator 信息

2. health 端点的测试

health 用于展示应用的健康信息，其状态值有 4 个，分别是 UP、DOWN、OUT_OF_SERVICE、UNKNOWN，只有 UP 表示应用是正常运行的。health 包括各组件是否正常运行，如磁盘的状态和空间的信息。Web 方式访问 Actuator 的网址为 http://{ip}:{port}/actuator/{端点名}/{端点下的指标}。在浏览器地址栏输入 http://localhost:8080/actuator/health，其结果如图 19-9 所示。可以看到应用是正常运行的，而且返回了组件的 diskSpace(磁盘空间)的具体信息，如果它和 ping 的状态都是 UP，则表示正常运行。如果要查看 components 里面的某个组件信息，则可以在上面的请求路径后再加上组件名，如 http://localhost:8080/actuator/health/diskSpace。

图 19-9　health 信息

3. metrics 端点的测试

metrics(度量指标)用于提供应用运行时的各项指标信息，如应用内存、线程、垃圾回收等指标信息，有利于程序员监控应用及改善应用。在浏览器地址栏输入 http://localhost:8080/actuator/metrics，可以得到该端点提供的所有指标信息。其结果如图 19-10 所示。

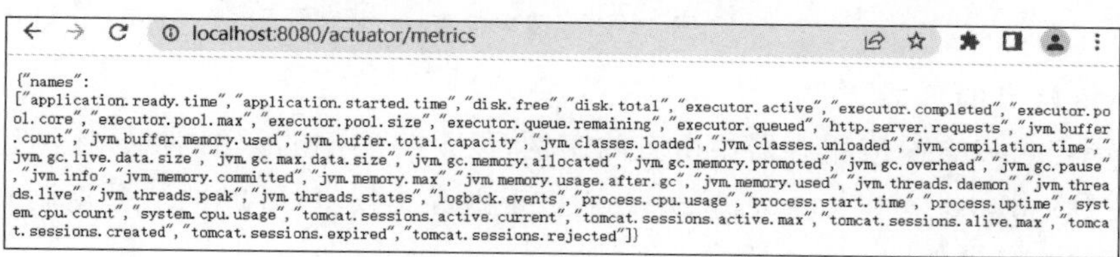

图 19-10　metrics 信息

在返回的 JSON 数据中 names 的值是一个数组，其中 application.ready.time 表示应用已准备好为请求提供服务所用的时间，application.started.time 是应用启动的时间，它们的单位都是毫秒。metrics 也提供与 Java Virtual Machine(JVM，Java 虚拟机)相关的信息，它们以 jvm 开头，如 jvm.gc.pause 表示进行 GC(垃圾回收)停止的时间，jvm.memory.used 表示内存的使用量，jvm.classes.loaded 表示 JVM 中当前加载类的数量。如果想进一步查看更详细的信息，则只需在上述的路径后添加数组中的值，如下面几个例子：

(1) 在浏览器地址栏输入 http://localhost:8080/actuator/metrics/jvm.gc.pause，结果如图 19-11 所示。在返回的结果中，COUNT 用于统计 GC 的次数，共 16 次。TOTAL_TIME 是这 16 次 GC 总的暂停时间，值为 0.059，单位为秒。

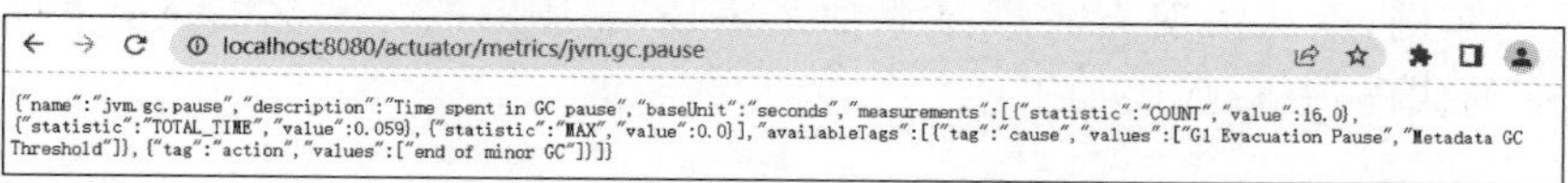

图 19-11　GC 信息

(2) 在浏览器地址栏输入 http://localhost:8080/actuator/metrics/jvm.threads.states,结果如图 19-12 所示。在返回的结果中,当前处于阻塞状态的线程数共 27 个,在 availableTags 中 state 的取值包括了线程的 6 种状态,分别是 timed-waiting(超时等待状态)、new(新建状态)、runnable(运行状态)、blocked(阻塞状态)、waiting(等待状态)、terminated(终止状态)。

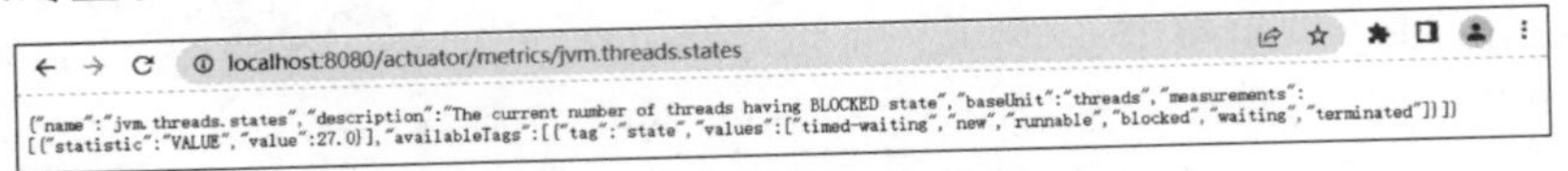

图 19-12 线程信息

(3) 在浏览器地址栏输入 http://localhost:8080/actuator/metrics/http.server.requests,结果如图 19-13 所示。在返回的结果中,COUNT 统计了所有的请求,共 36 次。TOTAL_TIME 是这 36 次请求的总花费时间,值为 0.2209929,单位为秒。method 是请求方式,当前统计的请求都只使用了 GET 方式。uri 表示当前统计到的请求路径。status 是请求的状态,有请求成功的,也出现过 404。

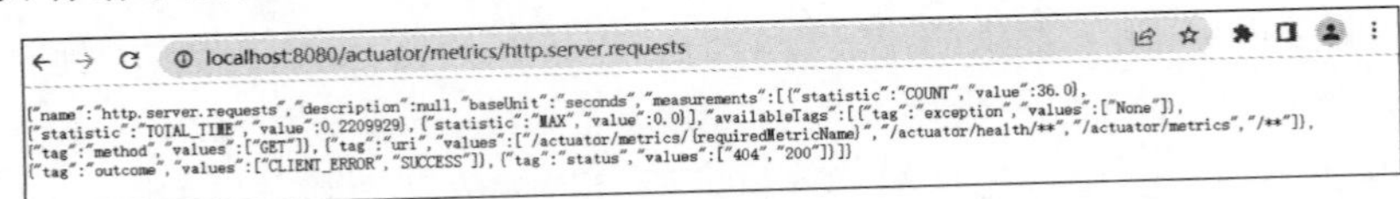

图 19-13 请求信息

4. beans 端点的测试

beans 端点可以查看应用容器中所有的实例,以及各实例的详细信息,在浏览器地址栏输入 http://localhost:8080/actuator/beans,由于内容比较多,可以把结果复制到 JSON 在线解析上查看。结果如图 19-14 所示。

```
"producer":⊟{
        "aliases":⊟[

        ],
        "scope":"singleton",
        "type":"org.apache.kafka.clients.producer.KafkaProducer",
        "resource":"class path resource [com/sike/simpleadsystem/config/KafkaConfig.class]",
        "dependencies":⊟[
                "kafkaConfig",
                "getProperties"
        ]
},
```

图 19-14 实例信息

singleton 表示 KafkaProducer 是单例的,它依赖了另外两个实例,分别是 KafkaConfig 和 getProperties。producer 是 KafkaProducer 的实例在容器中的名字,通过此名字可以找到它所对应的实例,默认情况下它就是添加了@Bean 注解的方法名。读者可以结合以下 KafkaConfig 的代码理解,代码如下:

```
//第 19 章/SimpleAdSystem2/KafkaConfig.java
@Configuration
```

```
public class KafkaConfig {
    @Bean
    public KafkaProducer<String,Byte[]> producer() {
        KafkaProducer<String, Byte[]> producer = new KafkaProducer<>(getProperties());
        return producer;
    }
    //@Bean(name = "myProperties") 可以指定名字
    @Bean
    public Properties getProperties(){
        Properties props = new Properties();
    //部分代码省略
        return props;
    }}
```

在此类中有两个添加了@Bean注解的方法，并且都可以在容器中找到和方法名一样的实例producer和getProperties。如果想改变它的名字，则可以在注解中添加其他的名字，如@Bean(name = "myProperties")。producer在上面已经展示了，而getProperties的信息如图19-15所示。

```
"getProperties":⊟{
        "aliases":⊟[

        ],
        "scope":"singleton",
        "type":"java.util.Properties",
        "resource":"class path resource [com/sike/simpleadsystem/config/KafkaConfig.class]",
        "dependencies":⊟[
                "kafkaConfig"
        ]
},
```

图19-15　getProperties的信息

19.2.2　自定义端点

Actuator除了可以提供大量的端点之外，还支持自定义端点，以满足应用的各种需求。本节自定义一个Kafka的端点，通过此端点返回Kafka的配置信息，具体实现步骤如下。

(1) 创建KafkaEndPoint类，在类上面添加@Component和@Endpoint(id="myKafka")注解，myKafka是端点名。getKafkaInfo()方法用于返回端点信息，需要添加@ReadOperation注解。stopKafka()可以供外调用写入相关的信息，需要添加@WriteOperation注解，代码如下：

```
//第19章/SimpleAdSystem2/kafkaEndPoint.java
@Component
    //端点名字
@Endpoint(id = "myKafka")
public class kafkaEndPoint {
    @Value("${mq.kafka.Bootstrap.servers}")
     //在application.yml文件中的配置信息
private String BootstrapServers;
    @Value("${mq.kafka.topic}")
private String topic;
```

```
    //返回 K、V 信息
    Map < String, String > data = new HashMap <>();
    @ReadOperation
    public Map getKafkaInfo(){
     //把需要返回的信息放进 map
data.put("description","the info of Kafka");
        data.put("BootstrapServers",BootstrapServers);
        data.put("topic",topic);
        return data;
}
     //提供写方法
    @WriteOperation
    public void stopKafka(){
        System.out.println("停止发送消息");
    }}
```

(2) 重启项目，在浏览器地址栏输入 http://localhost:8080/actuator，结果如图 19-16 所示。

localhost:8080/actuator

{"_links":{"self":{"href":"http://localhost:8080/actuator","templated":false},"myKafka":
{"href":"http://localhost:8080/actuator/myKafka","templated":false},"beans":
{"href":"http://localhost:8080/actuator/beans","templated":false},"health":
{"href":"http://localhost:8080/actuator/health","templated":false},"health-path":
{"href":"http://localhost:8080/actuator/health/{*path}","templated":true},"info":
{"href":"http://localhost:8080/actuator/info","templated":false},"metrics-requiredMetricName":
{"href":"http://localhost:8080/actuator/metrics/{requiredMetricName}","templated":true},"metrics":
{"href":"http://localhost:8080/actuator/metrics","templated":false}}}

图 19-16 自定义端点信息

(3) 在浏览器地址栏输入 http://localhost:8080/actuator/myKafka，结果如图 19-17 所示，这些都是自定义的信息，并且这些值都是从 application.yml 文件中获取的。

图 19-17 myKafka 信息

19.2.3 自定义 HealthIndicator

本节介绍自定义 HealthIndicator 的步骤，定义一个组件，用于查询数据库的记录，当查询到记录时表示组件正常，否则表示组件异常，需要注意的是组件名必须以 HealthIndicator 结尾，具体实现步骤如下。

(1) 在 pom.xml 文件中添加以下依赖，代码如下：

```
//第 19 章/SimpleAdSystem2/pom.xml
<dependency>
    <groupId>org.springframework.boot</groupId>
    <artifactId>spring-boot-starter-JDBC</artifactId>
</dependency>
<dependency>
```

```
        <groupId>mysql</groupId>
        <artifactId>mysql-connector-java</artifactId>
    <!-- MySQL 8.0 数据库驱动版本,若使用的是 5.1 版本,则需要修改相应的版本号,如 5.1.43 -->
        <version>8.0.21</version>
    </dependency>
    <!-- dbcp2 数据库连接池 -->
    <dependency>
        <groupId>org.apache.commons</groupId>
        <artifactId>commons-dbcp2</artifactId>
        <version>2.8.0</version>
    </dependency>
```

（2）在 application.yml 文件中添加数据库的配置，配置信息应根据实际情况修改，具体配置如下：

```
//第 19 章/SimpleAdSystem2/application.yml
    #在左边顶格位置
spring:
  datasource:
    #需要修改用户名
    username: root
    #需要修改密码
    password: 123456
    #数据库地址和数据库名需要替换成自己的
      url: jdbc: mysql://localhost: 3306/mydb? allowMultiQueries = true&useUnicode = true&characterEncoding = utf8&serverTimezone = GMT%2B8
    driver-class-name: com.mysql.cj.jdbc.Driver
    type: org.apache.commons.dbcp2.BasicDataSource
    dbcp2:
      min-idle: 5
      initial-size: 5
      max-total: 10
      max-wait-millis: 200
```

（3）在 endpoint 包里创建 queryDataHealthIndicator 类并继承 AbstractHealthIndicator。在 queryDataHealthIndicator 类上需要添加@Component 注解，继承 AbstractHealthIndicator 类时，需要实现 doHealthCheck(Health.Builder builder)方法，在此方法中通过 JDBCTemplate 查询 user 表，如果查询到结果，则通过 builder 将其状态设置为 up，同时也可以使用 builder.withDetail()返回自定义的信息，并在最后返回自定义的状态码，代码如下：

```
//第 19 章/SimpleAdSystem2/queryDataHealthIndicator.java
@Component
public class queryDataHealthIndicator extends AbstractHealthIndicator {
    @Autowired
    JDBCTemplate JDBCTemplate;
    @Override
    protected void doHealthCheck(Health.Builder builder) throws Exception {
        try{
            List<Map<String, Object>> res = JDBCTemplate.queryForList("select * from user");
```

```
            if(res!= null){
            //如果查到结果,则表示正常
                builder.status(Status.UP);
            //返回自定义的信息
                builder.withDetail("state","success");
            }
        }catch (DataAccessException e){
            //异常,返回定义的信息
            builder.withDetail("state","withException");
            //出现异常
            builder.status(Status.DOWN);
        }
            //返回自定义的状态码
        builder.withDetail("code","200");
    }}
```

(4) 重新启动项目,并在浏览器地址栏输入 http://localhost:8080/actuator/health,结果如图 19-18 所示。从结果可以看到自定义的组件,queryData 就是 queryDataHealthIndicator 类名的前缀,因为其状态是 DOWN,所以 health 的状态也是 DOWN。

localhost:8080/actuator/health

{"status":"DOWN","components":{"db":{"status":"UP","details":{"database":"MySQL","validationQuery":"isValid()"}},"diskSpace":{"status":"UP","details":{"total":403661910016,"free":310839615488,"threshold":10485760,"exists":true}},"ping":{"status":"UP"},"queryData":{"status":"DOWN","details":{"state":"withException","code":"200"}}}}

图 19-18 health 信息

(5) 在浏览器地址栏输入 http://localhost:8080/actuator/health/queryData,结果如图 19-19 所示。自定义的两个信息也都返回了,state 的值是 withException,code 的值是 200。

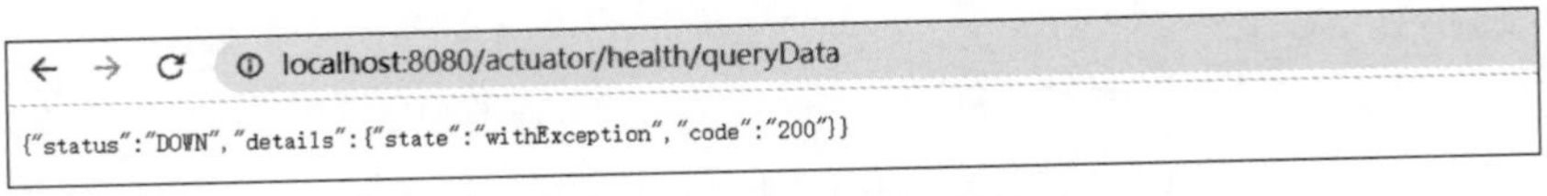

localhost:8080/actuator/health/queryData

{"status":"DOWN","details":{"state":"withException","code":"200"}}

图 19-19 queryData 信息

19.2.4 Spring Boot Admin

Spring Boot Admin 是一个开源的项目,它提供了可视化的操作界面,可以把获取的端点信息在前端展示出来。它的网址是 http://github.com/codecentric/spring-boot-admin。本节介绍使用 Spring Boot Admin 的步骤,由于版本兼容的问题,本节所用的两个例子 Spring Boot 使用 2.3.7.RELEASE 版本,Spring Boot Admin 的版本是 2.3.1,具体操作如下。

(1) 新建一个 Spring Boot 项目,命名为 Spring BootAdminServer。

(2) 在 pom.xml 文件中添加依赖,代码如下:

```
<dependency>
    <groupId>de.codecentric</groupId>
    <artifactId>spring-boot-admin-starter-server</artifactId>
```

```
    <version>2.3.1</version>
</dependency>
```

(3) 在 resources/application.properties 文件中将端口号修改为 8083,代码如下:

```
server.port = 8083
```

(4) 在 com.sike.Spring Bootadmin 包下的 Spring BootAdminServerApplication 类添加@EnableAdminServer 注解,代码如下:

```
//第 19 章/Spring BootAdminServer/Spring BootAdminServerApplication.java
@Spring BootApplication
@EnableAdminServer
//需要添加此注解
public class Spring BootAdminServerApplication {
    public static void main(String[] args) {
        SpringApplication.run(Spring BootAdminServerApplication.class, args);
    }}
```

(5) 新建一个 Spring Boot 项目,命名为 Spring BootClient。

(6) 在 pom.xml 文件中添加依赖,配置如下:

```
//第 19 章/Spring BootClient/pom.xml
<dependency>
    <groupId>org.springframework.boot</groupId>
    <artifactId>spring-boot-starter-actuator</artifactId>
</dependency>
<dependency>
    <groupId>de.codecentric</groupId>
    <artifactId>spring-boot-admin-starter-client</artifactId>
    <version>2.3.1</version>
</dependency>
```

(7) 在 resources 目录下创建 application.yml 文件,并加入以下配置,代码如下:

```
//第 19 章/Spring BootClient/application.yml
spring:
  boot:
    admin:
      client:
#Spring BootAdminServer 的地址
        url: http://localhost:8083
        instance:
#开启 ip 访问,不然 Spring BootAdminServer 无法获取当前应用的指标信息
          prefer-ip: true
#actuator 的配置以 management 开头
management:
endpoints:
    enabled-by-default: true
    web:
      base-path: "/actuator"
```

```
        exposure:
          include: "*"
```

(8) 启动 SpringBootClient 和 SpringBootAdminServer 项目，并在浏览器地址栏输入 http://localhost:8083，访问 Spring BootAdminServer 项目，可得如图 19-20 所示的结果。

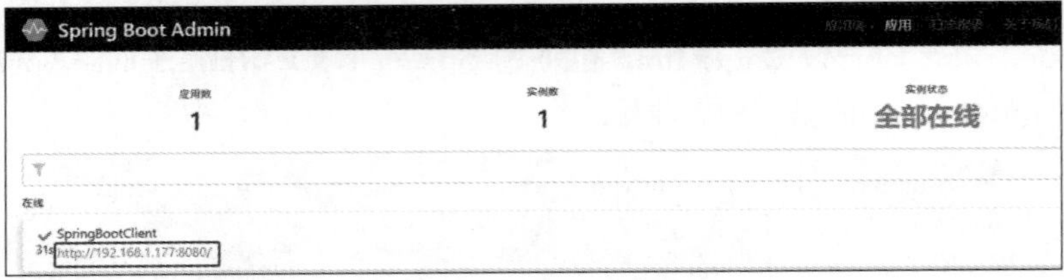

图 19-20　应用信息

(9) 选择实例 id，如图 19-21 所示。

图 19-21　选择实例 id

(10) 最终结果如图 19-22 所示。SpringBootClient 是被监控的应用，SpringBootAdminServer 用来展示被监控应用的信息。

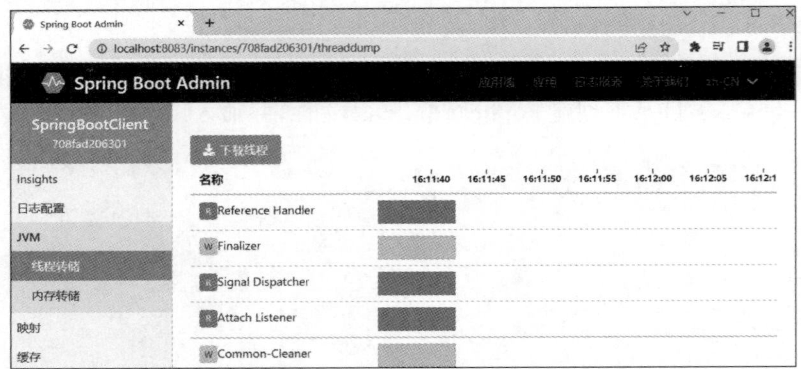

图 19-22　应用信息

19.2.5　JMX 简介

Actuator 提供了两种访问方式，分别是 JMX(Java Management Extensions，Java 管理扩展)和 Web。此处简单介绍如何通过 JMX 访问 Actuator，如果读者有兴趣，则可以继续探索它的使用。

(1) 启动 SimpleAdSystem 或其他项目。

(2) 打开 cmd 窗口,在 cmd 中输入 jconsole 命令,这样就可以启动 JConsole 了,如图 19-23 所示。

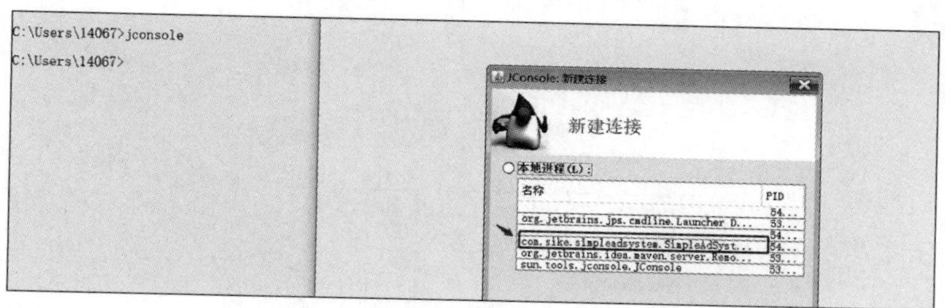

图 19-23　JConsole

(3) 如果成功启动后在本地进程列表里没有进程,则可以尝试用以下方式进行处理:

① 找到 C:\Users\{用户名}\AppData\Local\Temp\hsperfdata_{用户名}目录,此处的用户名就是每台计算机的名称,如这里是 14067,则完整的目录是

C:\Users\14067\AppData\Local\Temp\hsperfdata_14067,读者需要替换为自己的计算机名。

② 在此目录下右击,依次选择"属性"→"安全"→Everyone,单击"编辑"按钮,如图 19-24 所示。

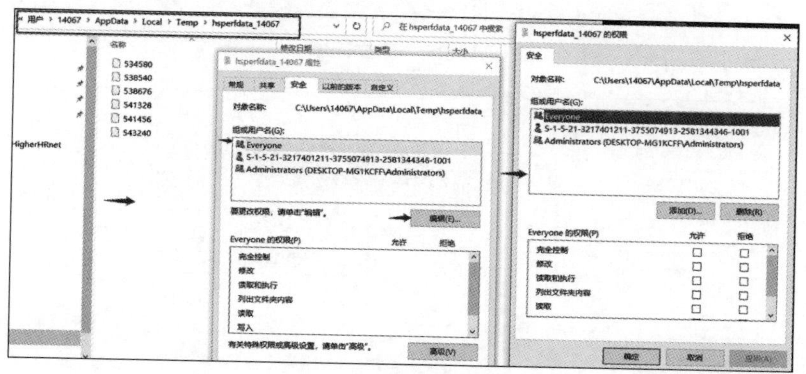

图 19-24　修改步骤(1)

③ 选择完全控制,单击"应用"按钮,再单击"确定"按钮,最后单击"确定"按钮(在上一个窗口),如图 19-25 所示。

④ 重启 JConsole,重启项目。

(4) 在本地进程中选择项目进程,单击连接,单击"不安全的连接"按钮,如图 19-26 所示。

(5) 依次选择 MBean→Endpoint→health,单击 health 按钮,结果如图 19-27 所示,通过以上操作可以看到项目因为没连接上数据,所以是不健康的。

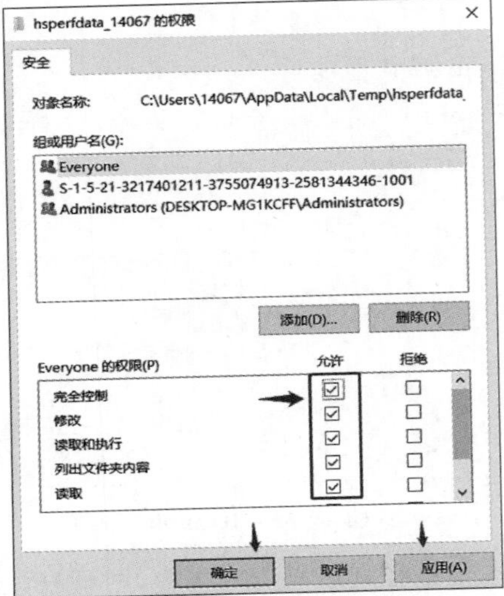

图 19-25 修改步骤(2)

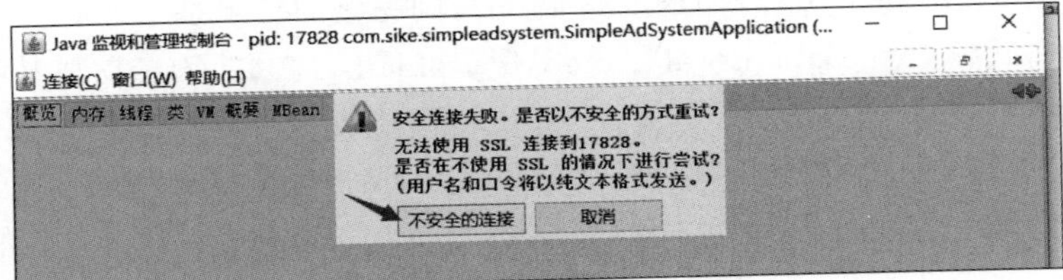

图 19-26 建立连接

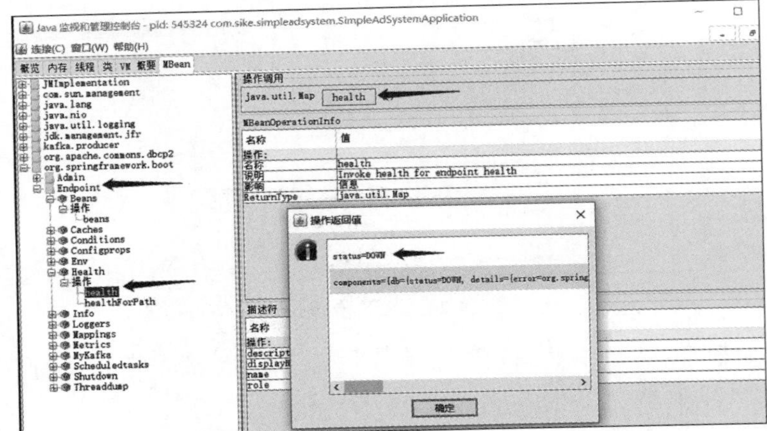

图 19-27 健康信息

本章小结

本章学习了日志的基本操作及如何使用 Spring Boot Actuator 监控程序的运行。

第五部分
Spring Boot 项目实战

第 20 章

商城后台管理系统

前面的章节已经介绍了 Spring Boot 开发项目所需要的大部分知识点，这一章主要介绍如何开发一个前后端分离的 Java Web 系统。本章以商城后台管理系统为例，详细介绍系统的开发流程，包括需求分析、数据库设计、后端和前端开发等。后端项目使用的技术栈包括 Spring Boot 3.0，MyBatis-Plus，Spring Security，JWT(JSON Web Token)。本系统包含了常见的登录模块、资源模块、订单模块和统计模块。

20.1 需求分析

20.1.1 项目概述及总体目标

1. 项目概述

本系统开发为了实现对线上商城的后台管理，使消费者购物和商城管理信息化，并为企业决策提供数据支持。

2. 总体目标

(1) 面向用户，实现用户购物过程在线化，支持完备的购物流程。

(2) 面向商城，使人员管理、商城物资动态信息化。

(3) 具有完善的权限管理机制，保证信息安全。

(4) 具有数据处理能力，可一定程度上反映营业状况。

20.1.2 功能模块

该项目包含了以下主要的功能模块：商品及商品类型模块、订单模块、统计模块、登录模块、菜单模块、资源模块、权限模块、用户模块。功能结构图如图 20-1 所示。

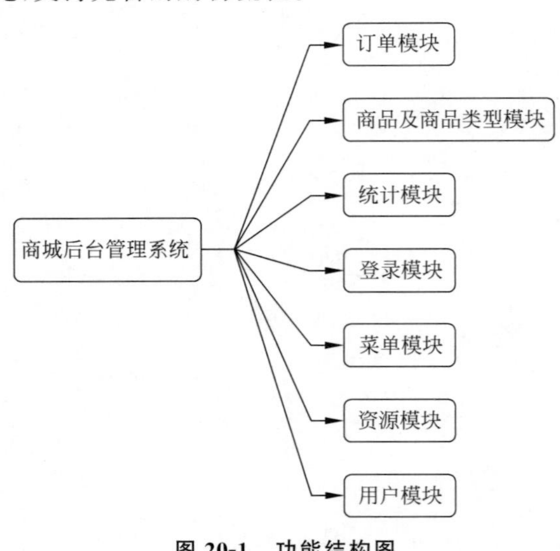

图 20-1　功能结构图

20.2 数据库设计

20.2.1 概念结构设计

概念结构设计的工作步骤包括选择局部应用、逐一设计分 E-R 图,以及 E-R 图的合并。最终生成的总体 E-R 图如图 20-2 所示。

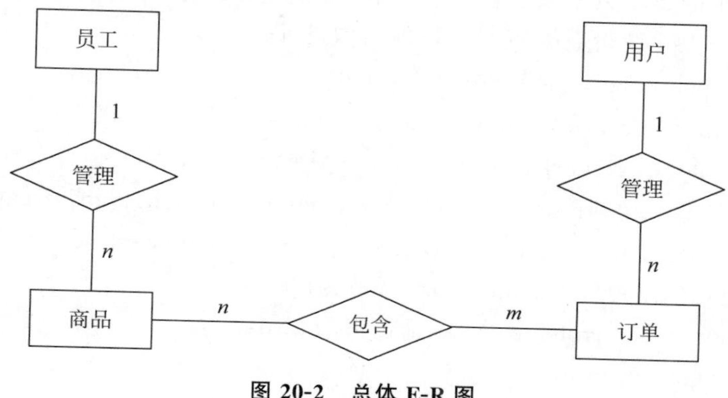

图 20-2 总体 E-R 图

20.2.2 E-R 图向关系模式转换

E-R 方法所得到的全局概念模型是对信息世界的描述,并不适用于计算机处理,为适合关系数据库系统的处理,必须将 E-R 图转换为关系模式。以下是转化后的关系模式:

(1) 用户(用户 id,姓名,性别,联系方式,收货地址)。

(2) 订单(订单 id,用户 id,订购时间,订单金额,发货状态,退货状态)。

(3) 商品(商品 id,商品名称,商品定价,商品类别,品牌,上架,图片)。

(4) 订单商品信息(订单 id,商品 id,商品数量)。

(5) 员工(员工 id,姓名,性别,联系方式,员工类别)。

(6) 购物车信息(购物车 id,商品 id,商品数量)。

20.2.3 关系模式的规范化

由 E-R 图转化得来的初始关系模式并不能完全符合要求,还会有数据冗余、更新异常存在,因此需要进一步规范化处理。规范化处理的结果如下:

(1) 用户(用户 id,姓名,性别,联系方式)。

(2) 用户收货地址(用户收货地址 id,用户 id,收货地址)。

(3) 订单(订单 id,订购时间,订单金额,发货状态,退货状况,用户收货地址 id)。

(4) 商品(商品 id,商品名称,商品定价,商品类别,品牌,上架,图片)。

(5) 订单商品信息(订单 id,商品 id,商品数量)。

(6) 员工(员工 id,姓名,性别,联系方式,员工类别)。

(7) 购物车信息(购物车 id,商品 id,商品数量)。

20.2.4 物理结构设计

数据库系统的实现是离不开具体计算机的,在实现数据库逻辑结构设计之后,就要确定数据库在计算机中的具体存储。数据库在物理设备上的存储结构与存取方法称为数据库的物理结构。为给定的逻辑数据模型设计一个最为适合应用要求的物理结构的过程称为物理结构设计。以下是上述逻辑数据模型的物理结构设计。

(1) user(id, username, password, enabled)。

(2) user_info(id, user_id, name, gender, phone)。

(3) role(id, name, remark, status, create_time)。

(4) menu(id, parent_id, title, level, sort, name, icon, hidden, create_time)。

(5) resource(id, name, permission, description, category_id, create_time)。

(6) role_menu(id, role_id, menu_id, status)。

(7) role_resource(id, role_id, resource_id, status)。

(8) user_role(id, user_id, role_id, status)。

(9) goods (id, goods_name, price, goods_type_id, brand, shelves, img)。

(10) goods_type(id, type_name)。

(11) address(id, user_id, address)。

(12) order(id, sum, deliver, refund, user_id, address_id, created_time)。

(13) order_info (id, order_id, goods_id, amount)。

(14) user_session(id, user_id, user_info)。

20.3 后端开发

20.3.1 框架搭建

本项目采用 Spring Initializer 快速生成 Spring Boot 项目框架,构建工具采用 Maven,并且在 pom. xml 文件中导入所需要的依赖,包括 SpringSecurity、mysql、mybatis-plus、alibab. druid、lombok 等相关依赖。创建成功后的项目结构图如图 20-3 所示。

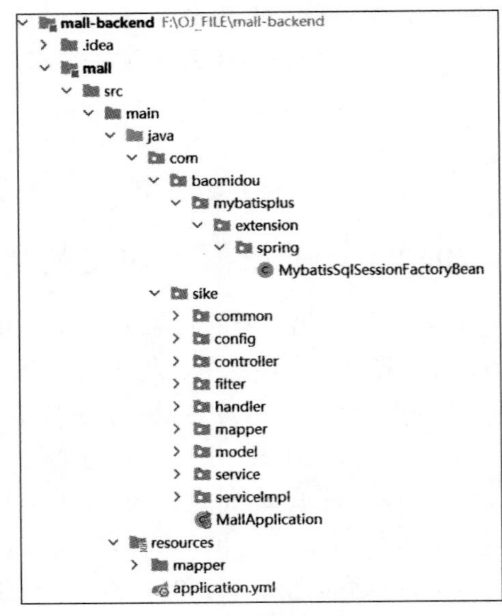

图 20-3 项目结构图

(1) common: 包含项目通用的代码,如 Result 结果类,以及工具类。

(2) config: 包含项目配置类。

(3) controller: 包含控制器类,主要负责具体业务模块流程的控制。

（4）service：包含数据服务接口，主要负责业务逻辑应用设计。

（5）serviceImpl：包含数据服务接口实现类。

（6）model：包含实体对象类，传输对象类，展示对象类，主要用于存储和传输数据。

（7）mapper：主要做数据持久层的工作，负责与数据库进行联络的一些任务封装在此。

（8）filter：主要负责拦截请求，解析请求头中的信息。

（9）handler：主要负责处理认证过程中的异常。

（10）resources.mapper：包含 mapper 的 xml 配置文件。

（11）application.yml：该文件为 Spring Boot 使用的一个全局配置文件，主要用来配置数据库的连接，以及日志相关配置。需读者自行配置的信息包括 MySQL 数据库服务器地址及端口号、MySQL 数据库账号及密码、Redis 服务器地址及端口号、内嵌服务器端口号，代码如下：

```
spring:
  datasource:
    type: com.alibaba.druid.pool.DruidDataSource
driver-class-name: com.mysql.cj.jdbc.Driver
#修改 MySQL 数据库服务器地址及端口，如设置为 127.0.0.1:3306
    url:
jdbc:mysql://127.0.0.1:3306/eshop?allowMultiQueries=true&useUnicode=true&characterEncoding=
utf8&serverTimezone=GMT%2B8
#修改 MySQL 数据库登录账号，如设置为 root
username: root
#修改 MySQL 数据库登录账号和密码，如设置为 123456
    password: 123456

  redis:
#修改 Redis 服务器地址，如设置为 127.0.0.1
host: 127.0.0.1
#修改 Redis 端口号，如设置为 6379
    port: 6379
    jedis:
      pool:
        max-active: 8
        max-wait: 1
        max-idle: 8
        min-idle: 0
    timeout: 3000

#修改内嵌服务器端口，如设置为 8098
server:
  port: 8098

mybatis-plus:
    mapper-locations: classpath*:mapper/*.xml
    type-aliases-package: com.sike.model.entity
    global-config:
      db-config:
        id-type: auto
```

```
logging:
  level:
    com.sike.mapper: Debug
pagehelper:
  helper-dialect: mysql
  reasonable: true
  support-methods-arguments: true
```

20.3.2 登录相关模块

1. 模块说明

登录模块涉及 user 表，这个模块可以看作 SpringSecurity 中的认证过程，认证是为了验证当前访问系统的是不是本系统的用户，并且要确认具体是哪个用户。登录在每个网站中都有，登录涉及密码加密和密码传输等技术，在这个项目中，后端接收前端传来的用户名和密码，返回一串带有用户信息的加密字符串，称为 Token，之后每次前端访问接口时携带 Token，这样系统就可以识别和认证用户了。

2. 准备工作

（1）在 pom.xml 文件中导入所需要的依赖，在 Spring Boot 项目中结合 jwt 进行登录时可能会报 java.lang.ClassNotFoundException: javax.xml.bind.DatatypeConverter 错误，这是因为 javax.xml.bind 包在 JDK8 中，但在更高版本就没有了，所以我们在依赖中加上就行了，pom.xml 文件的代码如下：

```
//第 20 章/mall-backend/pom.xml
        <dependency>
            <groupId>org.springframework.boot</groupId>
            <artifactId>spring-boot-starter-security</artifactId>
        </dependency>
        <dependency>
            <groupId>javax.xml.bind</groupId>
            <artifactId>jaxb-api</artifactId>
            <version>2.3.0</version>
        </dependency>
```

（2）创建 LoginController、LoginService 和 LoginServiceImpl 类，注意不同的类添加在对应的包上，例如 LoginController 添加在 controller 包下，Service 层的代码如下：

```
//第 20 章/mall-backend/LoginService.java
public interface LoginService {
    Result login(String username, String password);
    Result<String> logout();
    Result<String> register(String username, String prePassword, String postPassword);
}
```

3. UserDetailsService 接口的实现

UserDetails 接口的目的是提供用户信息，通过 UserDetailsService 中 loadUserByUsername 方法来查询用户，封装成 UserDetails 对象返回，然后将这些信息封装到 Authentication 对

象中。在 SpringSecurity 中该方法默认在内存中寻找用户，因为系统的用户数据保存在数据库中，所以我们要重写 loadUserByUsername 方法，让系统去数据库中查找用户数据，代码如下：

```
//第 20 章/mall - backend/UserDetailsServiceImpl.java
@Override
  public UserDetails loadUserByUsername(String username) throws UsernameNotFoundException {
    QueryWrapper < User > queryWrapper = new QueryWrapper <>();
    queryWrapper.eq("username",username);
    User user = userMapper.selectOne(queryWrapper);
    if(Objects.isNull(user))
      throw new RuntimeException("用户名或密码错误");
    List < String > permissions = userRoleMapper.selectPermsByUserId(user.getId());
    //把数据封装成 userDetails 对象返回
    //去除权限字符串中所有空值,防止报错
    permissions.removeIf(Objects::isNull);
    return new LoginUser(user,permissions);
  }
```

因为 loadUserByUserName 返回的是 UserDetails 类型，所以需要定义一个类实现该接口，把自定义的用户信息封装在里面，代码如下：

```
//第 20 章/mall - backend/LoginUser.java
@Data
@NoArgsConstructor
public class LoginUser implements UserDetails {
  private User user;
  private List < String > permissions;
  @JSONField(serialize = false)
  private List < SimpleGrantedAuthority > authorities;
  public LoginUser(User user, List < String > permissions) {
    this.user = user;
    this.permissions = permissions;
  }
  @Override
  public Collection <? extends GrantedAuthority > getAuthorities() {
    if(authorities != null){
      return authorities;
    }
    //把 permissions 封装成 SimpleGrantedAuthority 对象
    authorities = new ArrayList <>();
    for(String permission : permissions){
      SimpleGrantedAuthority simpleGrantedAuthority = new
SimpleGrantedAuthority(permission);
      authorities.add(simpleGrantedAuthority);
    }
    return authorities;
}}
```

4. 登录接口的实现

登录接口的设计思路是通过调用 AuthenticationManager 的 authenticate 方法进行用

户认证的，本项目为了识别每次 Token 携带的对应的用户信息，将用户 id 和相关认证信息封装为对象，然后存入 user_session 表中，代码如下：

```
//第 20 章/mall-backend/LoginServiceImpl.java
@Override
    public Result login(String username, String password) {
        UsernamePasswordAuthenticationToken authenticationToken = new UsernamePasswordAuth-
enticationToken(username,password);
        Authentication authenticate = authenticationManager.authenticate(authenticationToken);
        //1.如果认证没通过,则给出对应提示
        if(Objects.isNull(authenticate))
            throw new RuntimeException("登录失败");
        //2.生成 jwt,根据 userid 返回 jwt
        LoginUser loginUser = (LoginUser) authenticate.getPrincipal();
        String userId = loginUser.getUser().getId().toString();
        String jwt = JwtUtil.createJWT(userId);
        //3.把完整的用户信息存入 MySQL 中的 session 表
        //先检查是否有该条数据,如果有,则更新,否则插入
        UserSession exist = userSessionMapper.selectByUserId(userId);
        if(exist != null){
            exist.setUserInfo(JSON.toJSONString(loginUser));
            userSessionMapper.updateById(exist);
        }
        else{
            UserSession userSession = new UserSession();
            userSession.setUserId(userId);
            userSession.setUserInfo(JSON.toJSONString(loginUser));
            userSessionMapper.insert(userSession);
        }
        HashMap<String,String> map = new HashMap<>();
        map.put("token",jwt);
        return Result.ok(map);
    }
```

5. 认证过滤器实现

（1）在主项目下添加以 com.sike.filter 命名的包，添加 JwtAuthenticationTokenFilter 类以解析 Token，并且从 Redis 中获取 LoginUser 对象，重写 getHeader 方法是为了方便后续在控制层获取用户名，代码如下：

```
//第 20 章/mall-backend/JwtAuthenticationTokenFilter.java
@Component
public class JwtAuthenticationTokenFilter extends OncePerRequestFilter {
    @Autowired
    private RedisCache redisCache;
    @Override
    protected void doFilterInternal(HttpServletRequest request, HttpServletResponse response,
FilterChain filterChain) throws ServletException, IOException {
        //获取 Token
        String token = request.getHeader("token");
        if(!StringUtils.hasText(token)){
            filterChain.doFilter(request,response);
```

```
            return;
        }
        String userId = "";
        //解析 Token
        try {
            Claims claims = JwtUtil.parseJWT(token);
            userId = claims.getSubject();
        } catch (Exception e) {
            e.printStackTrace();
            throw new RuntimeException("Token 非法");
        }
        String mainId = userId;
        HttpServletRequestWrapper httpServletRequestWrapper = new HttpServletRequestWrapper
(request){
            @Override
            public String getHeader(String name) {
                if ("userId".equals(name)){
                    return mainId;
                }
                return super.getHeader(name);
            }
        };
        //从 session 表中获取 loginUser 对象
        LoginUser loginUser = JSONObject.parseObject(userSessionMapper.selectByUserId(key).
getUserInfo(),LoginUser.class);
        if(Objects.isNull(loginUser))
            throw new RuntimeException("用户信息不存在");
        //存入 SecurityContextHolder
        UsernamePasswordAuthenticationToken authenticationToken =
                    new UsernamePasswordAuthenticationToken ( loginUser, null, loginUser.
getAuthorities());
        SecurityContextHolder.getContext().setAuthentication(authenticationToken);
        filterChain.doFilter(httpServletRequestWrapper,response);
    }
```

(2) 创建以 config 命名的包,添加 SecurityConfig 类,注入 Spring 容器,并添加过滤器,代码如下:

```
//第 20 章/mall - backend/SecurityConfig.java
@EnableGlobalMethodSecurity(prePostEnabled = true)
@Configuration
public class SecurityConfig {
    @Autowired
    private JwtAuthenticationTokenFilter jwtAuthenticationTokenFilter;

    @Bean
    public PasswordEncoder passwordEncoder(){
        return new BCryptPasswordEncoder();
    }
    @Bean
    public AuthenticationManager authenticationManagerBean(AuthenticationConfiguration auth)
throws Exception {
```

```
        return auth.getAuthenticationManager();
    }
    @Bean
    protected void configure(HttpSecurity http) throws Exception {
        http
                //关闭 csrf
                .csrf().disable()
                //不通过 Session 获取 SecurityContext
                .sessionManagement().sessionCreationPolicy(SessionCreationPolicy.STATELESS)
                .and()
                .authorizeHttpRequests()
                //对于登录接口允许匿名访问
                .requestMatchers("/user/login").anonymous()
                .requestMatchers("/user/register").permitAll()
                //除上面外的所有请求需要鉴权认证
                .anyRequest().authenticated();
               //添加过滤器
 http.addFilterBefore(jwtAuthenticationTokenFilter,
UsernamePasswordAuthenticationFilter.class);
               //允许跨域
        http.cors();
}}
```

6. 登出接口实现

登出的实现较为简单，只需从 SecurityContextHolder 获取需要的对象，然后根据用户 id 删除 user_session 表中的数据，代码如下：

```
//第 20 章//mall-backend/LoginServiceImpl.java
@Override
    public Result<String> logout() {
        UsernamePasswordAuthenticationToken authentication = (UsernamePasswordAuthentica-
tionToken) SecurityContextHolder.getContext().getAuthentication();
        LoginUser loginUser = (LoginUser) authentication.getPrincipal();
        Integer id = loginUser.getUser().getId();
        QueryWrapper<UserSession> queryWrapper = new QueryWrapper<>();
        queryWrapper.eq("user_id", id);
        userSessionMapper.delete(queryWrapper);
        return Result.ok("注销成功");
}
```

20.3.3 资源模块

1. 模块说明

所谓的资源就是后台的接口，当后台用户访问某个接口时，如果这个后台用户分配了该资源就可以访问，否则无法访问。默认情况下，如果没有对某个接口配置资源，则该资源直接允许访问，模块涉及的表有 resource 表和 role_resource 表。在 SpringSecurity 中常用一个特定字符串来表示一个接口，在这次项目中我们用接口路径来标识每个接口，例如创建资源接口，权限标识符就是/resource/create。

2. 添加资源

在添加资源中直接用@RequestBody 参数来接收前端传来的数据，用对象来封装请求参数可以让代码更加规范和简洁，添加资源接口和更新资源接口类似，mapper 的 insert 返回值是数据库影响的行数，可以通过判断 mapper 的返回值返回结果，代码如下：

```
//第 20 章/mall - backend/ResourceController.java
@PostMapping("/create")
    @PreAuthorize("hasAuthority('/resource/create')")
    public Result createResource(@RequestBody Resource resource){
        if(resourceService.create(resource) == 1){
            return Result.ok("添加成功");
        }
        else{
            return Result.error("添加失败");
}}
```

其中 ResourceService 中的 create 方法调用了 ResourceMapper 的 insert 方法，代码如下：

```
return resourceMapper.insert(resource);
```

3. 删除资源

在 ResourceController 中添加方法 deleteResource，接收参数为资源的主键 id，调用 resourceService 中的 delete 方法，代码如下：

```
//第 20 章/mall - backend/ResourceController.java
@GetMapping("/delete")
    @PreAuthorize("hasAuthority('/resource/delete')")
    public Result deleteResource(Integer id){
        if(resourceService.delete(id) == 1){
            return Result.ok("删除成功");
        }
        else{
            return Result.error("删除失败");
        }}
```

delete 方法调用了 mybatis-plus 默认的 deleteById 的方法，返回值是数据库的影响行数，如果该 id 不存在，则返回值为 0，控制层会返回删除失败的提示，实现代码如下：

```
return resourceMapper.deleteById(id);
```

4. 获取资源列表

与添加资源的接口类似，我们采用@RequestBody 来接收参数，这里的封装类继承了 PageParam 类，因此也可以接收从前端传过来的页号和页大小参数，控制层的代码如下：

```
@PostMapping("/getPage")
    @PreAuthorize("hasAuthority('/resource/getPage')")
    public Result getResourcePage(@RequestBody ResourcePageReqVO pageReqVO){
        return Result.ok(resourceService.getPage(pageReqVO));
    }
```

这里主要关注实现层的代码，获取资源列表的需求是根据资源名称、资源路径、资源分类进行模糊搜索，前端传过来的这 3 个参数可能为空值，因此我们在拼接条件时要注意判断非空，如果是字符串，则需要判断字符串的大小，这里示例用的是 mybatis-plus 的条件搜索，也可以用 mybatis 的 if 标签，在 mapper 层进行条件拼接。实现代码如下：

```
//第 20 章/mall-backend/ResourceImpl.java
@Override
    public PageResult<Resource> getPage(ResourcePageReqVO pageReqVO) {
        Page<Resource> page = new Page<>(pageReqVO.getPageNum(),pageReqVO.getPageSize());
        QueryWrapper<Resource> queryWrapper = new QueryWrapper<>();
        if(!StringUtils.isEmpty(pageReqVO.getName())){
            queryWrapper.like("name",pageReqVO.getName());
        }
        if(!StringUtils.isEmpty(pageReqVO.getPath())){
            queryWrapper.like("permission",pageReqVO.getPath());
        }
        if(pageReqVO.getCategoryId() != null){
            queryWrapper.eq("category_id",pageReqVO.getCategoryId());
        }
        resourceMapper.selectPage(page,queryWrapper);
        return new PageResult<>(page);
    }
```

5. 配置接口资源的过程

（1）添加@PreAuthorize 注解。

在需要鉴权的接口（这个需要自己判断，例如一些修改操作一般需要鉴权，一些获取敏感信息的接口也需要鉴权）的加上@PreAuthorize("hasAuthority('xxx')")，其中 xxx 为唯一的权限标识符，在这个项目中我们用接口地址作为权限标识符（规范格式），代码如下：

```
@PreAuthorize("hasAuthority('/userInfo/getPage')")
```

（2）在数据库中加上资源记录。

如图 20-4 所示，打开 navicat，在图形界面插入自己写的接口数据（也可以用 insert 语句进行插入），注意写清楚资源的名字和分类，当然也可以通过 postman 等工具调用创建资源的接口。

20.3.4 订单模块

1. 模块说明

订单模块的数据保存在两张表中，一张表是 order 表，用于保存订单的整体信息，如订单 id(id)、用户 id(user_id)、发货地址(address_id)、金额总数(sum)、是否发货(deliver)、是否退货(refund)、订单创建时间(created_time)等；另一张表是 order_info 表，用于保存订单中每项商品的相关信息，如订单信息 id(id)、商品 id(goods_id)、订购商品数量(amount)、订单 id(order_id)。

2. 创建类文件

（1）根据数据库中的 order 表和 order_info 表的字段在 entity 包下分别创建并编写 Order 和 OrderInfo 实体类。

id	create_time	name	permission	description	category_id
1	2022-07-31 16:53:25	分页搜索人员	/userInfo/getPage	分页搜索人员	1
2	2022-07-31 17:52:50	创建菜单	/menu/create	创建菜单	6
3	2022-07-31 17:54:03	修改后台菜单	/menu/update	修改后台菜单	6
4	2022-07-31 17:54:44	根据ID删除后台菜	/menu/delete	根据ID删除后台	6
5	2022-07-31 17:55:11	修改菜单显示状态	/menu/updateHidd	修改菜单显示状	6
6	2022-07-31 17:56:38	更新订单	/order/updateOrde	更新订单	4
8	(Null)	添加用户	/userInfo/create	添加用户	1
12	2022-08-06 10:30:11	根据id删除用户	/userInfo/delete	删除用户	1
13	2022-08-06 10:30:48	更新用户信息	/userInfo/update	更新用户信息	1
16	2022-08-06 11:41:49	获取角色信息	/role/getPage	获取角色信息	2
17	2022-08-06 11:42:07	更新角色信息	/role/update	更新角色信息	2
18	2022-08-06 11:42:26	插入角色	/role/insert	插入角色	2
19	2022-08-06 11:42:43	删除角色	/role/delete	无	2
20	2022-08-06 11:43:00	停用/启用角色	/role/statusUpdate	无	2
21	2022-08-06 11:43:18	分配角色	/role/allocate	无	2
22	2022-08-06 11:43:43	分配资源	/role/allocate_resou	无	2
23	2022-08-06 11:43:59	分配菜单	/role/allocate_menu	无	2
24	2022-08-06 11:44:46	添加资源	/resource/create	无	2
25	2022-08-06 11:45:02	更新资源信息	/resource/update	无	2
26	2022-08-06 11:45:58	删除资源	/resource/delete	无	2
27	2022-08-06 11:46:32	获取资源列表	/resource/getPage	无	2

图 20-4 插入资源记录

（2）创建 OrderController、OrderService、OrderServiceImpl、OrderMapper、OrderInfoMapper类，注意不同的类应添加在对应层的包下。

3. 实现具体功能

1）新增订单

（1）为了减少重复代码，因此接口的参数允许传多个商品编号(int[] goodsIds)及多个商品对应的数量(int[] amounts)，此外接口参数还有订单的发货地址(addressId)、商品价格总和(sum)。在 OrderController 类中添加 addOrder 方法，代码如下：

```
//第 20 章/mall-backend/OrderController.java
@PostMapping("/addOrder")
public Result addOrder(@RequestParam("userId") int userId,
@RequestParam("addressId") int addressId, @RequestParam("sum") double sum,
                       @RequestParam("goodsIds") int[] goodsIds,
@RequestParam("amounts")int[] amounts){
    Result result;
    try {
        orderService.addOrder(userId, addressId,sum,goodsIds,amounts);
        result = Result.ok();
    } catch (Exception e) {
        result = Result.error("订单信息插入失败");
    }
    return result;
}
```

（2）在 OrderService 接口中添加 addOrder 抽象方法，代码如下：

```
void addOrder(int userId, int addressId, double sum, int[] goodsIds, int[] amounts) throws
Exception;
```

（3）在 OrderServiceImpl 类中实现 addOrder 抽象方法，先根据 userId、addressId、sum 创建一个 Order 对象，调用 orderMapper 的 insert 方法插入一条订单整体数据，如果插入返回影响条数为 0，则抛出“订单信息插入失败”异常，否则循环遍历 goodsIds 和 amounts 数组，每次遍历都根据 order.getId()、goodsIds[i]、amounts[i]创建一个新的 OrderInfo 对象，调用 orderInfoMapper 的 insert 方法插入一条订单项数据，代码如下：

```
//第 20 章/mall-backend/OrderServiceImpl.java
@Transactional(rollbackFor = Exception.class)
@Override
public void addOrder(int userId, int addressId, double sum, int[] goodsIds, int[] amounts)
throws Exception {
    Order order = new Order();
    order.setUserId(userId);
    order.setAddressId(addressId);
    order.setSum(sum);
    int cnt = orderMapper.insert(order);
    if(cnt == 0)
        throw new RuntimeException("订单信息插入失败");
    for(int i = 0; i < goodsIds.length; i++){
        OrderInfo orderInfo = new OrderInfo();
        orderInfo.setOrderId(order.getId());
        orderInfo.setAmount(amounts[i]);
        orderInfo.setGoodsId(goodsIds[i]);
        orderInfoMapper.insert(orderInfo);
}}
```

2）查询订单信息

查询订单信息分为 3 个接口，一个是根据订单 id 在 order 表中查询订单整体信息；一个是查询订单整体数据列表，便于订单管理；还有一个是根据订单 id 在 order_info 表中查询订单对应的订单项信息列表。

（1）当查询订单整体信息时，接口参数为订单的主键 id，根据 id 调用 orderMapper 的 selectById 方法，查询并返回 Order 对象，如果查询的订单不存在，则抛出“订单不存在”异常，否则把查询到的对象返回，代码如下：

```
//第 20 章/mall-backend/OrderController.java
@GetMapping("/searchOrderById")
public Result searchOrder(@RequestParam("id") int id) {
    Order order = orderMapper.selectById(id);
    if(order == null){
        return Result.error("订单不存在");
    }
    return Result.ok(order);
}
```

（2）当查询订单整体信息列表时，接口参数为页数（pageNum）和每页条数（pageSize）。在 OrderController 层中添加 getAllOrders 方法，代码如下：

```
@GetMapping("/getAllOrders")
public Result getAllOrders(@RequestParam("pageNum") Integer pageNum,
@RequestParam("pageSize") Integer pageSize) {
    return Result.ok(orderService.getAllOrders(pageNum, pageSize));
}
```

在 OrderService 接口中添加 getOrderInfoByOrderId 抽象方法，代码如下：

```
Page<Order> getAllOrders(Integer pageNum, Integer pageSize);
```

在 OrderServiceImpl 类中实现 getAllOrders 抽象方法，代码如下：

```
//第 20 章/mall-backend/OrderServiceImpl.java
@Override
public Page<Order> getAllOrders(Integer pageNum, Integer pageSize) {
   Page<Order> page = new Page<>(pageNum, pageSize);
   orderMapper.selectPage(page, null);
   return page;
}
```

（3）当查询订单对应的订单项信息列表时，调用 OrderService 层的 getOrderInfoByOrderId 方法，根据 OrderInfo 对象的 orderId 字段，查询并返回符合条件的订单项数据列表。

在 OrderController 层中添加 getOrderInfo 方法，代码如下：

```
@GetMapping("/getOrderInfo")
public Result getOrderInfo(@RequestParam("orderId") int orderId){
   return Result.ok(orderService.getOrderInfoByOrderId(orderId));
}
```

在 OrderService 接口中添加 getOrderInfoByOrderId 抽象方法，代码如下：

```
List<OrderInfo> getOrderInfoByOrderId(int orderId);
```

在 OrderServiceImpl 类中实现 getOrderInfoByOrderId 抽象方法，代码如下：

```
//第 20 章/mall-backend/OrderController.java
@Override
public List<OrderInfo> getOrderInfoByOrderId(int orderId) {
   LambdaQueryWrapper<OrderInfo> wrapper = new LambdaQueryWrapper<>();
   wrapper.eq(OrderInfo::getOrderId,orderId);
   return orderInfoMapper.selectList(wrapper);
}
```

3）删除订单信息

由于订单模块涉及 order 表和 order_info 表，因此在删除订单时，需要删除整体订单信息数据和订单中每个订单项数据。删除订单需要的参数为订单的主键 id，调用 orderService 的 deleteOrder 方法，如果捕获到了异常，则返回“订单删除失败”信息。

(1) 在 OrderController 中添加 deleteOrder 方法,代码如下:

```
//第 20 章/mall - backend/OrderController.java
@DeleteMapping("/deleteOrder")
public Result deleteOrder(@RequestParam("id") int id) {
    try {
        orderService.deleteOrder(id);
        return Result.ok();
    } catch (Exception e) {
        return Result.error("订单删除失败");
}}
```

(2) 在 OrderService 接口中添加 deleteOrder 抽象方法,代码如下:

```
void deleteOrder(int id) throws Exception;
```

(3) 在 OrderServiceImpl 类中实现 deleteOrder 抽象方法,在 deleteOrder 方法中处理删除订单逻辑,先调用 orderMapper 的 deleteById 方法,删除 order 表中的一条订单数据,如果删除失败,则抛出"订单不存在"异常,并在 OrderController 层捕获异常,进行响应;如果删除成功,则根据 order_id 字段,删除 order_info 表中所有符合条件的数据,如果删除订单项数据失败,则抛出"订单信息不存在"异常,代码如下:

```
//第 20 章/mall - backend/OrderServiceImpl.java
@Transactional(rollbackFor = Exception.class)
@Override
public void deleteOrder(int id) throws Exception{
    int cnt = orderMapper.deleteById(id);
    if(cnt == 0){
        throw new RuntimeException("订单不存在");
    }
    LambdaQueryWrapper<OrderInfo> wrapper = new LambdaQueryWrapper<>();
    wrapper.eq(OrderInfo::getOrderId, id);
    int res = orderInfoMapper.delete(wrapper);
    if (res == 0){
        throw new RuntimeException("订单信息不存在");
}}
```

20.3.5 统计模块

1. 模块说明

对于统计模块部分,主要实现对不同时间下的订单数、商品销售额、商品销售量的统计及计算出上述三项指标的同比。这些信息分别存放在数据库中 order 和 order_info 两张表中,由于涉及要实现的功能过多,此处不对每个功能都一一赘述了,只挑取其中几项作为例子,其余功能的实现大同小异。

2. 解决时间问题

由于数据库中 order 表记录时间的格式为 yyyy-mm-dd hh:mm:ss,为了方便时间上的比较,需要规范 order 表中的订单创建时间和传入的时间格式。

在 common 包下创建 method 包，在包下创建 GetDate.java，在该类下写入方法 GetMonth()，规范获取的当月时间，代码如下：

```
//第 20 章/mall-backend/GetDate.java
public String GetMonth()
{
    SimpleDateFormat formatter = new SimpleDateFormat("yyyy-MM");
    Date date = new Date(System.currentTimeMillis());
    return formatter.format(date);
}
```

3. 获取当月订单数

(1) 在对应包下创建好 OrderSaleController、OrderSaleService、OrderSaleMapper 和 OrderSaleServiceImpl 类。

(2) 在 OrderSaleService 类中写入方法，代码如下：

```
public interface OrderSaleService extends IService<OrderInfo>
{
    Long OrderAmountMon()throws Exception;
}
```

(3) 在 OrderSaleServiceImpl 中实现该方法，Order 类在订单模块中已经创建，这里只是借用了一下，因此不再做描述。date_format(created_time,'%Y-%m')用于规范数据库中的订单创建时间为 yy-mm 格式，通过调用条件构造器的 apply 方法，返回符和当月时间的订单，最后只需调用 OrderSaleMapper 中的 selectCount()方法返回订单数量，代码如下：

```
//第 20 章/mall-backend/OrderSaleServiceImpl.java
GetDate getDate = new GetDate();
public Long OrderAmountMon() {
        QueryWrapper<Order> queryWrapper = new QueryWrapper<>();
        queryWrapper.apply("date_format(created_time,'%Y-%m') = {0}",getDate.GetMonth());
  //{0}表示当前获取的时间会替代这个符号
          return orderMapper.selectCount(queryWrapper);}
```

(4) OrderSaleController 下添加 OrderAmountMon()方法，代码如下：

```
@GetMapping("/MonAmount")
    public Result GetMonAmount() throws Exception {
        return Result.ok(orderSaleService.OrderAmountMon());
    }
```

4. 获取当月商品销售额

在清楚了如何获取当月订单数的情况下，我们只需在上述的过程中做出一些微微的改动，便可以得到当月商品的销售额。

在 OrderSaleService 中添加 OrderSumMon()方法后，在 OrderSaleServiceImpl 中实现该方法，通过返回实体类 Order 的 List，再进行遍历，计算出当月商品的销售额，代码如下：

```
//第 20 章/mall - backend/OrderSaleServiceImpl.java
@Override
    public double OrderSumMon() {
        double sum = 0;
        Order order;
        QueryWrapper<Order> queryWrapper = new QueryWrapper<>();
        queryWrapper.apply("date_format(created_time,'%Y-%m') = {0}",getDate.GetMonth());
        List<Order> list = orderMapper.selectList(queryWrapper);
        for (Order value : list) {
            order = value;
            sum += order.getSum();
        }
        return sum;
}
```

5. 获取当月商品销售量

该功能的实现与上述两项功能的实现有较大区别,需要输入商品的 id 后,返回该商品本月的销售量,由于订单创建时间与每个订单商品的销售量分别存储在数据库中两个不同的表中,需要自定义一个实体类,将两张表中需要的数据映射到这个实体类上,因此需要进行较大的改动。

(1) 创建实体类 OrderSaleVo,在该类中包含多个属性,是为了便于其他功能的实现,可以根据实际的需要更改其中包含的属性,代码如下:

```
//第 20 章/mall - backend/OrderSaleVo.java
@Data
@ToString
public class OrderSaleVo
{
    //订单 id
    private int id;
    //商品 id
    private int GoodsId;
    //订单金额
    private double sum;
    //订单创建时间
    private Date CreatedTime;
    //商品数量
    private int amount;
    }
```

(2) 在 OrderSaleMapper 中添加自定义方法,该方法需要后期自行实现,代码如下:

```
@Repository
public interface OrderSaleMapper extends BaseMapper<OrderInfo>{
    List<OrderSaleVo> SelectAllOrderInfo();}
```

(3) 在 resources 包下添加 OrderSaleMapper.xml 文件,其中注意做好实体类中属性与数据库表中字段的对应,并且 namespace 的值为 OrderSaleMapper.java 所在的路径,其中自定义的方法用于筛选出 order 表和 order_info 表中订单 id 相同的订单,resultMap 对应创建的实体类，并且返回的类型为 OrderSaleVo，注意< select >部分的 id 为自定义的方法名称，代码如下：

```
//第 20 章/mall-backend/OrderSaleMapper.xml
<mapper namespace="com.sike.mapper.OrderSaleMapper">
    <resultMap id="SelectAllOrderInfoMP" type="com.sike.model.vo.OrderSaleVo">
        <id column="id" property="id"/>
        <result column="created_time" property="CreatedTime"/>
        <result column="amount" property="amount"/>
        <result column="sum" property="sum"/>
        <result column="goods_id" property="GoodsId"/>
    </resultMap>
     <select id="SelectAllOrderInfo" resultMap="SelectAllOrderInfoMP">
            select o.id , o.created_time ,o.sum, oi.amount,oi.goods_id
            from 'order' o left join order_info oi
                        on o.id = oi.order_id
</select>
</mapper>
```

(4) 在做好以上工作后，在 OrderSaleService 中添加方法 OrderSaleMon(int id)，在 OrderSaleServiceImpl 中实现该方法，通过返回 OrderSaleVO 的 List，计算某商品的销售额，代码如下：

```
//第 20 章/mall-backend/OrderSaleServiceImpl.java
@Override
    public double OrderSumMon() {
        double sum = 0;
        Order order;
        QueryWrapper<Order> queryWrapper = new QueryWrapper<>();
        queryWrapper.apply("date_format(created_time,'%Y-%m') = {0}",getDate.GetMonth());
        List<Order> list = orderMapper.selectList(queryWrapper);
        for (Order value : list) {
            order = value;
            sum += order.getSum();
        }
        return sum;
}
```

(5) 在 OrderSaleController 中添加方法，注意参数注解，代码如下：

```
@GetMapping("/MonSale")
   public Result GetMonSale(@Param("id")int id) throws Exception {
      return Result.ok(orderSaleService.OrderSaleMon(id));}
```

6. 获取本月订单数同比

根据同比的计算公式(本期数－同期数)/同期数，需要得到上个月的订单数，这就需要先得到上个月时间。

(1) 在 GetDate 中加入方法，通过 Calendar 类中的 add 方法，便可以在本月的时间基础上减一个月，最后通过 SimpleDateFormat 将时间的格式规范为 yyyy-mm，代码如下：

```
//第 20 章/mall - backend/GetDate.java
public String GetLastMon()
    {
        Date date = new Date();
        Calendar calendar = Calendar.getInstance();
        calendar.setTime(date);
        calendar.add(Calendar.MONTH, -1);                //月份减一
        date = calendar.getTime();
        SimpleDateFormat formatter = new SimpleDateFormat("yyyy-MM");
        return formatter.format(date);
    }
```

(2) 在 OrderSaleService 中添加方法 String MonthOnMonthAmount(),并在 OrderSaleServiceImpl 中实现该方法。本月的订单数可以通过之前的 OrderAmountMon() 方法直接获得,DecimalFormat 让最终计算结果以百分比的形式展现,代码如下:

```
//第 20 章/mall - backend/OrderSaleServiceImpl.java
@Override
    public String MonthOnMonthAmount() {
        Long amountMon = OrderAmountMon();
        QueryWrapper<Order> queryWrapper = new QueryWrapper<>();
        queryWrapper.apply("date_format(created_time,'%Y-%m') = {0}",getDate.GetLastMon());
        double ratio; ratio = (amountMon * 1.0 - orderMapper.selectCount(queryWrapper) * 1.0)/
orderMapper.selectCount(queryWrapper) * 1.0;
        //计算同比
        DecimalFormat decimalFormat = new DecimalFormat("##%");
        //让最终结果以百分比显示
        return decimalFormat.format(ratio);
    }
```

(3) 在 OrderSaleController 中添加相应方法,代码如下:

```
@GetMapping("/MonthOnMonthAmount")
public Result GetMonthOnMonthAmount() throws Exception {
    return Result.ok(orderSaleService.MonthOnMonthAmount());
}
```

7. 给定时间范围内订单数统计

根据参数的开始时间和结束时间,统计在该时间范围内的订单数,且返回的数据形式为时间范围内的各个时间段的订单数量,由于返回的数据需要包含各个时间段和订单数,因此可以返回一个 OrderPeriodOfTimeAmount 类的 List。

(1) 创建实体类 OrderPeriodOfTimeAmount 和 OrderVo,其中 OrderPeriodOfTimeAmount 用于返回数据,OrderVo 用于接收 order 表的数据,代码如下:

```
//第 20 章/mall - backend/OrderPeriodOfTimeAmount.java
@Data
@ToString
public class OrderPeriodOfTimeAmount
{
```

```
    //订单创建时间
    private String Date;
    //订单数量
    private int amount;
}
```

```
//第 20 章/mall - backend/OrderVo.java
@Data
@ToString
public class OrderVo
{
    //订单 id
    private int id;
    //订单金额
    private double sum;    //订单金额
    //订单创建时间
    private Date CreatedTime;
}
```

（2）在 OrderSaleMapper 中添加自定义方法 List < OrderVo > SelectAllOrderSaleWeek (Date BeginWeek, Date EndWeek)。

（3）在 OrderSaleMapper.xml 文件中实现自定义方法，注意实体类中的属性与数据库中表的字段名的对应，#{BeginWeek}和#{EndWeek}为传入的参数，由于传入的参数#{EndWeek}中时、分、秒的表示为 00:00:00，这会导致统计订单时不会统计到包含结束时间的那部分订单，因此我们使用 DATE_ADD(#{EndWeek}, INTERVAL 1 DAY)让结束时间增加多一天，让时间范围包含结束日期，代码如下：

```
//第 20 章/mall - backend/OrderSaleMapper.xml
<resultMap id = "SelectAllOrderSaleMP" type = "com.sike.model.vo.OrderVo">
        <id column = "id" property = "id"/>
        <result column = "created_time" property = "CreatedTime"/>
        <result column = "sum" property = "sum"/>
</resultMap>

< select  id = " SelectAllOrderSaleWeek "  parameterType = " java. util. Date "  resultMap =
"SelectAllOrderSaleMP">
        select o.id,o.created_time,o.sum
        from 'order' o where o.created_time between #{BeginWeek} and DATE_ADD(#{EndWeek},
INTERVAL 1 DAY)
    </select>
```

（4）在 OrderSaleService 中添加方法 List < OrderPeriodOfTimeAmount > OrderAmountPeriodOfTime(Date BeginTime, Date EndTime) throws Exception。

（5）在 OrderSaleServiceImpl 中实现上述方法，由于要返回各个时间段内的订单数，所以需要用一个 while 循环来比较各个时间，使用 Calendar 类使开始时间自加，与结束时间作比较，作为 while 循环结束的条件，同时嵌套 for 循环来计算各个时间段的订单数量。创建 OrderPeriodOfTimeAmount 实体类，用于保存各个时间段及对应的订单数，加入 List 中，

在循环结束后返回,代码如下:

```
//第 20 章/mall - backend/OrderSaleServiceImpl.java
  @Override
    public List < OrderPeriodOfTimeAmount > OrderAmountPeriodOfTime ( Date BeginTime, Date
EndTime) throws ParseException {
List < OrderVo >
list = orderSaleMapper.SelectAllOrderSaleWeek(BeginTime,EndTime);
        List < OrderPeriodOfTimeAmount > amountList = new ArrayList <>();
        SimpleDateFormat simpleDateFormat = new SimpleDateFormat("yyyy - MM - dd");
        //将传入的 Date 类型转换为 Calendar 类型,以完成时间的自加
        //Calendar 实现时间的自加
        Calendar Begin = Calendar.getInstance();
        Begin.setTime(BeginTime);
        Calendar End = Calendar.getInstance();
        End.setTime(EndTime);
        //使统计时间包含结束时间
        End.add(Calendar.DATE, 1);
        //统计订单数
        int amount = 0;
        while(!Begin.getTime().equals(End.getTime())){
            for(int i = 0;i < list.size();i++){
            String str = simpleDateFormat.format(list.get(i).getCreatedTime());
            Date date = simpleDateFormat.parse(str);
            if(Begin.getTime().equals(date)){
                  amount++;
               }
            }
        //创建对象,保存日期和订单数,并加入 list 中
          OrderPeriodOfTimeAmount orderPeriodOfTimeAmount = new OrderPeriodOfTimeAmount();
          orderPeriodOfTimeAmount.setAmount(amount);
orderPeriodOfTimeAmount.setDate(simpleDateFormat.format(Begin.getTime()));
          amountList.add(orderPeriodOfTimeAmount);
          Begin.add(Calendar.DATE, 1);
        }
        return amountList;
    }
```

(6) 在 OrderSaleController 中添加方法,由于实现类中的方法接收的参数类型为 Date,因此在前端传入 String 类型的参数时,需要将其转换为 Date 类型后,再传入方法中,代码如下:

```
//第 20 章/mall - backend/OrderSaleController.java
@GetMapping("/PeriodOfTimeAmount")
    public Result GetPeriodOfTimeAmount( String begintime, String endtime) throws Exception {
        SimpleDateFormat simpleDateFormat = new SimpleDateFormat("yyyy - MM - dd");
        Date BeginTime = simpleDateFormat.parse(begintime);
        Date EndTime = simpleDateFormat.parse(endtime);
Result.ok(orderSaleService.OrderAmountPeriodOfTime(BeginTime,EndTime));
}
```

20.4 前端开发

20.4.1 框架搭建

1. 前置环境安装

在项目开发中需要使用 npm 包管理工具，而 npm 运行在 node. js 上面，所以需要先安装 node. js。通过 npm 可以方便地安装、共享、分发代码，管理项目的依赖关系，可以通过 npm install 命令下载 package. json 文件中 dependencies 和 devdependencies 中配置的所有依赖模块。可以通过 cmd 查看 node 和 npm 的版本，如图 20-5 所示。

图 20-5　查看 node 和 npm 版本

2. 搭建 Vue 环境

安装 Vue-CLI 脚手架，进行全局安装(因为我们要创建 vue3 项目，所以需保证 Vue-CLI 版本在 4.5.0 以上)，命令如下：

```
npm install -g @vue/cli                #安装 CLI
vue -V                                 #查看 CLI 的版本号验证是否安装成功,注意大小写
```

3. 创建项目基本模板

可以选用 vite 脚手架或者 Vue-CLI 脚手架创建项目，通过一系列的配置初始化开发模板，本项目用的是 Vue-CLI 脚手架，可以通过 Vue 脚手架图形化界面创建项目。

(1) 打开 cmd，输入 vue ui 命令进入 Vue 项目管理器，如图 20-6 所示。

```
C:\Users\yan>vue ui
```

图 20-6　进入 Vue UI

(2) 单击“创建”按钮，准备一个空白文件夹，把文件夹的路径复制到创建的路径，单击“在此创建新项目”按钮。

(3) 输入项目名，单击“下一步”按钮。

(4) 选择手动，进行手动配置项目，单击“下一步”按钮。

(5) 选择需要的功能配置，默认选中 Babel，选择 Router→Vuex→CSS，Linter 使用配置环境，单击“下一步”按钮。

(6) 选择 3.0 版本的 Vue. js，选择 CSS 版本和 Linter 版本，单击“创建项目”按钮。

(7) 直接创建项目，不保存预设。

(8) 创建成功后，我们还需要安装一下依赖，单击“依赖”按钮，然后单击右上角的“安装依赖”按钮，添加并安装 axios 依赖。

(9) 安装好之后，就可以发现项目已经建好，可以用 VS Code 打开该文件夹，然后打开终端，输入 npm run serve 命令就可以执行启动项目了。

4. 项目准备

(1) 进行代码规范配置。在 VS Code 插件中安装 prettier，在根目录下导入配置文件，

使用 husky 强制代码格式化。

(2) 删除不需要的组件。删除 src 目录下 views 目录，删除 src 目录下 components 目录下的所有文件。

(3) 修改 App. vue。通过 main. js 将 App. vue 渲染到 index. html 的指定区域中。

(4) 设置路由。修改 router 目录下的 index. js 文件。

(5) 创建页面。在 views 目录下创建页面文件。

(6) 启动项目。

5. 为不同模式指定环境变量

(1) 创建 development 模式的环境变量文件，在项目根目录下新建. env. development 文件，代码如下：

```
ENV = 'development'
VUE_APP_BASE_API = '/api'
```

(2) 创建 production 模式的环境变量文件，在项目根目录下新建. env. production 文件，代码如下：

```
ENV = 'production'
VUE_APP_BASE_API = '/prod'
```

6. 配置插件和依赖

(1) 配置 axios。在项目 src 目录下 api 目录下新建 request. js，编写请求拦截器，为每个接口添加上 Token 信息，编写响应拦截器，通过对接口返回的状态码进行判断，代码如下：

```
//第 20 章/mall - webfront/request.js
import axios from 'axios'
import { ElMessage } from 'element - plus'
import { diffTokenTime } from '@/utils/auth'
import store from '@/store'
const service = axios.create({
  baseURL: process.env.VUE_APP_BASE_API,
  timeout: 5000
})
service.interceptors.request.use(
  (config) => {
    if (localStorage.getItem('token')) {
      if (diffTokenTime()) {
        store.dispatch('app/logout')
        return Promise.reject(new Error('token 失效了'))
      }
      config.headers.token = localStorage.getItem('token')
    }
    return config
  },
  (error) => {
```

```
      return Promise.reject(new Error(error))
    })
  service.interceptors.response.use(
    (response) => {
      const res = response.data
      if (res.code === 20000 || res.code === 20100) {
        return res
       } else if (res.code === 40100) {
        store.dispatch('app/logout')
         return Promise.reject(new Error(res.message))
      } else {
        ElMessage.error(res.message)
        return Promise.reject(new Error(res.message))
      }},
    (error) => {
      console.log(error.response)
      error.response && ElMessage.error(error.response.data)
      return Promise.reject(new Error(error.response.data))
    })
  export default service
```

(2) 按需导入 element-plus。在终端输入 npm install element-plus-save 命令,在 vue.config.js 文件中写入配置,代码如下:

```
//第 20 章/mall - webfront/vue.config.js
const AutoImport = require('unplugin - auto - import/webpack')
const Components = require('unplugin - vue - components/webpack')
const { ElementPlusResolver } = require('unplugin - vue - components/resolvers')
module.exports = {
  configureWebpack: config => {
    config.plugins.push(AutoImport({
      resolvers: [ElementPlusResolver()],
    }))
    config.plugins.push(Components({
      resolvers: [ElementPlusResolver()],
    }))
  },}
```

(3) 全局使用 scss 变量在 vue.config.js 文件中写入配置,代码如下:

```
//第 20 章/mall - webfront/vue.config.js
css: {
    loaderOptions: {
      sass: {
        //8 版本用 prependData:
        additionalData: 或 prependData: //8 版本用 prependData
        `
        //scss 文件地址
          @import "@/styles/variables.scss";
        //scss 文件地址
          @import "@/styles/mixin.scss"; //scss 文件地址
        `
      }}}
```

(4) 解决跨域问题。在 vue. config. js 里配置代理,代码如下:

```
//第 20 章/mall - webfront/vue.config.js
devServer: {
    https: false,
    hotOnly: false,
    proxy: {
      '/api': {
        target: 'http://localhost:8098/',//后端
        changeOrigin: true,
        pathRewrite: {
          '^/api': '/'
        }
      }
    },
    host: 'localhost'
 }
```

20.4.2 登录模块

1. 准备工作

在 src/views 目录下创建 login 文件放置登录模块相关页面,在 src/api 目录下创建 login. js 文件,用于封装与登录相关的接口。

2. 登录

(1) 用户登录时需要输入正确的用户名、密码进行登录操作,单击"登录"按钮时进行表单验证后会发起登录请求并提交到后端进行验证。首先在 src/api/login. js 文件中登录接口进行封装,代码如下:

```
//第 20 章/mall - webfront/src/api/login.js
import request from './request'
export const login = (params) => {
  return request({
    url: '/user/login',
    method: 'POST',
    params
  })
}
```

(2) 如果验证通过就会跳转到系统首页,并从后端接收一个 Token,保存到 localStorage 和 vuex 里,所以我们在 src/store 目录下创建一个 modules,创建一个 app. js 文件,封装调用接口进行登录并获取 Token 的方法,代码如下:

```
//第 20 章/mall - webfront/src/store/modules/app.js
login({ commit }, userInfo) {
      return new Promise((resolve, reject) => {
        loginApi(userInfo)
          .then((res) => {
```

```
            console.log(res)
            commit('setToken', res.data.token)
            setTokenTime()
            router.replace('/')
            resolve()
          })
          .catch((err) => {
            reject(err)
          })
  })
```

(3) 用户必须经过登录才能访问系统，需要获得 Token 判断用户是否登录，在 src/modules/getters.js 封装 Token 获取方法，通过路由守卫就能够实现这一功能，在 src/router 目录下新建 permission.js 文件，判断是否有 Token 存在，如果有 Token 存在，则判断去往的页面是不是登录页面，如果是，则直接让其进入首页，如果不是，则让其随便去，如果没有 Token，即用户没有登录，则只能进入白名单里的页面，否则只能到登录页面，代码如下：

```
//第 20 章/mall-webfront/src/router/permission.js
import router from './index'
import store from '@/store'
const whiteList = ['/login']
router.beforeEach((to, from, next) => {
  if (store.getters.token) {
    if (to.path === '/login') {
      next('/')
    } else {
      next()
    }
  } else {
    if (whiteList.includes(to.path)) {
      next()
    } else {
      next('/login')
    }}})
```

3. 左侧菜单栏

后端会根据请求头部的 Token 识别用户并返回用户所具备的菜单，从而实现不用角色的用户获取不同权限的菜单，单击菜单会将 path 保存到 session 中进行路由跳转，代码如下：

```
//第 20 章/mall-webfront/src/layout/index.vue
  const menusList = ref([])
  const initMenusList = async () => {
    const res = await menuListByParentIdRole()
    res.data.forEach((item) => {
      if (item.hidden === 0) {
        menusList.value.push(item)
```

```
        }}))
      initMenusList()
const savePath = (path) => {
  sessionStorage.setItem('path', `/${path}`)
}
```

20.4.3 商品管理模块

1. 商品列表

(1) 分页获取全部商品列表信息功能，在 src/views/pms 目录下新建文件夹，编写商品列表静态页面，在 api/goods.js 文件中对接口进行封装，代码如下：

```
//第 20 章/mall-webfront/src/api/goods.js
export const getGoods = (params) => {
  return request({
    url: 'goods/getAllGoods',
    method: 'GET',
    headers: {
      'content-type': 'x-www-form-urlencoded'
    },
    params
  })}
```

(2) 调用接口请求获取商品信息，并将数据绑定到表格数据，代码如下：

```
//第 20 章/mall-webfront/src/views/pms/product/index.vue
const initGetGoodsList = async () => {
    const res = await getGoods(queryForm.value)
    console.log(res.data)
    tableData.value = res.data.records
    total.value = res.data.total
    console.log(tableData.value)
  }
  initGetGoodsList()
```

2. 添加商品

(1) 在添加商品时，要允许进行图片上传，如图 20-7 所示，这里采用的是 element-plus 组件库的 el-upload，代码如下：

```
//第 20 章/mall-webfront/src/views/pms/addProduct/index.vue
<el-upload list-type="picture" action='' accept=".jpg, .png" :limit="1" :auto-upload=
"false"
          :file-list="fileList" :on-change="getFile" :on-preview="handlePictureCardPreview"
          :on-remove="handleUploadRemove">
          <el-button size="small" type="primary" @click="uploadimg">选择图片上传</el-
button>
      </el-upload>
```

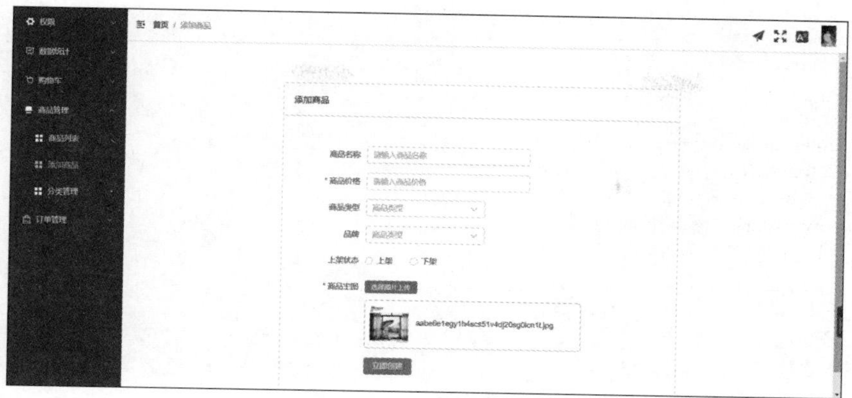

图 20-7　添加商品页面

(2) 同时还需要将图片转译成 base64 编码，需要先封装转译方法，代码如下：

```
//第 20 章/mall - webfront/src/api/goods.js
export const getBase64 = (file) => {
  return new Promise(function (resolve, reject) {
    const reader = new FileReader()
    let imgResult = ''
    reader.readAsDataURL(file)
    reader.onload = function () {
      imgResult = reader.result
    }
    reader.onerror = function (error) {
      reject(error)
    }
    reader.onloadend = function () {
      resolve(imgResult)
    }})}
```

(3) 调用方法，将图片转译成 base64 代码，调用添加商品接口，向后端发起请求，代码如下：

```
//第 20 章/mall - webfront/src/views/pms/product/index.vue
import { addGoods, getAllGoodsType, getBase64, updateGoods } from '@/api/goods'
const getFile = (file, fileList) => {
    getBase64(file.raw).then(res => {
      const params = res
      goodForm.img = params
      console.log(goodForm.img)
    })
  }
const submitAdd = async () => {
    if (id.value) {
      console.log('修改商品信息')
      goodForm.id = id.value
      await updateGoods(goodForm)
      ElMessage({
```

```
        type: 'success',
        message: '修改成功'
      })
    } else {
      await addGoods(goodForm)
      ElMessage({
        type: 'success',
        message: '添加成功'
      })
    }
    router.push({
      path: '/product'
    })}
```

20.4.4 订单管理模块

1. 订单的分页查询功能

(1) 所有订单将以表格形式呈现,并对其进行接口对接准备工作——数据绑定,方便之后进行数据渲染。对一定量的订单数据使用分页组件分解数据,代码如下:

```
//第 20 章/mall-webfront/src/views/oms/orders/index.vue
<el-table :data="allTableData" border style="width: 100%">
        <el-table-column type="selection" width="50" align="center" />
        <el-table-column label="订单编号" align="center">
          <template #default="scope">{{ scope.row.id }}</template>
        </el-table-column>
        //此处省略部分相似的数据绑定代码
        //根据后端响应的 int 类型数据显示相应的发货(或退货)状态
        <el-table-column label="发货状态" align="center">
          <template #default="scope"><span v-if="scope.row.deliver === 1">已发货</span>
<span
              v-else-if="scope.row.deliver != 1">未发货</span></template>
        </el-table-column>
        <el-table-column label="退货状态" align="center">
          <template #default="scope"><span v-if="scope.row.refund === 1">已退货</span>
<span
              v-else-if="scope.row.refund != 1">未退货</span></template>
        </el-table-column>
        //此处省略部分相似的数据绑定代码</el-table>
        //分页组件
<div class="pagination-container">
        <el-pagination background v-model:currentPage="queryForm.pageNum" v-model:page-
size="queryForm.pageSize"
          :page-sizes="[5, 10, 15, 20]" layout="total, sizes, prev, pager, next, jumper" :
total="total"
          @size-change="handleSizeChange" @current-change="handleCurrentChange" /></div>
```

(2) 对获取订单分页数据和查询订单的接口进行封装,并将相应的后端接口写在 api 文件夹下的 orders.js 文件中,代码如下:

```
//第 20 章/mall - webfront/src/api/orders.js
export const getAllOrders = (params) => {
    return requst({
      url: 'order/getAllOrders',
      method: 'GET',
      headers: {
        'content - type': 'x - www - form - urlencoded'
    },
      params
    })}
  //根据 id 查询订单信息
  export const searchOrder = (params) => {
    return requst({
      url: 'order/searchOrderById',
      method: 'GET',
      headers: {
        'content - type': 'x - www - form - urlencoded'
    },
    params
    })}
```

(3) 在订单管理页面引入该接口,传入对应的参数(页数和每页条数)进行调用,实现订单数据分页功能,代码如下:

```
//第 20 章/mall - webfront/src/views/oms/orders/index.vue
  //表格数据
  const allTableData = ref([])
  //请求获取列表数据参数
  const queryForm = ref({
    pageNum: 1,
    pageSize: 5
  })
  //获取列表数据
  const initGetAllOrders = async () => {
    const res = await getAllOrders(queryForm.value)
    allTableData.value = res.data.records
    total.value = res.data.total
    }
  initGetAllOrders()
  //切换每页条数
  const handleSizeChange = (pageSize) => {
    queryForm.value.pageNum = 1
    queryForm.value.pageSize = pageSize
    if (formList.id === '') {
      initGetAllOrders()
    }}
  //切换页面
  const handleCurrentChange = (pageNum) => {
    queryForm.value.pageNum = pageNum
    if (formList.id === '') {
      initGetAllOrders()
  }}
```

```
//查询请求参数
  const formList = reactive({
    id: ''
  })
//根据 id 查询订单信息
  const handleSearchList = async () => {
    if (formList.id === '') {
      initGetAllOrders()
    } else {
      const res = await searchOrder(formList)
      allTableData.value = []
      allTableData.value[0] = res.data
      total.value = 1
    }}
```

(4) 渲染结果如图 20-8 所示。

图 20-8 订单列表

2. 查看订单详情的功能

(1) 将订单表格的最后一列作为"操作"列，单击按钮响应相应的方法，并将该行数据(row)作为方法的参数进行传递，代码如下：

```
    <el-table-column fixed="right" label="操作" align="center" width="200">
        <template #default="{ row }">
          <el-button link size="small" @click="orderDetail(row)">详情</el-button>
          <el-button link type="primary" size="small" @click="handleClick(row)">更新
</el-button>
          <el-button link type="danger" size="small" @click="delOrder(row)">删除</el
-button>
        </template>
      </el-table-column>
```

(2) 将订单详情页面以弹出的对话框形式呈现，设置 visible 属性，绑定 dialogTableVisible

数据，当为 true 时显示详情页面。同时绑定相应的数据字段。最终的渲染效果如图 20-9 所示。

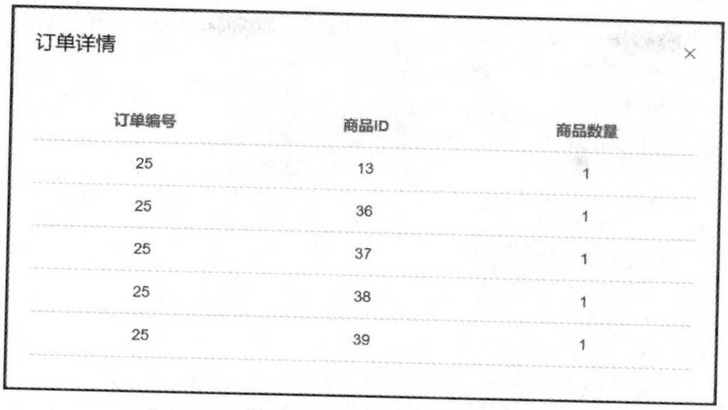

订单详情

订单编号	商品ID	商品数量
25	13	1
25	36	1
25	37	1
25	38	1
25	39	1

图 20-9　订单详情

（2）在 api/orders.js 文件中对获取相应订单详细信息的接口进行封装（getOrderInfo），在订单管理页面导入接口并调用，代码如下：

```
//第 20 章/mall-webfront/src/views/oms/orders/index.vue
//获取订单详情的参数
  const dialogTableVisible = ref(false)
  const orderData = ref([])
//获取订单详情的方法
  const orderDetail = async (row) => {
    dialogTableVisible.value = true
    const res = await getOrderInfo(row.id)
    orderData.value = res.data
  }
```

3. 订单处理的功能

1）新增订单

单击"添加"按钮响应新增订单对话框的弹出，商品及其数量是一份订单的重要因素之一，故应先通过导入 api/goods.js 文件封装好的获取所有商品信息的接口，以便在新增订单时对相应商品及其数量进行录入，实现效果如图 20-10 所示，代码如下：

```
//第 20 章/mall-webfront/src/views/oms/orders/index.vue
//获取所有商品信息
const addOrderPage = async () => {
    showPage.value = true
    const apiData = ref({
      pageNum: 1,
      pageSize: 10000
    })
    const res = await getGoods(apiData.value)
    tableData.value = res.data.records.map((item) => ({
      id: item.id,
      goodsName: item.goodsName,
```

```
      price: item.price,
      num: 1
    })))}
  //对表格中选择的商品及其数量进行订单金额计算
  const handleSelectionChange = (val) => {
    multipleSelection.value = val
    const sum = ref(0)
    multipleSelection.value.map(
      (item) => (sum.value = sum.value + item.price * item.num)
    )
    addApiData.value.sum = sum.value
  }
  //新增订单
  const newOrder = async () => {
    addApiData.value.userId = parseInt(addApiData.value.userId)
    addApiData.value.addressId = parseInt(addApiData.value.addressId)
    addApiData.value.sum = parseFloat(addApiData.value.sum)
    var goodsIds = ref([])
    var amounts = ref([])
    multipleSelection.value.map((item) => {
      goodsIds.value.push(item.id)
      amounts.value.push(item.num)
    })
    addApiData.value.goodsIds = goodsIds.value
    addApiData.value.amounts = amounts.value
    await addOrder(addApiData.value)
    ElMessage({
      type: 'success',
      message: '添加成功!'
    })
    initGetAllOrders()
    showPage.value = false
  }
```

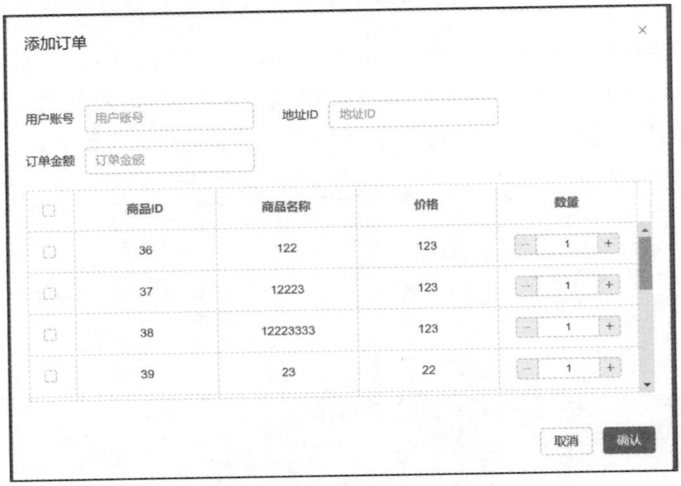

图 20-10 新增订单

2）删除订单

导入并调用在 api/orders.js 文件中封装的删除订单的接口，以选中行的订单 id 作为参数发送请求，代码如下：

```
//第 20 章/mall - webfront/src/views/oms/orders/index.vue
const delApiData = ref({
    id: ''
  })
  const delOrder = (row) => {
    ElMessageBox.confirm('此操作将永久删除该订单, 是否继续?', '提示', {
        confirmButtonText: '确认',
        cancelButtonText: '取消',
        type: 'warning'
      })
      .then(async () => {
        delApiData.value.id = row.id
        await deleteOrder(delApiData.value)
        ElMessage({
          type: 'success',
          message: '删除成功!'
        })
        initGetAllOrders()
      })
      .catch(() => {
        ElMessage({
          type: 'info',
          message: '删除失败!'
        })}))}
```

20.4.5 系统管理模块

1. 角色列表

（1）在 src/views/ums 目录下创建 roles 文件夹，用于放置页面及弹窗组件，超级管理员单击“角色列表”按钮后，会展示该系统所有的用户角色信息，并且可以进行添加、修改、删除等操作，还能控制角色是否禁用，单击“添加角色”按钮能够进行添加角色，单击“编辑”按钮能够对角色信息进行修改，单击“分配资源”按钮，能够为角色添加接口权限，从而给不同角色分配不同的功能权限，单击“分配菜单”按钮，能够给用户分配其具备的菜单，如图 20-11 所示。

（2）在后台管理的所有管理模块都用到了分页展示，用到了 Element-Plus 组件库中的 el-pagination 组件，代码如下：

```
//第 20 章/mall - webfront/src/views/ums/roles/index.vue
<div class = "pagination - container">
      <el - pagination v - model:currentPage = "queryForm.pageNum" v - model:page - size =
"queryForm.pageSize" :page - sizes = "[5, 10, 15, 20]" layout = "total, sizes, prev, pager,
next, jumper" :total = "total"
        @size - change = "handleSizeChange" @current - change = "handleCurrentChange" />
</div>
```

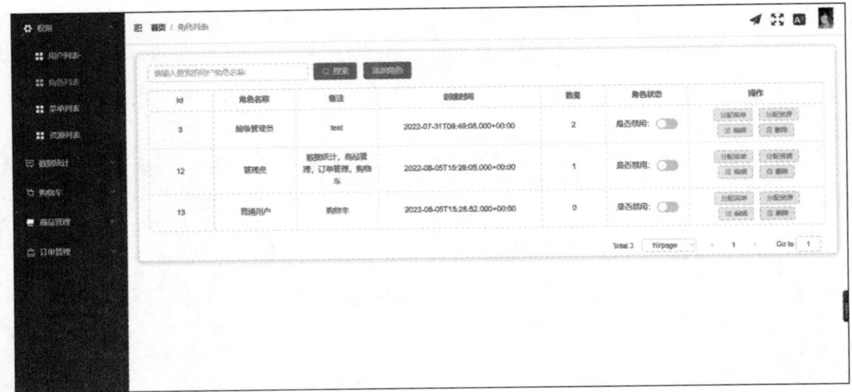

图 20-11 角色列表

（3）其中编辑角色和添加角色的弹窗通过组件封装引用，这样能够使代码更加简洁易读，减少代码冗余，分配角色和分配资源也通过组件封装引用，引入弹窗组件，代码如下：

```
import Dialog from './components/dialog.vue'
import AllocateMenuDialog from './components/allocateMenu.vue'
import AllocateResourceDialog from './components/allocateResource.vue'
```

（4）使用弹窗组件，代码如下：

```
//第 20 章/mall-webfront/src/views/ums/roles/index.vue
<Dialog v-model="dialogVisible" :dialogTitle="dialogTitle" v-if="dialogVisible"
@initRoleList="initGetRoleList"
    :dialogTableValue="dialogTableValue" />
  <AllocateResourceDialog v-model="dialogAllocate" :dialogTitle="allocateTitle" v-if=
"dialogAllocate" @initRoleList="initGetRoleList"
    :dialogTableValue="allocateValue" />
    <AllocateMenuDialog v-model="dialogAllocateMenu" :dialogTitle="allocateMenuTitle" v-if=
"dialogAllocateMenu" @initRoleList="initGetRoleList"
    :dialogTableValue="allocateMenuValue" />
```

（5）在 api 目录下创建 role.js 文件，用于获取用户列表，以及对修改用户信息等接口进行封装，代码如下：

```
//第 20 章/mall-webfront/src/api/role.js
import requst from './request'
export const getRole = (params) => {
  return requst({
    url: '/role/getPage',
    params
  })
}
export const editRole = (data) => {
  return requst({
    url: '/role/update',
    method: 'POST',
```

```
      data
    })
  }
  export const allocateMenu = (data) => {
    return requst({
      url: '/role/allocate_menu?roleId = ' + data.roleId + '&menuIds = ' + data.menuIds,
      method: 'POST',
      data
    })}
```

（6）调用接口，代码如下：

```
import { getRole, deleteRole, statusUpdate } from '@/api/role'
```

（7）通过后端接口请求实现添加、删除、修改等功能，代码如下：

```
//第 20 章/mall - webfront/src/views/ums/roles/index.vue
//分页获取角色列表
const initGetRoleList = async () => {
    const res = await getRole(queryForm.value)
    console.log(res)
    total.value = res.data.total
    tableData.value = res.data.records
  }
  initGetRoleList()
//删除
  const delRole = (row) => {
    ElMessageBox.confirm('是否确认删除该用户', '确认', {
        confirmButtonText: '确认',
        cancelButtonText: '取消',
        type: 'warning'
      })
      .then(async () => {
        const delForm = ref({
          roleId: row.id
        })
        console.log(delForm.value)
        await deleteRole(delForm.value)
        ElMessage({
          type: 'success',
          message: '删除成功'
        })
        initGetRoleList()
      })
      .catch(() => {
        ElMessage({
          type: 'info',
          message: '取消删除'
        })
      })}
const handleDialogValue = (row) => {
  if (isNull(row)) {
```

```
      dialogTitle.value = '添加'
      dialogTableValue.value = {}
    } else {
      dialogTitle.value = '编辑'
      dialogTableValue.value = JSON.parse(JSON.stringify(row))
      console.log(dialogTableValue.value)
    }
    dialogVisible.value = true
  }
  const handleAllocateMenu = (row) => {
    allocateMenuTitle.value = '分配菜单'
    allocateMenuValue.value = row
    dialogAllocateMenu.value = true
  }
  const handleAllocateResource = (row) => {
    allocateTitle.value = '分配资源'
    allocateValue.value = row
    dialogAllocate.value = true
  }
```

2. 资源列表

(1) 超级管理员单击"资源列表"按钮后，会展示该系统的所有资源信息，并且允许超级管理员对其进行添加、修改、删除等操作，能够通过资源名称、资源路径、资源分类对其进行查询，如图 20-12 所示。

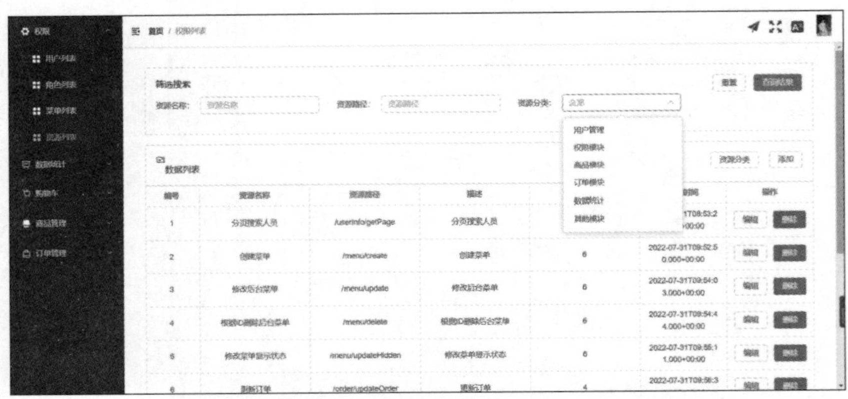

图 20-12 资源列表

(2) 在 api/resource.js 文件中封装获取资源、添加资源、删除资源的接口，代码如下：

```
//第 20 章/mall-webfront/src/api/resource.js
import requst from './request'
export const getResource = (data) => {
  return requst({
    url: '/resource/getPage',
    method: 'POST',
    data
```

```
  }))
export const addResource = (data) => {
    return requst({
        url: '/resource/create',
        method: 'POST',
        headers: {
            'content-type': 'application/json'
        },
        data
    }))
export const delResource = (id) => {
    return requst({
        url: '/resource/delete?id=' + id,
        method: 'GET'
    }))
```

(3) 导入接口,代码如下:

```
import { getResource, addResource, updateResource, delResource } from '@/api/resource'
```

(4) 调用接口,发起请求,代码如下:

```
//第 20 章/mall-webfront/src/views/ums/ resource/index.vue
const tableData = ref([])
  const total = ref(1)
  const initGetResourceList = async () => {
    const res = await getResource(listQuery)
    console.log(res.data)
    tableData.value = res.data.records
    total.value = res.data.total
    console.log(tableData.value)
  }
  initGetResourceList()
const handleDialogConfirm = () => {
    resourceForm.value.validate(async (valid) => {
      if (valid) {
        if (isEdit.value) {
          resource.id = resourceId.value
          await updateResource(resource)
          ElMessage({
            message: '添加成功',
            type: 'success'
          })
          initGetResourceList()
          dialogVisible.value = false
        } else {
          resource.createTime = new Date()
          await addResource(resource)
          ElMessage({
            message: '添加成功',
            type: 'success'
          })
```

```
            initGetResourceList()
            dialogVisible.value = false
        }}
    }))
const handleDelete = (index, row) => {
  ElMessageBox.confirm('是否确认删除该商品', '确认', {
    confirmButtonText: '确认',
    cancelButtonText: '取消',
    type: 'warning'
  })
    .then(async () => {
      await delResource(row.id)
      ElMessage({
        type: 'success',
        message: '删除成功'
      })
      initGetResourceList()
    })
    .catch(() => {
      ElMessage({
        type: 'info',
        message: '取消删除'
      })
}))
```

3. 用户列表

1）新建页面

在 src/views/ums 目录下创建 users 文件夹，用于放置页面及弹窗组件，如图 20-13(a)所示，在 src/api 目录下创建 users.js 文件，如图 20-13(b)所示。

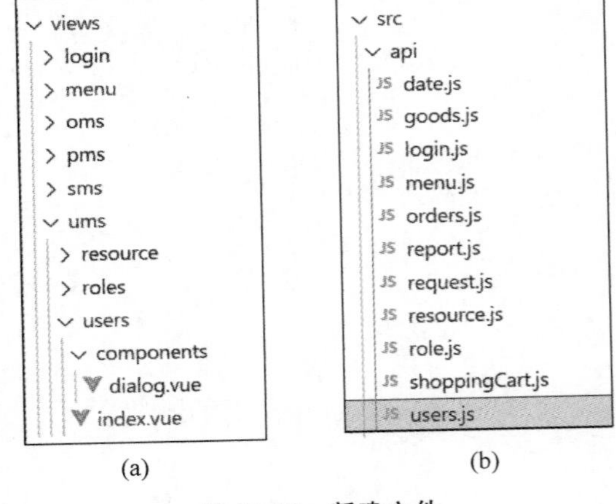

图 20-13 新建文件

2）页面功能

页面渲染效果如图 20-14 所示，超级管理员在菜单单击"用户列表"按钮后，会分页展示该系统中所有的用户详细信息，并且可以进行添加新用户、给已有用户分配角色、修改、删除等操作。①在页面中央用户信息会以表格的形式展示；②在输入框中输入用户姓名后单击"搜索"按钮，能精准查找对应用户信息；③右上角的用户角色选择栏可以选择查看不同角色的用户，默认为所有角色；④单击"添加用户"按钮并填写新用户信息，进行添加用户；⑤单击"用户信息"行的对应编辑按钮能够对用户信息进行修改；⑥单击"用户信息"行的对应删除按钮，确认删除后将删除该用户；⑦单击"用户信息"行的对应角色分配按钮，可选择不同角色对该用户分配不同角色；⑧页面右下角分页栏可对用户信息进行分页查看。

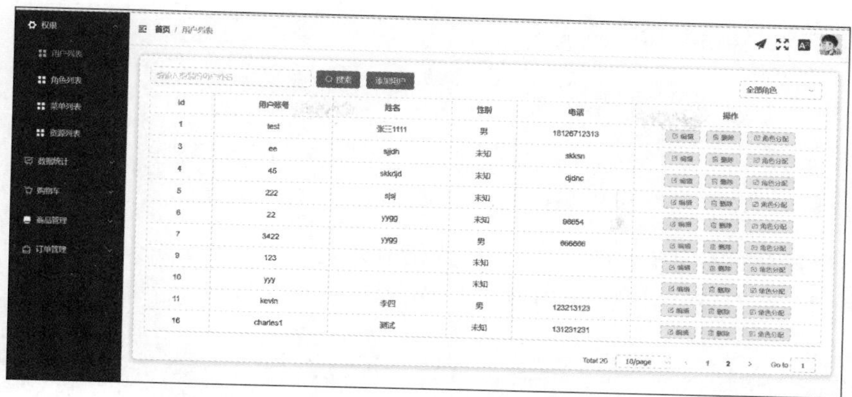

图 20-14 用户列表页面

3）功能实现

(1) 用户信息展示。首先在 users.js 文件中对获取用户信息的接口进行封装，调用接口，如果成功，则返回用户的信息，代码如下：

```
//第 20 章/mall-webfront/src/api/users.js
export const getUser = (params) => {
  return requst({
    url: '/userInfo/getPage',
    params
  })}
```

(2) 在页面中引入接口并进行调用，传入对应的数据并存储至 tableData 中，用 Element-Plus 组件库中的 el-table 组件，以表格的形式展示 tableData 中存储的用户信息，代码如下：

```
//第 20 章/mall-webfront/src/views/ums/users/index.vue
//省略部分代码
<script setup>
const initGetUsersList = async () => {
  const res = await getUser(queryForm.value)
  total.value = res.data.total
  tableData.value = res.data.records
}
initGetUsersList()
</script>
```

(3) 根据输入的用户姓名查找对应的用户信息。用户输入查询的姓名，改变 queryForm 的 name，queryForm 为调用查询用户接口的参数，请求获取新数据更新表格数据，代码如下：

```
//第 20 章/mall-webfront/src/views/ums/users/index.vue
<script setup>
import { Search } from '@element-plus/icons-vue'
import { ref } from 'vue'
import { getUser } from '@/api/users'
```

```
const queryForm = ref({
  roleId: '',
  name: '',
  pageNum: 1,
  pageSize: 10
})
</script>
```

（4）选择查看的不同角色的用户，默认为所有角色。首先在 users.js 文件中对获取所有角色的接口进行封装，调用接口，如果成功，则返回用户的信息，代码如下：

```
//第 20 章/mall-webfront/src/api/users.js
export const getSimpleList = (params) => {
  return requst({
    url: 'role/getSimpleList',
    method: 'GET',
    params
  })}
```

（5）在页面中引入接口并进行调用，传入对应的数据并存储至 roleList 中，默认选项为空，表示选择所有角色，改变 queryForm 的 roleId，请求获取新数据更新表格数据，代码如下：

```
//第 20 章/mall-webfront/src/views/ums/users/index.vue
<script setup>
import { ref } from 'vue'
import { deleteUser, getSimpleList } from '@/api/users'
const roleList = ref([])
const initGetRoleList = async () => {
roleList.value = (await getSimpleList()).data
}
initGetRoleList()
const queryForm = ref({
  roleId: '',
  name: '',
  pageNum: 1,
  pageSize: 10
})
</script>
```

20.4.6 统计模块

1. 新建页面

在 src/views/sms 目录下创建 index.vue 文件，在 src/api 目录下创建 report.js 文件。

2. 页面功能

页面渲染效果如图 20-15 所示，展示关于销售额和订单统计的相关的具体数据，并把当日、当周和当月数据与过去的数据进行比较，具体地体现了商城的营业状况。以折线图的形式直观地展示当周每日的具体销售额与订单情况，并可自行选择日期展示特定日期范围内的销售额和订单数据。

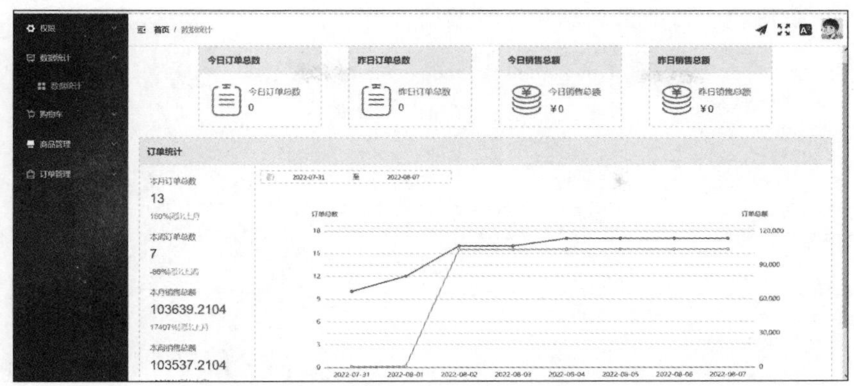

图 20-15　统计模块

3. 功能实现

(1) 在 report.js 文件中将所需的今日订单数、昨日订单数、今日销售额、昨日销售额、本周订单数、本月订单数、本周销售额、本月销售额、本周订单同比、本月订单同比、本周销售额同比、本月销售额同比、时间范围内具体订单、时间范围内具体销售额等接口进行封装，然后在页面中引入并使用，代码如下：

```
//第 20 章/mall - webfront/src/api/report.js
//今日订单总数
export const todayAmount = () => {
  return request({
    url: 'OrderInfo/TodayAmount',
    method: 'GET',
    headers: {
      'content - type': 'x - www - form - urlencoded'
    }})}
//昨日订单总数
export const yesAmount = () => {
  return request({
    url: 'OrderInfo/YesAmount',
    method: 'GET',
    headers: {
      'content - type': 'x - www - form - urlencoded'
    }})}
//余下接口与以上接口封装相似,不一一展示
//第 20 章/mall - webfront/src/views/sms/index.vue
<script setup>
//引入接口
import{ todayAmount, yesAmount, todaySum, yesSum, monAmount, monthOnMonthAmount, weekAmount,
weekOnWeekAmount, monSum, monthOnMonthSum, weekSum, weekOnWeekSum, periodOfTimeAmount,
periodOfTimeSum
} from '@/api/report'
//对引入的接口逐个请求,获取数据用于页面展示
</script>
```

（2）获取数据后进行展示。可选择查询日期，将所选时间变为 YYYY-MM-DD 的形式，调用接口，获得相应的销售总额和订单数据，以折线图的形式展示，代码如下：

```
//第 20 章/mall-webfront/src/views/sms/index.vue
//仅展示折线图代码
<script setup>
import { ref } from 'vue'
import * as echarts from 'echarts'
import { formatDate } from '@/api/date'
const main = ref()
function init() {
  var myChart = echarts.init(main.value)
  var option = {
//省略折线图样式代码
}
  myChart.setOption(option)
}
const handleDateChange = async () => {
    const arr1 = (
     await periodOfTimeAmount({
       begintime: orderCountDate.value[0],
       endtime: orderCountDate.value[1]
     })
   ).data
   const arr2 = (
     await periodOfTimeSum({
       begintime: orderCountDate.value[0],
       endtime: orderCountDate.value[1]
     })
   ).data
   init()
}
const initOrderCountDate = () => {
   const start = new Date()
   const end = new Date()
   end.setTime(start.getTime() - 3600 * 1000 * 24 * 7)
   const start1 = formatDate(start, 'yyyy-MM-dd')
   const end1 = formatDate(end, 'yyyy-MM-dd')
   orderCountDate.value = [end1, start1]
   handleDateChange()
}
initOrderCountDate()
```

本章小结

本章学习了完整的前后端分离的项目开发过程。通过对本章的学习，能够更好地掌握 Spring Boot＋Vue 的开发技术。

第 21 章 Spring Boot 人脸识别实战

本章介绍 Spring Boot 实现人脸识别实战的案例。其功能是人脸数据采集、将数据备份到百度云、将数据备份到本地数据库。其关键技术包括调用百度智能云的人脸识别 API、使用 Spring Boot 调用该 API、使用 JavaScript 调用摄像头、图片上传、MyBatis 技术和 AJAX 技术。本章首先介绍搭建基础项目的步骤,然后介绍用户注册人脸采集模块和用户人脸识别登录模块,最后介绍运行和测试系统的流程。

21.1 搭建基础项目

21.1.1 申请人工智能人脸识别服务

读者首先要到百度智能云申请人脸识别的应用,通过浏览器访问 https://cloud.baidu.com/products/index.html,选择人工智能,如图 21-1 所示。

图 21-1　选择人工智能

然后选择人脸识别云服务,结果如图 21-2 所示。

单击“立即使用”按钮,进行登录,如图 21-3 所示。

登录后单击左侧的概览并找到领取免费资源的超链接(免费尝鲜),如图 21-4 所示,然后一步步领取所有有关人脸识别的免费资源。

图 21-2　选择人脸识别

图 21-3　登录

图 21-4　概览

尽可能领取到多种免费资源后，单击左侧公有云 API→应用列表，再单击创建应用按钮，创建一个应用，如图 21-5 所示，获得 AppID、API Key、Secret Key 等，复制下来，在项目中会用到。

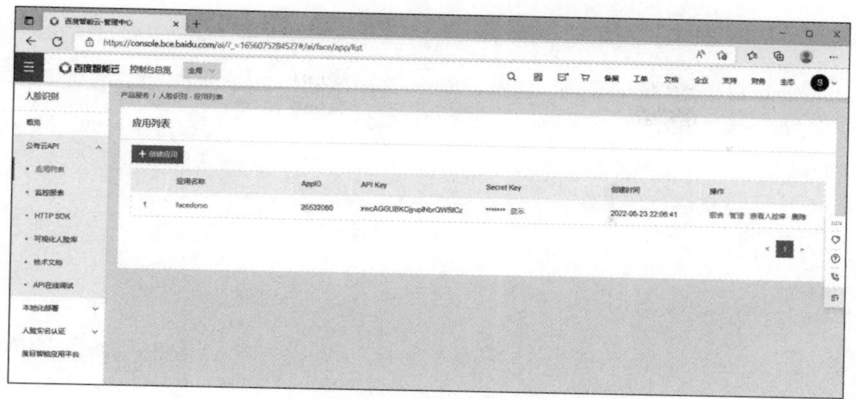

图 21-5 创建应用

21.1.2 数据库准备

创建数据库 face,创建表 user,表结构如图 21-6 所示,其中 photo 字段表示图片在本地存储的路径。

Name	Type	Length	Decimals	Not null	Virtual	Key
id	int			☑	☐	🔑1
username	varchar	50		☐	☐	
password	varchar	50		☐	☐	
photo	varchar	255		☐	☐	

图 21-6 数据库表

21.1.3 创建基础项目

创建 Spring Boot 项目,实现基本的将数据保存到数据库 user 表的功能,以及查询用户是否重复的功能,使用 MyBatis 技术。

(1) 创建 Spring Boot 项目并命名为 face,导入以下依赖,代码如下:

```
//第 21 章/face/pom
<dependency>
    <groupId>com.baidu.aip</groupId>
    <artifactId>java-sdk</artifactId>
    <version>4.15.1</version>
</dependency>
<dependency>
    <groupId>org.slf4j</groupId>
    <artifactId>slf4j-simple</artifactId>
    <version>1.7.36</version>
    <scope>test</scope>
</dependency>
<dependency>
    <groupId>org.springframework.boot</groupId>
    <artifactId>spring-boot-starter-thymeleaf</artifactId>
</dependency>
```

```
<dependency>
    <groupId>org.springframework.boot</groupId>
    <artifactId>spring-boot-starter-web</artifactId>
</dependency>
<dependency>
    <groupId>org.mybatis.spring.boot</groupId>
    <artifactId>mybatis-spring-boot-starter</artifactId>
    <version>2.2.2</version>
</dependency>
<dependency>
    <groupId>mysql</groupId>
    <artifactId>mysql-connector-java</artifactId>
    <scope>runtime</scope>
</dependency>
<dependency>
    <groupId>org.projectlombok</groupId>
    <artifactId>lombok</artifactId>
    <optional>true</optional>
</dependency>
<dependency>
    <groupId>org.springframework.boot</groupId>
    <artifactId>spring-boot-starter-test</artifactId>
    <scope>test</scope>
</dependency>
<dependency>
    <groupId>commons-fileupload</groupId>
    <artifactId>commons-fileupload</artifactId>
    <version>1.4</version>
</dependency>
```

其中第 1 个依赖是重点，是百度智能云提供的人脸识别的关键。

(2) 配置文件。创建 application.yml 文件，进行 MyBatis 有关的配置，代码如下：

```
//第 21 章/face/application
spring:
  datasource:
    username: root
    password: root
     url: jdbc:mysql://localhost:3306/face?useUnicode=true&characterEncoding=UTF-
8&serverTimezone=UTC
    driver-class-name: com.mysql.cj.jdbc.Driver

mybatis:
  #扫描别名包
  type-aliases-package: com.sike.entity
 #加载此路径下的映射文件
  mapper-locations: classpath:mappers/*.xml
```

(3) 创建实体类 User，代码如下：

```
//第 21 章/face/User
@Data
```

```
public class User {
    private int id;
    private String username;
    private String password;
    private String photo;
}
```

(4) 创建 Dao 层接口 UserMapper,代码如下:

```
//第 21 章/face/User
@Mapper
public interface UserMapper {
    //添加新用户
    int addUser(User user);
    //查找用户是否存在
    User findUserByName(String username);
}
```

(5) 在 resource 目录下创建 mappers 目录,再创建 UserMapper.xml 文件,代码如下:

```
//第 21 章/face/UserMapper
<?xml version = "1.0" encoding = "UTF - 8" ?>
<!DOCTYPE mapper
        PUBLIC " - //mybatis.org//DTD Mapper 3.0//EN"
        "http://mybatis.org/dtd/mybatis - 3 - mapper.dtd">
<mapper namespace = "com.sike.mapper.UserMapper">
    <insert id = "addUser" parameterType = "User">
        insert into user values(null, #{username}, #{password}, #{photo})
    </insert>

    <select id = "findUserByName" resultType = "User">
        select * from user where username = #{username}
    </select>
</mapper>
```

(6) 创建业务层 UserService,代码如下:

```
//第 21 章/face/UserService
@Service
public class UserService {
    @Autowired
    private UserMapper userMapper;

    public int addUser(User user){
        return userMapper.addUser(user);
    }

    public User findUserByName(String username){
        return userMapper.findUserByName(username);
    }
}
```

21.2 用户注册人脸采集模块

21.2.1 前端资源

在 resource/static 目录下创建 img 目录，用来存放两张背景图片，分别是 bg. jpg 和 bg2. jpg，创建 js 目录，用于存放 jquery-3. 1. 0. min. js，创建 photo 目录，用来存放采集到的人脸图片，注意采集到的图片同时存储一份到这里，另一份存储到百度智能云，photo 目录下要事先随便存放一张 jpg 图片进去，注意否则可能编译运行时会认为此目录不存在。项目的总体目录如图 21-7 所示。

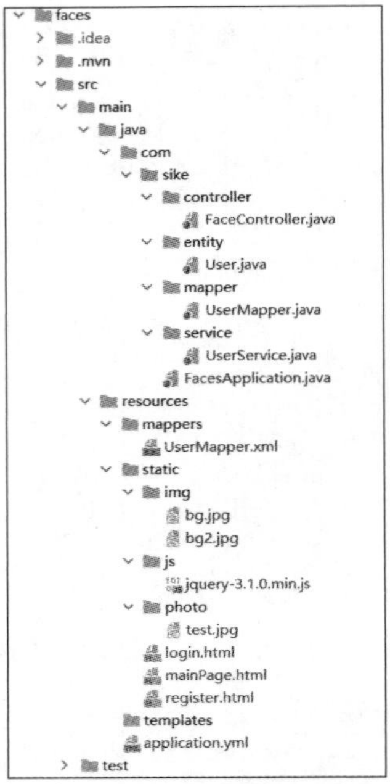

```
faces
  .idea
  .mvn
  src
    main
      java
        com
          sike
            controller
              FaceController.java
            entity
              User.java
            mapper
              UserMapper.java
            service
              UserService.java
            FacesApplication.java
      resources
        mappers
          UserMapper.xml
        static
          img
            bg.jpg
            bg2.jpg
          js
            jquery-3.1.0.min.js
          photo
            test.jpg
          login.html
          mainPage.html
          register.html
        templates
        application.yml
    test
```

图 21-7 项目结构

21.2.2 注册界面

创建 register. html 文件，用作注册与人脸采集。该文件的代码如下：

```
//第 21 章/face/register
<body>
<h1>百度云人脸注册</h1>
<div id = "name">
    用户名: <input type = "text" name = "username" id = "username"/>
</div>
<div class = "camera">
    <video id = "video" width = "350" height = "200" src = "" autoplay></video>
    <canvas id = "canvas" width = "350" height = "200"></canvas>
</div>
<div class = "reg">
<button id = "register">确定注册</button>
</div>
<script type = "text/javascript" src = "js/jquery - 3.1.0.min.js"></script>
<script type = "text/javascript">
    /** 调用摄像头,获取媒体视频流 **/
    var video = document.getElementById('video');
    //返回二维画图环境
    var userContext = canvas.getContext("2d");
    var getUserMedia =
    //浏览器兼容,表示在火狐、谷歌、IE 等浏览器都可正常支持
        (navigator.getUserMedia || navigator.webkitGetUserMedia || navigator.mozGetUserMedia ||
navigator.msGetUserMedia)
    //getUserMedia.call(要调用的对象,约束条件,调用成功的函数,调用失败的函数)
    getUserMedia.call(navigator,{video: true,audio: false},function(localMediaStream){
    //获取摄像头捕捉的视频流
        video.srcObject = localMediaStream;
```

```
        },function(e){
            console.log("获取摄像头失败!")
        });
        //单击按钮注册事件
        var btn = document.getElementById("register");
        btn.onclick = function () {
            var username =  $ ("#username").val();
            alert( $ ("#username").val());
            if(username != null){
        //单击按钮时获得登录者面部信息
                userContext.drawImage(video,0,0,350,200);
                var userImgSrc = document.getElementById("canvas").toDataURL("img/jpg");
        //获得 bash64 格式的照片信息
                var faceBase = userImgSrc.split(",")[1];
        //ajax 异步请求
                $ .ajax({
                    url: "register",
                    type: "post",
                    data: {"faceBase": faceBase,
                        "userName": username
                    },
                    success: function(result){
                        if(result === '1'){
                            alert("注册成功!单击确认跳转至登录页面");
                            window.location.href = "login.html";
                        }else if(result === '2'){
                            alert("您已经注册过!");
                        }else{
                            alert("系统错误!");
                        }
                    }
                })
            }else{
                alert("用户名不能为空");
            }
        }
    </script>
    </body>
```

运行后界面如图 21-8 所示。

图 21-8 人脸注册界面

图中间那个小框框就是调用的摄像头画面。

代码流程说明：

首先在 HTML 页面使用 JavaScript 调用摄像头，然后单击确定注册时获取摄像头的人像，使用 AJAX 方式将用户名和头像传递到后台，在后台将头像上传到 photo 目录下，并上传一份到百度智能云，成功后跳转到登录界面。

21.2.3 控制器实现注册功能

创建控制器 FaceController，实现注册有关功能，代码如下：

```
//第 21 章/face/FaceController
@Controller
public class FaceController {
    //从百度申请到的 3 种参数，用于连接其人脸识别接口 API
    //读者要替换成自己从百度申请到的这 3 种数据，这个很快会过期
    private static final String APP_ID = "26532060";
    private static final String API_KEY = "xwcAGGUBKCjyuplNbrQWSfCz";
    private static final String SECRET_KEY = "QQK6U9Om70StTvTfVhBXL6hzHGAPIGFL";

    @Autowired
    private UserService userService;

    //将收集到的用户名和相片发送给百度进行注册，其中相片是 Base64 格式
    //同时将相片上传到服务器的 photo 文件夹存储，用户数据也保存一份到数据库
    @RequestMapping(value = "register",method = RequestMethod.POST)
    @ResponseBody
    public String register(String userName,String faceBase) throws IOException {
        if(!StringUtils.isEmpty(userName) && !StringUtils.isEmpty(faceBase)) {
    //文件上传的地址
            String upPath = ResourceUtils.getURL("classpath:").getPath() + "static\\photo";
    //给上传的图片命名，格式为用户名_当前时间的毫秒数.jpg
            String fileName = userName + "_" + System.currentTimeMillis() + ".jpg";
    //上传文件的最终路径
            String path = upPath + "\\" + fileName;
            File file = new File(path);
    //初始化百度云的 AipFace
            AipFace client = new AipFace(APP_ID, API_KEY, SECRET_KEY);
    //向数据库插入一条用户数据
            User user = new User();
            user.setUsername(userName);
            user.setPhoto(path);
            User exitUser = userService.findUserByName(userName);
    //表示用户名重复了
            if(exitUser != null) {
                return "2";
            }
    //添加到数据库
            userService.addUser(user);

    //将图片上传到服务器中
```

```
        //将客户端传递过来的相片转换为字节
                Byte[] Bytes = Base64.getDecoder().decode(faceBase);
        //创建输出流
                OutputStream out = new FileOutputStream(path);
        //上传图片
                out.write(Bytes);

        //创建调用接口所需参数
        //传入可选参数调用接口
                HashMap<String, String> options = new HashMap<String, String>();
                options.put("quality_control", "LOW");
                options.put("liveness_control", "LOW");
//String image = Base64Util.encode(Bytes);
        //相片格式
                String imageType = "BASE64";
        //用户组 id
                String groupId = "1001";
        //调用接口进行人脸注册,向百度云人脸库插入一张人脸
                JSONObject res = client.addUser(faceBase, imageType, groupId, userName, options);
        //在控制台观察注册反馈结果
                System.out.println(res.toString(2));
            }
            return "1";
        }
}
```

21.3 用户人脸识别登录模块

21.3.1 前端页面

创建 login.html,实现用户人脸识别登录功能。界面如图 21-9 所示。

图 21-9 人脸识别登录界面

打开界面后立即调用摄像头,一旦有人进入视区,就会进行摄像并使用 AJAX 将相片数据传递到百度云后台进行对比,如果相似度超过 95%,则认为登录成功,登录成功后提示

登录成功并显示获取的用户名，然后跳转到系统主页，代码如下：

```
//第 21 章/face/login
<body>
<h1>百度云人脸识别登录</h1>
<div id = "name">
    用户名：<input type = "text" name = "username" id = "username" placeholder = "可以不填"/>
</div>

<div class = "camera">
    <video id = "video" width = "350" height = "200" src = "" autoplay></video>
    <canvas id = "canvas" width = "350" height = "200"></canvas>
</div>
<div class = "log">
<button id = "login">登录</button> <br/>
</div>
<div class = "contrl">
    <button id = "start" onclick = "startAuto()">启用自动登录</button>  
    <button id = "stop" onclick = "stopAuto()">暂停自动登录</button>
    <button id = "toRegister" onclick = "location.href = 'register.html'">人脸采集</button>
</div>

<script type = "text/javascript" src = "js/jquery-3.1.0.min.js"></script>
<script type = "text/javascript">
    /** 调用摄像头，获取媒体视频流 **/
    var video = document.getElementById('video');
    //返回二维画图环境
    var userContext = canvas.getContext("2d");
    var getUserMedia =
    //浏览器兼容，表示在火狐、谷歌、IE 等浏览器都可正常支持
        (navigator.getUserMedia || navigator.webkitGetUserMedia || navigator.mozGetUserMedia ||
navigator.msGetUserMedia)
    //getUserMedia.call(要调用的对象，约束条件，调用成功的函数，调用失败的函数)
        getUserMedia.call(navigator,{video: true,audio: false},function(localMediaStream){
        //获取摄像头捕捉的视频流
        video.srcObject = localMediaStream;
    },function(e){
        console.log("获取摄像头失败!")
    });
    //单击按钮注册事件
    var btn = document.getElementById("login");

    //登录用到的函数
    function toLogin(){
    //获取登录者面部信息
        userContext.drawImage(video,0,0,350,200);
        var userImgSrc = document.getElementById("canvas").toDataURL("img/jpg");
    //获得 Bash64 格式的照片信息
        var faceBase = userImgSrc.split(",")[1];
    //ajax 异步请求
        $.ajax({
            url: "login",
            type: "post",
```

```
                data: {"faceBase": faceBase},
                dataType:"json",
                success: function(result){
                    if(result.num == "1") {
                        alert("登录成功!欢迎你,尊敬的用户: " + result.username + "!");
                        location.href = "mainPage.html";
                    }else{
                        console.log("登录失败!");
                    }
                }
            })
}
//单击按钮时进行登录
    btn.onclick = toLogin();
    var timer;
    //每隔 3s 自动登录一次
    function startAuto(){
        timer = setInterval(toLogin,3000);
}
//可以设置开机即自动识别,也可注释掉,单击按钮后才开始自动识别
startAuto();
//关闭自动登录功能
    function stopAuto(){
        clearInterval(timer);
    }
</script>
</body>
```

21.3.2　控制器实现登录功能

控制器中有关登录的代码如下：

```
//第 21 章/face/login
//用户登录
@RequestMapping(value = "login",method = RequestMethod.POST)
@ResponseBody
public String login(String faceBase, HttpServletRequest request) {
   String faceData = faceBase;
   //进行人像数据对比
   AipFace client = new AipFace(APP_ID,API_KEY,SECRET_KEY);
   //进行人像对比获取结果
   JSONObject user = verifyUser(faceData,client);
   //获得准确率百分数
   Double score = (Double) user.get("score");
   //准确率超过 95% 认为成功
   if(score > 95) {
      return "{\"num\":\"1\",\"username\":\"" + user.getString("user_id") + "\"}";
   }else {
      return "{\"num\":\"2\"}";
   }
}
```

```
//人脸对比
public JSONObject verifyUser(String imgBash64, AipFace client) {
    //传入可选参数调用接口
    HashMap<String, String> options = new HashMap<String, String>();
    options.put("quality_control", "LOW");
    options.put("liveness_control", "LOW");
    JSONObject res = client.search(imgBash64, "BASE64", "1001", options);
    //观察比较结果
    System.out.println(res.toString(2));
    System.out.println(res.getJSONObject("result"));
System.out.println(res.getJSONObject("result").getJSONArray("user_list"));
    JSONObject user = (JSONObject) res.getJSONObject("result").getJSONArray("user_list").
get(0);
    //观察返回的识别到的用户数据
    System.out.println("百度返回的 user 对象: " + user.toString()); System.out.println("
username:" + user.getString("user_id"));
    //识别到的用户信息
    return user;
}
```

21.3.3 系统主页

这个不是重点，随意写个静态网页即可，创建文件 mainPage.html，代码如下：

```
//第 21 章/face/mainPage
<!DOCTYPE html>
<html lang="en" xmlns:th="http://www.thymeleaf.org">
<head>
    <meta charset="UTF-8">
    <title>Title</title>
    <style>
        body{
            background:url("img/bg2.jpg") no-repeat center;
        }
        h1{
            text-align: center;
            color:white;
        }
    </style>
</head>
<body>
<h1 style="font-size:56px;">欢迎你光临系统主页</h1>
</body>
</html>
```

21.4 运行测试

运行项目，然后参考 21.2.2 节有关注册的说明和 21.3.1 节有关登录的说明进行测试。通过浏览器访问 http://localhost:8080/register.html 进行注册，然后自动会跳转到

http://localhost:8080/login.html 登录界面,脸面向摄像头即可,3s 就能识别,识别成功后会出现如图 21-10 所示提示,可见用户名也提取出来了。

图 21-10　人脸识别登录界面

单击“确定”按钮,跳转到系统首页,如图 21-11 所示。

图 21-11　登录后的系统首页

本章小结

本章学习了如何申请人脸识别接口,学习了创建人脸注册采集模块,学习了用户人脸识别登录模块,以及学习了前端如何调用计算机摄像头等关键知识。

第 22 章 项目部署

项目开发完成后需要部署上线才能开放给用户使用,本章以第 20 章的项目代码为例介绍项目部署的流程。本章首先介绍前端打包和后端打包的流程,然后介绍在 Windows 10 系统中部署前后端代码的流程,最后介绍在 Linux 系统中部署前后端代码的流程,其中在 Windows 10 系统中是直接部署后端代码,在 Linux 系统中则采用 Docker 部署后端代码。

22.1 前端打包

22.1.1 打包项目

(1) 在终端输入命令进行打包,命令如下:

```
npm run build
```

(2) 打包成功,生成 dist 文件夹,打包好的文件就存放在里面,如图 22-1 所示。

图 22-1 dist 文件夹

22.1.2 将项目上传到服务器

(1) 安装 Xftp。

(2) 打开 Xftp,新建会话,填入服务器的相关信息,连接到服务器,左侧是计算机本地,右侧是服务器计算机,如图 22-2 所示。

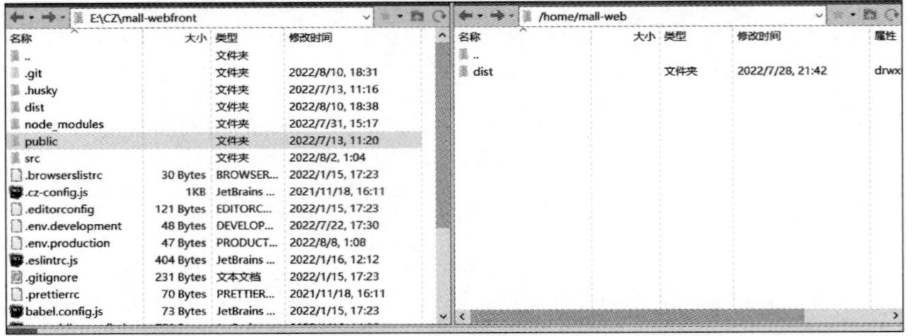

图 22-2 Xftp 界面

（3）将 dist 文件夹下的文件上传到服务器配置的位置，左侧进到刚刚打包好的文件存放路径，把 dist 文件夹复制到右侧服务器部署的文件夹里，如图 22-3 所示。

图 22-3　上传文件

（4）部署完成，打开浏览器，输入服务器 IP 和端口就可以访问了，如 127.0.0.1:80。

22.2　后端打包预处理

22.2.1　导入数据

1. 采用命令行方式导入

（1）通过快捷键 Win+R 进入 cmd 命令行窗口，切换至 mysqld.exe 所在目录。cmd 窗口如图 22-4 所示。

```
D:\>cd D:\mysql-8.0.26-winx64\bin
```

图 22-4　cmd 窗口

（2）使用命令连接数据库，并输入密码，命令如下：

```
mysql -u root -p
```

（3）使用以下命令新建数据库，并命名为 eshop，命令如下：

```
create database eshop charset utf8;
```

（4）使用以下命令切换至 eshop 数据库，命令如下：

```
use eshop;
```

（5）使用以下命令导入 SQL 文件，注意修改存放 SQL 文件的路径，命令如下：

```
source D:/eshop.sql;
```

（6）使用以下命令测试是否成功导入，如出现图 22-5 所示的 cmd 导入成功图，则表示导入成功，命令如下：

```
select * from role;
```

```
mysql> select * from role;
+----+------------+--------------------------------------------+--------+---------------------+
| id | name       | remark                                     | status | create_time         |
+----+------------+--------------------------------------------+--------+---------------------+
|  3 | 超级管理员 | test                                       |      0 | 2022-07-31 17:49:08 |
| 12 | 管理员     | 数据统计，商品管理，订单管理，购物车       |      0 | 2022-08-05 23:28:05 |
| 13 | 普通用户   | 购物车                                     |      0 | 2022-08-05 23:28:52 |
+----+------------+--------------------------------------------+--------+---------------------+
3 rows in set (0.04 sec)
```

图 22-5　cmd 导入成功图

2. 采用 Navicat 工具或其他工具导入

（1）本例采用 Navicat 进行演示。首先进入 Navicat 工具。

（2）新建数据库，如图 22-6 所示。

（3）右击 eshop 数据库，选择“运行 SQL 文件”，如图 22-7 所示。

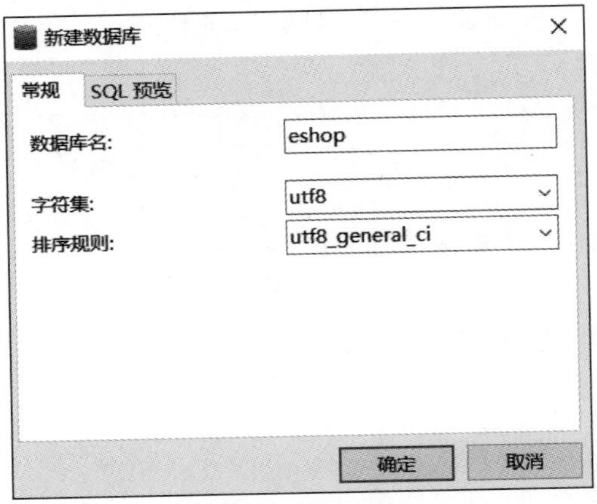

图 22-6　新建数据库

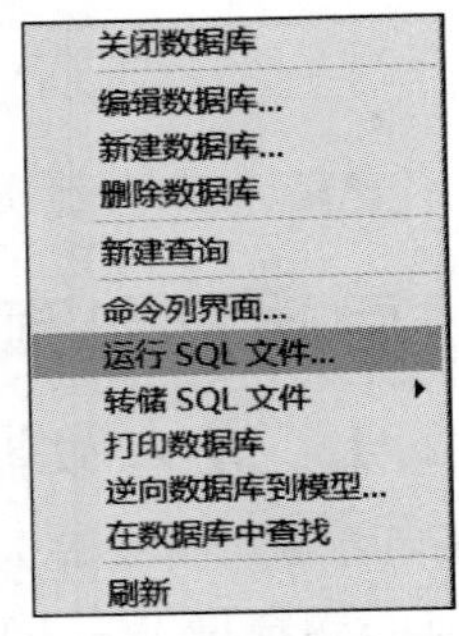

图 22-7　选择“运行 SQL 文件”

（4）运行 SQL 文件，如图 22-8 所示。

（5）导入成功，如图 22-9 所示。

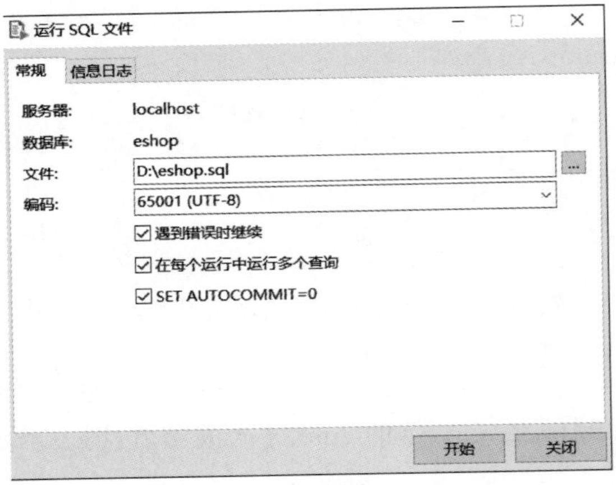

图 22-8　运行 SQL 文件

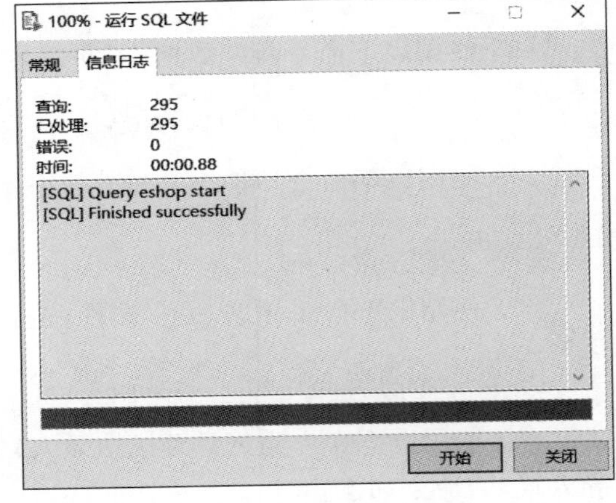

图 22-9　Navicat 导入成功

22.2.2　解决部署失败问题

由于在新版本的 Spring 及 MyBatis-Spring 中，NestedIOException 已被移除，直接使用 IOException 替代，而 MyBatis-Plus 并未兼容这一举措，因此导致如图 22-10 所示的部署问题报错。

因此可以采用重写 MyBatis-Plus 中部分类，通过将 NestedIOException 替换为 IOException 解决该问题。项目部分目录如图 22-11 所示，新建 com.baomidou.mybatisplus.extension.spring.MybatisSqlSessionFactoryBean。该文件可在 MyBatis-Plus 的 GitHub 项目中找到。只需将该文件中全部的 NestedIOException 替换为 IOException，便可解决该问题。

```
org.springframework.beans.factory.UnsatisfiedDependencyException: Error creating bean with name 'goodsController': Unsatisfied depe
ndency expressed through field 'goodsService': Error creating bean with name 'goodsServiceImpl': Unsatisfied dependency expressed t
hrough field 'goodsMapper': Error creating bean with name 'goodsMapper' defined in URL [jar:file:/mall.jar!/BOOT-INF/classes!/com/s
ike/mapper/GoodsMapper.class]: Unsatisfied dependency expressed through bean property 'sqlSessionFactory': Error creating bean with
 name 'sqlSessionFactory' defined in class path resource [com/baomidou/mybatisplus/autoconfigure/MybatisPlusAutoConfiguration.class
]: Failed to instantiate [org.apache.ibatis.session.SqlSessionFactory]: org/springframework/core/NestedIOException
	at org.springframework.beans.factory.annotation.AutowiredAnnotationBeanPostProcessor$AutowiredFieldElement.resolveFieldValu
e(AutowiredAnnotationBeanPostProcessor.java:718) ~[spring-beans-6.0.0-M5.jar!/:6.0.0-M5]
	at org.springframework.beans.factory.annotation.AutowiredAnnotationBeanPostProcessor$AutowiredFieldElement.inject(Autowired
AnnotationBeanPostProcessor.java:698) ~[spring-beans-6.0.0-M5.jar!/:6.0.0-M5]
```

图 22-10　部署问题报错

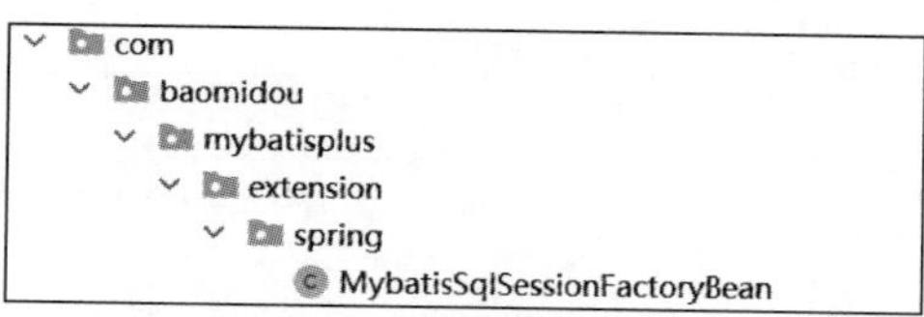

图 22-11　项目部分目录图

22.3　Windows 10 下部署前端

22.3.1　准备前端环境

下载网址为 https://nodejs.org/en/。

(1) 以管理员身份打开 cmd 窗口，命令如下：

```
npm install -g yarn
```

(2) 查看 yarn 版本，命令如下：

```
yarn --version
```

22.3.2　启动前端项目

如果代码放在第三方仓库，如 GitHub、gitee，则读者可以从第 1 步开始克隆代码到本地，若代码已经保存在本地，则从第 2 步开始。具体步骤如下：

(1) 将前端项目克隆到本地，命令如下：

```
#初始化本地仓库
git init
#将前端项目克隆到本地
git clone 前端项目网址
```

(2) 用 IDEA 打开前端项目，如图 22-12 所示。

(3) 于终端窗口打开项目，如图 22-13 所示。

(4) 安装前端项目的依赖项，命令如下：

```
yarn install
```

图 22-12　前端项目

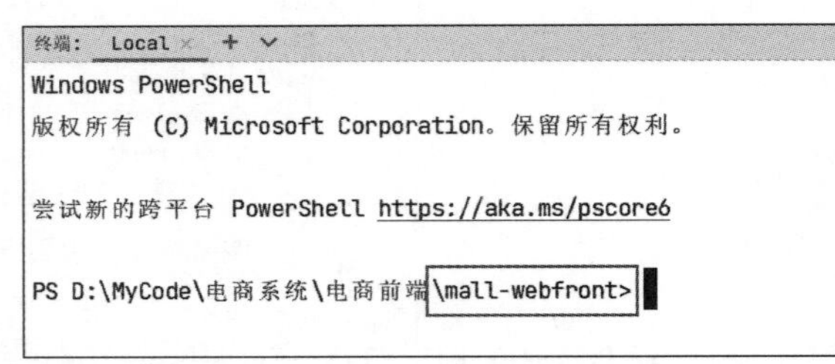

图 22-13　前端终端窗口

（5）设置 vue.config.js 的代理路径如下：

```
target: 'http://127.0.0.1:8098/'
```

（6）如果用 npm 启动前端项目，则命令如下：

```
npm run serve
```

（7）如果用 yarn 启动前端项目，则命令如下：

```
yarn run serve
```

（8）访问前端项目，地址如下：

```
http://localhost:8080/
```

（9）如果可以看到登录界面，则代表前端项目启动成功，待后端项目启动成功即可正常运行，如图 22-14 所示。

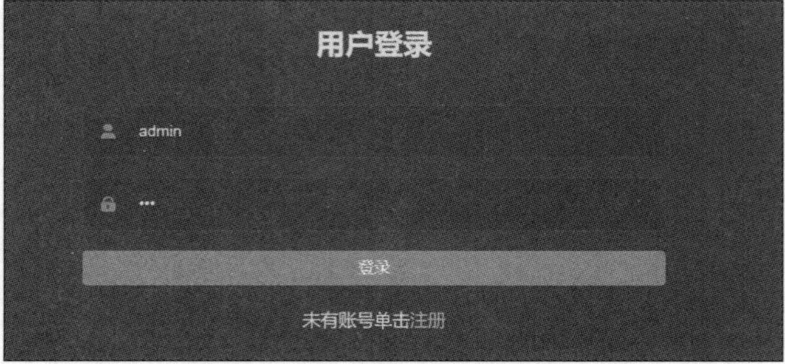

图 22-14　前端登录界面

22.4 Windows 10 下部署后端

22.4.1 打开后端项目

如果代码放在第三方仓库，如 GitHub、gitee，则读者可以从第 1 步开始克隆代码到本地，若代码已经保存在本地，则从第 2 步开始。具体步骤如下：

（1）将后端项目克隆到本地，命令如下：

```
#初始化本地仓库
git init
#将后端项目克隆到本地
git clone 后端项目网址
```

（2）用 IDEA 打开后端项目，如图 22-15 所示。

（3）加载后端项目的依赖项，如图 22-16 所示。

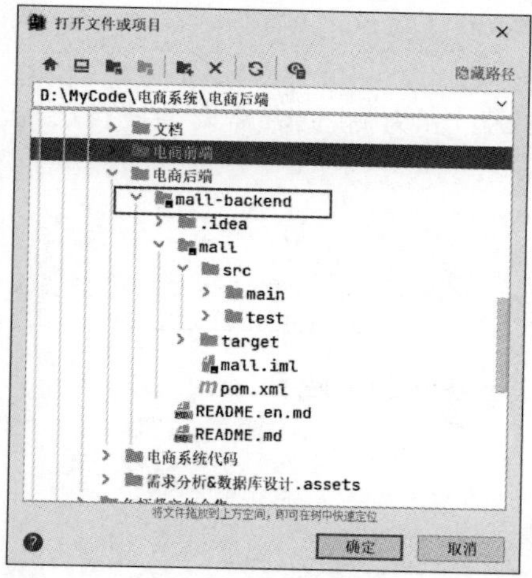

图 22-15　后端项目

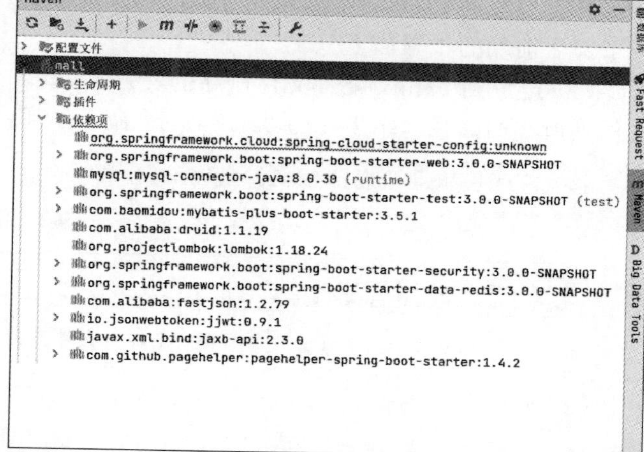

图 22-16　后端项目 Maven

（4）修改项目配置文件 application. yml，代码如下：

```
//第 20 章/mall - backend/application. yml
spring:
  datasource:
    type: com.alibaba.druid.pool.DruidDataSource
    driver - class - name: com.mysql.cj.jdbc.Driver
    url: jdbc: mysql://127. 0. 0. 1: 3306/eshop? allowMultiQueries = true&useUnicode =
true&characterEncoding = utf8&serverTimezone = GMT % 2B8
    #数据库账号
    username: root
    #数据库密码
    password: # #
```

```
redis:
  #本地 Redis 地址
  host: 127.0.0.1
  #Redis 端口
  port: 6379
```

22.4.2 启动后端项目

直接运行 com.sike.MallApplication 的 main 方法即可启动后端；待后端项目启动成功后，即可正常访问前端项目。

22.5 Linux 下部署前端

把项目部署到云服务器上，如阿里云、腾讯云等，可以使用户通过公网访问项目，而云服务器一般采用 Linux 系统，因此从本节开始介绍如何在 Linux 系统下部署项目。读者可以购买装有宝塔的 Linux 系统，这样可以方便安装 Nginx、Redis、Docker 等软件。在 Linux 系统下部署前端的步骤如下。

(1) 定位到 Nginx 配置文件所在的文件夹，以 Nginx 1.18 为例，读者需要替换自己的文件夹所在的路径。结果如图 22-17 所示，命令如下：

```
cd /usr/local/webserver/nginx-1.18/conf
ls
```

```
[root@iZfzoccayjgh54Z /]# cd /usr/local/webserver/nginx-1.18.0/conf
[root@iZfzoccayjgh54Z conf]# ls
fastcgi.conf  fastcgi_params  koi-utf  koi-win  mime.types  nginx.conf  scgi_params  uwsgi_params  win-utf
```

图 22-17 文件夹路径

(2) 使用命令编辑 nginx.conf，命令如下：

```
vi nginx.conf
```

(3) 在配置文件中的 http 下设置端口，以及反向代理地址，配置如下：

```
//nginx.conf 配置文件
server {
      #监听的端口号,默认为 80
      listen 8288;
      #需要修改服务器所在的 IP 地址
      server_name 127.0.0.1;
       location / {
      #存放前端打包好文件的目录
           root      /home/mall-web/dist;
           index     index.html index.htm;
           gzip on;
           gzip_buffers 4 16k;
           gzip_comp_level 6;
```

```
            gzip_types text/plain application/javascript text/css application/xml text/
javascript application/x-httpd-php;
            gzip_static on;
            gzip_http_version  1.1;
            gzip_proxied       expired no-cache no-store private auth;
        }
        location /api/{
        #需要设置后端 IP 地址和端口
            proxy_pass http://127.0.0.1:8098/;
        }
    }
```

(4) 保存配置文件的修改并退出。

(5) 定位到 Nginx 服务所在的位置,命令如下:

```
cd /usr/local/webserver/nginx-1.18.0/sbin/
```

(6) 停止 Nginx,命令如下:

```
./nginx -s stop
```

(7) 启动 Nginx,命令如下:

```
./nginx
```

(8) 在浏览器上输入服务器 IP 和监听的端口就可以访问前端了。

22.6 Linux 下部署后端

22.6.1 制作镜像文件

(1) 连接至即将进行部署的服务器,在指定的目录下新建文件夹,以下命令可作为参考,命令如下:

```
sudo mkdir mallDir
```

(2) 将项目打包,获得 JAR 包并传输到 mallDir 目录下。

(3) 在 mallDir 目录下,创建 Dockerfile 文件,文件的内容如下:

```
#拉取 openjdk:18.0.1 作为基础镜像
FROM openjdk:18.0.1-jdk-oracleLinux7
#作者,此处可进行修改
MAINTAINER xxx <xxxxxx@163.com>
#将 jar 添加到镜像并命名为 mall.jar
COPY *.jar mall.jar
#镜像启动后暴露的端口
EXPOSE 8098
#jar 运行命令,参数使用逗号隔开
ENTRYPOINT ["java","-jar","mall.jar"]
```

(4) 在 mallDir 目录下使用以下命令制作镜像文件，命令如下：

```
# -t 指定镜像名称
docker build -t mall .
```

(5) 查看镜像文件，命令如下：

```
docker images
```

22.6.2 部署步骤

(1) 使用以下命令创建并运行容器，命令如下：

```
# --name=mall 设置容器名
# -d 表示后台运行容器
# -p 指定端口
#mall 需要启动的镜像
docker run --name=mall -d -p 8098:8098 mall
```

(2) 查看启动结果，如果出现如图 22-18 所示的界面，则表示启动成功，图中 STATUS 列的 Up 代表启动，命令如下：

```
docker ps
```

```
[root@iZ4kgvqbakulzjZ ~]# docker ps
CONTAINER ID   IMAGE                                   COMMAND                  CREATED         STATUS         PORTS
                                                   NAMES
71fde4cd825e   mall                                       "java -jar mall.jar"   3 seconds ago   Up 2 seconds   0.0.0.0:8098->8098/
tcp, :::8098->8098/tcp                             dazzling_hopper
```

图 22-18 部署成功图

本章小结

本章学习了如何将开发好的项目打包并部署到服务器运行。

参考文献

[1] 朱建昕. Spring Boot+Vue 开发实战[M]. 北京：电子工业出版社，2021.

[2] 十三. Spring Boot 实战：从 0 开始动手搭建企业级项目[M]. 北京：电子工业出版社，2021.

[3] 王松. Spring Boot+Vue 全栈开发实战[M]. 北京：清华大学出版社，2019.

[4] 龙中华. Spring Boot 实战派[M]. 北京：电子工业出版社，2020.

[5] 莫海. Spring Boot 整合开发实战[M]. 北京：机械工业出版社，2021.

[6] 张科. Spring Boot 企业级项目开发实战[M]. 北京：机械工业出版社，2022.

[7] 饶仕琪. Spring Boot 应用开发实战[M]. 北京：清华大学出版社，2021.

图书推荐

书　　名	作　　者
深度探索 Vue.js——原理剖析与实战应用	张云鹏
剑指大前端全栈工程师	贾志杰、史广、赵东彦
Flink 原理深入与编程实战——Scala+Java(微课视频版)	辛立伟
Spark 原理深入与编程实战(微课视频版)	辛立伟、张帆、张会娟
HarmonyOS 应用开发实战(JavaScript 版)	徐礼文
HarmonyOS 原子化服务卡片原理与实战	李洋
鸿蒙操作系统开发入门经典	徐礼文
鸿蒙应用程序开发	董昱
鸿蒙操作系统应用开发实践	陈美汝、郑森文、武延军、吴敬征
HarmonyOS 移动应用开发	刘安战、余雨萍、李勇军 等
HarmonyOS App 开发从 0 到 1	张诏添、李凯杰
HarmonyOS 从入门到精通 40 例	戈帅
JavaScript 基础语法详解	张旭乾
华为方舟编译器之美——基于开源代码的架构分析与实现	史宁宁
Android Runtime 源码解析	史宁宁
鲲鹏架构入门与实战	张磊
鲲鹏开发套件应用快速入门	张磊
华为 HCIA 路由与交换技术实战	江礼教
openEuler 操作系统管理入门	陈争艳、刘安战、贾玉祥 等
恶意代码逆向分析基础详解	刘晓阳
深度探索 Go 语言——对象模型与 runtime 的原理、特性及应用	封幼林
深入理解 Go 语言	刘丹冰
深度探索 Flutter——企业应用开发实战	赵龙
Flutter 组件精讲与实战	赵龙
Flutter 组件详解与实战	[加]王浩然(Bradley Wang)
Flutter 跨平台移动开发实战	董运成
Dart 语言实战——基于 Flutter 框架的程序开发(第 2 版)	亢少军
Dart 语言实战——基于 Angular 框架的 Web 开发	刘仕文
IntelliJ IDEA 软件开发与应用	乔国辉
Vue+Spring Boot 前后端分离开发实战	贾志杰
Vue.js 快速入门与深入实战	杨世文
Vue.js 企业开发实战	千锋教育高教产品研发部
Python 从入门到全栈开发	钱超
Python 全栈开发——基础入门	夏正东
Python 全栈开发——高阶编程	夏正东
Python 全栈开发——数据分析	夏正东
Python 游戏编程项目开发实战	李志远
Python 人工智能——原理、实践及应用	杨博雄 主编,于营、肖衡、潘玉霞、高华玲、梁志勇 副主编
Python 深度学习	王志立
Python 预测分析与机器学习	王沁晨
Python 异步编程实战——基于 AIO 的全栈开发技术	陈少佳
Python 数据分析实战——从 Excel 轻松入门 Pandas	曾贤志
Python 概率统计	李爽

续表

书　　名	作　　者
Python 数据分析从 0 到 1	邓立文、俞心宇、牛瑶
FFmpeg 入门详解——音视频原理及应用	梅会东
FFmpeg 入门详解——SDK 二次开发与直播美颜原理及应用	梅会东
FFmpeg 入门详解——流媒体直播原理及应用	梅会东
FFmpeg 入门详解——命令行与音视频特效原理及应用	梅会东
Python Web 数据分析可视化——基于 Django 框架的开发实战	韩伟、赵盼
Python 玩转数学问题——轻松学习 NumPy、SciPy 和 Matplotlib	张骞
Pandas 通关实战	黄福星
深入浅出 Power Query M 语言	黄福星
深入浅出 DAX——Excel Power Pivot 和 Power BI 高效数据分析	黄福星
云原生开发实践	高尚衡
云计算管理配置与实战	杨昌家
虚拟化 KVM 极速入门	陈涛
虚拟化 KVM 进阶实践	陈涛
边缘计算	方娟、陆帅冰
物联网——嵌入式开发实战	连志安
动手学推荐系统——基于 PyTorch 的算法实现(微课视频版)	於方仁
人工智能算法——原理、技巧及应用	韩龙、张娜、汝洪芳
跟我一起学机器学习	王成、黄晓辉
深度强化学习理论与实践	龙强、章胜
自然语言处理——原理、方法与应用	王志立、雷鹏斌、吴宇凡
TensorFlow 计算机视觉原理与实战	欧阳鹏程、任浩然
计算机视觉——基于 OpenCV 与 TensorFlow 的深度学习方法	余海林、翟中华
深度学习——理论、方法与 PyTorch 实践	翟中华、孟翔宇
HuggingFace 自然语言处理详解——基于 BERT 中文模型的任务实战	李福林
AR Foundation 增强现实开发实战(ARKit 版)	汪祥春
AR Foundation 增强现实开发实战(ARCore 版)	汪祥春
ARKit 原生开发入门精粹——RealityKit＋Swift＋SwiftUI	汪祥春
HoloLens 2 开发入门精要——基于 Unity 和 MRTK	汪祥春
巧学易用单片机——从零基础入门到项目实战	王良升
Altium Designer 20 PCB 设计实战(视频微课版)	白军杰
Cadence 高速 PCB 设计——基于手机高阶板的案例分析与实现	李卫国、张彬、林超文
Octave 程序设计	于红博
ANSYS 19.0 实例详解	李大勇、周宝
ANSYS Workbench 结构有限元分析详解	汤晖
AutoCAD 2022 快速入门、进阶与精通	邵为龙
SolidWorks 2021 快速入门与深入实战	邵为龙
UG NX 1926 快速入门与深入实战	邵为龙
Autodesk Inventor 2022 快速入门与深入实战(微课视频版)	邵为龙
全栈 UI 自动化测试实战	胡胜强、单镜石、李睿
pytest 框架与自动化测试应用	房荔枝、梁丽丽